高等职业教育电气自动化专业“双证课程”培养方案规划教材

The Projected Teaching Materials of “Double-Certificate Curriculum” Training for Electrical Automation Discipline in Higher Vocational Education

电子技术

王金花 王树梅 孙卫锋 主编

王淼 黄聪 副主编

刘进锋 主审

Electronic Technology

人 民 邮 电 出 版 社

北 京

图书在版编目（CIP）数据

电子技术 / 王金花，王树梅，孙卫锋主编. -- 北京
：人民邮电出版社，2010.8（2021.12重印）
高等职业教育电气自动化专业“双证课程”培养方案
规划教材
ISBN 978-7-115-22465-1

Ⅰ. ①电… Ⅱ. ①王… ②王… ③孙… Ⅲ. ①电子技
术—高等学校：技术学校—教材 Ⅳ. ①TN

中国版本图书馆CIP数据核字(2010)第062002号

内 容 提 要

本书重点介绍电子技术的基本知识、基本理论和基本操作技能，分模拟电子技术和数字电子技术两大部分。

模拟电子技术部分包括半导体器件、单级交流放大电路、多级交流放大电路、集成运算放大器、直流稳压电源和可控整流电路；数字电子技术部分包括逻辑代数与门电路、组合逻辑电路、触发器和时序逻辑电路、脉冲信号的产生与整形电路，集成数/模转换器与集成模/数转换器、半导体存储器与可编程逻辑器件。

本书可作为高等职业院校电气自动化专业和机电类专业基础课程的教材，也可供机电技术人员参考、学习、培训之用。

◆ 主　　编　王金花　王树梅　孙卫锋
副 主 编　王　淼　黄　聪
主　　审　刘进锋
责任编辑　李育民

◆ 人民邮电出版社出版发行　　北京市丰台区成寿寺路 11 号
邮编　100164　　电子邮件　315@ptpress.com.cn
网址　http://www.ptpress.com.cn
北京九州迅驰传媒文化有限公司印刷

◆ 开本：787×1092　1/16
印张：19.5　　2010 年 8 月第 1 版
字数：480 千字　　2021 年 12 月北京第 10 次印刷

ISBN 978-7-115-22465-1

定价：33.00 元

读者服务热线：(010)81055256　印装质量热线：(010)81055316
反盗版热线：(010)81055315

高等职业教育电气自动化专业
“双证课程”培养方案规划教材编委会

前　言

为推动高等职业院校实施职业资格证书制度，加快高技能人才的培养，满足一体化教学的要求，本书采用了项目式编写模式，即每个单元由若干个项目组成，每个项目就是一个独立的一体化教学单元。它包括项目导入、相关知识、项目实施等内容。每个项目把理论知识、实验操作、软件仿真、习题等放在一起，便于教师组织教学和学生自学，掌握了一个项目即掌握了一项专项操作技能。

本书具有如下特色。

（1）坚持高技能人才的培养方向，从职业（岗位）分析入手，强调教材的实用性。

（2）紧密结合高等职业院校教学实际，力求使教材涵盖职业技能鉴定的各项要求。

（3）突出教材的时代感，力求较多地引进新知识、新技术、新工艺、新方法等方面的内容，较多地反映行业的技术发展趋势。例如，适当减少分立元件的单元电路，加强集成电路的学习已经成为一种趋势。因此，教材中加入了大量集成电路芯片的内容。

（4）打破传统的教材编写模式，树立以学生为主体的教学理念，力求教材编写有创新，使教材易学，师生乐用。

（5）为适应不同专业的需要，书中增加了部分非电专业的教学内容，不同专业可根据需要选择使用。

（6）为加强学生对理论知识的理解和掌握，本书配备了 PPT 课件、习题参考答案等教学辅助资源，读者可到人民邮电出版社教学服务与资源网（www.ptpedu.com.cn）免费下载使用。

本书的参考学时为 128～162 学时，建议采用理论实践一体化教学模式，各单元的参考学时见下面的学时分配表。

学时分配表

部　分	单　元	课程内容	学　时	
			理论	实训
模拟电子技术	第 1 单元	半导体器件	6～8	2
	第 2 单元	单级交流放大电路	18～24	4～6
	第 3 单元	多级放大电路	8～10	2
	第 4 单元	集成运算放大器	12～14	2
	第 5 单元	直流稳压电源	8～10	4
	*第 6 单元	可控整流电路		
数字电子技术	第 7 单元	逻辑代数与门电路	6～8	4～6
	第 8 单元	组合逻辑电路	8～10	8～10
	第 9 单元	触发器和时序逻辑电路	10～14	10～14
	第 10 单元	脉冲信号的产生与整形电路	4～6	6
	第 11 单元	集成数/模转换器与集成模/数转换器	4	2
	*第 12 单元	半导体存储器与可编程逻辑器件		
课时总计			84～108	44～54
说明：标记“*”号的为选修内容			合计：128～162	

本书由王金花、王树梅、孙卫锋任主编，柳州铁道职业技术学院的王淼和黄聪任副主编。参加本书编写的人员有王金花、王树梅、孙卫锋、王淼、黄聪、刘志远、兰小海、田同国。刘进锋主审了全书。本书在编写过程中得到了李秀忠、张伟林、鹿建国等老师的大力支持与帮助，在此表示诚挚的感谢！

由于时间仓促加上编者的水平有限，书中难免有错误和不妥之处，希望广大读者批评指正。

编　者

2010 年 5 月

目　录

第一部分　模拟电子技术

第二部分 数字电子技术

第一部分

模拟电子技术

第1单元 半导体器件

【学习目标】

1. 理解半导体的基础知识及 PN 结的概念和特性。
2. 掌握二极管的结构、分类、伏安特性及主要参数，学会二极管的识别与测试。
3. 掌握三极管的结构、分类、电流放大作用、伏安特性及主要参数，学会三极管的识别与测试。
4. 掌握场效应管的结构、工作原理、伏安特性及主要参数。
5. 掌握二极管、三极管特性曲线的测试方法。

项目一 二极管的判别与检测

一、项目导入

半导体器件是用半导体材料制成的电子器件，是构成各种电子电路最基本的器件。晶体二极管、稳压二极管和发光二极管都是常用的半导体器件，应用十分广泛。掌握半导体器件的基本知识、识别与检测是专业人员必须具备的基本知识和基本技能。

通过对本项目的学习，应了解半导体的基础知识，理解二极管的结构、分类、工作特性和主要参数，学会常用电子仪器的使用方法，掌握二极管的识别与检测。

二、相关知识

（一）半导体的基础知识

1. 半导体的导电特性

自然界的一切物质都是由分子、原子组成的。原子又由一个带正电的原子核和在它周围高速旋转着的带有负电的电子组成。

导体的最外层电子数通常是 1～3 个，且电子距原子核较远，受原子核的束缚力较小。因此，导体在常温下存在大量的自由电子，具有良好的导电能力。常用的导电材料有银、铜、铝、金等。电阻率小于 $10^{-4}\Omega \cdot cm$ 的物质称为导体，载流子为自由电子。

绝缘体的最外层电子数一般为 6～8 个，且电子距原子核较近，因此受原子核的束缚力较大而不易挣脱其束缚。常温下绝缘体内部几乎不存在自由电子，因此导电能力极差或不导电。常用的绝缘体材料有橡胶、云母、陶瓷等。电阻率大于 $10^{9}\Omega \cdot cm$ 的物质称为绝缘体，基本无自由电子。

半导体的最外层电子数一般为 4 个，半导体的导电能力介于导体和绝缘体之间。电阻率介于导体、绝缘体之间的物质称为半导体，主要有硅(Si)、锗(Ge)等（4 价元素）材料。半导体的应用极其广泛，这是由半导体的独特性能决定的。

光敏性——半导体受光照后，其导电能力会大大增强。

热敏性——受温度的影响，半导体的导电能力变化很大。

掺杂性——在半导体中掺入少量特殊杂质，其导电能力会大大增强。

纯净的不含其他杂质的半导体称为本征半导体。天然的硅和锗是不能制作成半导体器件的。它们必须先经过高度提纯，形成晶格结构完全对称的本征半导体。在本征半导体的晶格结构中，原子的最外层轨道上有 4 个价电子，每个原子周围有 4 个相邻的原子，原子之间通过共价键紧密结合在一起。两个相邻原子共用一对电子。

本征半导体最外层的电子结合成为共价键结构，既不容易得到电子也不容易失去电子，所以导电能力很弱，但又不像绝缘体那样根本不导电。硅晶体中的共价键结构如图 1-1 所示。

当温度为绝对零度时，本征半导体同绝缘体一样，没有能够自由移动的电子，所以根本不导电。室温下，由于热运动，少数价电子挣脱共价键的束缚成为自由电子，同时在共价键中留下一个空位，这个空位称为空穴。失去价电子的原子成为正离子，就好像空穴带正电荷一样，因此空穴相当于一个带正电荷的粒子。自由电子和空穴成对出现，称为电子—空穴对，如图 1-2 所示。

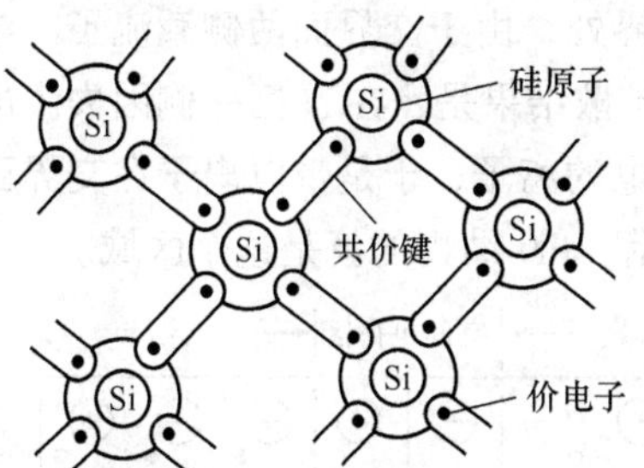

图 1-1 硅晶体中的共价键结构

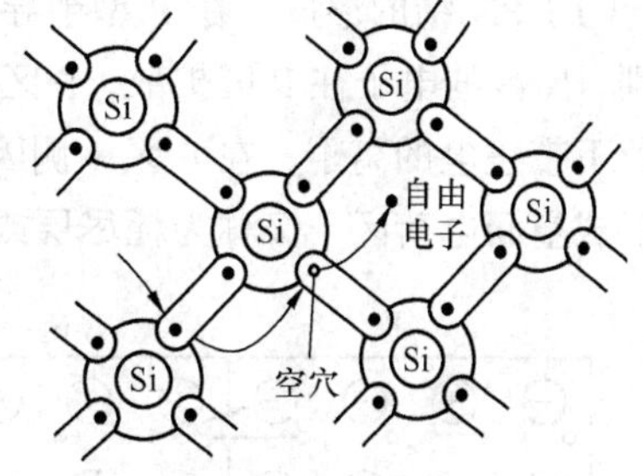

图 1-2 热运动产生的电子—空穴对

自由电子带负电，空穴带正电，它们是两种载流子。随着温度升高，自由电子和空穴的浓度增大，本征半导体的导电能力大大提高。

由于热运动而在晶体中产生电子—空穴对的过程称为热激发，又称本征激发；电子—空穴对成对消失的过程称为复合。

在外电场作用下，本征半导体中的自由电子和空穴定向运动形成电流，电路中的电流是自由电子电流和空穴电流的和。因为本征激发所产生的载流子数量有限，形成的电流很小。

2. 杂质半导体

（1）N 型半导体。若在本征半导体中掺入一定杂质，如在硅中掺入 5 价元素磷（由于每一个磷原子与相邻的 4 个硅原子组成共价键时，多出一个电子），则自由电子的浓度将大大增加，其数量远大于空穴的数量。

在纯净的半导体中掺入 5 价元素，形成以自由电子导电为主的掺杂半导体，这种半导体称为 N

型半导体。在 N 型半导体中，自由电子为多数载流子，简称多子；空穴为少数载流子，简称少子。

（2）P 型半导体。若在本征半导体中掺入 3 价元素硼（由于每一个硼原子在组成共价键时，产生一个空穴），则空穴的浓度大大增加，其数量远大于自由电子的数量。

在纯净的半导体中掺入 3 价元素，形成以空穴导电为主的掺杂半导体，这种半导体称为 P 型半导体。在 P 型半导体中，空穴为多数载流子，简称多子；自由电子为少数载流子，简称少子。

综上所述，由于掺入不同的杂质，因而产生了两种不同类型的半导体——N 型半导体和 P 型半导体，它们统称为杂质半导体，如图 1-3 所示。

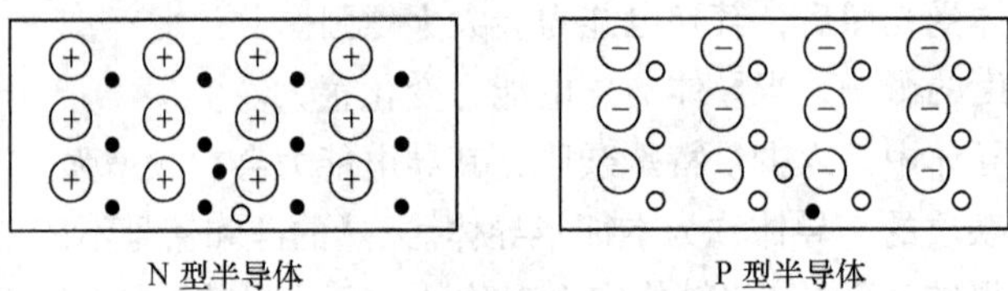

图 1-3　N 型半导体和 P 型半导体结构示意图

杂质半导体中载流子的浓度远大于本征半导体中载流子的浓度，但无论是 P 型半导体还是 N 型半导体都是中性的，对外不显电性。

掺入的杂质元素的浓度越高，多数载流子的数量越多。少数载流子是热激发而产生的，其数量的多少决定于温度。

3. PN 结及其单向导电性

采用一定的工艺措施，将一块半导体的一侧掺杂成 P 型半导体，另一侧掺杂成 N 型半导体，于是在两种半导体的交界面处形成了 PN 结。

（1）PN 结的形成。在 P 型半导体和 N 型半导体的交界处，由于交界面两侧载流子的浓度差别，N 区的电子往 P 区扩散，P 区的空穴往 N 区扩散。扩散结果是：在 N 区一侧因失去电子而留下带正电的离子，在 P 区一侧因失去空穴而留下带负电的离子，于是带电离子在交界面两侧形成空间电荷区，又称为耗尽层或阻挡层，如图 1-4 所示，PN 结指的就是这个区域。

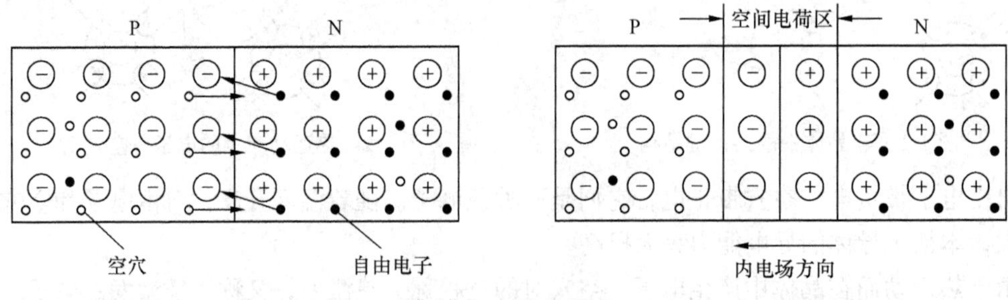

图 1-4　PN 结的形成

空间电荷区形成的电场叫内电场，内电场对多数载流子的运动起阻碍作用，但却有助于少数载流子的运动，少数载流子在电场作用下的定向运动称为漂移运动。当扩散运动和漂移运动达到动态平衡时，形成了稳定的 PN 结。

（2）PN 结的单向导电性。当 P 区接电源正极，N 区接电源负极时，称为 PN 结加正向电压或正向偏置。在正向电压作用下，外电场与内电场方向相反，驱使 N 区电子进入空间电荷区，与其中的正离子复合；驱使 P 区空穴进入空间电荷区，与其中的负离子复合。结果使空间电荷区变窄，有利于 PN 结两侧的多数载流子流过 PN 结形成较大的正向电流，PN 结呈现低阻状态。

因此 PN 结正向偏置时，处于导通状态。

当 N 区接电源正极，P 区接电源负极时，称为 PN 结加反向电压或反向偏置。在反向电压作用下，外电场与内电场方向相同，使空间电荷区变宽，多数载流子的扩散运动难以进行。但是内电场有利于少数载流子的漂移运动，因而形成漂移电流。由于常温下少数载流子的数目很少，形成的反向电流很小，PN 结呈现高阻状态。因此 PN 结反向偏置时，可以认为基本上不导电，处于截止状态。

PN 结的单向导电性如图 1-5 所示。

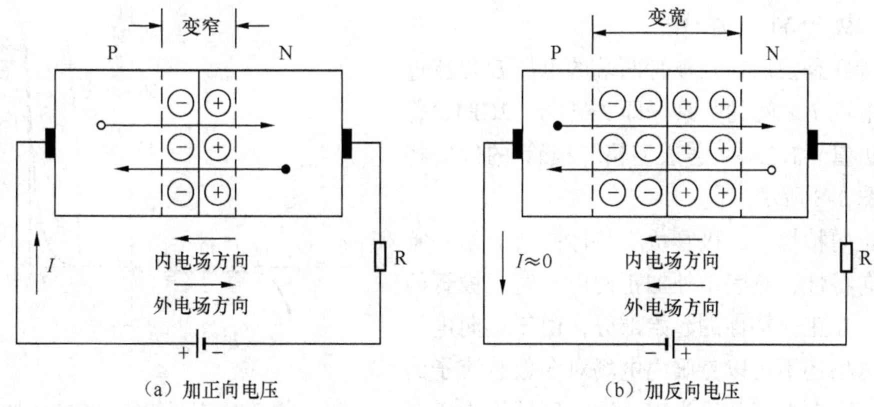

图 1-5　PN 结的单向导电性

（二）半导体二极管

1. 二极管的结构与分类

将 PN 结的两端加上两根电极引线并用外壳封装，就形成了半导体二极管，简称二极管。由 P 区引出的电极为正极(又称阳极)，由 N 区引出的电极为负极(又称阴极)。常见二极管的电路符号及结构如图 1-6 所示。

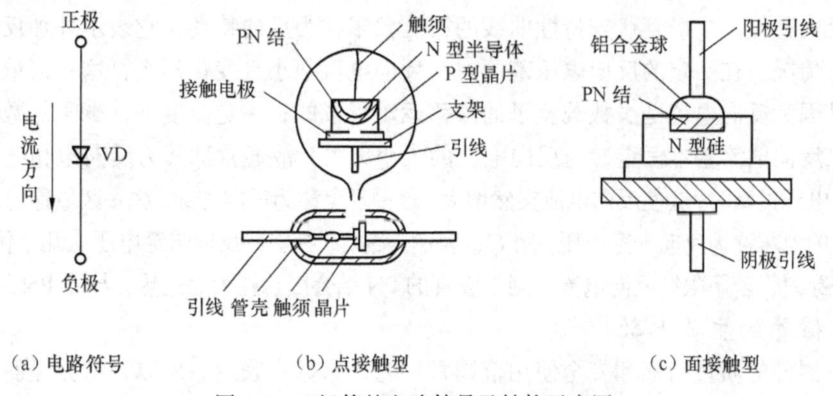

图 1-6　二极管的电路符号及结构示意图

二极管是电子技术中最基本的半导体器件之一。根据其用途，二极管分为检波二极管、开关二极管、稳压二极管和整流二极管等。图 1-7 所示即为二极管的部分产品实物图。

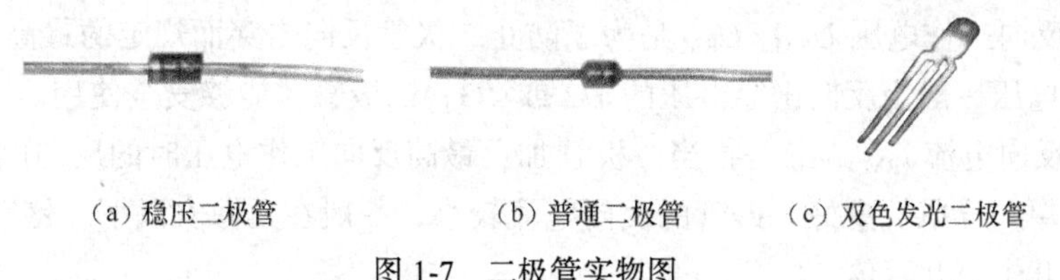

（a）稳压二极管　　（b）普通二极管　　（c）双色发光二极管

图 1-7　二极管实物图

按照结构不同，二极管分为点接触型和面接触型两类。点接触型二极管(一般为锗管)的特点是：PN 结面积小，结电容小，只能通过较小的电流，适用于高频(几百兆赫)工作。面接触型二极管(一般为硅管)的特点是：PN 结面积较大，能通过较大的电流，但结电容也大，常用于频率较低、功率较大的电路中。

根据所用材料不同，二极管分为硅二极管和锗二极管两种。硅二极管因其温度特性较好，使用较为广泛。

2. 二极管的伏安特性

伏安特性是指加在二极管两端的电压 U 与流过二极管的电流 I 之间的关系，即 $I=f(U)$。2CP12(普通型硅二极管)和 2AP9(普通型锗二极管)的伏安特性曲线如图 1-8 所示。

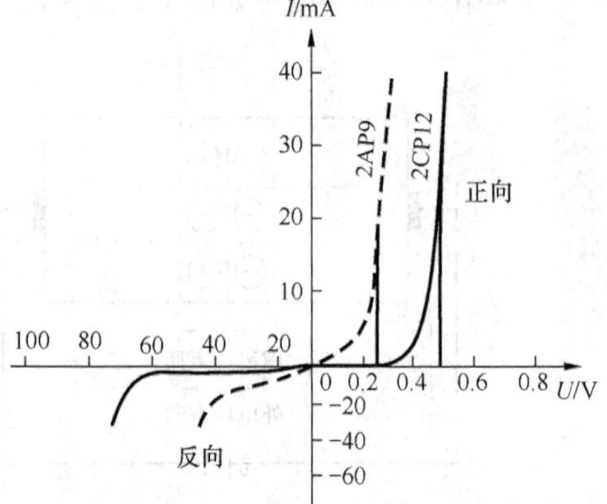

图 1-8　二极管的伏安特性曲线

（1）正向特性。二极管伏安特性曲线的第一象限称为正向特性，它表示外加正向电压时二极管的工作情况。在正向特性的起始部分，由于正向电压很小，外电场还不足以克服内电场对多数载流子的阻碍作用，正向电流几乎为零，这一区域称为正向死区，对应的电压称为死区电压。硅管的死区电压约为 0.5V，锗管的死区电压约为 0.2V。

当正向电压超过某一数值后，内电场就被大大削弱，正向电流迅速增大，二极管导通，这一区域称为正向导通区。二极管一旦正向导通后，只要正向电压稍有变化，就会使正向电流变化较大，二极管的正向特性曲线很陡。因此，二极管正向导通时，管子上的正向压降不大，正向压降的变化很小，一般硅管为 0.7V 左右，锗管为 0.3V 左右。因此，在使用二极管时，如果外加电压较大，一般要在电路中串接限流电阻，以免产生过大电流烧坏二极管。

（2）反向特性。二极管伏安特性曲线的第三象限称为反向特性，它表示外加反向电压时二极管的工作情况。在一定的反向电压范围内，反向电流很小且变化不大，这一区域称为反向截止区。这是因为反向电流是少数载流子的漂移运动形成的；一定温度下，少子的数目是基本不变的，所以反向电流基本恒定，与反向电压的大小无关，故通常称其为反向饱和电流。

当反向电压过高时，会使反向电流突然增大，这种现象称为反向击穿，这一区域称为反向击穿区。反向击穿时的电压称为反向击穿电压，用 U_{BR} 表示。各类二极管的反向击穿电压从几十伏到几百伏不等。反向击穿时，若不限制反向电流，则二极管的 PN 结会因功耗大而过热，导致 PN 结烧毁。

3. 二极管的主要参数

半导体器件的质量指标和安全使用范围常用它的参数来表示。所以，参数是我们选择和使用器件的标准。二极管的主要参数有以下几个。

（1）最大整流电流 I_{OM}。I_{OM} 是指二极管长期使用时，允许通过的最大正向平均电流。因为电流通过 PN 结会引起二极管发热，电流过大会导致 PN 结发热过度而烧坏。

（2）最高反向工作电压 U_{RM}。U_{RM} 是为了防止二极管反向击穿而规定的最高反向工作电压。最高反向工作电压一般为反向击穿电压的 1/2 或 2/3，二极管才能够安全使用。

（3）最大反向电流 I_{RM}。I_{RM} 是指当二极管加上最高反向工作电压时的反向电流。其值愈小，说明二极管的单向导电性愈好。硅管的反向电流较小，一般在几微安以下。锗管的反向电流较大，是硅管的几十至几百倍。

（4）最高工作频率 f_M。f_M 是指保持二极管单向导电性能时，外加电压允许的最高频率。使用时如果超过此值，二极管的单向导电性能就不能很好地体现。这是因为PN结两侧的空间电荷与电容器极板充电时所储存的电荷类似，因此PN结具有电容效应，相当于一个电容，称为结电容。二极管的PN结面积越大，结电容越大。高频电流可以直接通过结电容，从而破坏了二极管的单向导电性。二极管工作频率与PN结的结电容大小相关，结电容越小，f_M 越高；结电容越大，f_M 越低。

4. 温度对二极管特性的影响

温度对二极管的特性有较大影响，随着温度的升高，二极管的正向特性曲线向左移，反向特性曲线向下移，如图1-9所示。正向特性曲线向左移，表明在相同正向电流下，二极管正向压降随温度升高而减小；反向特性曲线向下移，表明温度升高时，反向电流迅速增大。一般在室温附近，温度每升高1℃，其正向压降减小2～2.5mV；温度每升高10℃，反向电流增大1倍左右。

（三）特殊二极管

1. 稳压二极管

稳压二极管是一种特殊的面接触型硅二极管，它的电路符号和伏安特性曲线如图1-10所示，稳压二极管的正向特性曲线和普通二极管类似，只是反向特性曲线比较陡。

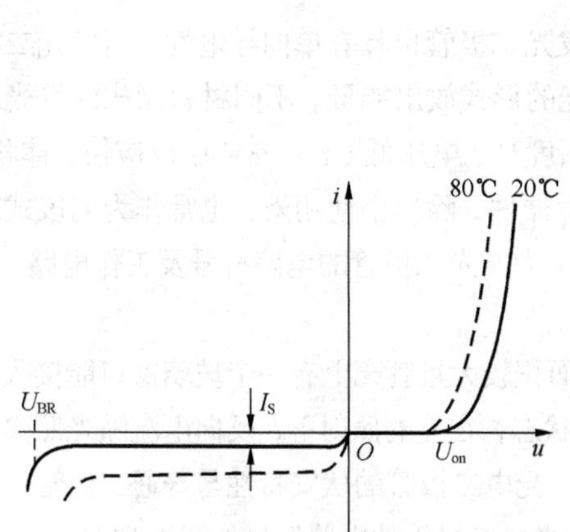

图1-9 温度对二极管特性的影响

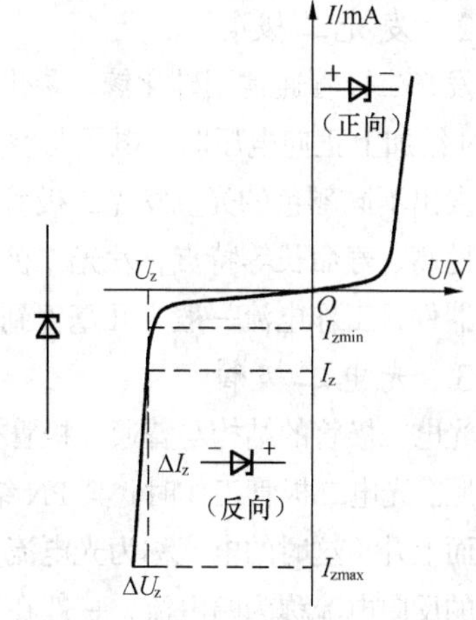

图1-10 稳压二极管的电路符号与伏安特性

反向击穿是稳压二极管的正常工作状态，稳压二极管就工作在反向击穿区。从反向特性曲线可以看到，当所加反向电压小于击穿电压时，和普通二极管一样，其反向电流很小。一旦所加反向电压达到击穿电压时，反向电流会突然急剧上升，稳压二极管被反向击穿。其击穿后的特性曲线很陡，这就说明流过稳压二极管的反向电流在很大范围内（从几毫安到几十甚至上百毫安）变化时，管子两端的电压基本不变。稳压二极管在电路中能起稳压作用，正是利用了这一特性。

稳压二极管的反向击穿是可逆的，这一点与一般二极管不一样。只要去掉反向电压，稳压二极管就会恢复正常。但是，如果反向击穿后的电流太大，超过其允许范围，就会使稳压二极管的PN结发生热击穿而损坏。

由于硅管的热稳定性比锗管好，所以稳压二极管一般都是硅管，故称硅稳压二极管。

稳压二极管的主要参数有如下几个。

（1）稳定电压 U_z 和稳定电流 I_z。稳定电压就是稳压二极管在正常工作时管子两端的电压。同一型号的稳压二极管，由于制造方面的原因，其稳压值也有一定的分散性。例如2CW18，其

稳定电压 U_z=10～12V。

稳定电流常作为稳压二极管的最小稳定电流 I_{zmin} 来看待。一般小功率稳压二极管可取 I_z 为 5mA。如果反向工作电流太小，会使稳压二极管工作在反向特性曲线的弯曲部分而使稳压特性变坏。

（2）最大稳定电流 I_{zmax} 和最大允许耗散功率 P_{ZM}。这两个参数都是为了保证管子安全工作而规定的。最大允许耗散功率 $P_{ZM}=U_zI_{zmax}$，如果管子的电流超过最大稳定电流 I_{zmax}，则实际功率将会超过最大允许耗散功率，管子将会发生热击穿而损坏。

（3）电压温度系数α_{Uz}。它是说明稳定电压 U_z受温度变化影响的系数。例如 2CW18 稳压二极管的电压温度系数为 0.095%/℃，就是说温度每增加 1℃，其稳压值将升高 0.095%。一般稳压值低于 6V 的稳压二极管具有负的温度系数；高于 6V 的稳压二极管具有正的温度系数。稳压值为 6V 左右的管子其稳压值基本上不受温度的影响，因此，选用 6V 左右的管子，可以得到较好的温度稳定性。

（4）动态电阻 r_z。动态电阻是指稳压二极管两端电压的变化量ΔU_z与相应的电流变化量ΔI_z的比值，如图 1-10 所示，即

$$r_z = \frac{\Delta U_z}{\Delta I_z}$$

稳压二极管的反向特性曲线越陡，动态电阻越小，稳压性能就越好。r_z的数值约为几欧至几十欧。

2. 发光二极管

发光二极管通常用砷化镓、磷化镓等材料制成。发光二极管也具有单向导电性。当发光二极管的 PN 结加上正向电压时，电子与空穴复合的过程以光的形式放出能量。不同材料制成的发光二极管会发出不同颜色的光。发光二极管具有亮度高、清晰度高、电压低（1.5～3V）、反应快、体积小、可靠性高、寿命长等特点，发光二极管常用来作为显示器件，除单个使用外，也常作为七段式或矩阵式器件，工作电流一般为几毫安到十几毫安。图 1-11 为发光二极管的电路符号及工作电路。

3. 光电二极管

光电二极管的结构与普通二极管类似，但其 PN 结面积较大且管壳上有一个玻璃窗口能接收外部的光照。光电二极管工作时，其 PN 结工作在反向偏置状态，在光的照射下，反向电流随光照强度的增加而上升（这时的电流称为光电流）。在无光照射时，光电二极管的伏安特性与普通二极管一样，此时的反向电流称为暗电流，一般在几微安甚至更小。光电二极管的电路符号如图 1-12 所示。

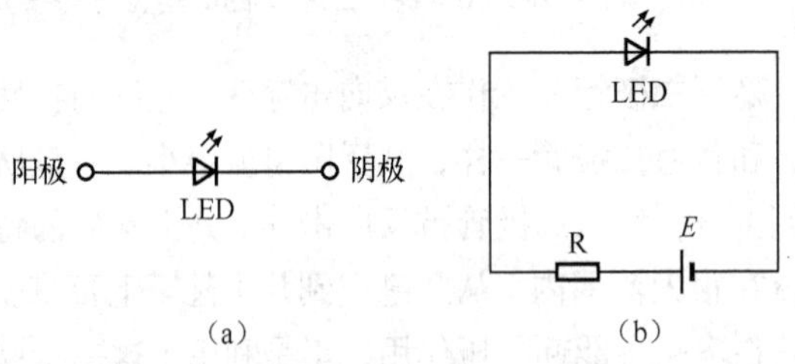

图 1-11　发光二极管的电路符号及工作电路

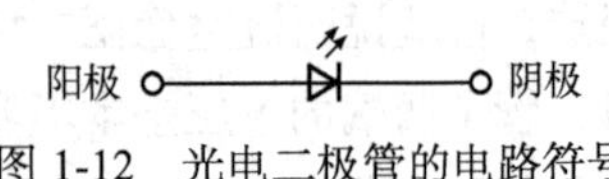

图 1-12　光电二极管的电路符号

三、项目实施

（一）实训：常用电子仪器仪表的使用

1. 实训目的

（1）熟悉示波器的使用方法，学会用示波器观察信号波形和测量波形参数的方法。

（2）了解低频信号发生器面板上各主要开关、旋钮的作用。

（3）熟悉直流稳压电源、晶体管交流毫伏表、万用表的使用方法。

2. 实训器材

通用电学实验台、示波器、晶体管交流毫伏表、低频信号发生器、万用表各一台，电容、电阻和导线若干。

3. 实训内容及步骤

（1）稳压电源的使用。

① 接通试验台交流电源，调节试验台上的直流稳压电源“电压细调”旋钮，使两路电源分别输出+6V 和+12V 电压，用万用表直流电压挡的相应量程测量该输出电压。

② 如电路要求负电压，则电源输出的“+”端接电路的公共地，“−”端接电路的另一输入端。

（2）晶体管毫伏表的使用。

① 不要超过其电压的测量范围。

② 应正确地选择量程。如果事先无法知道交流电压的大致范围，就应从最大量程挡位开始试测，再向小量程转换。

③ 接通电源后应先调零。在量程转换后，也应该进行调零操作。

④ 由于该表灵敏度较高，使用时接地点必须良好，与其他仪器一同使用时应正确共地。共地点接触不良或不正确都会影响测量效果。

⑤ 读数时，应根据量程开关的位置读不同的刻度线。

⑥ 为了毫伏表的使用安全，操作时一般要求：在开电源之前，应检查其量程范围是否在最高电压挡，如果不是最高挡位应将其设置为最高挡位量程；关电源之前，应将其量程挡位开关打到最高挡位；接入测量电压时，应注意先将地线接上，然后再接上信号线；在断开测量电压时，则应先拆除信号线，然后再拆除地线；在接线和拆线时，应注意将量程开关打到较大的挡位上。

（3）低频信号发生器的使用。

① 信号发生器输出频率的调节方法。如波形选择为“～”，则输出波形为正弦波；先调节“频率粗调”旋钮，再调节“频率细调”旋钮输出合适的频率。

② 信号发生器输出幅度的调节方法。在信号发生器右下角有一个“幅度调节”旋钮，调节该旋钮可以使信号幅度在一定范围内变化。要得到小信号，可以调节输出衰减旋钮，再调节“幅度调节”旋钮，需要的值可用毫伏表测出。

③ 信号发生器与毫伏表的使用。使信号发生器输出 1kHz、5V 的正弦波信号，由“波形输出”端输出至晶体管毫伏表测量。分别置输出衰减旋钮于−20dB、−40dB，重置毫伏表量程，读取数据记入表 1-1 中。

表 1-1　　毫伏表测量的数据

输出衰减	毫伏表量程	表头指示值
不衰减	10V	5V
−20dB		
−40dB		

（4）示波器的使用。

① 示波器的调试。示波器接通电源，预热一段时间后，荧光显示屏上应显示一条扫描光迹线，通过调节灰度旋钮、聚焦旋钮、垂直位移旋钮、水平位移旋钮使其清晰地显示于显示屏的

水平中性线位置。

② 机内校准方波信号测试。用机内校准方波信号（YB4320 型双踪示波器机内校准方波的频率为（1 ± 2%）kHz，电压峰—峰值为 0.5 ×（1 ± 30%）V）对示波器进行性能自检。

将机内校准方波信号输出端通过示波器专用电缆线与任一信号输入通道连接，将 Y 轴输入耦合方式开关置于“AC”或“DC”，触发源选择开关置于“内”，内触发源选择开关置于“Y1”或“Y2”。将 X 轴“扫描速率”开关（t/div）置于“0.1ms”，将“t/div”旋钮的微调旋钮沿顺时针方向旋到底；将 Y 轴“输入灵敏度”开关（V/div）置于“0.1V”，将“V/div”旋钮的微调旋钮沿顺时针方向旋到底，使示波器显示屏上显示出一个周期性的方波。若探头采用 1∶1，则波形的垂直方向占 5 格，波形的一个周期在水平方向占 2 格，说明示波器的工作正常。

③ 调节函数信号发生器，分别得到正弦波、三角波和方波，通过示波器进行波形显示。

④ 测量信号电压。将示波器“可变衰减旋钮”调到“校准”位置（即顺时针旋到底），此时垂直电压灵敏度选择开关“V/div”所在挡位的刻度值表示屏幕上纵向每格的电压值。这样就能根据屏幕上波形高度所占的格数，读出电压的大小。为了保证测量精度，在屏幕上应显示足够高度的波形，灵敏度选择开关也应置于合适的挡位。

⑤ 测量信号周期。将示波器“扫描速度”可变旋钮旋至“校准”位置（顺时针旋到底），此时扫描速度选择开关“t/div”所置挡位的刻度表示屏幕上水平轴每格的时间值。根据屏幕上所显示波形在水平轴上所占的格数可读出信号周期。为了保证测量精度，通常要求一个周期在水平方向上应占足够的格数，也就是应将“扫描速度选择”开关置于合适的挡位。

用函数信号发生器输出频率 f 分别为 100Hz、1kHz、10kHz，对应的有效值分别为 100mV、300mV、1V（利用交流毫伏表测试获得）的正弦交流信号，通过双踪示波器进行周期、频率、峰—峰值、有效值的读取或计算。测量结果记入表 1-2 中。

表 1-2　信号幅值和频率的测量

信号电压频率	示波器测量值		信号电压毫伏表读数（V）	示波器测量值	
	周期（ms）	频率（Hz）		峰—峰值（V）	有效值（V）
100Hz					
1kHz					
10kHz					

⑥ 同频率相位差的测量。按图 1-13 接线，由信号发生器输出一正弦波电压，用示波器观察电容器两端的电压和流过电容器的电流 i_C 的波形。图中 R 为取样电阻，u_R 的波形即 i_C 的波形。然后用示波器测量 u_C 和 i_C 的相位差并记录测量结果。

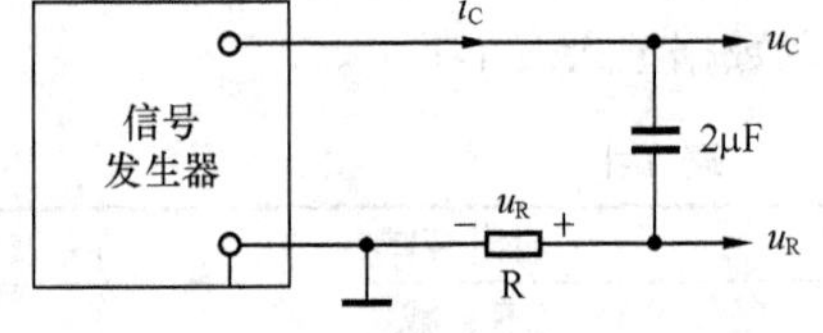

图 1-13　测量相位的接线

改变电源频率，重复上面的测量。

4. 实训报告

（1）记录用示波器所测得的各波形，标明被测信号的幅值和频率等。

（2）总结用示波器测量信号电压的幅值、频率和相位差的步骤和方法。

（二）实训：二极管的判别与检测

1. 实训目的

学会用万用表判别二极管的质量和极性。

2. 实训器材

万用表 1 只，各种型号的晶体二极管。

3. 实训内容及步骤

普通二极管外壳上均印有型号和标记。标记方法有箭头、色点、色环 3 种，箭头所指方向或靠近色环的一端为二极管的负极，有色点的一端为正极。若型号和标记脱落，可用万用表的电阻挡进行判别。主要原理是根据二极管的单向导电性，其反向电阻远大于正向电阻。具体过程如下。

（1）判别极性。将万用表拨到 $R\times100$ 或 $R\times1\text{k}$ 挡，两表笔分别接二极管的两个电极。若测出的电阻值较小（硅管为几百欧到几千欧，锗管为 100Ω～1kΩ），说明是正向导通，此时黑表笔接的是二极管的正极，红表笔接的则是负极；若测出的电阻值较大（几十千欧到几百千欧），为反向截止，此时红表笔接的是二极管的正极，黑表笔接的是负极。

（2）检查好坏。可通过测量正、反向电阻来判断二极管的好坏。一般小功率硅二极管反向电阻为几百千欧到几千千欧，锗管为 100Ω～1kΩ。若正、反向电阻相差很大，说明二极管单相导电性能好；若两次测量的阻值相差很小，说明该二极管已失去单向导电性；若两次测量的阻值均很大，说明该二极管已开路。

（3）判别硅、锗管。若不知被测的二极管是硅管还是锗管，可根据硅管、锗管的导通压降不同的原理来判别。将二极管接在电路中，当其导通时，用万用表测其正向压降，硅管一般为 0.6～0.7V，锗管为 0.1～0.3V。

将测量结果记入表 1-3 中。

表 1-3　　二极管测量记录

序列号	型号标注	万用表挡位	正向电阻	反向电阻	质量判别（优/劣）
1					
2					

（三）实训：二极管伏安特性的测试

1. 实训目的

（1）掌握电路的正确连接方法。

（2）学会用电压—电流法（逐点测试法）测试二极管伏安特性曲线。

（3）进一步深入体会二极管是一种非线性器件。

2. 实训器材

直流稳压电源、万用表、实训电路板、二极管、电阻等。

3. 实训电路及实训原理

二极管伏安特性测试电路如图 1-14 所示。由串联电路分压原理可知，调节电位器 R_P 可改变加在二极管两端的电压值，从电压表和电流表中可读出二极管两端的电压与流过二极管的电流。

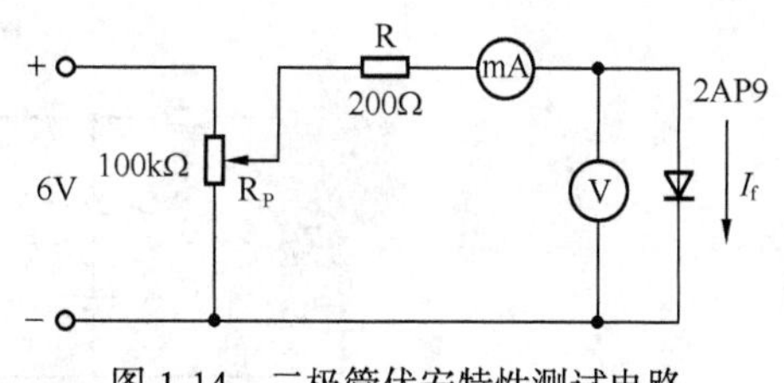

图 1-14　二极管伏安特性测试电路

4. 实训内容及步骤

（1）根据图 1-14 连接电路，经检查无误后接通电源。

（2）调节 R_P，记录不同阻值时流过二极管的电流和该管两端的电压，填入表 1-4 中。

表 1-4 二极管伏安特性测试数据

正向电压（V）	0	0.2	0.3	0.4	0.5	0.55	0.6	0.65	0.7
正向电流（mA）									

（3）绘制晶体二极管的伏安特性曲线。

思考与练习

一、问答题

1. N 型半导体和 P 型半导体各有什么特点？

2. 半导体导电的主要特征是什么？它与金属导体的导电机理有何区别？

3. N 型半导体和 P 型半导体中的多数载流子和少数载流子是怎样产生的？它们的数量各由什么因素控制？

4. PN 结的正向电流与反向电流是如何形成的？为什么反向电流很小但受温度的影响却很大？

5. 为什么二极管的反向饱和电流与所加反向电压基本无关，而当环境温度升高时，又会明显增大？

6. 如何用万用表判断二极管的正极、负极，以及二极管的好坏？

二、分析和计算题

1. 设二极管的导通压降为 0.7V，试判断图 1-15 中的二极管是处于导通还是截止状态，并确定输出电压 U_o。

2. 电路如图 1-16 所示，已知 $u_i = 5\sin\omega t$(V)，设二极管是理想的，试画出 u_i 与 u_o 的波形，并标出幅值。

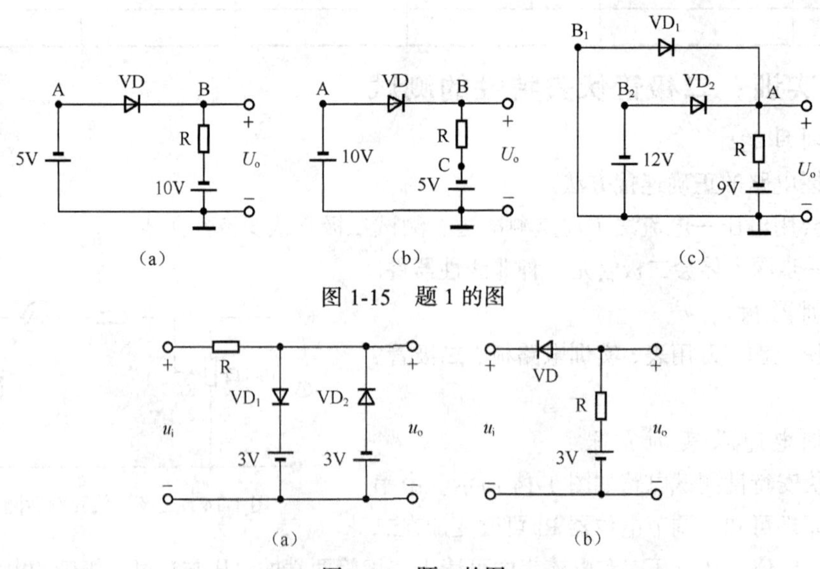

图 1-15 题 1 的图

图 1-16 题 2 的图

项目二 三极管和场效应管的判别与检测

一、项目导入

双极型三极管和场效应管都属于有3个电极的半导体器件，都可作为放大器或开关使用，是最基本的半导体器件。掌握双极型三极管和场效应管的相关知识与技能是学好电子技术的基本要求。

通过对本项目的学习，应理解双极型三极管和场效应管的结构、工作原理、伏安特性及主要参数，掌握三极管的识别与检测方法。

二、相关知识

（一）晶体三极管

1. 晶体三极管的结构及分类

晶体三极管（简称为三极管）是一种重要的半导体器件，是放大电路和开关电路的基本元件之一。三极管的基本结构是由两个PN结组成的，其组成形式有两种：PNP型和NPN型，不论是PNP型还是NPN型，在结构上都有3个区，即发射区、基区和集电区，两个PN结，即发射结和集电结组成。由3个区分别引出的3根电极分别称为发射极E、基极B和集电极C。

为了使三极管具有电流放大作用，在其内部结构上还必须满足两个条件：①发射区的掺杂浓度最高，集电区掺杂浓度较低且面积较大，基区掺杂浓度最低；②基区很薄。

PNP型和NPN型三极管的工作原理相同，只是在使用时电源极性连接不同而已，图1-17中图形符号的箭头均表示电流的实际方向。

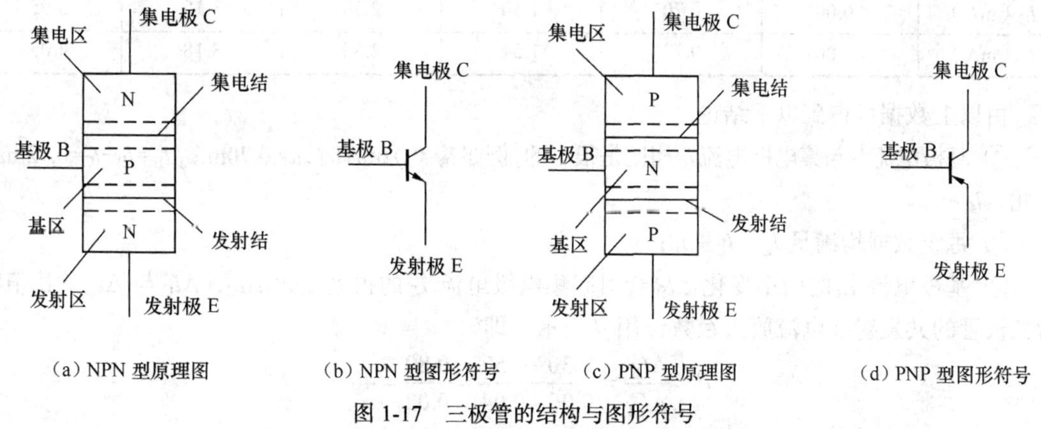

（a）NPN型原理图　（b）NPN型图形符号　（c）PNP型原理图　（d）PNP型图形符号

图1-17 三极管的结构与图形符号

三极管除了可以分为PNP和NPN两种类型外，还有很多种分类方法。其按工作频率分有高频管和低频管；按耗散功率分有大、中、小功率管；按材料分有硅管和锗管等。耗散功率不同，体积及封装形式也不同。近年来生产的小、中功率管多采用硅酮塑料封装；大功率管采用金属封装，通常制成扁平形状，并有螺钉安装孔。有的大功率管制成螺栓形状，这样能使其外壳和散热器连成一体，便于散热。图1-18即为三极管的部分产品实物图。

由于硅三极管的温度特性较好，应用也较多，而硅三极管大多为NPN型，所以下面我们以NPN型三极管为例进行分析。当然这些结论对于PNP型三极管同样适用。

2. 三极管的电流分配和电流放大作用

下面以 NPN 型三极管为例来分析晶体管的电流放大原理。

为了使三极管具有电流放大作用，在电路的连接（即外部条件）上必须使发射结加正向电压（即正向偏置），集电结加反向电压（即反向偏置）。

将一个 NPN 型三极管接成如图 1-19 所示的电路。将 R_B 和 U_{BB} 接在基极与发射极之间，构成了三极管的输入回路，U_{BB} 的正极接基极，负极接发射极，使发射结正向偏置；将 R_C 和 U_{CC} 接在集电极与发射极之间构成输出回路，U_{CC} 的正极接 R_C 后再接集电极，负极接发射极，且 $U_{CC}>U_{BB}$，所以集电结反向偏置。输入回路与输出回路的公共端是发射极，所以此种连接方式称共射极接法。

图 1-18　常见三极管实物图

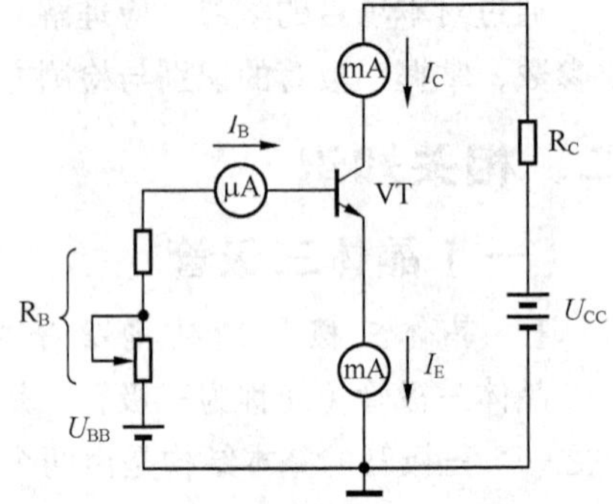

图 1-19　三极管电流分配实验电路

对于一个三极管，其基极厚度、杂质浓度等因素已定。为了定量地了解三极管的电流分配关系，用图 1-19 所示的实验电路来测量三极管的 I_B、I_C 和 I_E，所得数据见表 1-5。

表 1-5　三极管电流分配关系

I_B（mA）	0	0.02	0.04	0.06	0.08	0.10
I_C（mA）	<0.001	0.70	1.50	2.30	3.10	3.95
I_E（mA）	<0.001	0.72	1.54	2.36	3.18	4.05

由以上数据可得到以下结论。

① 基极电流 I_B 与集电极电流 I_C 相比是很小的，例如 I_B=0.02mA 时，I_C=0.70mA，$I_E=I_B+I_C$=0.72mA，因此，$I_C \approx I_E$。

② 每组数据均满足 $I_E = I_C + I_B$；

③ 基极电流 I_B 的微小变化 ΔI_B 会引起集电极电流 I_C 的很大变化 ΔI_C，ΔI_C 与 ΔI_B 的比值称为三极管的共发射极电流放大系数，用 β 表示，即

$$\beta = \frac{\Delta I_C}{\Delta I_B} = \frac{2.30-1.50}{0.06-0.04} = \frac{0.80}{0.02} = 40$$

必须注意，三极管的电流放大作用实质上是电流控制作用，是用一个较小的基极电流去控制一个较大的集电极电流，这个较大的集电极电流是由直流电源 U_{CC} 提供的，并不是三极管本身把一个小的电流放大成了一个大的电流，这一点须用能量守恒的观点去分析。所以三极管是一种电流控制元件。

3. 三极管的伏安特性曲线

三极管的特性曲线用来表示三极管各电极的电压和电流之间的关系，在分析和计算三极管电路时是很有用处的。三极管的特性曲线有输入特性曲线和输出特性曲线。

（1）输入特性曲线。输入特性曲线是在保持集电极与发射极之间的电压 U_{CE} 为某一常数时，

输入回路中的基极电流 I_B 同基极与发射极之间电压 U_{BE} 的关系曲线，即 $I_B = f(U_{BE})\big|_{U_{CE}=常数}$

图 1-20 为三极管的输入特性曲线。

由图 1-20 可见，三极管的输入特性是非线性的，与二极管的正向特性相似，也有一段死区电压（硅管约 0.5V，锗管约 0.2V）。当三极管正常工作时，发射结压降变化不大，该压降称为导通电压（硅管为 0.6～0.7V，锗管为 0.2～0.3V）。当 $U_{CE}\geqslant 1$ 时，输入特性曲线会向右平移，并且 $U_{CE}\geqslant 1$ 以后的输入特性曲线基本上是重合的，所以只画出 $U_{CE}\geqslant 1V$ 的一条输入特性曲线即可。

（2）输出特性曲线。输出特性曲线是指基极电流 I_B 一定时，三极管集电极电流 I_C 同集电极与发射极之间的电压 U_{CE} 的关系曲线，即

$$I_C = f(U_{CE})\big|_{I_B=常数}$$

在不同的基极电流 I_B 情况下，输出特性曲线是一簇曲线，如图 1-21 所示。

根据三极管工作状态的不同，输出特性可分为 3 个区域：截止区、放大区和饱和区。现分别讨论如下。

① $I_B = 0$ 的曲线以下的区域称为截止区。晶体管工作在截止区的主要特征是：$I_B = 0$，$I_C \approx 0$，相当于晶体管的 3 个极之间都处于断开状态。但为了使晶体管可靠截止，通常使发射结反向偏置，即 $U_{BE}<0$。此时三极管的发射结和集电结都处于反向偏置状态，集电极与发射极之间相当于一个开关的断开状态。

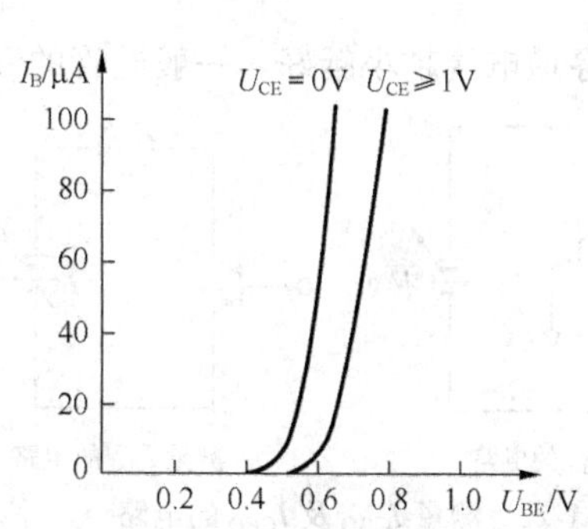

图 1-20　三极管的输入特性曲线

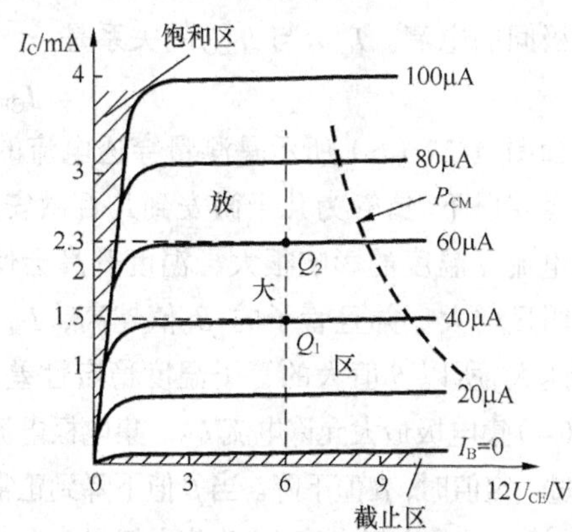

图 1-21　三极管的输出特性曲线

② 输出特性曲线近于水平的部分是放大区。三极管工作在放大区的主要特征是：发射结正向偏置，集电结反向偏置，$I_C = \beta I_B$，即 I_C 受 I_B 控制，说明三极管是电流控制器件；同时 I_B 一定时，I_C 基本上确定，U_{CE} 对 I_C 的影响很小，这就是三极管的恒流特性。这样，输出特性在放大区实际上是一组以 I_B 为参变量的几乎平行于横轴的曲线。

③ 饱和区在输出特性曲线的左侧，I_C 趋于直线上升的部分，称为饱和区。三极管工作在饱和区的主要特征是：$U_{CE}<U_{BE}$，集电结上的电压 $U_{BC}>0$，即集电结为正向偏置，发射结也是正向偏置；I_B 的变化对 I_C 影响不大，两者不成正比，三极管已失去放大作用。通常称 $U_{BC} = 0$，即 $U_{CE} = U_{BE}$ 时的工作状态为临界饱和状态；在临界饱和状态以左的部分，称为饱和区，此时的 U_{CE} 值称为三极管的饱和压降，用 U_{CES} 表示。硅管的 U_{CES} 约为 0.3V，锗管的 U_{CES} 约为 0.1V。当三极管工作在饱和区时，集电极与发射极之间的电压很小，电流却很大，相当于一个开关的接通状态。

综上所述，三极管在放大电路中应工作在放大区，而在脉冲电路中则应工作在截止区和饱和区，这时它相当于一个可以控制的无触点开关。

4. 三极管的主要参数

三极管的主要参数如下。

（1）静态电流放大系数 $\overline{\beta}$ 和动态电流放大系数 β。

① 静态电流放大系数 $\overline{\beta}$ 是指在某一 U_{CE} 值时，I_C 与 I_B 的比值，即

$$\overline{\beta} \approx \frac{I_C}{I_B}$$

② 动态电流放大系数 β 是指 U_{CE} 不变时，集电极电流变化量 ΔI_C 与基极电流变化量 ΔI_B 的比值，即

$$\beta = \frac{\Delta I_C}{\Delta I_B}$$

$\overline{\beta}$ 与 β 的含义是不同的，但两者的数值较为接近，今后在进行估算时，可以不作严格的区分，认为 $\overline{\beta} \approx \beta$。

（2）集电极—基极反向饱和电流 I_{CBO}。I_{CBO} 是指发射极开路时，集电结在反向电压作用下，集电区和基区中少数载流子的漂移运动形成的反向电流（如图 1-22（a）所示）。通常在室温下，小功率硅管的 I_{CBO} 小于 1μA，小功率锗管为 10μA 左右。此值越小，三极管温度稳定性越好。

（3）集电极—发射极反向饱和电流 I_{CEO}（穿透电流）。是指基极开路（$I_B=0$）时，集电极到发射极间的电流。I_{CBO} 与 I_{CEO} 的关系是

$$I_{CEO}=(1+\beta)I_{CBO}$$

如图 1-22（b）所示是测量穿透电流的电路。管子的穿透电流越小越好。一般硅管的 I_{CEO} 在几微安以下，锗管为几十微安到几百微安。穿透电流受温度的影响很大，温度升高会使 I_{CEO} 明显增大。并且管子的 β 值越高，I_{CEO} 也会越大，所以 β 值大的管子温度稳定性差。

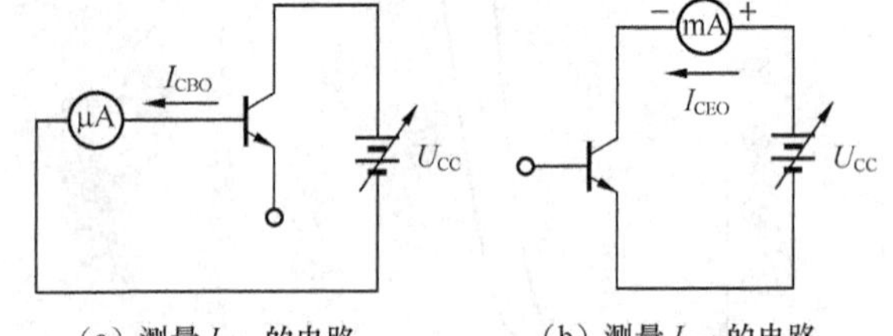

（a）测量 I_{CBO} 的电路　　（b）测量 I_{CEO} 的电路

图 1-22　测量 I_{CBO} 及 I_{CEO} 的电路

（4）集电极最大允许电流 I_{CM}。集电极电流 I_C 超过一定值时，β 值下降。当 β 值下降到正常值的 2/3 时的集电极电流，称为集电极最大允许电流 I_{CM}。因此，在使用晶体管时，若 I_C 超过 I_{CM}，管子虽不至于被烧毁，但 β 值却下降了许多。

（5）集电极—发射极反向击穿电压 $U_{(BR)CEO}$。基极开路时，加在集电极与发射极之间的最大允许电压，称为集电极—发射极反向击穿电压。使用时，加在集电极—发射极间的实际电压应小于此反向击穿电压，以免管子被击穿。

（6）集电极最大允许耗散功率 P_{CM}。I_C 在流经集电结时会产生热量，使结温升高，从而会引起三极管参数的变化，严重时导致管子烧毁。因此必须限制管子的耗散功率，在规定结温不超过允许值（锗管为 70～90℃，硅管为 150℃）时，集电极所消耗的最大功率，称为集电极最大允许耗散功率 P_{CM}。

$$P_{CM} = I_C U_{CE}$$

可在三极管输出特性曲线上作出 P_{CM} 曲线，称为功耗线，如图 1-21 所示。

（二）场效应管

场效应管（MOSFET）是一种外形与普通晶体管相似，但控制特性不同的半导体器件。它

的输入电阻可高达 $10^{15}\Omega$，而且制造工艺简单，适用于制造大规模及超大规模集成电路。

场效应管也称为 MOS 管，按其结构不同，分为结型场效应管和绝缘栅场效应管两种类型。本书只介绍绝缘栅场效应管。

绝缘栅场效应管按其结构不同，分为 N 沟道和 P 沟道两种，每种又有增强型和耗尽型两类。下面简单介绍它们的工作原理。

1. 增强型绝缘栅场效应管

（1）结构特点。图 1-23 是 N 沟道增强型绝缘栅场效应管示意图。在一块掺杂浓度较低的 P 型硅衬底上，用光刻、扩散工艺制作两个高掺杂浓度的 N 型区，并用金属铝引出两个电极，称为漏极 D 和源极 S，如图 1-23（a）所示。然后在半导体表面覆盖一层很薄的二氧化硅（SiO_2）绝缘层，在漏—源极间的绝缘层上再装一个铝电极，称为栅极 G，这就构成了一个 N 沟道增强型 MOS 管。它的栅极与其他电极间是绝缘的，所以称为绝缘栅场效应管，或称为金属—氧化物—半导体（Metal-Oxide-Semiconductor）场效应管，又称为 MOS 场效应管。图 1-23（b）所示是它的图形符号。其中箭头方向表示由 P（衬底）指向 N（沟道）。

（2）工作原理与特性曲线。从图 1-23（a）可以看出，漏极 D 和源极 S 之间被 P 型衬底隔开，则漏极 D 和源极 S 之间是两个背靠背的 PN 结。当栅—源电压 $U_{GS}=0$ 时，即使加上漏—源电压 U_{DS}，而且不论 U_{DS} 的极性如何，总有一个 PN 结处于反偏状态，漏—源极间没有导电沟道，所以这时漏极电流 $I_D\approx0$。

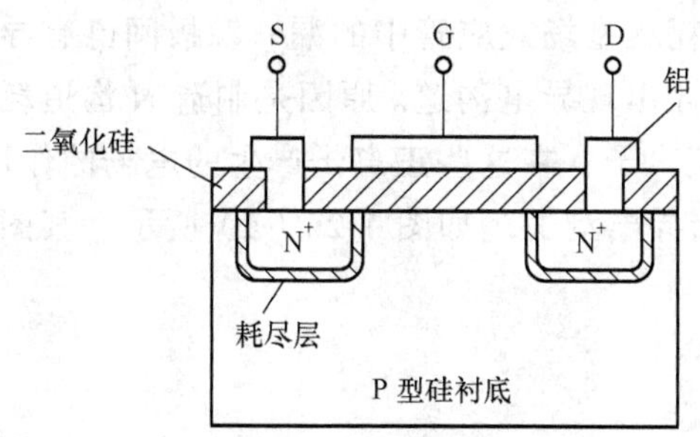

（a）N 沟道增强型绝缘栅场效应管的结构

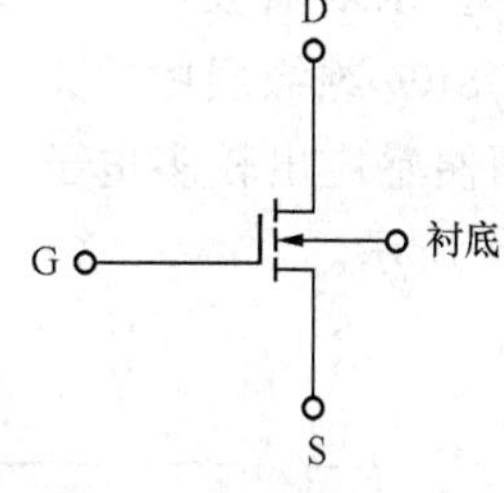

（b）N 沟道增强型绝缘栅场效应管的图形符号

图 1-23　N 沟道增强型绝缘栅场效应管

若在栅—源极间加上正向电压，即 $U_{GS}>0$，则栅极和衬底之间的 SiO_2 绝缘层中便产生一个垂直于半导体表面的由栅极指向衬底的电场，这个电场能排斥空穴而吸引电子，因而使栅极附近的 P 型衬底中的空穴被排斥，剩下不能移动的负离子，形成耗尽层，同时 P 衬底中的电子（少子）被吸引到衬底表面，如图 1-24 所示。当 U_{GS} 数值较小，吸引电子的能力不强时，漏—源极之间仍无导电沟道出现。U_{GS} 增加时，吸引到 P 衬底表面层的电子就增多，当 U_{GS} 达到某一数值时，这些电子在栅极附近的 P 衬底表面便形成一个 N 型薄层，且与两个 N 型区相连通，在漏—源极间形成 N 型导电沟道，其导电类型与 P 衬底相反，故又称为反型层。U_{GS} 越大，作用于半

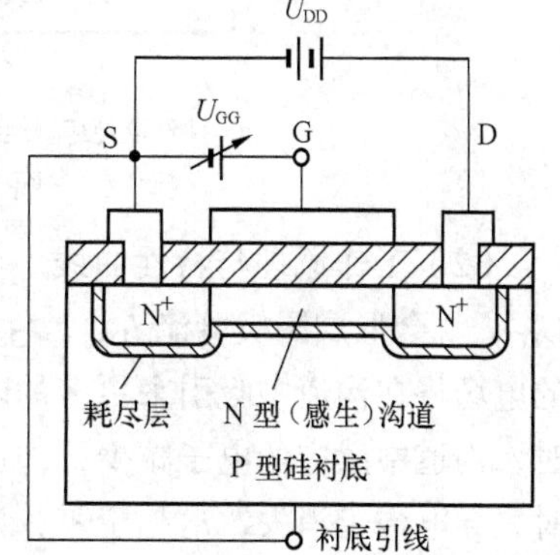

图 1-24　绝缘栅场效应管的工作原理

导体表面的电场就越强，吸引到 P 衬底表面的电子就越多，导电沟道就越厚，沟道电阻就越小。我们把开始形成沟道时的栅—源极电压称为开启电压，用 $U_{GS(th)}$表示。

由上述分析可知，N 沟道增强型场效应管在 $U_{GS}<U_{GS(th)}$时，不能形成导电沟道，场效应管处于截止状态。只有当 $U_{GS} \geqslant U_{GS(th)}$时，才有沟道形成，此时在漏—源极间加上正向电压 U_{DS}，才有漏极电流 I_D 产生。而且 U_{GS} 增大时，沟道变厚，沟道电阻减小，I_D 增大。这是 N 沟道增强型场效应管的栅极电压控制的作用，因此，场效应管通常也称为压控三极管。

N 沟道增强型场效应管的转移特性曲线和输出特性曲线如图 1-25 所示。

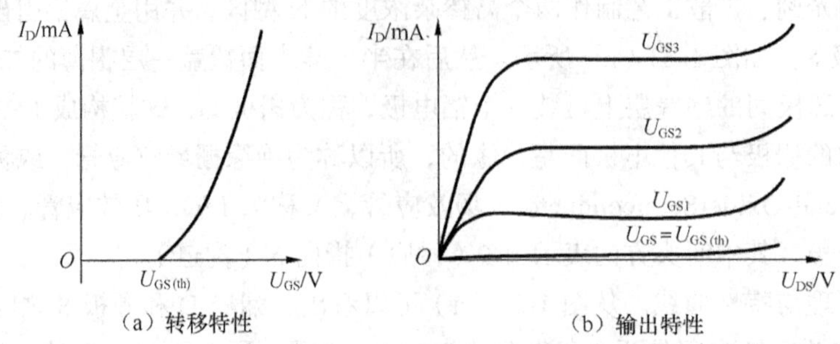

图 1-25 N 沟道增强型绝缘栅场效应管的特性曲线

2. 耗尽型绝缘栅场效应管

(1) 结构特点。从结构上看，N 沟道耗尽型场效应管与 N 沟道增强型场效应管基本相似，区别仅在于当栅—源极间电压 U_{GS}=0 时，耗尽型场效应管中的漏—源极间已有导电沟道产生，而增强型 MOS 管要在 $U_{GS} \geqslant U_{GS(th)}$时才出现导电沟道。原因是制造 N 沟道耗尽型场效应管时，在 SiO_2 绝缘层中掺入了大量的正离子，在这些正离子产生的电场的作用下，两个 N 型区之间便感应出较多电子，形成原始导电沟道，如图 1-26（a）所示。其图形符号如图 1-26（b）所示。

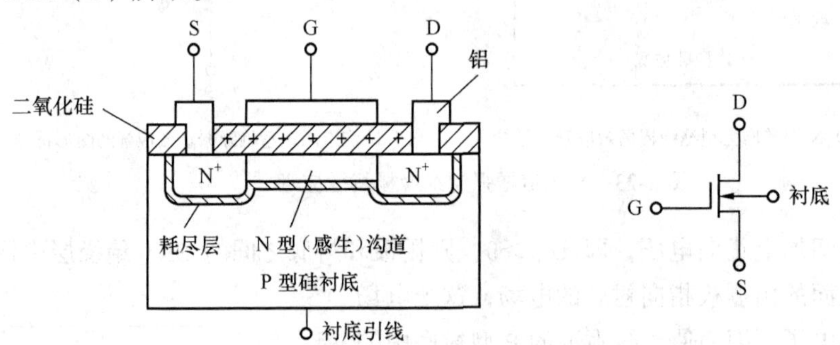

(a) N 沟道耗尽型绝缘栅场效应管的结构 (b) N 沟道耗尽型绝缘栅场效应管的图形符号

图 1-26 N 沟道耗尽型绝缘栅场效应管

(2) 工作原理与特性曲线。当 U_{GS}=0 时，漏极和源极之间可以导电，只要加上正向电压 U_{DS}，就会形成漏极电流 I_{DSS}，I_{DSS} 又称为漏极饱和电流。如果加上正的 U_{GS}，栅极与 N 沟道间的电场将在沟道中吸引来更多的电子，沟道加宽，沟道电阻变小，I_D 增大。反之，当 U_{GS} 为负时，沟道中感应的电子减少，沟道变窄，沟道电阻变大，I_D 减小。当 U_{GS} 负向增加到某一数值时，导电沟道消失，I_D 趋于零，该管截止，故称为耗尽型。沟道消失时的栅—源电压称为夹断电压，用 $U_{GS(off)}$表示，为负值。

N 沟道耗尽型绝缘栅场效应管的转移特性曲线和输出特性曲线如图 1-27 所示。

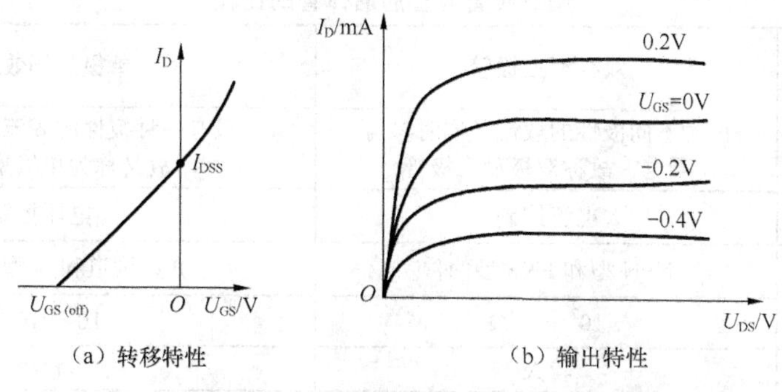

（a）转移特性　　（b）输出特性

图 1-27　N 沟道耗尽型绝缘栅场效应管的特性曲线

可见，在 $U_{GS}=0$、$U_{GS}>0$、$U_{GS(off)}<U_{GS}<0$ 的情况下均能实现对 I_D 的控制，而且仍能保持栅—源极间有很大的绝缘电阻，使栅极电流为零。这是耗尽型场效应管的一个重要特点。

以上介绍了 N 沟道增强型绝缘栅场效应管和 N 沟道耗尽型绝缘栅场效应管，实际上 P 沟道也有增强型和耗尽型，其符号如图 1-28 所示。

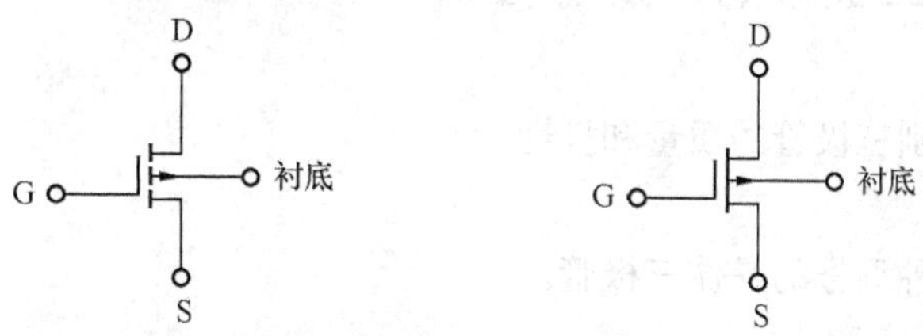

（a）P 沟道增强型场效应管的图形符号　　（b）P 沟道耗尽型场效应管的图形符号

图 1-28　P 沟道绝缘栅场效应管

3. 场效应管的主要参数

场效应管的主要参数除输入电阻 R_{GS}、漏极饱和电流 I_{DSS}、夹断电压 $U_{GS(off)}$和开启电压 $U_{GS(th)}$外，还有以下几个。

（1）跨导 g_m。

$$g_m = \left.\frac{\Delta I_D}{\Delta U_{GS}}\right|_{U_{DS}=\text{常数}}$$

式中，g_m 表示场效应管栅—源电压 U_{GS} 对漏极 I_D 控制作用的大小，单位是μA/V 或 mA/V。

（2）通态电阻。在确定的栅—源电压 U_{GS} 下，场效应管进入饱和导通时，漏极和源极之间的电阻称为通态电阻。通态电阻的大小决定了管子的开通损耗。

（3）最大漏—源击穿电压 $U_{DS(BR)}$。$U_{DS(BR)}$指漏极与源极之间的反向击穿电压。

（4）漏极最大耗散功率 P_{DM}。指漏极耗散功率 $P_D = U_{DS}I_D$ 的最大允许值，是从发热角度对管子提出的限制条件。

使用绝缘栅场效应管时，除注意不要超过最大漏—源击穿电压 $U_{DS(BR)}$及漏极最大耗散功率 P_{DM} 之外，还应特别注意可能出现的栅极感应电压过高而造成绝缘层击穿的问题，所以在保存时应将 3 个电极短路，焊接时应用导线将各电极连在一起，并且电烙铁必须良好接地。

场效应管与普通晶体管的比较见表 1-6。

表 1-6　　场效应管与普通晶体管的比较

项目＼名称	双极型三极管	单极型场效应管
载流子	两种不同极性的载流子同时参与导电，故称双极型三极管	只有一种极性的载流子参与导电，故又称为单极型晶体管
控制方式	电流控制	电压控制
类型	NPN 型和 PNP 型两种	P 型沟道和 N 型沟道两种
输入电阻	10^2～$10^4\Omega$	10^7～$10^{14}\Omega$
噪声	较大	较小
静电影响	不受静电影响	易受静电影响
制造工艺	不宜大规模集成	适宜大规模和超大规模集成
对应极	基极—栅极，发射极—源极，集电极—漏极	

三、项目实施

（一）实训：三极管的判别与检测

1. 实训目的

学会用万用表判别三极管的质量和极性。

2. 实训器材

万用表 1 只，各种型号的晶体三极管。

3. 实训内容及步骤

一般可用万用表的“R×100”和“R×1k”挡来进行判别。

（1）B 极和管型的判断。黑表笔任接一极，红表笔分别依次接另外两个极。若两次测量中表针均偏转很大（说明管子的 PN 结已通，电阻较小），则黑笔接的电极为 B 极，同时该管为 NPN 型；将表笔对调（红表笔任接一极），重复以上操作，则也可确定管子的 B 极，其管型为 PNP 型。

（2）集电极的判断。对于 NPN 型管，集电极接正电压时的电流放大倍数 β 比较大，如果电压极性加反了，β 很小。基极确定以后，用红、黑两表笔依次放在假定的集电极上，指针摆动较大的一次黑笔所接的就是集电极；如果万用表指针偏转较小，则与红表笔相连的极为集电极，如图 1-29 所示。

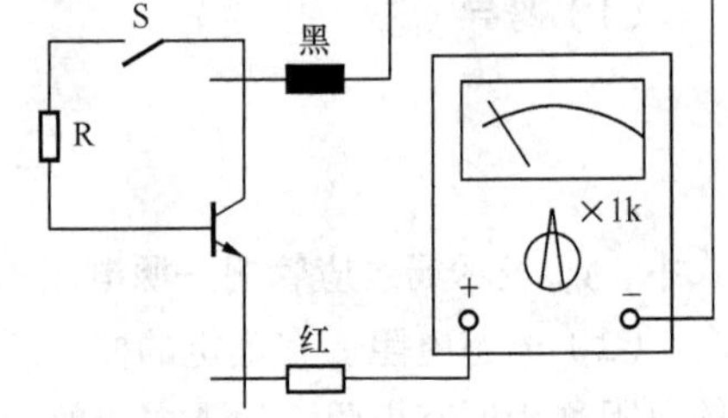

图 1-29　三极管集电极的判别

（3）管子好坏的判断。若在以上操作中无一电极满足上述现象，则说明管子已坏。也可用万用表的 h_{FE} 挡进行判断。当管型确定后，将三极管插入“NPN”或“PNP”插孔，将万用表置于“h_{FE}”挡，若 h_{FE}（β）值不正常（如为 0 或大于 300），则说明管子已坏。

将测量数据记入表 1-7 中。

表 1-7　　三极管测量记录

序列号	标注型号与类型（NPN 或 PNP）	B-E 间电阻	E-B 间电阻	B-C 间电阻	C-B 间电阻	质量判别（优/劣）
1						
2						

（二）实训：三极管输入/输出特性的测试

1. 实训目的

（1）掌握三极管输入特性曲线的测试方法。

（2）掌握三极管输出特性曲线的测试方法。

（3）全面深入地理解三极管的特性。

2. 实训器材

直流稳压电源、万用表、实训电路板、元器件。

3. 实训电路

三极管伏安特性测试电路如图 1-30 所示。

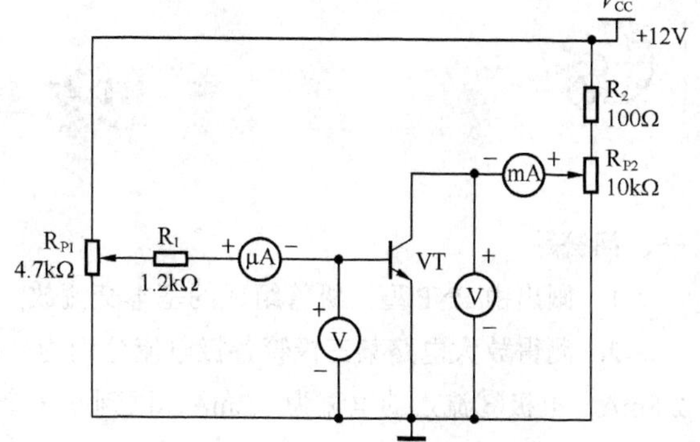

图 1-30 三极管伏安特性测试电路

4. 实训内容及步骤

（1）按图 1-30 接线，检查无误后接通电源。

（2）输入特性曲线测试。

① 调节 R_{P2} 使集电极电压 $U_{CE}=0V$，再调节 R_{P1} 使 U_{BE} 的数值发生变化，读出相应的输入电流 I_B 的值。

② 调节 R_{P2} 使集电极电压 $U_{CE}=3V$，再调节 R_{P1} 使 U_{BE} 的数值发生变化，读出相应的输入电流 I_B 的值。

③ 把测得的数据记入表 1-8 中。

表 1-8 三极管 U_{BE} 与 I_B 的关系

U_{BE}(V)		0	0.2	0.4	0.45	0.50	0.55	0.6	0.65	0.7	0.75
I_B（μA）	$U_{CE}=0V$										
	$U_{CE}=3V$										

（3）输出特性曲线测试。

① 调节 R_{P1} 使 I_B 为 20μA，再调节 R_{P2} 使 U_{CE} 发生变化，读出相应的输出电流 I_C 的数值。

② 调节 R_{P1} 使 I_B 为 40μA，再调节 R_{P2} 使 U_{CE} 发生变化，读出相应的输出电流 I_C 的数值。

③ 调节 R_{P1} 使 I_B 分别为 60μA、80μA、100μA，再调节 R_{P2} 使 U_{CE} 发生变化，读出相应输出电流 I_C 的数值。并计入表 1-9 中。

表 1-9 三极管 U_{CE} 与 I_C 的关系

I_B(μA) / U_{CE}(V)	0	20	40	60	80	100
0						
0.1						
0.2						
0.3						
0.4						
0.8						
1						
5						
10						

5. 实训报告

（1）整理分析测试数据。

（2）画出伏安特性曲线。

思考与练习

一、问答题

1. 画出由 PNP 型三级管组成的基本交流放大电路，并标出电源的极性。

2. 测得放大电路某三极管各极电流分别为：电极①流出的电流为 3mA，电极②流入的电流为 2.8mA，电极③流入的电流为 0.2mA，试判断 3 个电极各是什么电极？该三极管是什么类型？

二、分析和计算题

1. 某放大电路中三极管各级对地电位分别为−10V，−9.7V 和−5V。试判别各极。该管是硅管还是锗管？是 PNP 型还是 NPN 型？

2. 有两只三极管，一只的 $\beta = 200$，$I_{CEO} = 200\mu A$；另一只的 $\beta = 100$，$I_{CEO} = 10\mu A$，其他参数大致相同。你认为应选用哪只管子？为什么？

单元小结

本征半导体有自由电子和空穴两种载流子，但导电能力较弱。杂质半导体分为 P 型半导体和 N 型半导体，其导电能力有了极大的提高，多子数目由掺杂的杂质浓度决定，少子数目与温度有关。PN 结具有单向导电性，是构成一切半导体器件的基础。

二极管由一个 PN 结组成，具有单向导电性。三极管由两个 PN 结构成，具有电流放大作用，放大的外部条件是发射结加正向电压（即正向偏置），集电结加反向电压（即反向偏置）。二极管、三极管的主要参数表示二极管、三极管的质量指标和安全使用范围。

二极管、三极管的识别与检测是必须学会的基本技能。

第2单元

单级交流放大电路

【学习目标】

1. 掌握三极管共发射极基本放大电路的组成及各元件的作用。
2. 理解基本放大电路的放大原理，能正确地进行静态和动态的分析。
3. 能熟练地对三极管放大电路进行静态工作点的调整。
4. 掌握分压式射极偏置电路电压放大倍数，输入、输出电阻的计算方法及测试方法；掌握最大不失真输出电压的计算和测试方法。
5. 熟悉射极输出器的电路组成及特点，掌握射极输出器的输入、输出电阻及电压放大倍数的计算及测试方法。
6. 掌握绝缘栅型场效应管放大电路静态及动态参数的计算和测试方法。

项目一　共发射极基本放大电路及其调试

一、项目导入

能把微弱的电信号放大并转换成较强的电信号的电路，称为放大电路，也称放大器。它能将一个微弱的电信号放大到所需要的数值，以推动负载工作。基本放大电路是结构最简单的共发射极单管放大器，它是构成复杂放大电路的基本单元，也是构成各种电子设备的基本单元之一。

扩音机是放大电路应用的一个典型例子，扩音机由送话器、放大电路和扬声器 3 部分组成，如图 2-1 所示。送话器是信号源，它将声音转变成约几百微伏到几毫伏的微弱电信号，放大电路将此信号加以放大，并且输出足够大的能量，驱动扬声器工作。

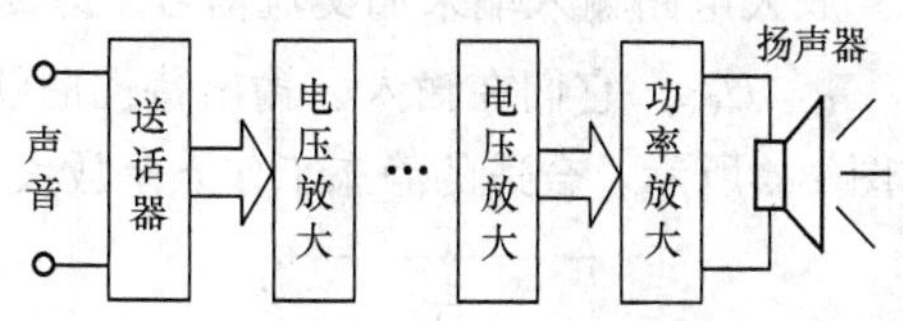

图 2-1　扩音机原理框图

二、相关知识

放大电路最基本的功能就是放大电信号，即把电压、电流或功率放大到要求的量值。实质上，放大的过程是实现能量转换的过程。放大作用的实质是用较弱的信号去控制较强的信号（一种控制作用)，也就是在输入信号的控制下，把电源功率转化为一定功率的信号输出。对放大电路的基本要求如下。

（1）具有一定的输出功率。

（2）具有一定的放大倍数。

（3）失真要小。

（4）工作稳定。

（一）共发射极基本放大电路的组成和工作原理

根据连接方式的不同，放大电路可分为共发射极放大电路、共集电极放大电路和共基极放大电路 3 种，如图 2-2 所示。其中，共发射极放大电路应用最广。

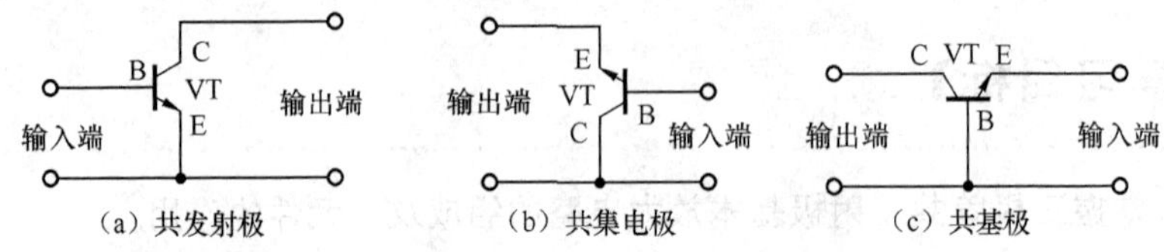

图 2-2　放大电路中三极管的 3 种连接方式

1. 共发射极基本放大电路的组成

共发射极基本放大电路（也称固定偏置电路）如图 2-3 所示。放大电路中各元器件的作用如下。

（1）三极管 VT 为放大器件，起电流放大作用，是整个放大电路的核心，用基极电流 i_B 控制集电极电流 i_C。

（2）电源 U_{CC} 使三极管的发射结正向偏置，集电结反向偏置，使其处在放大状态，同时也是放大电路的能量来源，提供电流 i_B 和 i_C。U_{CC} 一般为几伏到十几伏。

（3）偏置电阻 R_B 使发射结正偏，与 U_{CC} 一起为基极提供一个合适的基极偏置电流 i_B。使三极管有一个合适的工作点，一般为几十千欧到几百千欧。

（4）集电极负载电阻 R_C 将集电极电流 i_C 的变化转换为电压的变化，以获得电压放大，一般为几千欧。

（5）电容 C_1、C_2 用来传递交流信号（起到耦合的作用），隔断直流，使放大电路的工作状态不受信号源和负载影响。为了减小传递信号的电压损失，C_1、C_2 应选得足够大，一般为几微法至几十微法，通常采用电解电容器。

2. 共发射极基本放大电路的工作原理

放大电路输入端未加交流信号（即 $u_i = 0$）时，直流电源 U_{CC} 单独作用产生各直流量 U_{BE}、I_B、I_C、U_{CE}。它们在输入、输出特性曲线上所确定的坐标点为静态工作点 Q，简称工作点，如图 2-4 所示。合适的静态工作点是放大器正常工作的前提条件。

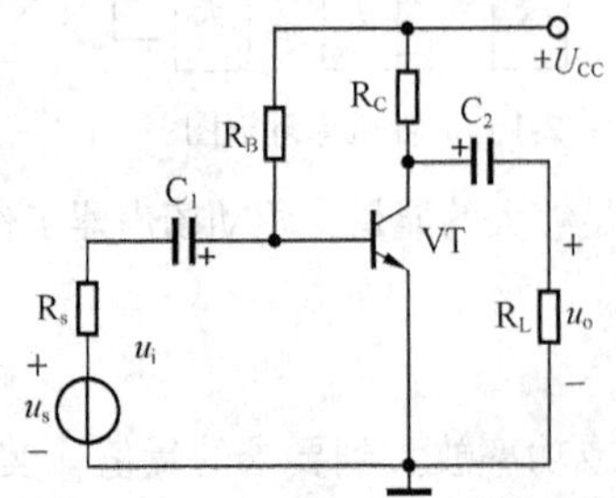

图 2-3　共发射极基本放大电路

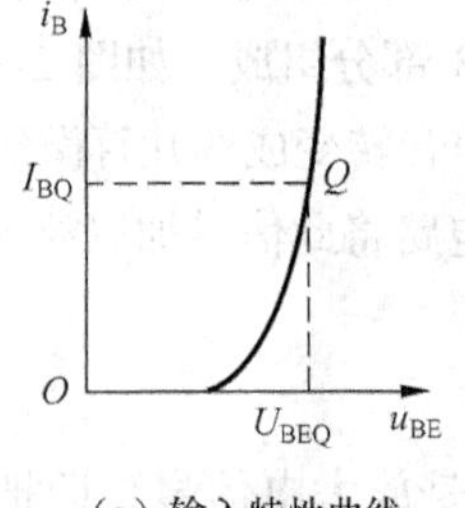

（a）输入特性曲线

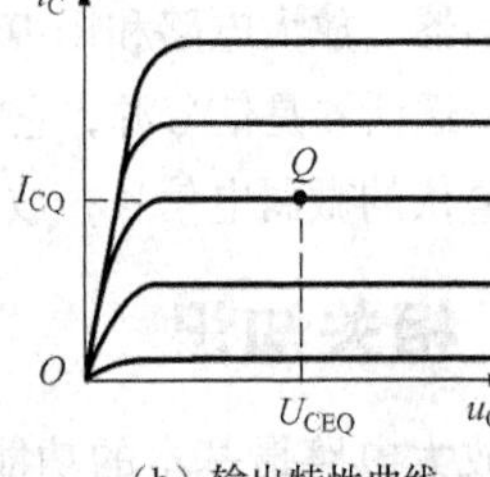

（b）输出特性曲线

图 2-4　静态工作点 Q

当输入正弦交流电压信号 u_i 后，各电极电流和电压大小均发生了变化，都在直流量的基础上叠加了一个交流量，但方向始终不变，共发射极基本放大电路的工作原理如图 2-5（a）所示。图中各电量可用以下几个公式表示，对应波形如图 2-5（b）所示。

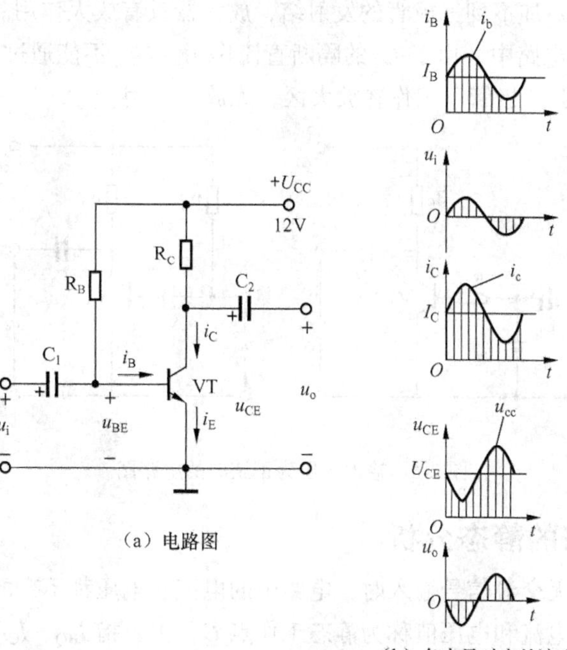

（a）电路图

（b）各电量对应的波形图

图 2-5　共发射极基本放大电路的工作原理（放大电路的动态）

$$u_{BE} = U_{BEQ} + u_{be}$$

式中，$u_{be} = u_i$

$$i_B = I_{BQ} + i_b$$

$$i_C = I_{CQ} + i_c$$

$$u_{CE} = U_{CEQ} + u_{ce}$$

式中，$u_o = u_{ce}$

发射结两端电压 u_{BE} 是静态值 U_{BEQ} 与输入信号值 u_i 的叠加。若三极管工作在特性曲线的放大区域，则产生基极电流 i_B，i_B 在静态的基础上随 u_{BE} 变化，经过三极管电流放大，产生电流 i_C，i_C 也是两个分量的叠加。i_C 流经 R_C，使 R_C 两端的压降变化，当 i_C 达到最大值时，R_C 上压降最大，三极管压降 u_{CE} 最小；反之，当 i_C 达到最小值时，三极管压降 u_{CE} 最大，故 u_{CE} 与 i_C 的变化趋势相反（二者相位相反）。输出电压因被 C_2 隔断了直流分量，只输出交流分量，即 $u_o = u_{ce}$。

电压放大过程可用式子简化为：$u_i \rightarrow \Delta u_{BE} \rightarrow \Delta i_B \rightarrow \Delta i_C = \beta \Delta i_B \rightarrow \Delta u_{CE} \rightarrow u_o$，如果电路的参数选择适当，$u_o$ 的幅度将比 u_i 大得多，从而达到电压放大的目的。输出电压 u_o 与输入电压 u_i 在相位上相差 180°，说明共发射极放大电路具有反相作用（也称倒相作用）。

共发射极放大电路实现放大的条件如下。

（1）三极管必须工作在放大区。发射结正偏，集电结反偏。

（2）正确设置静态工作点，使三极管工作于放大区。

（3）输入回路将变化的电压转化成变化的基极电流。

（4）输出回路将变化的集电极电流转化成变化的集电极电压，经电容耦合输出交流信号。

例 2-1 当输入电压为正弦波时，图 2-6 所示的三极管有无放大作用？

解：图 2-6（a）所示的电路中，U_{BB} 经 R_B 向三极管的发射结提供正偏电压，U_{CC} 经 R_C 向集电结提供反偏电压，因此三极管工作在放大区。但是，由于 U_{BB} 为恒压源，对交流信号起短路作用，因此输入信号 u_i 加不到三极管的发射结，放大器没有放大作用。

图 2-6（b）所示的电路中，由于 C_1 的隔断直流作用，U_{CC} 不能通过 R_B 使管子的发射结正偏，即发射结零偏，因此三极管不工作在放大区，无放大作用。

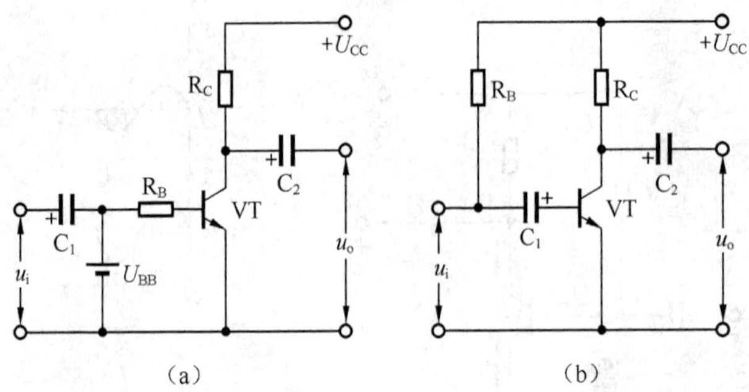

图 2-6　输入电压为正弦波的电路图

（二）放大电路的静态分析

静态是指放大电路无交流信号输入时，电路中的电流、电压都不变的状态。

静态时三极管各极电流和电压值称为静态工作点 Q，主要指 I_{BQ}、I_{CQ} 和 U_{CEQ}。

设置静态工作点的目的是使放大电路的放大信号不失真，并且使放大电路工作在较佳的工作状态。

静态分析主要是确定放大电路中的静态值 I_{BQ}、I_{CQ} 和 U_{CEQ}。采用的分析方法是估算法和图解法。

1．用估算法确定静态工作点（求静态值 I_{BQ}、I_{CQ} 和 U_{CEQ}）

直流通路是指放大电路未加输入信号时，在直流电源 U_{CC} 的作用下，直流分量所流过的路径。直流通路是静态分析所依据的等效电路，画直流通路的原则为：将放大电路中的耦合电容、旁路电容视为开路，电感视为短路。图 2-3 所示的共发射极放大电路的直流通路如图 2-7 所示。

由图 2-7 所示的直流通路估算 I_{BQ}、I_{CQ}、U_{CEQ}。

由基尔霍夫电压定律得

$$I_{BQ}=\frac{U_{CC}-U_{BEQ}}{R_B}\approx\frac{U_{CC}}{R_B}$$

根据电流放大作用

$$I_{CQ}\approx\beta I_{BQ}$$

由基尔霍夫电压定律得

$$U_{CEQ}=U_{CC}-I_{CQ}R_C$$

例 2-2 用估算法确定图 2-7 所示电路的静态工作点。其中 $U_{CC}=12V$，$R_B=300k\Omega$，$R_C=4k\Omega$，$\beta=37.5$。

解：$I_{BQ}\approx\frac{U_{CC}}{R_B}=\frac{12}{300\times10^3}A=0.04mA=40\mu A$

$$I_{CQ}\approx\beta I_{BQ}=37.5\times0.04mA=1.5mA$$

$$U_{CEQ}=U_{CC}-I_{CQ}R_C=12V-1.5\times10^{-3}\times4\times10^3V=6V$$

2．用图解法确定静态工作点（求静态值 I_{BQ}、I_{CQ} 和 U_{CEQ}）

根据晶体管的输出特性曲线，用作图的方法确定静态值称为图解法。这个方法能直观地分析和了解静态值的变化对放大电路的影响，如图 2-8 所示。

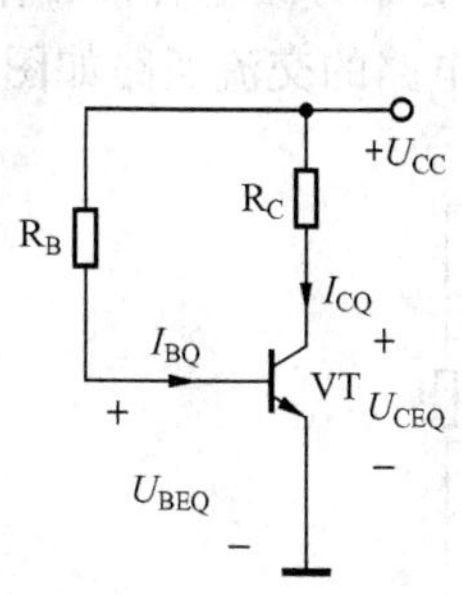

图 2-7　共发射极放大电路的直流通路

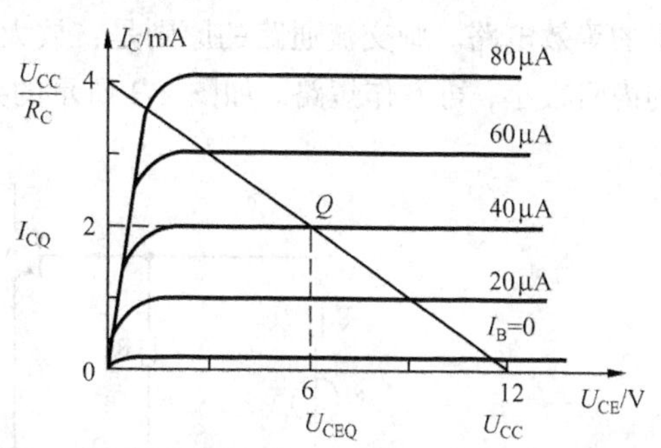

图 2-8　图解法确定静态工作点

用图解法确定静态值的步骤如下。

（1）用估算法求出基极电流 I_{BQ}（如 40μA）。

（2）根据 I_{BQ} 在输出特性曲线中找到对应的曲线。

（3）作直流负载线。

根据其发射极放大电路的直流通路列出输出回路的电压方程：$U_{CE}=U_{CC}-I_C R_C$，在输出特性曲线所在坐标平面上作直流负载线。

令 $i_C=0$，则 $U_{CE}=U_{CC}$，在横轴上得到截距 U_{CC}；令 $U_{CE}=0$，则 $I_C=\dfrac{U_{CC}}{R_C}$，在纵轴上得到截距 $\dfrac{U_{CC}}{R_C}$；连接两截距点所得的直线即为直流负载线，其斜率为 $-\dfrac{1}{R_C}$。

（4）求静态工作点 Q，并确定 U_{CEQ}、I_{CQ} 的值。三极管的 I_{CQ} 和 U_{CEQ} 既要满足 $I_B=40\mu A$ 的输出特性曲线，又要满足直流负载线，因而三极管必然工作在它们的交点 Q，该点就是静态工作点。过 Q 点分别画出两坐标轴的垂线，其交点分别为 I_{CQ} 和 U_{CEQ}，如图 2-8 所示。Q 点直观地反映了静态工作点（I_{BQ}、I_{CQ}、U_{CEQ}）的 3 个值。

例 2-3　用图解法确定例 2-2 放大电路的静态工作点。

解：在图 2-8 中，根据 $\dfrac{U_{CC}}{R_C}=\dfrac{12}{3\times10^3}\text{A}-4\text{mA}$、$U_{CC}=12\text{V}$ 作直流负载线，与 $I_{BQ}=40\mu\text{A}$ 的特性曲线相交得静态工作点 Q，根据 Q 点坐标可得

$$I_{CQ}=2\text{mA}$$

$$U_{CEQ}=6\text{V}$$

（三）放大电路的动态分析

在直流电源 U_{CC} 和交流信号 u_i 共同作用下，电路中的电流、电压随输入信号作相应变化，这种工作状态称为动态。动态时电路中的电压 u_{BE} 和 u_{CE}、电流 i_B 和 i_C 均包含直流和交流两个分量。

放大电路的静态值确定后，分析交、直流信号共存时信号的传输情况，估算放大电路的电压放大倍数 A_u、输入电阻 r_i、输出电阻 r_o 等各项动态技术指标，称为放大电路的动态分析。

动态分析的对象是各电极电压、电流的交流分量，所用电路是放大电路的交流通路。

动态分析的目的是找出 A_u、r_i、r_o 与电路参数的关系，为电路设计打好基础。动态分析方

法有图解法和微变等效电路法。

1．图解法

交流通路是指在交流信号 u_i 作用下，交流电流所流过的路径。交流通路是放大电路动态分析所依据的等效电路。画交流通路的原则是：放大电路的耦合电容、旁路电容都看作短路；电源 U_{CC} 的内阻很小，可看作短路。如图 2-3 所示的共发射极放大电路的交流通路如图 2-9 所示。

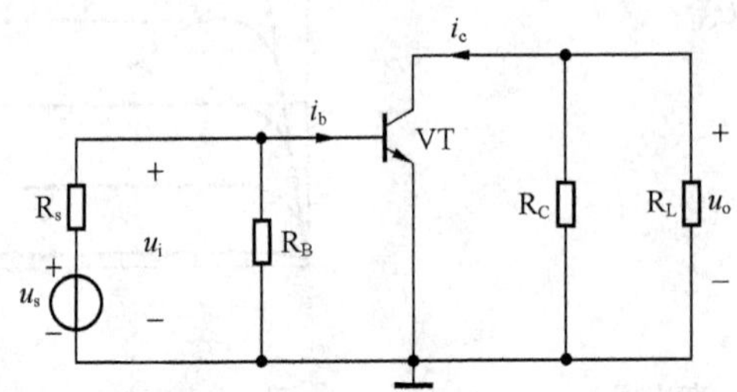

图 2-9　共发射极放大电路的交流通路

图解分析法的步骤如下。

（1）根据静态分析方法，求出静态工作点 Q，在输出特性曲线上，找到相应的静态基极电流 I_{BQ} 对应的输出特性曲线。

（2）根据 u_i 在输入特性曲线上求 u_{BE} 和 i_B，如图 2-10（a）所示。

（3）作交流负载线（过 Q 点作斜率为 $-\frac{1}{R_L'}$ 的直线，如图 2-10（b）所示，其中 $R_L' = R_L // R_C$。

（4）根据输入信号，由输出特性曲线和交流负载线确定 i_C 和 u_{CE} 的变化范围 $Q' \leftrightarrow Q \leftrightarrow Q''$，如图 2-10 所示。

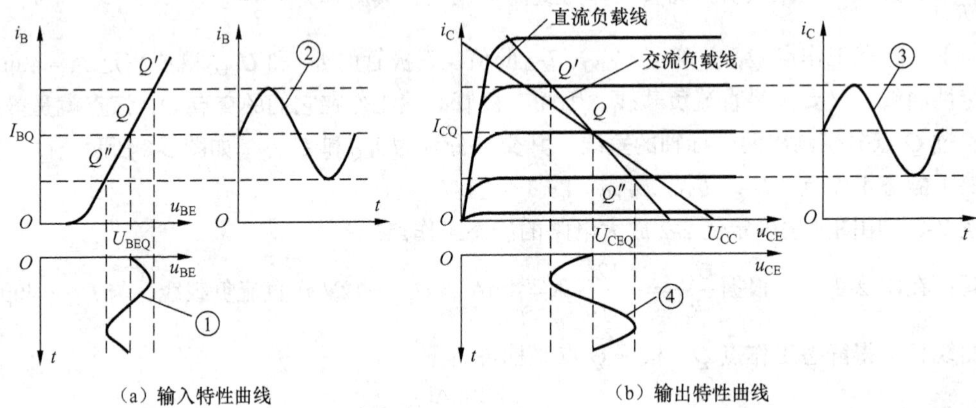

图 2-10　放大电路的图解分析法

（5）确定电压放大倍数。由 Δu_{BE}（即 u_i）和 Δu_{CE}（即 u_o）的峰值（或峰—峰值即正最大值与负最大值之差）之比可得放大电路的电压放大倍数 A_u，如图 2-10 所示。

从图解分析过程，可得出如下几个重要结论。

（1）放大器中的各个量 u_{BE}、i_B、i_C 和 u_{CE} 都由直流分量和交流分量两部分组成。

（2）由于 C_2 的隔断直流作用，u_{CE} 中的直流分量 U_{CEQ} 被隔开，放大器的输出电压 u_o 等于 u_{CE} 中的交流分量 u_{ce}，且与输入电压 u_i 反相。

（3）放大器的电压放大倍数可由 u_o 与 u_i 的幅值之比（或有效值之比）求出。负载电阻 R_L

越小，交流负载电阻 R_L' 也越小，交流负载线就越陡，使 U_{om} 减小，电压放大倍数下降。

（4）静态工作点 Q 设置得不合适，使三极管进入截止区或饱和区工作，将造成非线性失真。

若 Q 设置过高，当 i_b 按正弦规律变化时，Q' 进入饱和区工作，造成饱和失真，如图 2-11（a）所示，适当减小基极电流可消除饱和失真；若 Q 设置过低，当 i_b 按正弦规律变化时，Q'' 进入截止区工作，造成截止失真，如图 2-11（b）所示，适当增加基极电流可消除截止失真。

如果 Q 设置合适，信号幅值过大也会产生失真，减小信号幅值可消除失真。

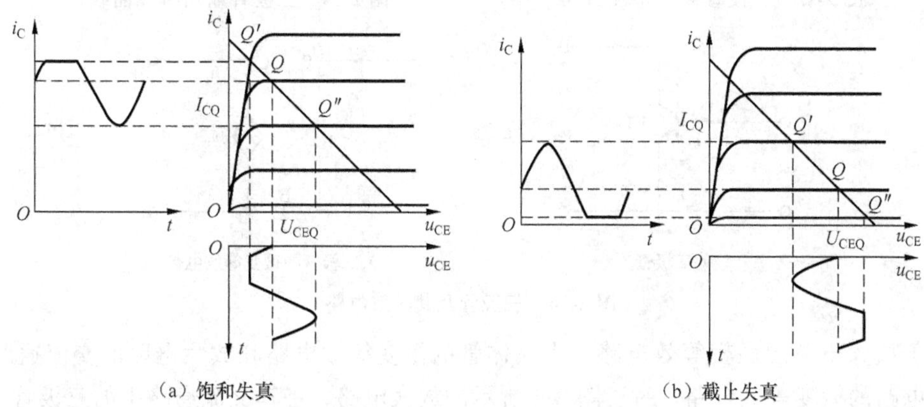

图 2-11　放大电路的非线性失真

2. 微变等效电路法

微变等效电路是指把非线性三极管器件等效为一个线性器件，再把非线性器件三极管所组成的放大电路等效成一个线性电路。

用线性电路的分析方法来分析三极管放大电路，称为微变等效电路分析法，简称微变等效电路法。

由于三极管是在小信号（微变量）情况下工作的，故在静态工作点附近小范围内的特性曲线可用直线近似代替。即微变等效的条件是三极管在小信号（微变量）情况下工作。

利用放大电路的微变等效电路可以分析计算放大电路电压放大倍数 A_u、输入电阻 r_i 和输出电阻 r_o 等。

（1）三极管微变等效电路。如图 2-12 所示，三极管输入特性曲线在 Q 点附近的微小范围内可以认为是线性的。当 u_{BE} 有一微小变化 ΔU_{BE} 时，基极电流的变化量为 ΔI_B，两者的比值称为三极管的动态输入电阻，用 r_{be} 表示，即

$$r_{be}=\frac{\Delta U_{BE}}{\Delta I_B}=\frac{u_{be}}{i_b}$$

理论和实践证明，在低频小信号时，共发射极接法的三极管输入电阻 r_{be} 可用下列经验公式估算：

$$r_{be}=300+(1+\beta)\frac{26(\text{mV})}{I_{EQ}(\text{mA})}$$

如图 2-13 所示，三极管输出特性曲线在放大区域内可认为呈水平线，集电极电流的微小变化 ΔI_C 仅与基极电流的微小变化 ΔI_B 有关，而与电压 u_{CE} 无关，故集电极和发射极之间可等效为一个受 i_b 控制的电流源，即 $i_c=\beta i_b$。

三极管及其等效电路如图 2-14 所示。三极管输入回路可以等效为一个电阻，用 r_{be}（三极管的等效输入电阻也称结电阻）表示，输出回路可以用一个大小为 $i_c=\beta i_b$ 的理想电流源来代替。

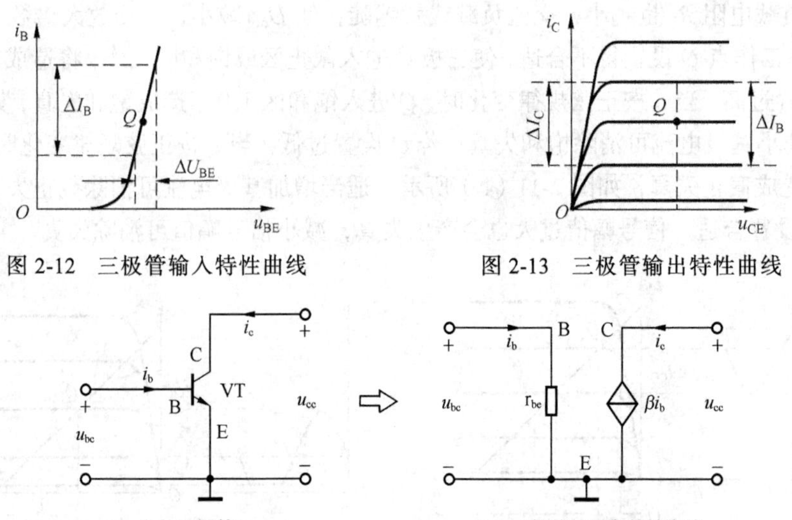

图 2-12　三极管输入特性曲线

图 2-13　三极管输出特性曲线

（a）三极管

（b）三极管的微变等效电路

图 2-14　三极管及其等效电路

（2）放大电路的微变等效电路。由晶体管的微变等效电路和放大电路的交流通路可得到放大电路的微变等效电路。对于图 2-3 所示的放大电路，将其交流通路中的三极管 VT 用其微变等效电路代替，便可得到整个放大电路的微变等效电路，如图 2-15 所示。

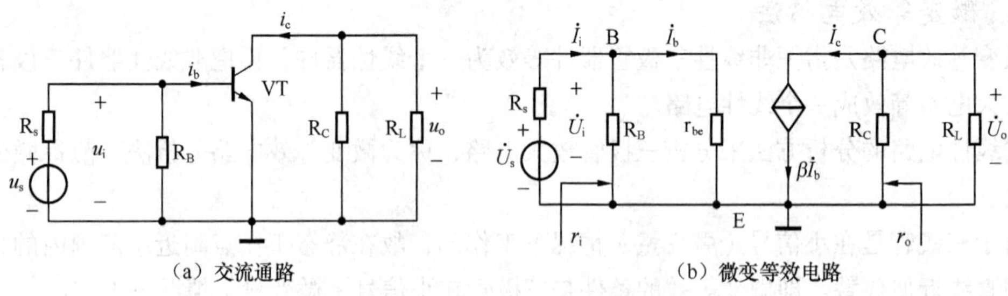

（a）交流通路

（b）微变等效电路

图 2-15　放大电路的等效电路

设输入电压为正弦量，则电路中所有的电流、电压均可用相量表示。放大电路的微变等效电路法分析步骤如下。

① 画出放大电路的交流通路，如图 2-15（a）所示。

② 用三极管的微变等效电路代替交流通路中的三极管 VT，画出放大电路的微变等效电路，如图 2-15（b）所示。

（3）计算动态性能指标（求电压放大倍数及输入、输出电阻）。

① 计算电压放大倍数 A_u。放大倍数是衡量放大电路放大能力的指标，用字母 A 表示。常用的有电压放大倍数、电流放大倍数和功率放大倍数等，其中电压放大倍数应用最多。

交流电压放大倍数是指输出交流信号电压与输入交流信号电压有效值之比，用 A_u 表示，若考虑电压相位时用下式表示。

当负载开路（未接负载电阻 R_L）时，

$$\dot{A}_u = -\frac{\beta R_C}{r_{be}}$$

接入负载电阻 R_L 时，

$$\dot{A}_u' = \frac{\dot{U}_o}{\dot{U}_i} = \frac{-R_L'\dot{I}_c}{r_{be}\dot{I}_b} = \frac{-R_L'\beta\dot{I}_b}{r_{be}\dot{I}_b} = -\frac{\beta R_L'}{r_{be}}$$

其中，$R_L' = R_C // R_L = \dfrac{R_C R_L}{R_C + R_L}$。

② 计算输入电阻 r_i。输入电阻 r_i 是从信号源两端向放大电路输入端看进去的交流等效电阻。对于内阻为 R_s 的信号源来说，放大电路就相当于一个负载，它的等效电阻就是放大电路的输入电阻。即

$$r_i = \frac{U_i}{I_i}$$

由图 2-15（b）所示的共发射极放大电路的微变等效电路得 $r_i = \dfrac{U_i}{I_i} = R_B // r_{be}$。

输入电阻 r_i 的大小决定了放大电路从信号源吸取电流（输入电流）的大小。为了减轻信号源的负担，总希望 r_i 越大越好。另外，较大的输入电阻 r_i 也可以降低信号源内阻 R_s 的影响，使放大电路获得较高的输入电压。在上式中，由于 R_B 比 r_{be} 大得多，r_i 近似等于 r_{be}，在几百欧到几千欧，一般认为是较低的，并不理想。

③ 计算输出电阻 r_o。输出电阻 r_o 是从负载两端向放大电路的输出端看进去的等效电阻。对于负载来说，放大电路相当于一个具有内阻 r_o 的信号源，该信号源的内阻定义为放大电路的输出电阻。

r_o 的计算方法是：把信号源 $\dot{U}_S$ 短路，断开负载 R_L，在输出端加一个交流电压 $\dot{U}_o$，计算它产生的电流 $\dot{I}_o$，如图 2-16 所示。即

$$r_o = \left.\frac{\dot{U}_o}{\dot{I}_o}\right|_{\substack{\dot{U}_s=0 \\ R_L=\infty}}$$

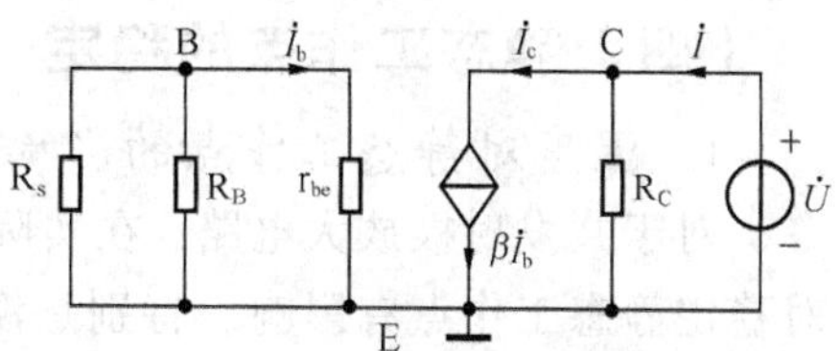

图 2-16 计算输出电阻的等效电路

由图 2-16 可以看出，由于 $\dot{U}_s = 0$，则 $\dot{I}_b = 0$，$\beta\dot{I}_b = 0$，得

$$r_o = \frac{\dot{U}_o}{\dot{I}_o} \approx R_C$$

对于负载而言，放大器的输出电阻 r_o 越小，负载电阻 R_L 的变化对输出电压的影响就越小，表明放大器带负载能力越强，因此总希望 r_o 越小越好。上式中 r_o 在几千欧到几十千欧，一般认为是较大的，也不理想。

例 2-4 图 2-3 所示电路中，已知 $U_{CC} = 12\text{V}$，$R_B = 300\,\text{k}\Omega$，$R_C = 3\,\text{k}\Omega$，$R_L = 3\,\text{k}\Omega$，$R_s = 3\,\text{k}\Omega$，$\beta = 50$，试求：

（1）R_L 断开和接入两种情况下电路的电压放大倍数 $\dot{A}_u$、$\dot{A}_u'$。

（2）输入电阻 r_i 和输出电阻 r_o；

（3）输出端开路时的源电压放大倍数 $\dot{A}_{us} = \dfrac{\dot{U}_o}{\dot{U}_s}$。

解：先求静态工作点

$$I_{BQ} = \frac{U_{CC} - U_{BEQ}}{R_B} \approx \frac{U_{CC}}{R_B} = \frac{12}{300}\text{A} = 40\mu\text{A}$$

$$I_{CQ} = \beta I_{BQ} = 50 \times 0.04\text{mA} = 2\text{mA}$$
$$U_{CEQ} = U_{CC} - I_{CQ}R_C = 12\text{V} - 2\times 3\text{V} = 6\text{V}$$

再求三极管的动态输入电阻

$$r_{be} = 300 + (1+\beta)\frac{26(\text{mV})}{I_{EQ}(\text{mA})} = 300\Omega + (1+50)\frac{26(\text{mV})}{2(\text{mA})} = 963\,\Omega \approx 0.963\,\text{k}\Omega$$

实际中可近似取 $r_{be} = 1\text{k}\Omega$

（1）电压放大倍数。

R_L 断开时的电压放大倍数 $\dot{A}_u$ 为

$$\dot{A}_u = -\frac{\beta R_C}{r_{be}} = -\frac{50\times 3}{0.963} = -156$$

R_L 接入时的电压放大倍数 $\dot{A}_u'$ 为

$$\dot{A}_u' = -\frac{\beta R_L'}{r_{be}} = -\frac{50\times\dfrac{3\times 3}{3+3}}{0.963} = -78$$

（2）输入电阻 r_i、输出电阻 r_o。

$$r_i = R_B // r_{be} = 300 // 0.963 \approx 0.96\,\text{k}\Omega$$
$$r_o \approx R_C = 3\,\text{k}\Omega$$

（3）源电压放大倍数 $\dot{A}_{us}$

$$\dot{A}_{us} = \frac{\dot{U}_o}{\dot{U}_s} = \frac{\dot{U}_i}{\dot{U}_s}\times\frac{\dot{U}_o}{\dot{U}_i} = \frac{r_i}{R_s + r_i}\dot{A}_u = \frac{1}{3+1}\times(-156) = -39$$

（四）静态工作点的稳定

1. 温度对静态工作点的影响

对于共发射极放大电路，在实际工作中电源电压的波动、元器件的老化以及温度都会对稳定静态工作点有影响。特别是温度的升高对静态工作点的影响最大。当温度升高时，三极管的β值将增大，穿透电流 I_{CEO} 增大，U_{BE} 减小，从而使三极管的特性曲线上移。温度升高最终导致三极管的集电极电流 i_C 增大，U_{CE} 减小。因此为了稳定静态工作点，在实际使用时要采用分压式偏置电路，如图 2-17（a）所示。

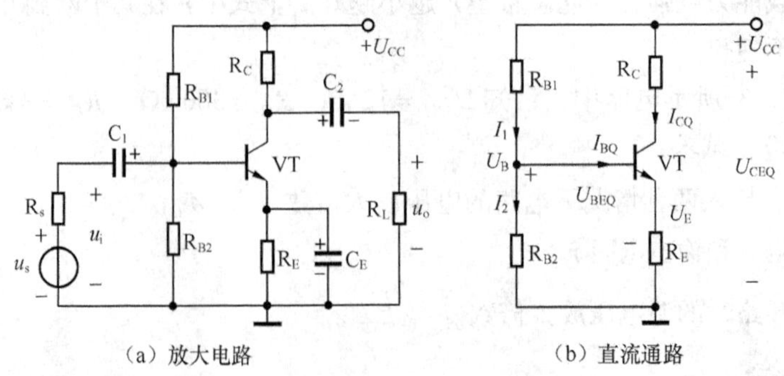

（a）放大电路　　（b）直流通路

图 2-17　分压式偏置电路

图 2-17（b）为分压式偏置电路的直流通路。由直流通路可知，当满足条件 $I_2 >> I_{BQ}$ 时，

$U_B = \frac{R_{B2}}{R_{B1}+R_{B2}}U_{CC}$ 与温度基本无关，电路的调节过程为

$$温度\ t\uparrow \to I_C\uparrow \to I_E\uparrow \to U_E(=I_E R_E)\uparrow \to U_{BE}(=U_B - I_E R_E)\downarrow \to I_B\downarrow \to I_C\downarrow$$

2. 静态分析

由图 2-17（b）所示的直流通路得

$$U_B = \frac{R_{B2}}{R_{B1}+R_{B2}}U_{CC}$$

$$I_{CQ} \approx I_{EQ} = \frac{U_B - U_{BEQ}}{R_E}$$

$$I_{BQ} = \frac{I_{CQ}}{\beta}$$

$$U_{CEQ} \approx U_{CC} - I_{CQ}(R_C + R_E)$$

3. 动态分析

画出图 2-17（a）所示分压式偏置电路的交流通路，如图 2-18 所示，由交流通路得

$$\dot{A}_u = -\frac{\beta R_L'}{r_{be}}$$

$$r_i = R_{B1} // R_{B2} // r_{be}$$

$$r_o \approx R_C$$

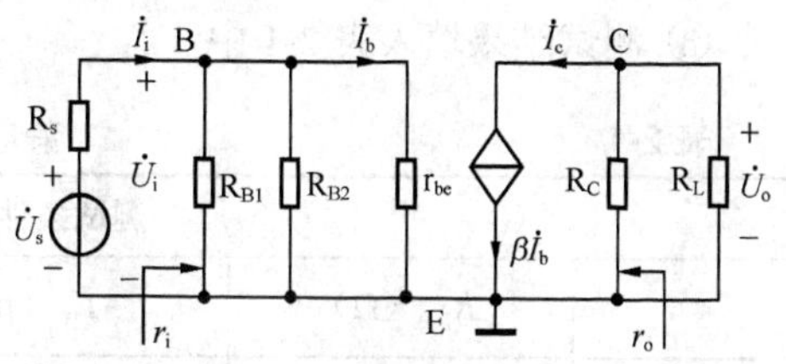

图 2-18　分压式偏置电路的交流通路

例 2-5　图 2-17（a）所示电路中，已知 $U_{CC}=12\text{V}$，$R_{B1}=20\text{k}\Omega$，$R_{B2}=10\text{k}\Omega$，$R_C=3\text{k}\Omega$，$R_E=2\text{k}\Omega$，$R_L=3\text{k}\Omega$，$\beta=50$。试估算静态工作点，并求电压放大倍数、输入电阻和输出电阻。

解：（1）用估算法计算静态工作点。

$$U_B = \frac{R_{B2}}{R_{B1}+R_{B2}}U_{CC} = \frac{10}{20+10}\times 12\text{V} = 4\text{V}$$

$$I_{CQ} \approx I_{EQ} = \frac{U_B - U_{BEQ}}{R_E} = \frac{4-0.7}{2}\text{mA} = 1.65\text{mA}$$

$$I_{BQ} = \frac{I_{CQ}}{\beta} = \frac{1.65}{50}\text{mA} = 33\mu\text{A}$$

$$U_{CEQ} = U_{CC} - I_{CQ}(R_C + R_E) = 12\text{V} - 1.65\times(3+2)\text{V} = 3.75\text{V}$$

（2）求电压放大倍数。

$$r_{be} = 300 + (1+\beta)\frac{26}{I_{EQ}} = 300\Omega + (1+50)\frac{26}{1.65}\Omega = 1100\Omega = 1.1\text{k}\Omega$$

$$A_u = -\frac{\beta R_L'}{r_{be}} = -\frac{50\times\frac{3\times 3}{3+3}}{1.1} = -68$$

（3）求输入电阻和输出电阻。

$$r_i = R_{B1} // R_{B2} // r_{be} = 20 // 10 // 1.1 = 0.994\text{k}\Omega$$

$$r_o \approx R_C = 3\text{k}\Omega$$

三、项目实施

（一）仿真实验：单管共发射极基本放大电路的测试

1. 静态工作点的测试

（1）测试原理。

（2）仿真测试步骤。

① 创建仿真电路并设置仪器、元件的类型和参数，如图 2-19 所示。

$$I_{BQ} \approx \frac{U_{CC}}{R_B}$$

$$I_{CQ} \approx \beta I_{BQ}$$

$$U_{CEQ} = U_{CC} - I_{CQ} R_C$$

② 按下仿真开关，改变可变电阻 R_{B1}，调整放大器到合适的静态工作点，仿真测量基本共射极放大电路的各静态值 I_B、I_C、U_{CE}。电阻 R_{B1} 值可直接算出，也可在断电时用万用表测出。

③ 测试结果填入表 2-1 中。

表 2-1　静态工作点的仿真值

测试条件：U_{CC} = 12V，β = 100				
	R_{B1}（Ω）	I_B（μA）	I_C（mA）	U_{CE}（V）
计算值				
测量值				

2. 动态性能指标的测试

（1）测试原理。

① 电压放大倍数 A_u 的测量。在输入端加电压 u_i，在输出电压 u_o 不失真的情况下，用交流毫伏表测出 u_i 和 u_o 的有效值 U_i 和 U_o，则

$$A_u = \frac{U_o}{U_i}$$

② 输入电阻 r_i 的测量。如图 2-20 所示，在被测放大器的输入端与信号源之间串入一已知电阻 R，在放大器正常工作的情况下，用交流毫伏表测出 U_s 和 U_i，则 $r_i = \frac{U_i}{I_i} = \frac{U_i}{\frac{U_R}{R}} = \frac{U_i}{U_s - U_i} R$

通常取 R 与 r_i 为同一数量级。

③ 输出电阻 r_o 的测量。如图 2-20 所示，在放大器正常工作条件下，保持输入信号的大小不变，测出负载 R_L 开路时的输出电压 U_o 和接入负载后的输出电压 U_L，根据 $U_L = \frac{R_L}{r_o + R_L} U_o$ 即可求出 $r_o = \left(\frac{U_o}{U_L} - 1\right) R_L$。

（2）仿真测试步骤。

① 创建仿真电路并设置仪器、元件的类型和参数，如图 2-21 所示。

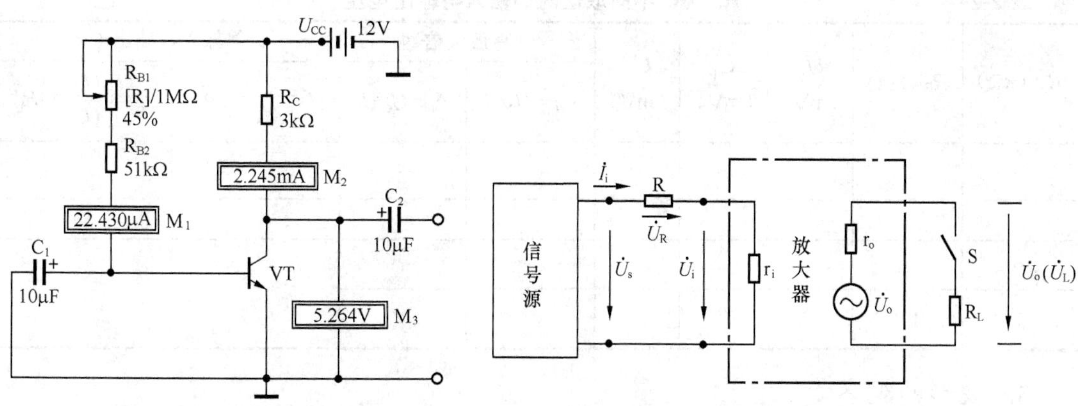

图 2-19　测量静态工作点的仿真电路　　　　图 2-20　输入、输出电阻的测量电路

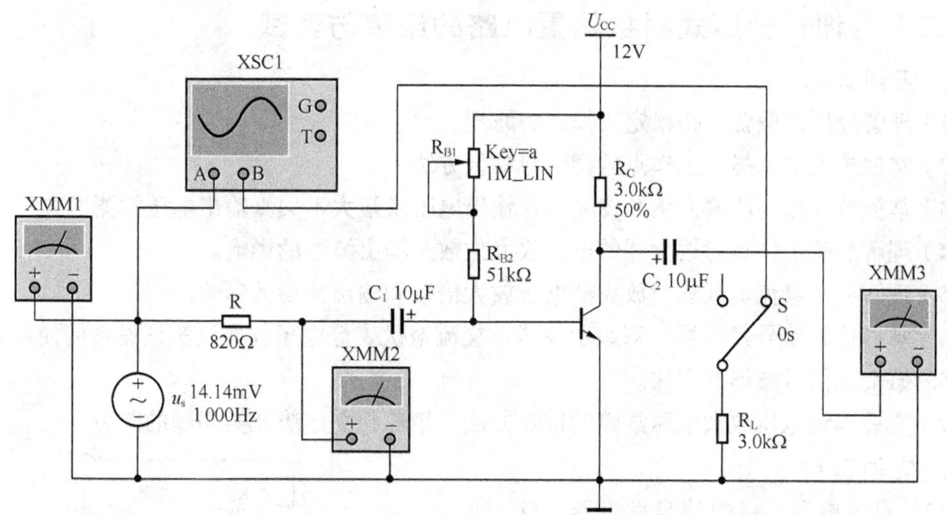

图 2-21　测量动态参数的仿真电路

② 按下仿真开关，改变可变电阻 R_{B1}，调整放大器到合适的静态工作点。

③ R_C 分别取 3kΩ和 1.2kΩ；R_L 分别取 3kΩ和∞（开路）。由信号发生器提供 1kH$_Z$，15mV 以内的正弦交流信号 u_s，然后调整输入电压 u_i，在输出电压 u_o 最大且不失真的情况下，用交流毫伏表测出输入信号电压和输出信号电压的有效值 U_i、U_s，负载开路电压 U_o 及带负载时的电压 U_L，记入表 2-2 中。用示波器观察输入、输出波形，如图 2-22 所示，可见输入、输出波形反相。

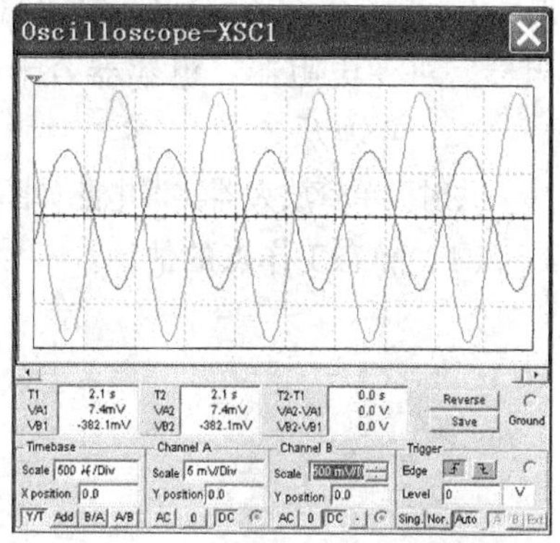

图 2-22　单管共发射极放大电路的输入、输出电压波形

④ 根据测量结果计算出测量的电压放大倍数及输入、输出电阻，并与计算结果相比较。

⑤ 仿真分析 R_C 和 R_L 对放大倍数的影响。

表 2-2　　R_L、R_C不同取值时的输入与输出电压

R_L（kΩ）	R_C（kΩ）	U_s（mV）	U_i（mV）	U_o（mV）	计算放大倍数		计算输入、输出电阻	
					$A_u=U_o/U_i$	$A_{us}=U_o/U_s$	$r_i=\frac{U_i}{U_s-U_i}R$	$r_o=\left(\frac{U_o}{U_L}-1\right)R_L$
∞	3							
3	3							
∞	1.2							
3	1.2							

3. 波形的观察

改变 R_{B1} 值，用示波器观测输入、输出电压波形，R_{B1} 增加 u_o 将出现何种失真？R_{B1} 减小 u_o 将出现何种失真？

（二）实训：分压式射极偏置电路的组装与调试

1. 实训目的

（1）理解分压式偏置电路稳定工作点的原理。

（2）掌握放大电路静态工作点的调试与测量方法。

（3）掌握放大器电压放大倍数，输入、输出电阻及最大不失真输出电压的测试方法。

（4）理解静态工作点对放大器的电压放大位数及输出波形的影响。

（5）理解交、直流负载线对放大器电压放大倍数和输出波形的影响。

（6）掌握低频信号发生器、双踪示波器、交流毫伏表等电子仪器及实训设备的使用。掌握示波器测试交流信号波形的方法。

（7）掌握单管电压放大电路故障的排除方法，培养独立解决此类问题的能力。

2. 实训器材

+12V 直流电源，函数信号发生器，双踪示波器，交流毫伏表，直流电压表，直流毫安表，频率计，万用表，晶体三极管 3DG6 × 1（β = 50～100）或 9011 × 1，电阻器、可变电阻器、电容器若干。

3. 实训原理

共射极单管放大器实训电路如图 2-23 所示。

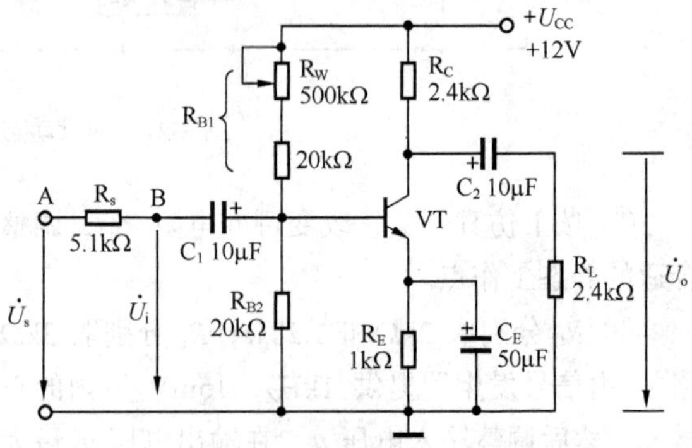

图 2-23　共射极单管放大器实训电路

（1）静态工作点的估算。

$$U_B \approx \frac{R_{B2}}{R_{B1}+R_{B2}}U_{CC}$$

$$I_E \approx \frac{U_B-U_{BE}}{R_E} \approx I_C$$

$$U_{CE}=U_{CC}-I_C\,(R_C+R_E)$$

（2）静态工作点的调试与测量。

① 静态工作点的调试。放大器静态工作点的调试是指对管子集电极电流 I_C（或 U_{CE}）的

调整。通常多采用调节偏置电阻 R_{B2} 的方法来改变静态工作点，如减小 R_{B2}，则可使静态工作点提高。

② 静态工作点的测量。当 $u_i = 0$ 时，测量电压 U_B、U_E、U_C，然后算出 I_C。$I_C \approx I_E = \dfrac{U_E}{R_E}$ 或根据 $I_C = \dfrac{U_{CC} - U_C}{R_C}$，由 U_C 确定 I_C。同时也能算出 $U_{BE} = U_B - U_E$，$U_{CE} = U_C - U_E$。

（3）动态指标的估算。

电压放大倍数：$A_u = -\beta \dfrac{R_C // R_L}{r_{be}}$

输入电阻：$r_i = R_{B1} // R_{B2} // r_{be}$

输出电阻：$r_o \approx R_C$

（4）动态指标的测试。

① 电压放大倍数 A_u 的测量。

$$A_u = \frac{U_o}{U_i}$$

② 输入电阻 r_i 的测量（测量原理如图 2-20 所示）。

$$r_i = \frac{U_i}{U_s - U_i} R$$

③ 输出电阻 r_o 的测量（测量原理如图 2-20 所示）。

$$r_o = \left(\frac{U_o}{U_L} - 1\right) R_L 。$$

④ 最大不失真输出电压 U_{opp} 的测量（最大动态范围）。将静态工作点调在交流负载线的中点，逐步增大输入信号的幅度，并同时调节 R_W（改变静态工作点），用示波器观察 u_o 的输出波形，当波形同时出现截止和饱和失真时，说明静态工作点已调至交流负载线的中点。然后反复调整输入信号，当波形输出幅度最大，且无明显失真时，用交流毫伏表测出 U_o（有效值），则动态范围等于 $2\sqrt{2}U_o$，或用示波器直接读出 U_{opp} 来。

4. 实训内容及步骤

（1）检查元器件。按图 2-23 所示实训电路，选择各元器件。

① 用万用表检查各元器件，确保质量良好。

② 测量并记录三极管的 β 值。

（2）连接线路。按图 2-23 在实训电路板上连接并组装电路。各仪器的公共端连在一起，其屏蔽线的外包金属网应接在公共接地端上

（3）调试、测量静态工作点。

① 把直流电源的输出电压调整到 12V。

② 检查电路接线无误后，先将 R_W 调至最大，函数信号发生器输出旋钮旋至零。

③ 把集电极与集电极电阻 R_C 断开，在其间串入万用表（直流电流挡）或直流毫安表后，接通+12V 直流电源，调节偏置电阻 R_W，使 $I_C = 2.0$mA（即 $U_E = 2.0$V），再选用量程合适的直流电压表测量 U_B、U_E、U_C，记入表 2-3 中。断电时用万用表测量 R_{B2}。

④ 测量静态值后，先断开直流电源，卸下直流毫安表，把集电极与集电极电阻 R_C 连接好，

再接通 12V 直流稳压电源。

（4）测量电压放大倍数。在放大电路输入端输入频率为 1kHz 的正弦波信号，并调节低频信号发生器输出信号幅度旋钮，使 u_i 的有效值（U_i）为 10mV（可用毫伏表进行测量）。同时用示波器观察放大器输出电压 u_o 波形，在波形不失真的条件下用交流毫伏表测量表 2-4 中情况下的 u_o 值，并用双踪示波器观察 u_o 和 u_i 的波形（相位关系），记入表 2-4 中。

表 2-3　　静态工作点的实测数据

测　量　值（测试要求 I_C = 2mA）				计　算　值		
U_B（V）	U_E（V）	U_C（V）	R_{B2}（kΩ）	U_{BE}（V）	U_{CE}（V）	I_C（mA）

表 2-4　　电压放大倍数的实测数据

测试条件：I_c = 2.0mA，f =1kHz，U_i = 10mV				观察记录 u_o 和 u_L 的波形（相位关系）
R_C（kΩ）	R_L(kΩ)	U_o(V)	A_u	
2.4	∞	U_o=		u_i/u_o , t
	2.4	U_L=		

（5）观察静态工作点对电压放大倍数的影响。置 R_C = 2.4kΩ，R_L = ∞，u_i 适量，调节 R_W，用示波器监视输出电压波形，在 u_o 不失真的条件下，观察不同输入信号时，R_W 变化对放大倍数的影响。

（6）观察静态工作点对输出波形的影响。

① 置 R_C = 2.4kΩ，R_L = ∞，u_i = 0，调节 R_W 使 I_C = 2.0mA，测出 U_{CE} 值，记入表 2-5 中。再逐步加大输入信号，绘出输出电压 u_o 刚出现失真（同时出现截止失真和饱和失真）时的波形。再适当减小输入信号，保持输入信号幅度不变备用。

② 保持①中的输入信号不变，增大 R_W，观察波形出现截止失真的情况，测出失真情况下的 U_{CE} 和 I_C，并绘出输出电压的波形，记入表 2-5 中。

③ 保持①中的输入信号不变，减小 R_W，观察波形出现饱和失真的情况，测出失真情况下的 U_{CE} 和 I_C，并绘出输出电压的波形，记入表 2-5 中。

表 2-5　　静态工作点对输出波形的影响

测试条件：U_{CC} = 12V、f = 1kHz、R_C = 2.4kΩ、R_L = ∞				
I_C（mA）	U_{CE}（V）	输出电压 u_c 波形	失真情况	管子工作情况
2.0				
			截止失真	
			饱和失真	

（7）测量最大不失真输出电压。置 R_C = 2.4kΩ，R_L = 2.4kΩ，同时调节输入信号的幅度和电位器 R_W，使输出电压 u_o 足够大但不失真。用示波器直接读出 U_{opp}，或用交流毫伏表测出 U_o（有效值），则动态范围等于 $2\sqrt{2}U_o$，记入表 2-6 中。将函数信号发生器输出旋钮旋至零，测量静态电流 I_C，并记入表 2-6 中。

表 2-6　放大器动态范围测量数据

测试条件：U_{CC} = 12V、f = 1kHz、R_C = 2.4kΩ、R_L = 2.4kΩ			
I_C(mA)	示波器测量 U_{opp}(V)	交流毫伏表测量	
		U_o(V)	$U_{opp}=2\sqrt{2}U_o$

5. 注意事项

（1）电路接线完毕后，应认真检查接线是否正确、牢固。

（2）每次测量直流量时，都要将信号源的输出旋钮旋至零。

6. 思考题

（1）能否用直流电压表直接测量晶体管的 U_{BE}？为什么实训中要采用测 U_B、U_E，再间接算出 U_{BE} 的方法？

（2）怎样测量 R_{B2} 的阻值？

（3）当调节偏置电阻 R_{B2}，使放大器输出波形出现饱和或截止失真时，晶体管的管压降 U_{CE} 怎样变化？

（4）改变静态工作点对放大器的输入电阻r_i有否影响？改变外接电阻R_L对输出电阻r_o有否影响？

（5）在测试 A_u，r_i 和 r_o 时，怎样选择输入信号的大小和频率？

7. 实训报告

（1）将实测的静态工作点、电压放大倍数、输入电阻、输出电阻之值与理论计算值比较（取一组数据进行比较），分析产生误差的原因。

（2）总结静态工作点及 R_C、R_L 对放大器电压放大倍数、输入电阻、输出电阻的影响。

（3）讨论静态工作点变化对放大器输出波形的影响。

（4）分析讨论在调试过程中出现的问题及处理方法。

思考与练习

一、问答题

1. 放大器的组成及各元件的作用是什么？

2. 什么叫静态？什么是静态工作点？为什么要设置合适的静态工作点？如果静态工作点偏高，要想把工作点降低一些，应采取什么措施？

3. 交流放大电路工作时，为什么电路中同时存在直流分量和交流分量？直流分量和交流分量各表示什么？（直流分量表示静态工作点，交流分量表示信号的变化情况。）

4. 三极管出现截止失真、饱和失真分别是由于静态电流 I_{CQ} 选得偏高还是偏低？

5. 晶体三极管放大电路接有负载 R_L 后，电压放大倍数将比空载时提高还是降低？

6. 输入电压为 400mV，输出电压为 4V，则放大电路的电压增益为多少？

二、选择题

1. 为了增大放大电路的动态范围，其静态工作点应选择（　　）。

A. 截止点　　B. 饱和点

C. 交流负载线的中点　　　　　　D. 直流负载线的中点

2. 放大电路的交流通路是指（　　）。

A. 电压回路　　　　B. 电流通过的路径　　　　C. 交流信号流通的路径

3. 共发射极放大电路的输入信号加在三极管的（　　）之间。

A. 基极和发射极　　B. 基极和集电极　　　　C. 发射极和集电极

三、分析和计算题

1. 试参照图 NPN 型三极管的基本交流放大电路，画出由 PNP 型三极管组成的基本交流放大电路，并标出电源的极性。

2. 图 2-24 所示各放大电路能否实现对交流信号的放大？如果不能，如何改正？

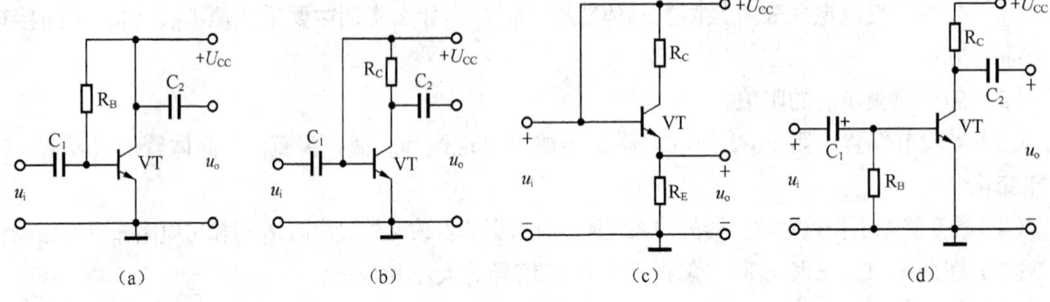

图 2-24　题 2 的图

3. 如果保持 R_B、R_C 和 U_{CC} 3 个量中的任意两个不变，只改变其中一个量的大小，试分析对静态工作点有何影响。

4. 三极管放大电路与三极管的输出特性曲线如图 2-25 所示，$R_B = 300\text{k}\Omega$，$R_C = 5.1\text{k}\Omega$，忽略三极管的发射结电压。

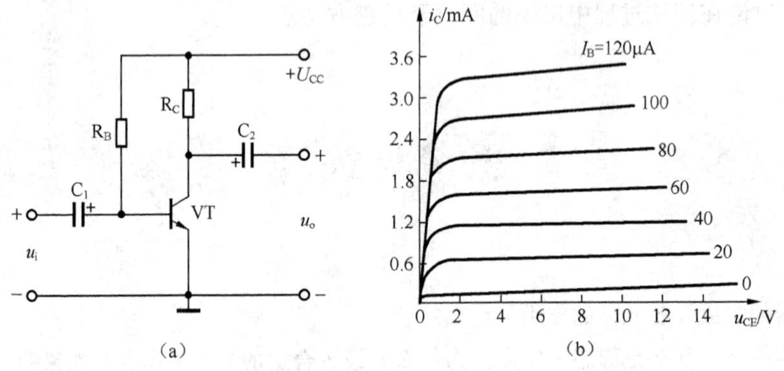

图 2-25　题 4 的图

（1）用图解法求出三极管的静态工作点。

（2）若 $u_i = 50\sin \omega t$ mV，产生的基极电流为 $i_b = 20\sin \omega t$ μA，试在图中画出 i_C 和 u_{CE} 的波形，并求出输出电压的峰值和电压放大倍数。

（3）该电路的最大不失真输出电压幅度是多少？

（4）当接入 5.1 kΩ 的负载时，电压放大倍数为多少？最大不失真幅度有何变化？

5. 共发射极放大电路如图 2-26 所示。已知 $U_{CC} = -16\text{V}$，$R_B = 120\text{k}\Omega$，$R_C = 1.5\text{ k}\Omega$，$\beta = 40$，三极管的发射结压降为 0.7 V，试计算：

（1）静态工作点。

（2）若将电路中的三极管用一个β值为100的三极管代替，能否提高电路的放大能力，为什么？

6. 基本共发射极放大电路的静态工作点如图2-27所示，由于电路中的什么参数发生了改变导致静态工作点从Q_0分别移动到Q_1、Q_2、Q_3？

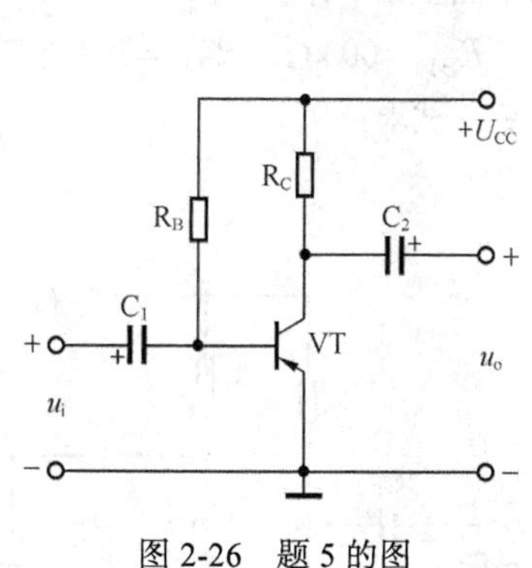

图2-26 题5的图

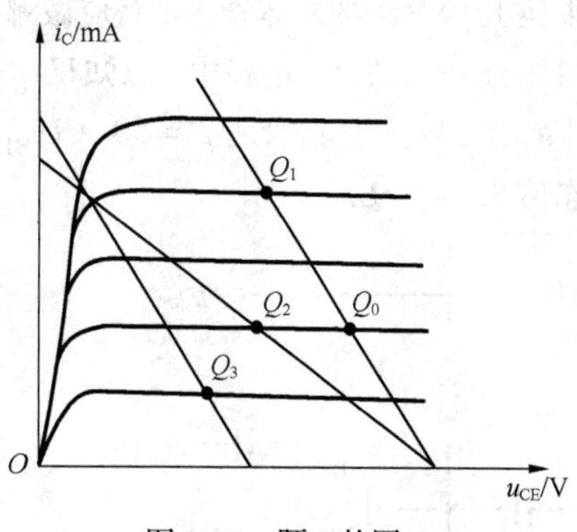

图2-27 题6的图

7. 基本放大电路如图2-25（a）所示，已知$U_{CC}=12V$，$\beta=50$，$R_B=220k\Omega$，$R_C=2k\Omega$，求静态工作点、电压放大倍数、输入电阻和输出电阻。

8. 在图2-28所示的放大电路中，已知$U_{CC}=15\text{ V}$，$R_B=100\text{ k}\Omega$，$R_C=2\text{ k}\Omega$，$R_L=2\text{ k}\Omega$，电位器总阻值$R_P=1\text{M}\Omega$，晶体管的$\beta=50$，$U_{BE}=0.7\text{ V}$。试求：

（1）当R_P调到零时的静态值I_B、I_C、U_{CE}，并判断晶体管的工作状态。

（2）当R_P调到最大值时的静态值I_B、I_C、U_{CE}，并判断晶体管的工作状态。

（3）若使静态时$U_{CE}=7.85V$，则R_P应调到多大？

9. 在图2-29所示的放大电路中，已知$U_{CC}=12V$，$R_B=300k\Omega$，$R_C=4k\Omega$，三极管的$\beta=40$，U_{BE}可忽略不计。

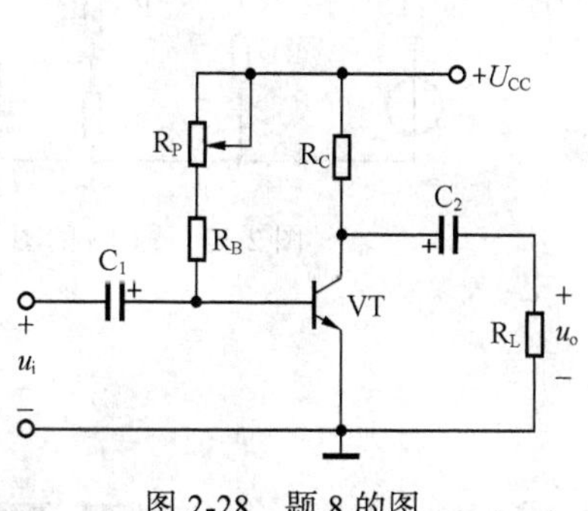

图2-28 题8的图

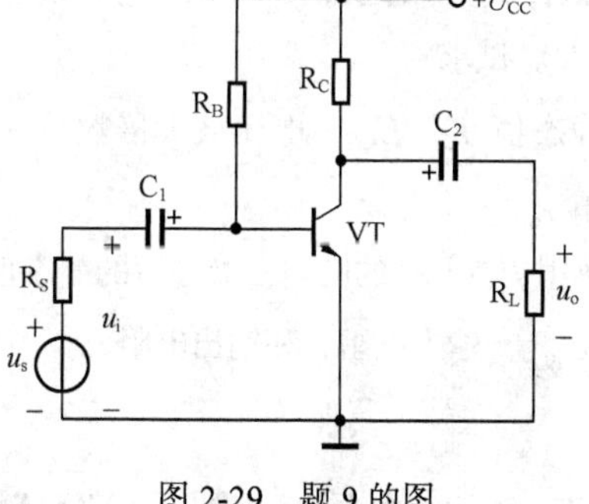

图2-29 题9的图

（1）求静态值I_B、I_C、U_{CE}。

（2）画出微变等效电路。

（3）求输入电阻r_i和输出电阻r_o。

（4）求$R_S=0$，$R_L=\infty$时的电压放大倍数$\dot{A}_u$。

（5）求$R_S=0.5\text{ k}\Omega$，$R_L=4\text{ k}\Omega$时的源电压放大倍数$\dot{A}_{us}$。

10. 试画图说明分压式偏置电路为什么能稳定静态工作点。

11. 分压式偏置电路如图2-30所示，试简述其稳定静态工作点的过程。已知$U_{CC}=20\text{ V}$，

$R_{B1}=12\,k\Omega$，$R_{B2}=3\,k\Omega$，$R_C=1.5\,k\Omega$，$R_E=0.5\,k\Omega$，晶体管的$\beta=50$，$U_{BE}=0.6\,V$。

（1）求静态值I_B、I_C、U_{CE}。

（2）如果换上一个$\beta=50$的同类晶体管，放大电路能否正常工作？

（3）如果换上 PNP 型的晶体管，电路应做哪些改动才能正常工作？

12. 在图 2-31 所示的放大电路中，已知$U_{CC}=15\,V$，$R_{B1}=60\,k\Omega$，$R_{B2}=30\,k\Omega$，$R_C=3\,k\Omega$，$R_E=2\,k\Omega$，$R_L=3\,k\Omega$，三极管的$\beta=50$，$U_{BE}=0.6\,V$。试求：

（1）静态值I_B、I_C、U_{CE}。

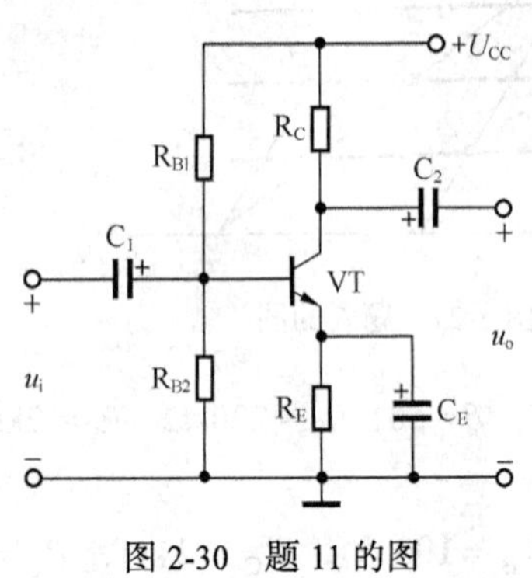

图 2-30　题 11 的图

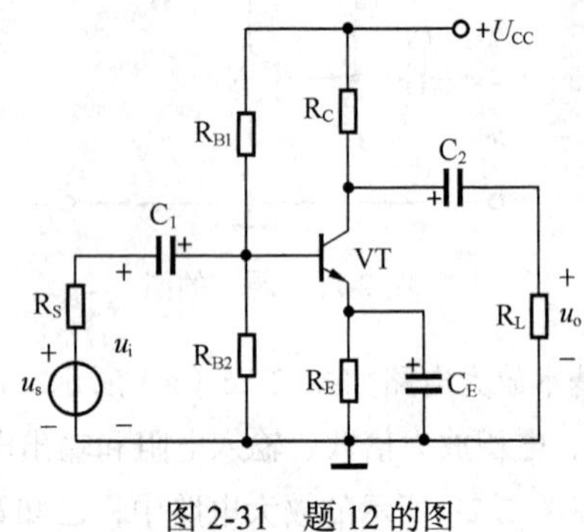

图 2-31　题 12 的图

（2）电压放大倍数$\dot{A}_u$、输入电阻r_i和输出电阻r_o。

（3）电容 C_E 开路时的电压放大倍数$\dot{A}_u$、输入电阻r_i和输出电阻r_o。

13. 在图 2-32 所示的放大电路中，已知$U_{CC}=12\,V$，$R_{B1}=33\,k\Omega$，$R_{B2}=10\,k\Omega$，$R_C=3.3\,k\Omega$，$R_{E1}=200\,\Omega$，$R_{E2}=1.3\,k\Omega$，$R_s=600\,\Omega$，$R_L=5.1\,k\Omega$，三极管的$\beta=50$，$U_{BE}=0.7\,V$。试求：

（1）静态值I_C、U_{CE}，电压放大倍数$\dot{A}_u$，输入电阻r_i和输出电阻r_o。

（2）换用$\beta=100$的同类三极管后的静态值I_C、U_{CE}，电压放大倍数$\dot{A}_u$，输入电阻r_i和输出电阻r_o。

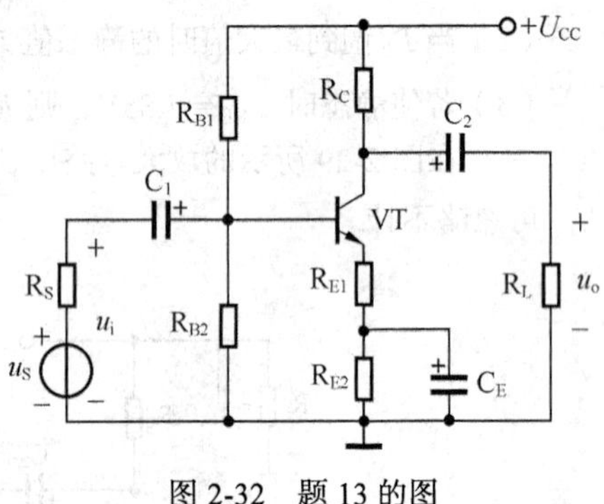

图 2-32　题 13 的图

项目二　射极输出器和场效应管放大电路及测试

一、项目导入

射极输出器的输出取自发射极，故称其为射极输出器，又称射极跟随器，电路如图 2-33 所示。输入电压加在基极与集电极之间，而输出信号电压从发射极与集电极之间取出，集电极成为输入、输出信号的公共端，所以称为共集电极放大电路。因为射极输出器的发射极回路接入电阻 R_E 可以稳定集电极静态电流 I_C，因此射极输出器的静态工作点是稳定的。

二、相关知识

（一）射极输出器

射极输出器的原理图如图 2-33（a）所示。

1. 静态分析

（1）画直流通路。图 2-33（a）所示射极输出器的直流通路如图 2-33（b）所示。

（2）求静态工作点。由图 2-33（b）所示的直流通路可以求出射极输出器的静态工作点。

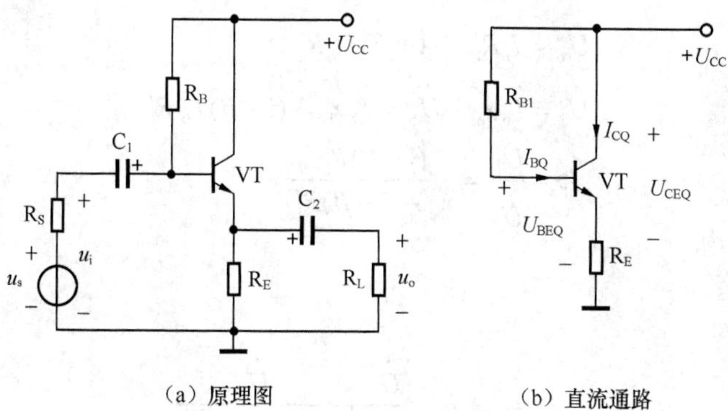

（a）原理图　　（b）直流通路

图 2-33　共集电极放大电路

$$U_{CC} = I_{BQ}R_B + U_{BEQ} + I_{EQ}R_E = I_{BQ}R_B + U_{BEQ} + (1+\beta)I_{BQ}R_E$$

$$I_{BQ} = \frac{U_{CC} - U_{BEQ}}{R_B + (1+\beta)R_E}$$

$$I_{CQ} = \beta I_{BQ}$$

$$U_{CEQ} = U_{CC} - I_{EQ}R_E \approx U_{CC} - I_{CQ}R_E$$

2. 动态分析

图 2-33（a）所示射极输出器的另一种电路形式如图 2-34（a）所示，它属于共集电极放大电路，对应的交流通路如图 2-34（b）所示。由图 2-34（b）交流通路可以画出射极输出器的微变等效电路，如图 2-35 所示。

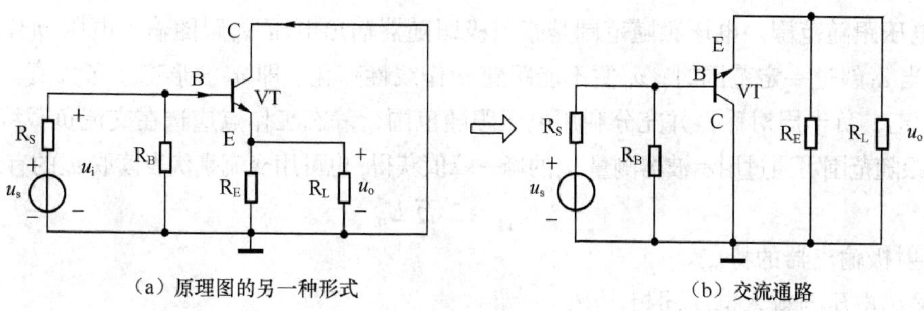

（a）原理图的另一种形式　　（b）交流通路

图 2-34　共集电极放大电路

（1）动态参数。由图 2-35 所示射极输出器的微变等效电路，可以求出射极输出器的电压放大倍数及输入、输出电阻。

① 电压放大倍数 $\dot{A}_u$。

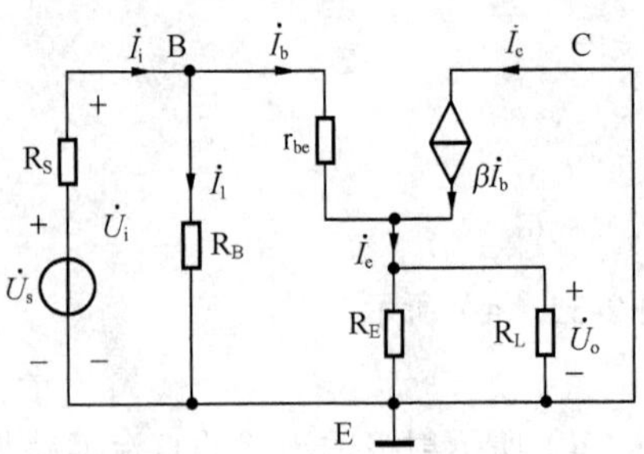

图 2-35　射极输出器的微变等效电路

$$\dot{U}_o = \dot{I}_e R_L' = (1+\beta)\dot{I}_b R_L'$$

$$\dot{U}_i = \dot{I}_b r_{be} + \dot{U}_o = \dot{I}_b r_{be} + (1+\beta)\dot{I}_b R_L'$$

$$\dot{A}_u = \frac{\dot{U}_o}{\dot{U}_i} = \frac{(1+\beta)R_L'}{r_{be}+(1+\beta)R_L'}$$

② 输入电阻 r_i。

$$\dot{I}_i = \dot{I}_1 + \dot{I}_b = \frac{\dot{U}_i}{R_B} + \frac{\dot{U}_i}{r_{be}+(1+\beta)R_L'}$$

$$r_i = \frac{\dot{U}_i}{\dot{I}_i} = R_B // [r_{be}+(1+\beta)R_L']$$

其中，$R_L' = R_L // R_E$。

③ 输出电阻 r_o。

$$\dot{I} = \dot{I}_b + \beta\dot{I}_b + \dot{I}_e = \frac{\dot{U}}{r_{be}+R_s'} + \beta\frac{\dot{U}}{r_{be}+R_s'} + \frac{\dot{U}}{R_E}$$

$$r_o = \frac{\dot{U}}{\dot{I}} = R_E // \frac{r_{be}+R_s'}{1+\beta}$$

其中，$R_s' = R_s // R_B$。

④ 电压跟随范围。电压跟随范围是指射极跟随器输出电压 u_o 跟随输入电压 u_i 作线性变化的区域。当 u_i 超过一定范围时，u_o 便不能跟随 u_i 作线性变化，即 u_o 波形产生了失真。为了使输出电压 u_o 正、负半周对称，并充分利用电压跟随范围，静态工作点应选在交流负载线中点。

电压跟随范围可通过用示波器测量 u_o 的峰—峰值获得，也可用交流毫伏表读取 u_o 的有效值获得。

$$U_{opp} = 2\sqrt{2}\,U_o$$

（2）射极输出器的特点。

① 输出电压与输入电压同相。

② 电压放大倍数小于 1，但约等于 1，即电压跟随。

③ 输入电阻大。

④ 输出电阻小。

（3）射极输出器的应用。射极输出器的 3 个特点决定了它在电路中的广泛应用。

① 用于高输入电阻的输入级。由于它的输入电阻大，向信号源吸取的电流小，对信号源影响小，因此，在放大电路中多用它作高输入电阻的输入级。

② 用于低输出电阻的输出级。放大电路的输出电阻越小，带负载能力越强。当放大电路接入负载或负载变化时，对放大电路影响就小，这样可以保持输出电压的稳定。射极输出器输出电阻小，适用于多级放大电路的输出级。

③ 用于两级共发射极放大电路之间的隔离级。在共发射极放大电路的级间耦合中，往往存在着前级输出电阻大、后级输入电阻小这种阻抗不匹配的现象，这将造成耦合中的信号损失，使放大倍数下降。利用射极输出器输入电阻大、输出电阻小的特点，将它接入上述两级放大电路之间，这样就在隔离前级的同时起到了阻抗匹配的作用。

例 2-6 图 2-33（a）所示电路中，已知 $U_{CC}=12V$，$R_B=200k\Omega$，$R_E=2k\Omega$，$R_L=3k\Omega$，$R_s=100\Omega$，$\beta=50$。试估算静态工作点，并求电压放大倍数、输入电阻和输出电阻。

解：（1）用估算法计算静态工作点。

$$I_{BQ}=\frac{U_{CC}-U_{BEQ}}{R_B+(1+\beta)R_E}=\frac{12-0.7}{200+(1+50)\times2}\text{mA}=0.037\,4\text{mA}=37.4\mu\text{A}$$

$$I_{CQ}=\beta I_{BQ}=50\times0.037\,4\text{mA}=1.87\text{mA}$$

$$U_{CEQ}\approx U_{CC}-I_{CQ}R_E=12\text{V}-1.87\times2\text{V}=8.26\text{V}$$

（2）求电压放大倍数 $\dot{A}_u$、输入电阻 r_i 和输出电阻 r_o。

$$r_{be}=300+(1+\beta)\frac{26}{I_{EQ}}=300\Omega+(1+50)\frac{26}{1.87}\Omega=1\,009\ \Omega\approx1\text{k}\Omega$$

$$\dot{A}_u=\frac{\dot{U}_o}{\dot{U}_i}=\frac{(1+\beta)R_L'}{r_{be}+(1+\beta)R_L'}=\frac{(1+50)\times1.2}{1+(1+50)\times1.2}=0.98$$

式中，$R_L'=R_E\,//\,R_L=2\,//\,3=1.2\,\text{k}\Omega$

$$r_i=R_B\,//[r_{be}+(1+\beta)R_L']=200\,//[1+(1+50)\times1.2]=47.4\,\text{k}\Omega$$

$$r_o\approx\frac{r_{be}+R_s'}{\beta}=\frac{1\,000+100}{50}\Omega=22\,\Omega$$

式中，$R_s'=R_B\,//\,R_s=200\times10^3\,//100\approx100\,\Omega$

（二）场效应管放大电路

场效应管具有很高的输入电阻，适用于对高内阻信号源的放大，通常用在多级放大电路的输入级。与三极管相比，场效应管的源极、漏极和栅极分别相当于三极管的发射极、集电极和基极。两种管子组成的放大电路相似。三极管放大电路用 i_B 控制 i_C，当 U_{CC} 和 R_C 确定后，其静态工作点由 I_B 决定。场效应管放大电路用 u_{GS} 控制 i_D，当 U_{DD} 和 R_D、R_S 确定后，其静态工作点由 U_{GS} 决定。

场效应管放大电路有共源极放大电路、共漏极放大电路等。图 2-36（a）所示为分压式偏置共源极放大电路的原理图，与分压式偏置共发射极放大电路十分相似，图中各元件的作用如下。

（1）场效应管 VT 是电压控制元件，用栅源电压控制漏极电流，是整个放大电路的核心。

（2）电源 U_{DD} 是放大电路的能量来源，一般为几伏到几十伏。

（3）源极电阻 R_S 的作用是稳定工作点。

（4）漏极负载电阻 R_D 的作用是将漏极电流 i_D 的变化转换为电压的变化，以获得电压放大，一般为几千欧到几十千欧。

（5）R_{G1}、R_{G2}为分压电阻，与R_S配合获得合适的偏压U_{GS}。

（6）电阻R_G一般取几兆欧，可增大输入电阻。

（7）旁路电容C_S的作用是消除R_S对交流信号的影响。

1. 静态分析

由图2-36（a）场效应管共源极放大电路原理图可画出其直流通路,如图2-36（b）所示。

因为栅极电流为零，所以$U_G = \frac{R_{G2}}{R_{G1}+R_{G2}}U_{DD}$。

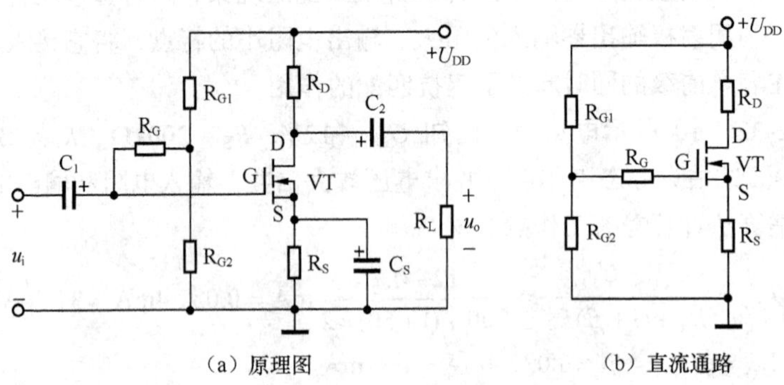

（a）原理图　　（b）直流通路

图2-36　场效应管共源极放大电路

N 沟道耗尽型场效应管通常工作在$U_{GS}<0$的区域，N 沟道耗增强型场效应管通常工作在$U_{GS}>0$的区域。静态分析（求I_D、U_{DS}）采用估算法。

设$U_{GS}=0$，则 $U_S=U_G$，可得

$$I_D = \frac{U_S}{R_S} = \frac{U_G}{R_S}$$

$$U_{DS} = U_{DD} - I_D(R_D + R_S)$$

N沟道耗尽型场效应管也可采用图2-37所示的自给偏压电路。静态时，R_G上无电流，则

$$U_G = 0$$

$$U_{GS} = U_G - U_S = -I_S R_S = -I_D R_S$$

自给偏压电路为沟道耗尽型场效应管提供一个正常工作所需的负偏压。但增强型场效应管组成的放大电路工作时U_{GS}为正，无法采用自给偏压电路。

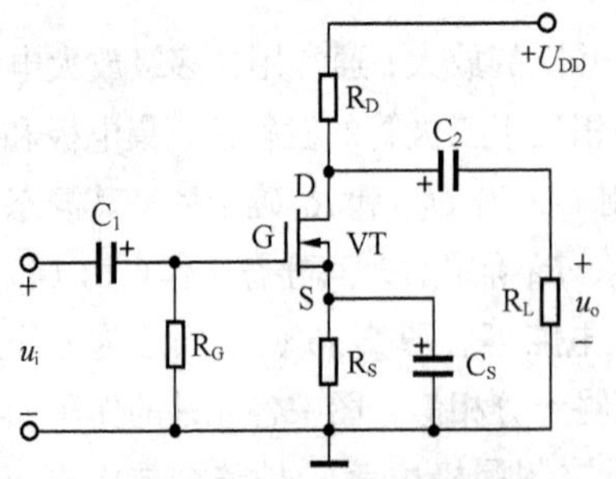

图2-37　自给偏压共源极放大电路

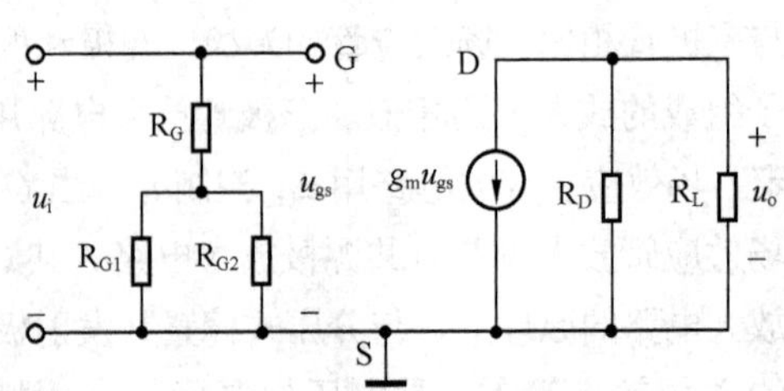

图2-38　场效应管放大电路的微变等效电路

2. 动态分析

图2-36（a）所示电路的微变等效电路如图2-38所示。栅、源间的动态电阻r_{gs}为无穷大，相当于开路。漏极电流仅受栅—源电压控制，与漏—源电压无关，故漏、源间相当于一个受

栅—源电压控制的电流源。

由场效应管放大电路的微变等效电路可求出各动态参数。

（1）电压放大倍数。

$$\dot{A}_u=\frac{\dot{U}_o}{\dot{U}_i}=\frac{-\dot{I}_d R_L'}{\dot{U}_{gs}}=\frac{-g_m\dot{U}_{gs}R_L'}{\dot{U}_{gs}}=-g_m R_L'$$

其中，$R_L'=R_D//R_L$。

（2）输入电阻。

$$R_i=R_G+R_{G1}//R_{G2}$$

R_G一般取几兆欧。由上式可见R_G的接入可使输入电阻大大提高。

（3）输出电阻。

$$r_o=R_D$$

R_D一般在几千欧到几十千欧，输出电阻较小。

例 2-7 如图 2-36（a）所示，已知$U_{DD}=20V$，$R_D=5k\Omega$，$R_S=5k\Omega$，$R_L=5k\Omega$，$R_G=1M\Omega$，$R_{G1}=300k\Omega$，$R_{G2}=100k\Omega$，$g_m=5mA/V$。求静态工作点及电压放大倍数$\dot{A}_u$、输入电阻r_i和输出电阻r_o。

解：（1）静态工作点。

$$U_G=\frac{R_{G2}}{R_{G1}+R_{G2}}U_{DD}=\frac{100}{300+100}\times 20V=5V$$

$$I_D=\frac{U_S}{R_S}=\frac{U_G}{R_S}=\frac{5}{5}mA=1mA$$

$$U_{DS}=U_{DD}-I_D(R_D+R_S)=20V-1\times(5+5)V=10V$$

（2）电压放大倍数。

$$R_L'=R_D//R_L=5//5=2.5k\Omega$$

$$\dot{A}_u=-g_m R_L'=-5\times 2.5=-12.5$$

（3）输入电阻。

$$r_i=R_G+R_{G1}//R_{G2}=1\,000+300//100=1\,075k\Omega$$

（4）输出电阻。

$$r_o=R_D=5k\Omega$$

三、项目实施——射极输出器的组装与测试

1. 实训目的

（1）掌握射极跟随器的特性及测试方法。

（2）进一步学习放大器各项参数的测试方法。

2. 实训器材

直流稳压电源，低频信号发生器，双踪示波器，万用表，交流毫伏表，频率计，实训线路板，元器件 3DG12 × 1(β = 50～100)或 9013，电阻器、电容器若干。

3. 实训原理

（1）实训原理。实训电路如图 2-39 所示。

① 输入电阻。

$$r_i = \frac{U_i}{U_s - U_i} R$$

只要测得 A、B 两点的对地电位，即可计算出 r_i。

② 输出电阻。

$$r_o = \frac{r_{be}}{\beta} // R_E \approx \frac{r_{be}}{\beta}$$

如考虑信号源内阻 R_s，则

$$r_o = \frac{r_{be} + (R_s // R_B)}{\beta} // R_E \approx \frac{r_{be} + (R_s // R_B)}{\beta}$$

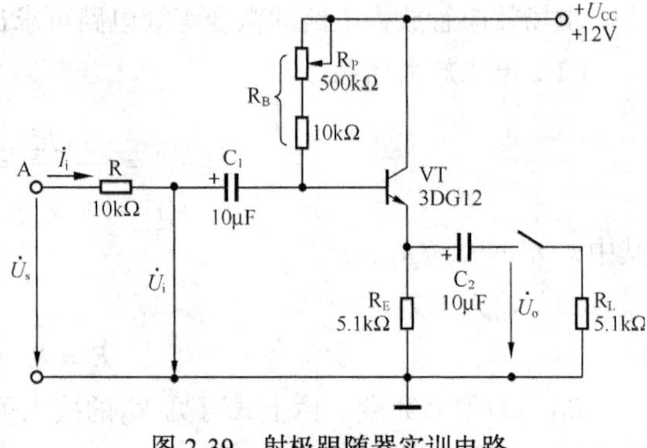

图 2-39 射极跟随器实训电路

可见射极跟随器的输出电阻比共射极单管放大器的输出电阻 $r_o \approx R_C$ 低得多。三极管的 β 愈高，输出电阻愈小。

r_o 的测试方法：先测出空载输出电压 U_o，再测接入负载 R_L 后的输出电压 U_L。

$$r_o = \left(\frac{U_o}{U_L} - 1\right) R_L$$

③ 电压放大倍数。

$$A_u = \frac{(1+\beta)(R_E // R_L)}{r_{be} + (1+\beta)(R_E // R_L)} \leqslant 1$$

射极跟随器的电压放大倍数小于或等于 1，且为正值，这是深度电压负反馈的结果。但它的射极电流仍比基极流大(1+ β)倍，所以它具有一定的电流和功率放大作用。

④ 电压跟随范围。用示波器读取 u_o 的峰—峰值，或用交流毫伏表读取 u_o 的有效值，则

$$U_{opp} = 2\sqrt{2}\, U_o$$

（2）根据图 2-39 的元件参数值估算静态工作点，并画出交、直流负载线。

4. 实训内容及步骤

（1）按图 2-39 所示实训电路选择各元器件。

① 用万用表检查各元器件，确保质量完好。

② 测量并记录三极管的 β 值。

（2）静态工作点的调整。按图 2-39 在实训电路板上连接并组装电路。接通+12V 直流电源，在 B 点加入 f= 1kHz 的正弦信号 u_i，在输出端用示波器监视输出波形，反复调整 R_P 及信号源的输出幅度，在示波器的屏幕上得到一个最大不失真输出波形，然后置 $u_i = 0$，用直流电压表测量晶体管各电极的对地电位，将测得数据记入表 2-7 中。

表 2-7 静态工作点的测试

U_E(V)	U_B(V)	U_C(V)	I_E（mA）

在下面的整个测试过程中应保持 R_P 值不变（即保持静工作点 I_E 不变）。

（3）测量电压放大倍数 A_u。接入负载 R_L = 1kΩ，在 B 点加 f= 1kHz 的正弦信号 u_i，调节输入信号幅度，用示波器观察输出波形 u_o，在输出最大、不失真情况下，用交流毫伏表测 U_i、U_L，并记入表 2-8 中。

表 2-8　电压放大倍数的测试

U_i（V）	U_L（V）	A_u

（4）测量输出电阻 r_o。接上负载 R_L = 1kΩ，在 B 点加 f = 1kHz 的正弦信号 u_i，用示波器监视输出波形，测空载时的输出电压 U_o，有负载时的输出电压 U_L，记入表 2-9 中。

表 2-9　输出电阻的测试

U_o（V）	U_L（V）	r_o(kΩ)

（5）测量输入电阻 r_i。在 A 点加 f = 1kHz 的正弦信号 u_s，用示波器监视输出波形，用交流毫伏表分别测出 A、B 点对地的电位 u_S、u_i，记入表 2-10 中。

表 2-10　输入电阻的测试

u_s（V）	u_i（V）	r_i(kΩ)

（6）测试跟随特性。接入负载 R_L = 1kΩ，在 B 点加入 f = 1kHz 的正弦信号 u_i，逐渐增大信号 u_i 的幅度，用示波器监视输出波形，直至输出波形达最大不失真，测量对应的 U_L，记入表 2-11 中。

表 2-11　跟随特性测试

u_i(V)	
u_L(V)	

5. 实训报告

整理实训数据，分析射极跟随器的性能和特点。

思考与练习

一、问答题

1. 射极输出器有哪些主要特点与用途？
2. 为什么有时叫射极跟随器，也叫阻抗变换器？
3. 如果射极跟随器的输入阻抗还不够高，有什么办法进一步提高？
4. 负载电阻 R_L 的大小对射极输出器的跟随范围和放大器的输入电阻有何影响？
5. 集电极负载电阻 R_C 的作用是什么？若不接此电阻能否实现电压放大？

二、分析和计算题

1. 共集电极放大电路如图 2-40 所示。图中 $\beta = 50$，$R_B = 100\text{k}\Omega$，$R_E = 2\text{k}\Omega$，$R_L = 2\text{k}\Omega$，$R_s = 1\text{k}\Omega$，$U_{CC} = 12\text{V}$，$U_{BE} = 0.7\text{V}$。

（1）画出微变等效电路。

（2）求电压放大倍数。

（3）求输入电阻和输出电阻。

2. 图 2-41 所示的场效应管共源极放大电路中，已知 $U_{DD}=12V$，$R_D=5k\Omega$，$R_S=5k\Omega$，$R_L=5k\Omega$，$R_{G1}=2M\Omega$，$R_{G2}=1M\Omega$，$g_m=5mA/V$。

（1）求静态工作点。

（2）画出微变等效电路。

（3）求电压放大倍数 $\dot{A}_u$、输入电阻 r_i 和输出电阻 r_o。

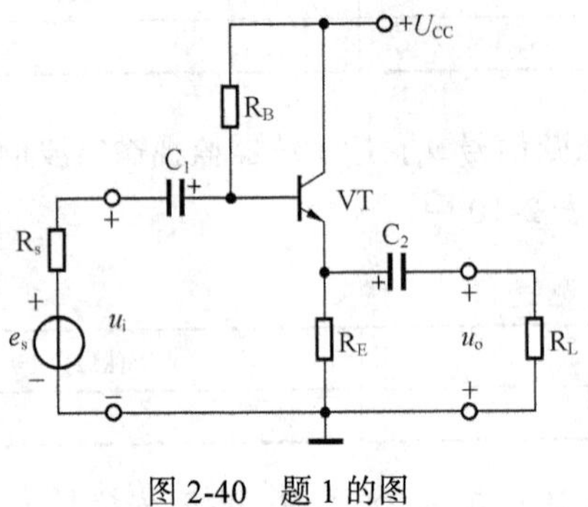

图 2-40　题 1 的图

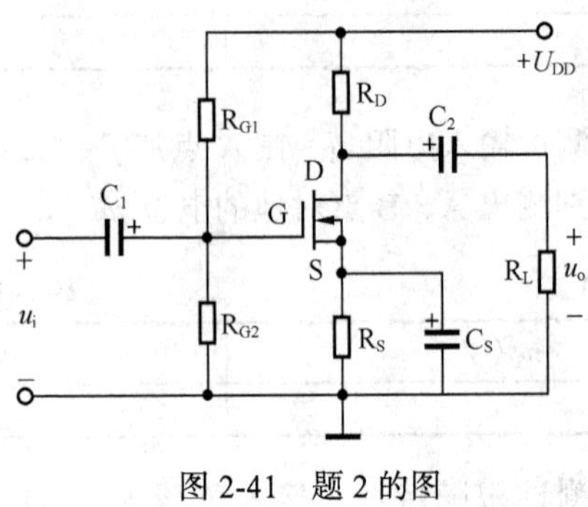

图 2-41　题 2 的图

单元小结

三极管加上合适的偏置电路就构成共发射极放大电路。放大电路处于交直流共存的状态。放大电路有 3 种基本分析方法：估算法、图解法、微变等效电路法。

射极输出器的输出电压与输入电压同相，电压放大倍数小于 1 而近似等于 1，具有输入电阻高、输出电阻低的特点，多用于多级放大电路的输入级或输出级。

场效应管具有很高的输入电阻，适用于对高内阻信号源的放大，通常用在多级放大电路的输入级。场效应管共源极放大电路与晶体管共发射极放大电路相似，也具有电压放大作用。

第3单元

多级放大电路

【学习目标】

1. 理解多级放大电路的结构特点，掌握多级放大电路的耦合方式与分析方法。
2. 掌握差动放大电路的结构与工作原理，理解差模、共模等的概念，为集成运算放大电路的学习打好基础。
3. 掌握放大电路中反馈的种类与判断方法，理解负反馈对放大电路的影响。
4. 理解效率与甲类、乙类、甲乙类放大电路的关系，掌握功率放大电路的结构、特点。
5. 学习使用集成功率放大器。

由前面的章节可知，每种基本放大电路都各有特点，而在实际的应用中，放大电路往往以组合的形式出现，但无论哪种形式的放大电路都是以基本放大电路为基础，根据实际需要对基本放大电路加以组合。另外，为了提高电路的性能，如减小失真、提高通频带宽等，通常会在电路中引入负反馈。大功率负载工作时，必须考虑电路的效率和驱动能力，获得较高的效率和驱动能力是功率放大电路的一个性能指标。

项目一　级间负反馈放大电路及测试

一、项目导入

当需要大的电压放大倍数时，是否能将两个共发射极放大电路按第一级—第二级的形式连接，分两次逐级进行放大呢？答案是肯定的。根据 3 种基本放大电路的特点，可以采取组合使用的方法来获取更好的电路特性。这种由多个基本放大电路构成的电路称为多级放大电路，信号按传递方向逐级进行放大，可以获得大的电压增益。

二、相关知识

（一）多级放大电路的耦合方式

1. 多级放大电路

实际应用的放大电路应该可以对输入信号进行采集，然后将电压放大并输出驱动负载，常见的电路结构如图 3-1 所示。

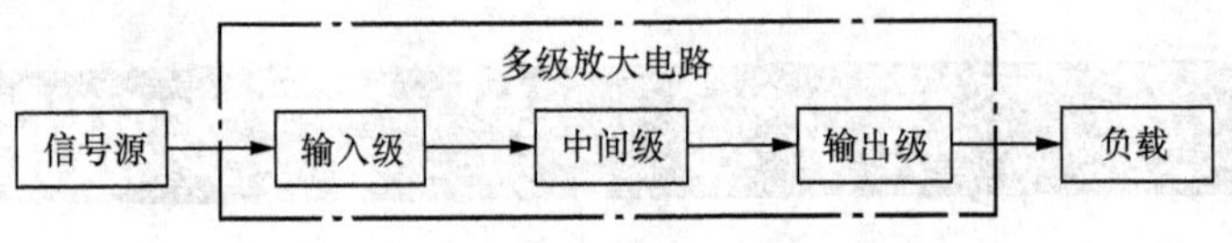

图 3-1　多级放大电路结构示意图

多级放大电路就是将多个单级放大电路（基本放大电路）组合起来对输入信号作逐级放大，图 3-2 所示是一两级放大电路。

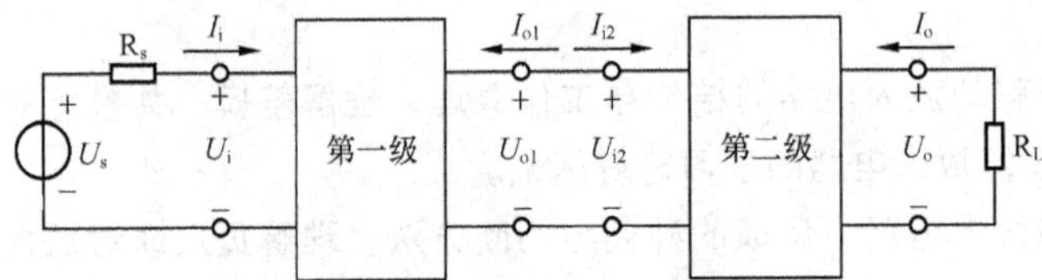

图 3-2　两级放大电路结构图

多级放大电路看似复杂，但是如果根据戴维南定理把它分解成单个放大电路后就变得简单多了。计算电压放大倍数时按每级的电压增益单独计算，电路总的电压放大倍数为各级放大倍数的乘积，如 $\dot{A}_u = \dfrac{\dot{U}_o}{\dot{U}_i} = \dfrac{\dot{U}_{o1}}{\dot{U}_i}\dfrac{\dot{U}_{o2}}{\dot{U}_{o1}}\cdots\dfrac{\dot{U}_o}{\dot{U}_{o(n-1)}} = \dot{A}_{u1}\dot{A}_{u2}\cdots\dot{A}_{un}$，这种化整为零的方法是分析电路常用的方法，图 3-2 所示的电路组成可以分解成图 3-3 所示的结构。

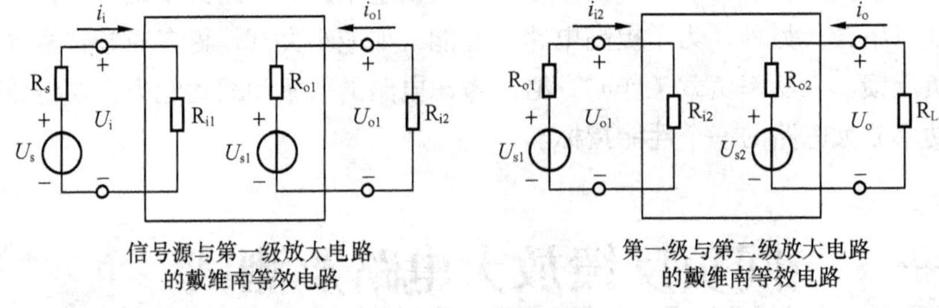

图 3-3　分解的两个戴维南等效电路

从图 3-3 的结构上看，信号源与第一级放大电路构成第一个基本放大电路，作戴维南等效电路时，第二级的输入电阻 R_{i2} 相当于第一个基本放大电路戴维南等效电路的负载；而第二个基本放大电路由第一级的输出、第二级和负载构成，作戴维南等效电路时，第一级放大电路的输出电阻 R_{o1} 相当于此戴维南等效电路的信号源内阻。这样分解后，可以对每个电路单独分析，计算第一个戴维南等效电路的输入电阻、输出电阻、输出电压等，然后代入到下一级电路中去，就可以推算出整个电路的参数了。

2. 多级放大电路的耦合方式

既然多级放大电路由若干个基本放大电路级联构成，那么它们之间必须传递信号，级与级之间传递信号的方式称为耦合方式。电路的耦合方式一般有以下几种。

（1）阻容耦合。阻容耦合是指各级之间通过耦合电容和下一级的输入电阻连接。优点是各级静态工作点互不影响，可单独调整、计算，且不存在零点漂移问题；缺点是不能用来放大变化很缓慢的信号和直流分量变化的信号，且不能用在集成电路中。

（2）直接耦合。直接耦合是指各级之间直接用导线连接。优点是可放大变化很缓慢的信号和直流分量变化的信号，且宜于集成；缺点是各级静态工作点互相影响，且存在零点漂移问题，即当 $u_i=0$ 时，$u_o\neq0$（有静态电位）。引起零点漂移的原因主要是三极管参数（I_{CBO}、U_{BE}、β）随温度的变化、电源电压的波动、电路元件参数的变化等。

（3）变压器耦合。采用变压器耦合可以隔除直流，传递一定频率的交流信号，因此各放大级的静态工作点互相独立。变压器耦合的优点是可以实现输出级与负载的阻抗匹配，以获得有效的功率传输。

3 种耦合方式的电路如图 3-4 所示。

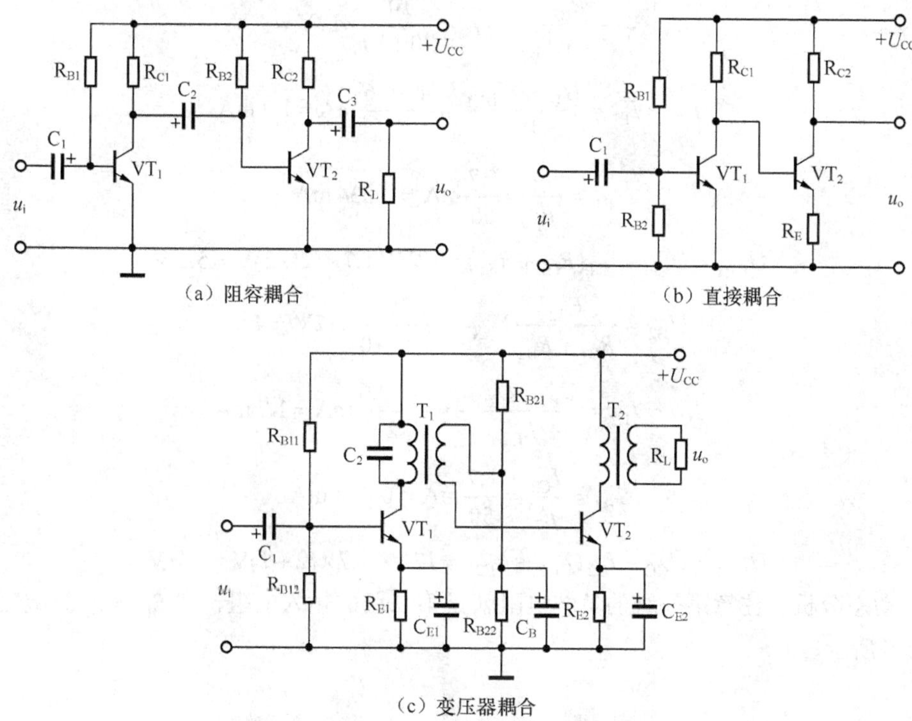

图 3-4 3 种耦合形式的电路

例 3-1 图 3-5 所示的多级放大电路中，已知 $U_{CC}=12\text{ V}$，$R_{B1}=R'_{B1}=20\text{ k}\Omega$，$R_{B2}=R'_{B2}=10\text{ k}\Omega$，$R_{C1}=R_{C2}=2\text{ k}\Omega$，$R_{E1}=R_{E2}=2\text{ k}\Omega$，$R_L=2\text{ k}\Omega$，$\beta_1=\beta_2=50$，$U_{BE1}=U_{BE2}=0.6\text{ V}$。

（1）求前、后级放大电路的静态值。

（2）画出微变等效电路。

（3）求各级电压放大倍数 $\dot{A}_{u1}$、$\dot{A}_{u2}$ 和总电压放大倍数 $\dot{A}_u$。

这是一个阻容耦合的两级放大电路，电路结构中的第一级和第二级都是一个带分压式偏置的共射放大电路。由于有电容 C_1、C_2、C_3 的存在，静态的时候信号源、第一级、第二级和负载之间的直流关系是开路的状态，因此它们每级的静态工作点是独立的；动态时，电容的容抗很小，近似于短路，因此交流信号可以通过电容逐级传递。分析和计算该电路也分为静态分析和动态分析。

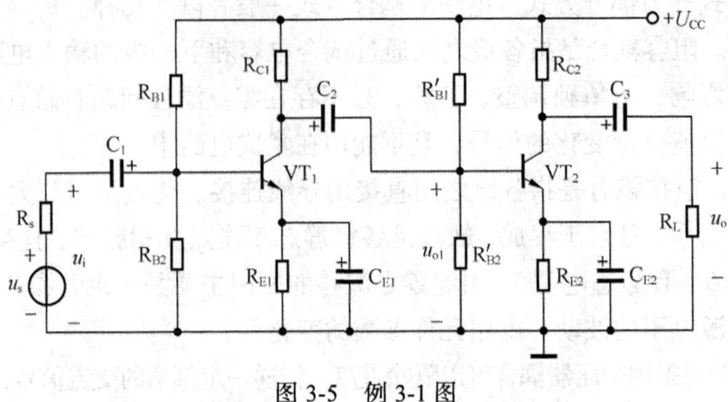

图 3-5　例 3-1 图

解：（1）各级电路静态工作点的计算采用估算法。

第一级：

$$U_{B1}=\frac{R_{B2}}{R_{B1}+R_{B2}}U_{CC}=\frac{10}{20+10}\times 12\text{V}=4\text{ V}$$

$$I_{C1}\approx I_{E1}=\frac{U_{B1}-U_{BE1}}{R_{E1}}=\frac{4-0.6}{2}\text{mA}=1.7\text{ mA}$$

$$I_{B1}=\frac{I_{C1}}{\beta_1}=\frac{1.7}{50}\text{mA}=0.034\text{ mA}$$

$$U_{CE1}=U_{CC}-I_{C1}(R_{C1}+R_{E1})=12\text{V}-1.7\times(2+2)\text{V}=5.2\text{ V}$$

第二级：

$$U_{B2}=\frac{R'_{B2}}{R'_{B1}+R'_{B2}}U_{CC}=\frac{10}{20+10}\times 12\text{V}=4\text{ V}$$

$$I_{C2}\approx I_{E2}=\frac{U_{B2}-U_{BE2}}{R_{E2}}=\frac{4-0.6}{2}\text{mA}=1.7\text{ mA}$$

$$I_{B2}=\frac{I_{C2}}{\beta_2}=\frac{1.7}{50}\text{mA}=0.034\text{ mA}$$

$$U_{CE2}=U_{CC}-I_{C2}(R_{C2}+R_{E2})=12\text{V}-1.7\times(2+2)\text{V}=5.2\text{ V}$$

（2）动态分析。注意第一级的负载电阻就是第二级的输入电阻，即 $R_{L1}=r_{i2}$。微变等效电路如图 3-6 所示。

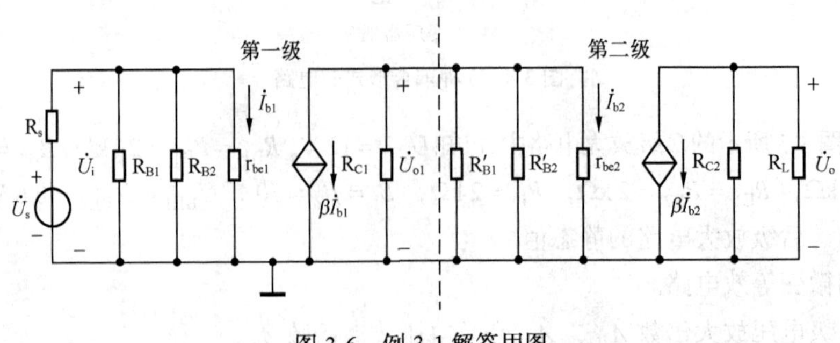

图 3-6　例 3-1 解答用图

（3）求各级电路的电压放大倍数 $\dot{A}_{u1}$、$\dot{A}_{u2}$ 和总电压放大倍数 $\dot{A}_u$。

三极管 VT_1 的动态输入电阻为

$$r_{be1}=300+(1+\beta_1)\frac{26}{I_{E1}}=300\Omega+(1+50)\times\frac{26}{1.7}\Omega=1\,080\,\Omega$$

三极管 VT_2 的动态输入电阻为

$$r_{be2}=300+(1+\beta_2)\frac{26}{I_{E2}}=300\Omega+(1+50)\times\frac{26}{1.7}\Omega=1\,080\,\Omega$$

第二级输入电阻为

$$r_{i2}=R'_{B1}\,//\,R'_{B2}\,//\,r_{be2}=20\,//\,10\,//\,1.08=0.93\,k\Omega$$

第一级等效负载电阻为

$$R'_{L1}=R_{C1}\,//\,r_{i2}=2\,//\,0.93=0.63\,k\Omega$$

第二级等效负载电阻为

$$R'_{L2}=R_{C2}\,//\,R_L=2\,//\,2=1\,k\Omega$$

第一级电压放大倍数为

$$\dot{A}_{u1}=-\frac{\beta_1R'_{L1}}{r_{be1}}=-\frac{50\times0.63}{1.08}=-30$$

第二级电压放大倍数为

$$\dot{A}_{u2}=-\frac{\beta_2R'_{L2}}{r_{be2}}=-\frac{50\times1}{1.08}=-50$$

总电压放大倍数为

$$\dot{A}_u=\dot{A}_{u1}\dot{A}_{u2}=(-30)\times(-50)=1\,500$$

（二）差动放大电路

直接耦合电路结构简单，广泛应用于集成电路中，由于没有了电容容抗，因此它的低频特性好。但是直接耦合存在两个问题：前后级静态工作点相互影响和零点漂移。

零点漂移是指输入信号电压为零时（$u_i=0$，可以理解为输入接地），输出电压发生缓慢地、无规则地变化的现象。产生的原因有晶体管参数随温度变化、电源电压波动、电路元件参数的变化等。

零点漂移现象直接影响对输入信号的测量准确程度和分辨能力。严重时，可能淹没有效信号电压，无法区分有效信号电压和漂移电压。一般用输出漂移电压折合到输入端的等效漂移电压作为衡量零点漂移的指标，即

$$u_{id}=\frac{u_{od}}{|A_u|}$$

式中，u_{od} 为输出端漂移电压，A_u 为电压放大倍数，u_{id} 为输入端等效漂移电压。很明显，u_{id} 越小，说明零点漂移现象越弱，电路特性越好。

只有输入端的等效漂移电压比输入信号小许多时，放大后的有用信号才能被很好地区分出来。抑制零点漂移是制作高质量直接耦合放大电路需要解决的重要问题。采用差动放大电路是抑制零点漂移的一种有效办法。

1. 差模信号和共模信号的概念

差动放大电路是一个双口网络，每个端口有两个端子，可以输入两个信号，输出两个信号，

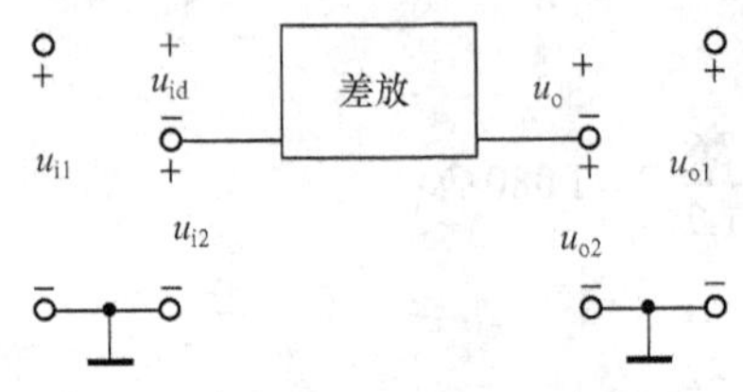

图 3-7 差动放大电路端口结构图

这与我们学习过的放大电路有明显的区别。其端口结构示意图如图 3-7 所示，u_{id}称为差模输入电压，放大电路的输出电压 $u_o=u_{o1}-u_{o2}$。

差模信号是指大小相等，相位相反的两个信号。

共模信号是指大小相等，相位相同的两个信号。

两个输入端输入信号 u_{i1} 和 u_{i2}

令

$$u_{id}=u_{i1}-u_{i2} \tag{3-1}$$

$$u_{ic}=u_{i1}+u_{i2} \tag{3-2}$$

根据式（3-1）和式（3-2）可以得到 $u_{i1}=u_{ic}+\dfrac{u_{id}}{2}$，$u_{i2}=u_{ic}-\dfrac{u_{id}}{2}$。

因此，两个输入端的信号均可分解为差模信号（$\dfrac{u_{id}}{2}$ 与 $-\dfrac{u_{id}}{2}$）和共模信号（u_{ic} 与 u_{ic}）两部分。在差动放大电路中，放大的是差模信号，而共模信号是不被放大的，这也是差动放大器最显著的特点。

2. 差动放大电路的主要指标

（1）差模电压放大倍数 A_{ud}。其定义为 $A_{ud}=\dfrac{U_{od}}{U_{id}}$。

（2）共模电压放大倍数 A_{uc}。其定义为 $A_{uc}=\dfrac{U_{oc}}{U_{ic}}$。

（3）共模抑制比 K_{CMR}。为了全面衡量差动放大电路放大差模信号、抑制共模信号的能力，需引入一个新的量——共模抑制比，用 K_{CMR} 表示，其定义式为 $K_{CMR}=\left|\dfrac{A_{ud}}{A_{uc}}\right|$。此定义表示共模抑制比越大，差动放大电路放大差模信号的能力越强，抑制共模信号的能力也越强。

（4）差模输入电阻 r_{id}。差模输入电阻是指在差模信号下等效的输入电阻，定义为 $r_{id}=\dfrac{U_{id}}{I_{id}}$。

（5）差模输出电阻 r_{od}。差模输出电阻是指在差模信号下等效的输出电阻，定义为 $r_{od}=\dfrac{U_{od}}{I_{od}}$。

（6）共模输入电阻 r_{ic}。共模输入电阻是指在共模信号下等效的输入电阻，定义为 $r_{ic}=\dfrac{U_{ic}}{I_{ic}}$。

3. 基本差动放大电路

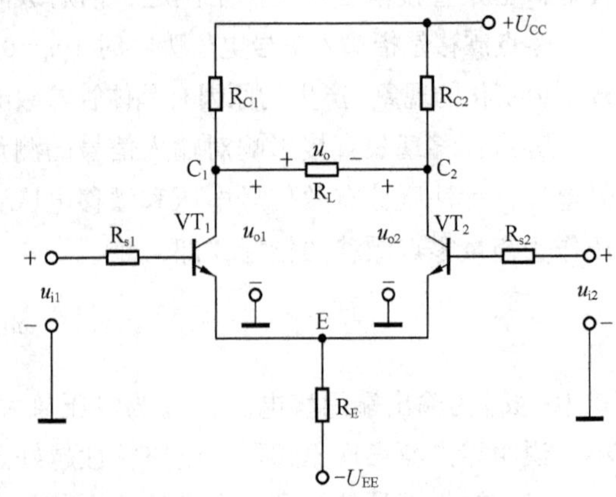

图 3-8 基本差动放大电路

图 3-8 所示是一个基本差动放大电路，电路由两个完全对称的三极管与偏置电阻组成。

其中 VT_1、VT_2 是一对完全相同的三极管，R_{C1} 与 R_{C2} 也完全一样，因此看上去电路是一种左右镜像对称的结构。从结构上，电路可以分解成一左一右完全一样的两个共射放大电路，如图 3-9 所示，分别输入 u_{i1}、输入 u_{i2}；输出 u_{o1}、输出 u_{o2}，最终电路输出 $u_o=u_{o1}-u_{o2}$。

（1）静态分析。如图 3-10 所示，静态偏置电路由 U_{CC}、$-U_{EE}$、R_{C1}、R_{C2}、R_E 组成，由于对

称的两个共射放大电路静态偏置电流 $I_{B1}=I_{B2}$，$I_{C1}=I_{C2}$，两管的集电极 $U_{C1}=U_{C2}$，因此静态时（无输入信号，$U_{i1}=U_{i2}=0V$），$U_o=U_{C1}-U_{C2}=0V$，理想情况下有严格的对称性，保证了零输入—零输出，解决了零点漂移现象的问题，但实际应用中，严格的电路对称是很难做到的，因此只能说尽可能地减少零漂移现象。对称性越好的电路，抑制零点漂移的能力越好。

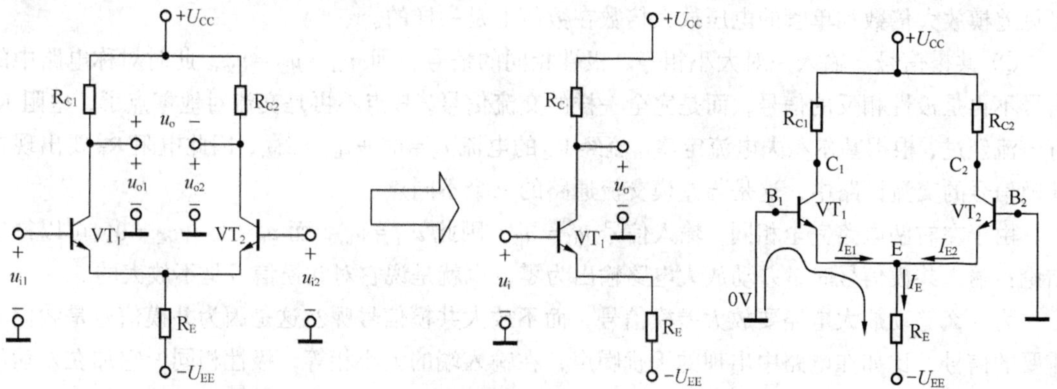

图 3-9　镜像对称的两个共射放大电路　　　　图 3-10　差动式放大电路的静态分析

静态时，输入短路，由于流过电阻 R_E 的电流为 I_{E1} 和 I_{E2} 之和，且电路对称，$I_{E1}=I_{E2}$，根据电路可得 $U_{EE}-U_{BE}=2I_{E1}R_E+I_BR_{s1}$，$I_{E1}=I_{E2}=\dfrac{U_{EE}-U_{BE}}{2R_E+\dfrac{R_s}{1+\beta}}\approx\dfrac{U_{EE}-U_{BE}}{2R_E}\approx\dfrac{U_{EE}}{2R_E}$

$$I_{B1}=\frac{I_{E1}}{1+\beta}，\ I_{C2}=I_{C1}\approx I_{E1}，\ U_{C2}=U_{C1}\approx U_{CC}-I_{C1}R_{C1}$$

（2）动态分析。该电路是如何做到放大差模信号而不放大共模信号呢？根据前面的知识，任意两个信号都可以分解成差模信号与共模信号的叠加，那么我们可以分别输入两类信号进行讨论。

① 差模信号。输入一对大小相等、极性相反的差模信号，比如 $u_{i1}=-u_{i2}=u_{id}/2$，由于电路对称，在三极管 VT_1、VT_2 也会放大产生一对大小相等、极性相反的交流信号，在 E 这一点两信号相交，彼此抵消，因此交流时 E 点的对地电位为零，相当于接地；在输出端，经过负载 R_L 的情况也一样，在 $R_L/2$ 处两差模信号相交，交流对地电位为零。根据放大电路动态分析的方法，直流电压源短接接地，可以画出差模输入的交流通路，如图 3-11 所示。

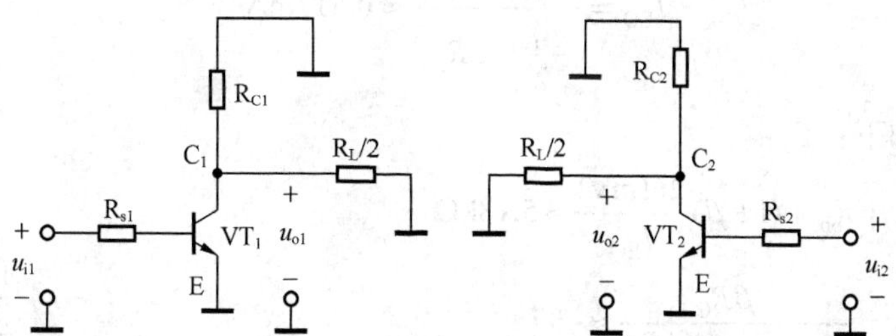

图 3-11　差模信号下的交流等效电路

单独分析其中一个共射放大电路，可以很容易计算出 VT_1、VT_2 的电压放大倍数，即

$$\dot{A}_{us}=\frac{r_{be}}{R_{s1}+r_{be}}\dot{A}_u=-\beta\frac{(R_{C1}//\dfrac{R_L}{2})}{r_{be}}\frac{r_{be}}{R_{s1}+r_{be}}$$

所以$U_{o1}=U_{i1}\dot{A}_{us}$，$U_{o2}=U_{i2}\dot{A}_{us}$

而$u_{i1}=-u_{i2}$，$u_o=u_{o1}-u_{o2}$

可以得到差模放大倍数A_{ud}，即$\dot{A}_{ud}=\dfrac{u_o}{u_{id}}=\dfrac{u_{o1}-u_{o2}}{u_{i1}-u_{i2}}=\dfrac{2u_o}{2u_{i1}}=\dot{A}_{us}$

可见差模放大倍数和单管的电压放大倍数在数值上是一样的。

② 共模信号。输入一对大小相等、极性相同的信号，即 $u_{i1}=u_{i2}=u_{ic}$，此时对称电路中的信号不再是极性相反的信号，而是完全一样的交流信号，E 点不再是交流对地零点了，电阻 R_E 有电流经过，根据基尔霍夫电流定律，流经 R_E 的电流 $i_E=i_{E1}+i_{E2}=2i_{E1}$，因此电阻 R_E 要出现在共模信号的交流回路中，这是与差模交流通路的一个不同点。

由于左右两电路完全相同，输入信号 $u_{i1}=u_{i2}$，因此 $u_{o1}=u_{o2}$，而 $u_o=u_{o1}-u_{o2}=0$，可以得出结论：输入共模信号时，差动放大电路输出为零，也就是说它对共模信号是不放大的。

为什么差动放大电路要放大差模信号，而不放大共模信号呢？这是因为共模信号是我们不需要的信号，比如在电路中出现的干扰噪声，在输入端的大小相等，极性相同，它加在差动放大电路上就是一种共模信号。差分电路的静态偏置电压、电流也是一种大小相等，极性相同的直流分量，属于共模信号，当电源出现波动时，直流偏置必然受到影响，但是影响在差分电路中都是一致的，这种波动产生的电压、电流变化也属于共模信号，由于共模信号不放大，这种影响不会导致差模放大倍数的变化。

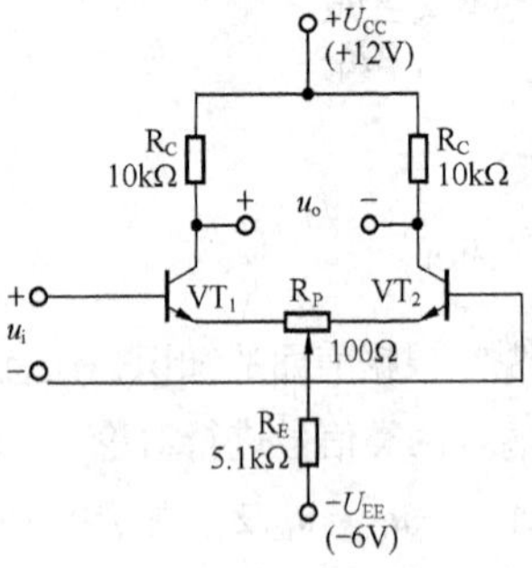

但是实际电路要做到理想对称是不可能的，因此往往 $u_{o1}\neq u_{o2}$，即 $u_o=u_{o1}-u_{o2}\neq 0$，于是有了共模放大倍数 A_{uc} 和共模抑制比 $K_{CMR}=\left|\dfrac{A_{ud}}{A_{uc}}\right|$。共模抑制比用以表示该电路对共模信号的抑制能力。

图 3-12　例 3-2 题图

例 3-2　图 3-12 所示电路理想对称，三极管的β值均为 50，$r_{bb'}=100\Omega$，$U_{BEQ}\approx0.7V$。试计算 R_P 滑动端在中点时 VT_1 和 VT_2 的发射极静态电流 I_{EQ} 以及动态参数 A_d 和 R_i。

解： R_P 滑动端在中点时 VT_1 和 VT_2 的发射极静态电流分析如下：

$$U_{BEQ}+I_{EQ}\frac{R_P}{2}+2I_{EQ}R_E=U_{EE}$$

$$I_{EQ}=\frac{U_{EE}-U_{BEQ}}{\dfrac{R_P}{2}+2R_E}\approx0.517\text{mA}$$

A_d 和 r_i 分析如下：

$$r_{be}=r_{bb'}+(1+\beta)\frac{26(\text{mV})}{I_{EQ}}\approx5.18\text{k}\Omega$$

$$A_d=-\frac{\beta R_C}{r_{be}+(1+\beta)\dfrac{R_P}{2}}\approx-97$$

$$r_i=2r_{be}+(1+\beta)R_P\approx20.5\text{k}\Omega$$

这道例题中的 R_P 在实际电路中是可调的，可以调节电路的对称性，以改善电路的零漂特性。

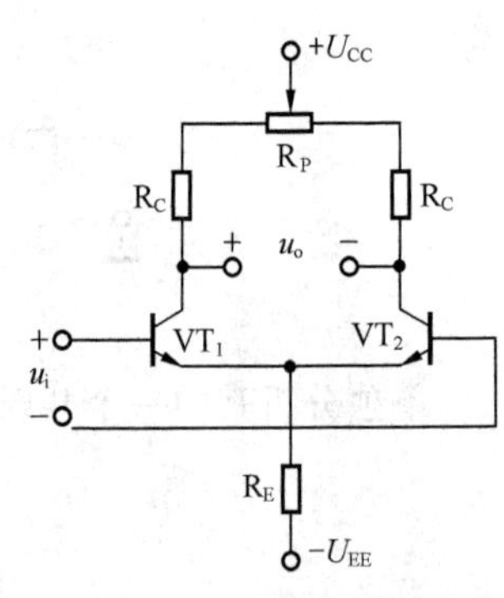

图 3-13　例 3-3 题图

例 3-3　图 3-13 所示电路理想对称，$\beta_1=\beta_2=\beta$，$r_{be1}=r_{be2}=r_{be}$。

（1）写出 R_P 的滑动端在中点时 A_d 的表达式。

（2）写出 R_P 的滑动端在最右端时 A_d 的表达式，并比较上述两个结果有什么不同。

解：（1）R_P 的滑动端在中点时，A_d 的表达式为

$$A_d=\frac{\Delta u_o}{\Delta u_i}=-\frac{\beta(R_C+\frac{R_P}{2})}{r_{be}}$$

（2）R_P 的滑动端在最右端时，

$$\Delta u_{C1}=-\frac{\beta\,(R_C+R_P)}{2r_{be}}\Delta u_i \qquad \Delta u_{C2}=+\frac{\beta\,R_C}{2r_{be}}\Delta u_i$$

$$\Delta u_o=\Delta u_{C1}-\Delta u_{C2}=-\frac{\beta\,(R_C+\frac{R_P}{2})}{r_{be}}\Delta u_i$$

所以 A_d 的表达式为

$$A_d=\frac{\Delta u_o}{\Delta u_i}=-\frac{\beta(R_C+\frac{R_P}{2})}{r_{be}}$$

比较上述两个结果可知，两种情况下的 A_d 完全相等，但第二种情况下的 $|\Delta u_{C1}|>|\Delta u_{C2}|$。

4. 差动放大电路的输入、输出方式

图 3-8 的差动放大电路用到了两个输入端（u_{i1}、u_{i2}）和两输出端（u_{o1}、u_{o2}），这种输入输出方式称为双端输入、双端输出模式。如果只用了一个输入端，仍然使用两输出端则称为单端输入、双端输出模式，依此类推，还有双端输入、单端输出模式和单端输入、单端输出模式。

（1）单端输入、双端输出模式。在这种模式下，信号输入到一个输入端，另一个输入端不作输入且接地，如图 3-14（a）所示，输出端仍然是由 u_{o1}、u_{o2} 输出，$u_o=u_{o1}-u_{o2}$。

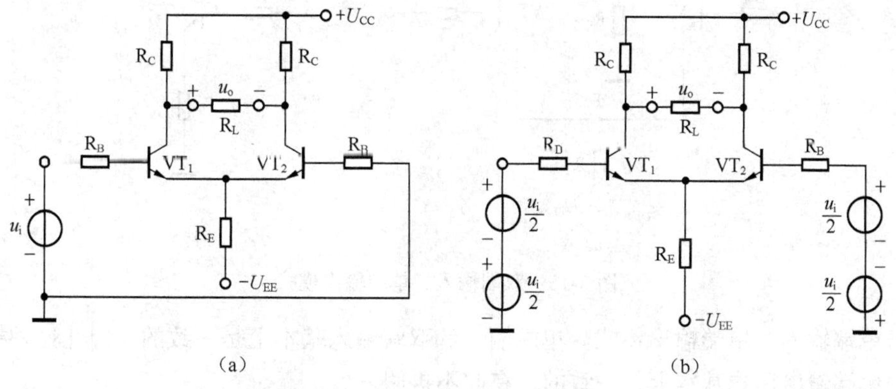

图 3-14 单端输入、双端输出模式

在差分式放大电路的单端输入模式下输入一个信号 u_i，即 $u_{i1}=u_i$，$u_{i2}=0$V，根据前面的知识，信号可以写成 $u_{i1}=u_i/2+u_i/2$，$u_{i2}=u_i/2-u_i/2$，由一对差模信号和一对共模信号加在放大器的两输入端，如图 3-14（b）所示。

由此可见，单端输入下，相当于在两输入端输入了 $u_i/2$ 的差模信号，而共模信号不被放大，因此，单端输入时电路的工作状态与双端输入时基本一致，各指标也基本相同。

（2）双端输入、单端输出模式。单端输出就是输出信号只取 u_{o1} 或者 u_{o2}，即只取其中一个三极管的集电极输出，如图 3-15（a）所示。因为单端输出时，仅取一管的集电极电压作为输出，使两管的零点漂移不能在输出端互相抵消，所以相对于双端输出模式共模抑制比相对较低。

差模信号下的交流通路，双管的发射极仍然当作交流对地零电位，由于输出只使用了 u_{o1}，所以单端输出时差动放大电路的差模电压放大倍数为

$$A_{\mathrm{d}}=-\frac{1}{2}\frac{\beta R_{\mathrm{L}}'}{r_{\mathrm{be}}}\text{（反相输出）}$$

$$A_{\mathrm{d}}=\frac{1}{2}\frac{\beta R_{\mathrm{L}}'}{r_{\mathrm{be}}}\text{（同相输出）}$$

式中，$R_{\mathrm{L}}'=R_{\mathrm{C}}\,//\,R_{\mathrm{L}}$。

图 3-15（b）是共模信号下，单端输出时的交流通路。由于两管在发射极上的信号相位一致，发射极不再是交流对地零电位，射极电阻 $\mathrm{R_E}$ 上流过两倍的射极电流（另一路电流是由 $\mathrm{VT_2}$ 的射级输出的发射极电流），根据带射极电阻的单管共发射极放大电路的电压放大倍数公式，可得单端输出时差动放大电路的共模电压放大倍数为 $A_{uc1}=-\dfrac{\beta R_{\mathrm{C}}}{r_{\mathrm{be}}+2(1+\beta)R_{\mathrm{E}}}$；如果从 $\mathrm{VT_2}$ 输入，则 $A_{uc2}=\dfrac{\beta R_{\mathrm{C}}}{r_{\mathrm{be}}+2(1+\beta)R_{\mathrm{E}}}$。和双端输出不同，单端输出模式有一定的共模放大倍数，但是从 A_{uc1} 的计算公式我们可以看出，R_{E} 越大，共模放大倍数越小，可以提高共模抑制比。在实际应用中，一般使用恒流源电路代替 $\mathrm{R_E}$，以获得足够大的电阻换取高的共模抑制比。

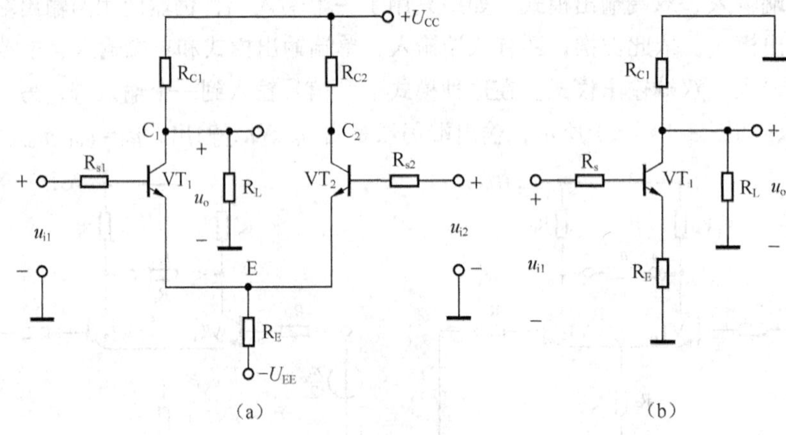

图 3-15　双端输入、单端输出模式

（3）单端输入、单端输出模式。单端输入和双端输入基本上是一致的，因此这种模式与双端输入、单端输出模式基本上是一致的，在此不再阐述。

（三）放大电路中的负反馈

反馈现象在自然界中普遍存在，反馈在电子系统中的定义是：把输出量（电流量或电压量）的一部分或全部以某种方式送回输入端，使原输入信号变化并影响放大电路某些性能的过程。

按反馈的增减方式，反馈有正反馈和负反馈两种，正反馈是指输出量送回输入端时，使原输入信号增大，而负反馈则相反，使输入信号减小。在电子技术领域中，这两种反馈各有用途，负反馈一般用于稳定系统，有减少失真、扩宽频带等作用；而正反馈则多用于振荡电路，用于

起振（将在后面的章节加以讨论）。

1. 反馈放大电路的组成与基本关系式

反馈放大电路的结构如图 3-16 所示，图中 A 表示无反馈的放大电路，称为基本放大电路；F 表示反馈网络，一般由线性元件组成。实际上反馈放大电路是由基本放大电路和一个反馈网络构成的一个闭环系统，因此也称为闭环放大电路。如果去掉反馈网络，没有反馈回路，电路结构呈开环状态，称为开环放大电路，基本放大电路属于开环放大电路。$\dot{X}_i$ 、$\dot{X}_f$ 、$\dot{X}_{di}$ 和 $\dot{X}_o$ 分别表示输入信号、反馈信号、净输入信号和输出信号，这些信号量可以是电压或者是电流；图中的箭头方向从输入端指向输出端的是正向传输，从输出端指向输入端是反向传输。

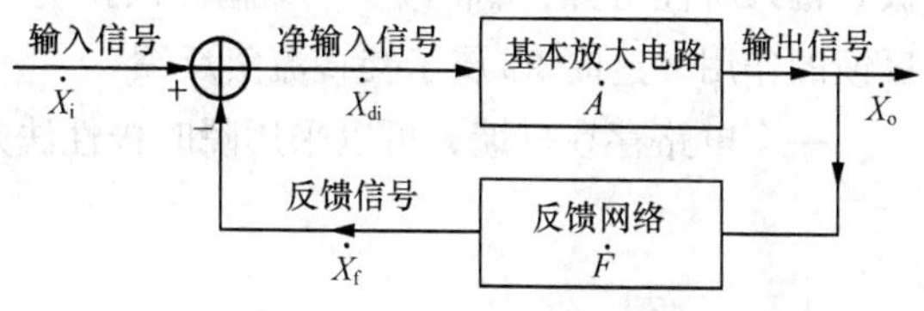

图 3-16　反馈放大电路结构图

由图 3-16 可得，基本放大电路的放大倍数为

$$\dot{A}=\frac{\dot{X}_o}{\dot{X}_{di}} \tag{3-3}$$

反馈网络的反馈系数为

$$\dot{F}=\frac{\dot{X}_f}{\dot{X}_o} \tag{3-4}$$

反馈放大电路的放大倍数（也称为闭环增益）为

$$\dot{A}_f=\frac{\dot{X}_o}{\dot{X}_i} \tag{3-5}$$

$\dot{X}_i$ 、$\dot{X}_f$ 与 $\dot{X}_{di}$ 的关系为

$$\dot{X}_{di}=\dot{X}_i-\dot{X}_f \tag{3-6}$$

将式（3-3）、式（3-4）和式（3-6）代入式（3-5）可得

$$\dot{A}_f=\frac{\dot{X}_o}{\dot{X}_i}=\frac{\dot{X}_o}{\dot{X}_{di}+\dot{X}_f}=\frac{\dfrac{\dot{X}_o}{\dot{X}_{di}}}{1+\dfrac{\dot{X}_o}{\dot{X}_{di}}}=\frac{\dfrac{\dot{X}_o}{\dot{X}_{di}}}{1+\dfrac{\dot{X}_o}{\dot{X}_{di}}\dfrac{\dot{X}_f}{\dot{X}_o}}=\frac{\dot{A}}{1+\dot{A}\dot{F}} \tag{3-7}$$

式（3-7）称为反馈放大电路的基本关系式，它表明了闭环放大倍数与开环放大倍数、反馈系数之间的关系。$\left|1+\dot{A}\dot{F}\right|$ 称为反馈深度，$\dot{A}\dot{F}$ 称为环路放大倍数，$\dot{A}\dot{F}=\dfrac{\dot{X}_f}{\dot{X}_{di}}$ 。

2. 负反馈的判断与分类

（1）交、直流负反馈及其判断。按反馈信号的对象不同，负反馈可以分为直流反馈、交流反馈和交直流反馈。比如前面学习的带分压式偏置的共射放大电路就是一种负反馈，如图 3-17 所示。当温度升高时，因为 U_B 恒定，会有如下负反馈过程出现。

$$T\uparrow\rightarrow I_C\uparrow\rightarrow I_E\uparrow\rightarrow U_{R_E}\uparrow \quad U_{BE}=U_B-U_{R_E}$$
$$I_C\downarrow\leftarrow I_B\downarrow\leftarrow U_{BE}\downarrow$$

以上现象是在直流状态下的，电阻 R_E 起到了负反馈的作用，用以稳定三极管的静态工作点，以减少温度对三极管静态的影响。由于有电容 C_E 的存在，交流信号相当于短路，因此交流信号在发射极相当于接地，不流经电阻 R_E，即 R_E 在交流通路中不起任何作用。这样的负反馈称为直流负反馈，交流不存在负反馈。若要使 R_E 起到交流反馈的作用，可以将 C_E 去掉，如果瞬间在基极输入正极性信号，此时 R_E 的存在使得发射极电位升高，从而使得 u_{be} 电压变小，根据三极管输入特性可知，i_b 将减少，即输出回路上的发射极电流使得输入量变小，因此 R_E 起到了负反馈的作用。这时 R_E 属于交直流负反馈。

一个电路存在反馈，可以采用瞬时极性法判断它是否是负反馈，如图 3-18 所示。

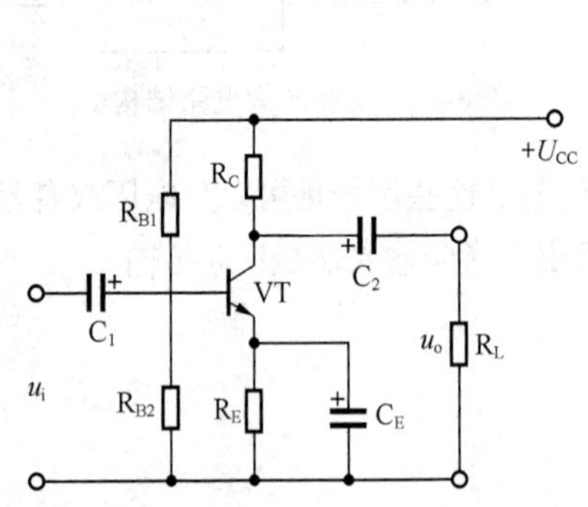

图 3-17　带分压式偏置的共射放大电路

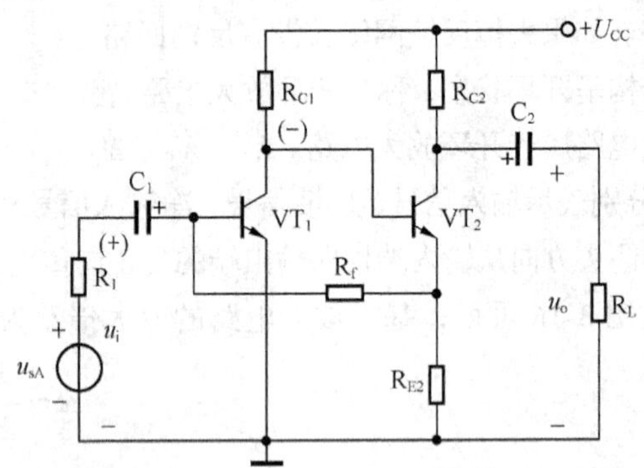

图 3-18　负反馈电路的瞬时极性法

图 3-18 中有两个反馈元件 R_f 和 R_{E2}，其中 R_{E2} 只在第二级 VT_2 作用，是个本级反馈。从上面的分析可知 R_{E2} 是一个交直流负反馈。R_f 从第二级 VT_2 的输出反馈回第一级 VT_1 的基极，是个级间反馈，由于没有电容，交直流均经过 R_f，因此它是交直流反馈。对 R_f 的判断可采用瞬时极性法，首先，假设在第一级的输入端（VT_1 的基极）输入一个“+”的信号，第一级的输出在 VT_1 的集电极，根据共射放大电路的输出极性特点，应该为反相，集电极输出一个“−”极性信号作为 VT_2 的基极输入，由三极管的输入输出特性可知，VT_2 的发射极极性与基极一致，因此 VT_2 发射极输出一个“−”极性信号，反馈回 VT_1 基极时，根据叠加定理可以证明这一对“+”极性与“−”极性信号是相互削弱的，因此 R_f 返回的信号属于负反馈。

瞬时极性法的关键在于要清晰地判断放大电路的组态，是共发射极、共集电极还是共基极放大。每一种组态放大电路的信号输入点和输出点都不一样，其瞬时极性也不一样。基本放大电路的 3 种组态见表 3-1。相位差 180°则瞬时极性相反，相位差 0°则瞬时极性相同。

表 3-1　不同组态放大电路的相位差

电路类型	输入极	公共极	输出极	相位差
共发射极放大电路	基极	发射极	集电极	180°
共集电极放大电路	基极	集电极	发射极	0°
共基极放大电路	发射极	基极	集电极	0°

（2）负反馈放大电路的基本类型。按照负反馈对输出的取样对象，分为电压负反馈和电流负反馈，如图 3-19（a）、（b）所示；按照负反馈把输出送入输入端的方式，分为串联负反馈和并联负反馈，如图 3-19（c）、（d）所示。因此负反馈的组态有电压串联负反馈、电流串联负反馈、电压并联负反馈和电流并联负反馈 4 种。

① 电压反馈与电流反馈。如图 3-19（a）所示，电压反馈指的是反馈信号取自输出电压的部分或全部。其特征是：将负载 R_L 短路（即令 $u_o=0$）时，反馈信号 $\dot{X}_f$ 消失（反馈电压或者电

流为零）。电压反馈能稳定输出电压，其原理是：当输入电压不变时，假如负载 R_L 变化导致输出电压 u_o 增大，则通过反馈使得增大 $\dot{X}_f$，由 $\dot{X}_{di}=\dot{X}_i-\dot{X}_f$ 可知，净输入 $\dot{X}_{di}$ 变小，从而使得 u_o 减小，输出电压得以稳定。所以电压负反馈电路具有恒压输出的特性。

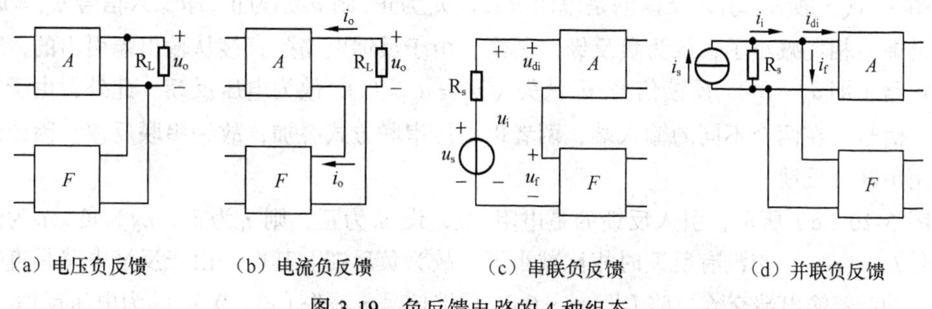

（a）电压负反馈　（b）电流负反馈　（c）串联负反馈　（d）并联负反馈

图 3-19　负反馈电路的 4 种组态

如图 3-19（b）所示，反馈网络与负载 R_L 串联，反馈信号取自输出电流，称为电流反馈。它的特征是：将负载 R_L 短路（即令 $u_o=0$）时，反馈信号 $\dot{X}_f$ 依然存在（反馈电压或者电流不为零）。电流反馈能稳定输出电流，其原理是：当输入电压不变时，假如负载 R_L 变化导致输出电流 i_o 增大，则通过反馈使得增大 $\dot{X}_f$，由 $\dot{X}_{di}=\dot{X}_i-\dot{X}_f$ 可知，净输入 $\dot{X}_{di}$ 变小，从而使得 i_o 减小，输出电流得以稳定。所以电流负反馈电路具有恒流输出的特性。

② 串联反馈和并联反馈。3-19（c）所示，在输入端，反馈网络与基本放大电路串联，使得输入电压 u_i 与反馈电压 u_f 相减，即 $u_{di}=u_i-u_f$，称为串联反馈。由于反馈电压 u_f 经过信号源内阻 R_s 到净输入电压 u_{di} 上，R_s 越小对 u_f 的影响越小，反馈效果越好，因此，串联负反馈宜采用低内阻的电压源型信号源作为输入。

如图 3-19（d）所示，在输入端，反馈网络与基本放大电路并联，使得输入电流 i_i 与反馈电流 i_f 相减，即 $i_{di}=i_i-i_f$，称为并联反馈。由于反馈电压 i_f 经过信号源内阻 R_s 到净输入电压 i_{di} 上，R_s 越大对 i_f 的影响越小，反馈效果越好，因此，并联负反馈宜采用高内阻的电流源型信号源作为输入。

例 3-4　试判断图 3-20 所示各放大电路中的反馈环节，并判别其反馈极性和类型。

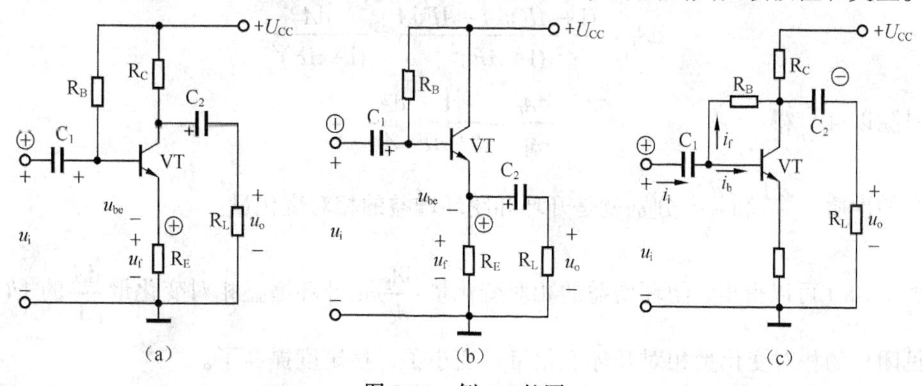

图 3-20　例 3-4 的图

在判别放大电路的反馈极性和类型之前，首先要判断放大电路是否存在反馈。如果电路中存在既同输入电路有关，又同输出电路有关的元件或网络，则电路存在反馈，否则不存在反馈。在运用瞬时极性法判别反馈极性时，应注意晶体管的基极和发射极瞬时极性相同，而与集电极瞬时极性相反。

解：如图 3-20（a）所示，引入反馈的是电阻 R_E，设 u_i 为正，则 u_f 亦为正，净输入信号 $u_{be}=u_i-u_f$，与没有反馈时相比减小了，故为负反馈。其次，由于反馈电路不是直接从输出端引出的，若输出端交流短路（即 $u_o=0$），反馈信号 u_f 仍然存在（$u_f=i_eR_E\neq 0$），故为电流反馈。此外，由于反馈信号与输入信号加在两个不同的输入端，两者以电压串联方式叠加，故为串联反馈。因此，该电路为电流串联负反馈。

如图 3-20（b）所示，引入反馈的是电阻 R_E，设 u_i 为正，则 u_f 亦为正，净输入信号 $u_{be}=u_i-u_f$，与没有反馈时相比减小了，故为负反馈。其次，由于反馈电路是直接从输出端引出的，若输出端交流短路（即 $u_o=0$），反馈信号 u_f 消失（$u_f=u_o=0$），故为电压反馈。此外，由于反馈信号与输入信号加在两个不同的输入端，两者以电压串联方式叠加，故为串联反馈。因此，该电路为电压串联负反馈。

如图 3-20（c）所示，引入反馈的是电阻 R_B，设 u_i 为正，则 i_i 为正，u_o 为负，i_f 为正，净输入信号 $i_b=i_i-i_f$，与没有反馈时相比减小了，故为负反馈。其次，由于反馈电路是直接从输出端引出的，若输出端交流短路（即 $u_o=0$），反馈信号 i_f 消失（$i_f=0$），故为电压反馈。此外，由于反馈信号与输入信号加在同一个输入端，两者以电流并联方式叠加，故为并联反馈。因此，该电路为电压并联负反馈。

3. 负反馈对放大电路性能的影响

在放大电路中引入负反馈，虽然会导致闭环增益的下降，但能使放大电路的许多性能得到改善，例如，可以提高增益的稳定性，扩展通频带，减小非线性失真，改变输入电阻和输出电阻等。

（1）提高放大倍数的稳定性。放大电路的增益可能由于元器件参数的变化、环境温度的变化、电源电压的变化、负载大小的变化等因素的影响而不稳定，引入适当的负反馈后，可提高闭环增益的稳定性。

为了从数量上表示增益的稳定程度，常用有、无反馈时增益的相对变化量之比来衡量，可以用 $\frac{\Delta A}{A}$ 和 $\frac{\Delta A_f}{A_f}$ 分别表示开环和闭环增益的相对变化量。闭环增益 $\dot{A}_f=\frac{\dot{A}}{1+\dot{A}\dot{F}}$，不考虑相位时，可用正实数 A 和 F 表示为 $A_f=\frac{A}{1+AF}$，对其微分，可得

$$\mathrm{d}A_f=\frac{(1+AF)\mathrm{d}A-AF\mathrm{d}A}{(1+AF)^2}=\frac{\mathrm{d}A}{(1+AF)^2}$$

两边同时除以 A_f，得

$$\frac{\mathrm{d}A_f}{A_f}=\frac{1}{1+AF}\frac{\mathrm{d}A}{A} \tag{3-8}$$

根据微分的性质，$\frac{dA}{A}$ 和 $\frac{dA_f}{A_f}$ 分别就是开环和闭环增益的相对变化量。

从式（3-8）可以得出，闭环增益的相对变化量 $\frac{\mathrm{d}A_f}{A_f}$ 是开环增益相对变化量 $\frac{\mathrm{d}A}{A}$ 的 $1/(1+AF)$ 倍。可见闭环的相对变化量相对开环变化量是变小了，稳定度提高了。

当深度负反馈时，$1+AF>>1$，则放大倍数的稳定性提高得更多。例如，在某种外界因素的作用下，开环放大倍数有了 10%的相对变化，但引入 $1+AF=10$ 的深度负反馈（一般比较容易满足这个条件）后，闭环放大倍数的相对变化减小到只有 1%。

另外，当负反馈的程度较深，即 $|1+AF|>>1$ 时，闭环放大倍数的表达式可近似为 $A_f=\frac{A}{1+AF}\approx\frac{A}{AF}=\frac{1}{F}$，即深度负反馈时的闭环放大倍数约为反馈系数的倒数。这表明引入的

负反馈程度较深时，闭环放大倍数几乎仅取决于反馈网络，而与基本放大电路无关。通过反馈放大电路例子的分析我们知道，反馈网络大多是由电阻、电容这些相当稳定的无源器件构成的，几乎不随温度等外界因素变化。因此，深度负反馈时的闭环放大倍数虽然下降较多，但反馈放大电路会非常稳定，这正是我们所需要的。

需要指出的是，由于输入、输出信号的性质可能是不同的，有可能是电压量，也有可能是电流量，因此，开环放大倍数、反馈系数和闭环放大倍数的含义都是广义的，不一定是电压放大倍数，具体是什么量纲，要由反馈的组态来决定。

（2）减少非线性失真。由于三极管的非线性特性，当放大电路的静态工作点选择不当或输入信号幅度过大时，会使三极管的动态工作范围进入非线性区域，造成输出信号的非线性失真，如图 3-21（a）所示。图中输出波形的失真是由三极管固有的非线性所造成的，下面以输出波形出现上大下小为例，说明负反馈对非线性失真的改善作用。

引入负反馈后，反馈网络将输出端失真后的信号 $\dot{X}_o$（上大下小）送回到输入端，因为反馈信号 $\dot{X}_f$ 与输出信号 $\dot{X}_o$ 呈比例关系，所以仅有大小的变化，形状仍然相同（上大下小）。净输入信号 $\dot{X}_{di}$ 为输入信号 $\dot{X}_i$ 与反馈信号 $\dot{X}_f$ 之差，因此，净输入信号发生了某种程度的预先失真（上小下大），经过基本放大电路放大后，由于基本放大电路本身的失真和净输入信号的失真相反，在一定程度上互相抵消，输出信号的失真可大大减小，如图 3-21（b）所示。理论证明，由于三极管的非线性失真而产生的谐波，在引入负反馈后，谐波幅度将减小为开环时的 $1/(1+AF)$。

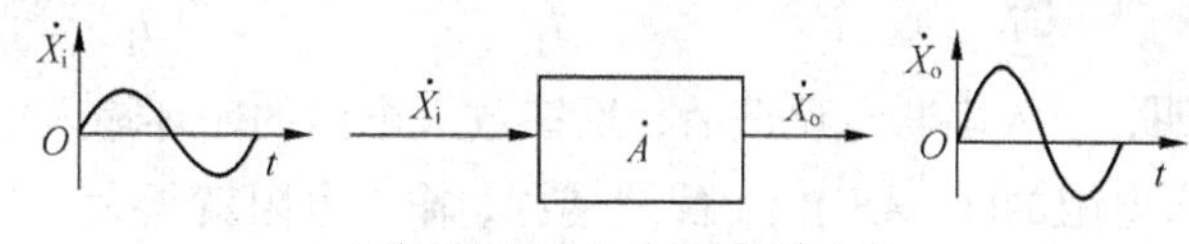

（a）开环放大电路的非线性失真

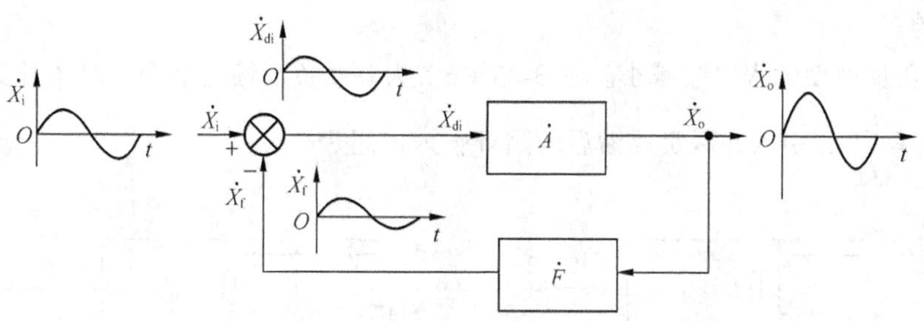

（b）负反馈对放大电路非线性失真的改善

图 3-21　负反馈对非线性失真的改善

（3）扩展带宽。根据前面对放大电路频率特性的分析可知，由于电路中电容因素的影响，在高频段和低频段放大电路的电压放大倍数都要随频率的增大或减小而下降。如果我们把信号频率的变化看作变动因素，当频率的变动引起放大倍数下降时，引入负反馈，则负反馈具有抑制放大倍数下降的作用。这样可使放大倍数在高频段或低频段下降的速度变缓，意味着闭环放大倍数比中频时下降 3dB 所对应的上限频率将增大，下限频率将减小，因而使放大电路的带宽扩展。

图 3-22 所示是放大电路的频率特性曲线，放大电路的频率特性表明，在某一频率范围内，放大电路的放大倍数 A_u 是个常数，频率太低或太高都会使得放大倍数明显下降，在放大倍数下降到 $0.707A_u$ 的时候所对应的两个频率值称为上限频率和下限频率，分别是放大电路所能处理信号的最高和最低频率，它们之间的差称为通频带，即 $BW_{0.7}=f_H-f_L$。

理论证明，反馈放大电路的上限频率 f_{Hf} 为开环时上限频率的 $\left|1+\dot{A}\dot{F}\right|$ 倍，反馈放大电路的下限频率 f_{Lf} 为开环时下限频率的 $\left|\frac{1}{1+\dot{A}\dot{F}}\right|$。上限频率增大，下限频率减小，因此，反馈放大电路的带宽展宽了。

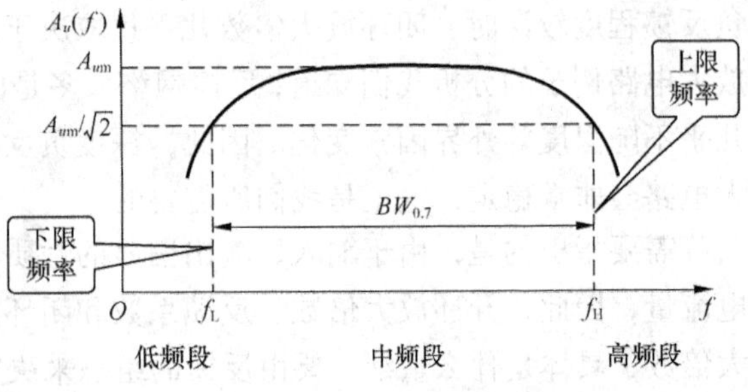

图 3-22　放大电路的通频带

（4）对反馈放大电路输入电阻和输出电阻的影响。放大电路引入负反馈后，对输入电阻和输出电阻均造成影响，具体的情况与反馈的类型有关。其中，比较方式的不同表现在放大电路的输入端，因此，比较方式影响反馈放大电路的输入电阻；采样方式的不同表现在放大电路的输出端，所以，采样方式影响放大电路的输出电阻。在使用中，应根据放大电路对输入、输出电阻的要求来选择不同的反馈形式。

① 对输入电阻的影响。

a. 串联负反馈使输入电阻增大。图 3-23（a）为串联负反馈的框图。根据输入电阻的定义，基本放大电路的开环输入电阻为 $r_{\mathrm{i}}=\frac{\dot{U}_{\mathrm{di}}}{\dot{I}_{\mathrm{i}}}$，加入串联负反馈后的闭环输入电阻为

$$r_{\mathrm{ir}}=\frac{\dot{U}_{\mathrm{i}}}{\dot{I}_{\mathrm{i}}}=\frac{\dot{U}_{\mathrm{di}}+\dot{U}_{\mathrm{f}}}{\dot{I}_{\mathrm{i}}}=\frac{\dot{U}_{\mathrm{di}}+\dot{A}\dot{F}\dot{U}_{\mathrm{di}}}{\dot{I}_{\mathrm{i}}}=(1+\dot{A}\dot{F})\frac{\dot{U}_{\mathrm{di}}}{\dot{I}_{\mathrm{i}}}=(1+\dot{A}\dot{F})r_{\mathrm{i}} \tag{3-9}$$

式（3-9）说明，引入串联负反馈后，反馈放大电路的闭环输入电阻增大了，并且为开环时基本放大电路输入电阻的$(1+\dot{A}\dot{F})$倍，反馈越深，输入电阻就越大。串联负反馈使放大电路输入电阻增大，便于从内阻较小的电压源获取信号，这和前面得出的串联反馈适用低内阻信号源的结论是一致的。

b. 并联负反馈使输入电阻减小。图 3-23（b）为并联负反馈的框图。基本放大电路的开环输入电阻为 $r_{\mathrm{i}}=\frac{\dot{U}_{\mathrm{i}}}{\dot{I}_{\mathrm{di}}}$，引入并联负反馈后的闭环输入电阻为

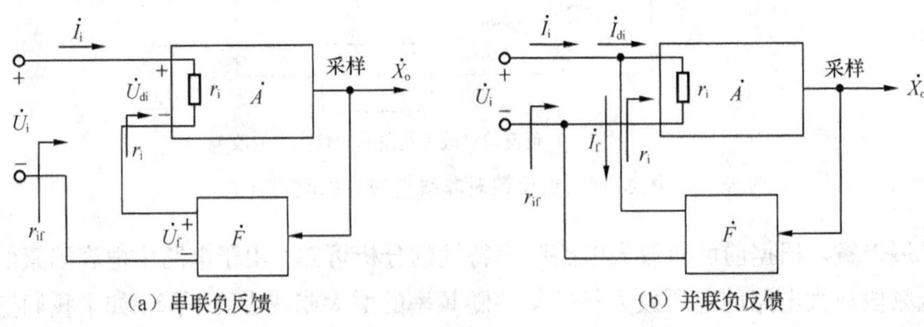

图 3-23　串联反馈和并联反馈对输入电阻的影响

$$\begin{aligned}r_{\mathrm{if}}&=\frac{\dot{U}_{\mathrm{i}}}{\dot{I}_{\mathrm{i}}}=\frac{\dot{U}_{\mathrm{f}}}{\dot{I}_{\mathrm{di}}+\dot{I}_{\mathrm{f}}}=\frac{\dot{U}_{\mathrm{i}}}{\dot{I}_{\mathrm{di}}+\dot{A}\dot{F}\dot{I}_{\mathrm{di}}}\\&=\frac{1}{(1+\dot{A}\dot{F})}\frac{\dot{U}_{\mathrm{di}}}{\dot{I}_{\mathrm{i}}}=\frac{1}{(1+\dot{A}\dot{F})}r_{\mathrm{i}}\end{aligned} \tag{3-10}$$

式（3-10）说明，引入并联负反馈后，反馈放大电路的闭环输入电阻减小，并且为开环时基本放大电路输入电阻的 $1/(1+\dot{A}\dot{F})$倍，反馈越深，输入电阻就越小。并联负反馈使放大电路

的输入电阻变小，便于从内阻较大的电流源获取信号，这和前面得出的并联反馈适用高内阻信号源的结论也是一致的。

② 对输出电阻的影响。

a. 电压负反馈使输出电阻减小。电压负反馈具有稳定输出电压的能力，而输出电压的恒定（比如在负载变化的时候）意味着输出电阻较小，因此电压负反馈使放大电路的输出电阻减小。和负反馈时输入电阻的分析一样，利用电压负反馈的框图和输出电阻的定义，可以推导出闭环输出电阻的表达式为

$$r_{of}=\frac{1}{(1+\dot{A}\dot{F})}r_o \tag{3-11}$$

具体推导过程，不再赘述。由式（3-11）可知，引入电压负反馈之后，闭环放大电路的输出电阻为开环放大电路的 $1/(1+\dot{A}\dot{F})$，而且引入的负反馈越深，输出电阻就越小。

b. 电流负反馈使输出电阻增大。电流负反馈具有稳定输出电流的能力，而输出电流的恒定（比如在负载变化的时候）意味着输出电阻较大，因此电流负反馈使放大电路输出电阻增大。同样，利用电流负反馈的框图和输出电阻的定义，可以推导出电流负反馈时闭环输出电阻的表达式为

$$r_{of}=(1+\dot{A}\dot{F})r_o \tag{3-12}$$

式（3-12）说明，引入电流负反馈后，反馈放大电路的闭环输出电阻增大，为开环时基本放大电路输出电阻的 $(1+\dot{A}\dot{F})$ 倍，反馈越深，输出电阻也越大。

必须注意的是，以上讨论的反馈放大电路的输入和输出电阻均为反馈环路以内的电阻，也就是说，负反馈不能影响反馈环路以外的电阻，这是在实际应用中要注意的问题。

综上所述，反馈放大电路牺牲了放大倍数，但换来了对性能的改善，可以使放大电路放大倍数的稳定性提高，减小了非线性失真，扩展了带宽，减小了环内的噪声和干扰，还可以改变输入电阻和输出电阻。反馈越深，放大倍数的下降越多，但对放大电路性能的改善也越多。因此，在实际的放大电路中，几乎都采用负反馈。

三、项目实施

（一）仿真实验：级间负反馈放大电路的测试

测试电路是一个两级阻容放大电路，如图 3-24 所示，第一级为典型的共射放大电路，第二级为带分压式偏置的共射放大电路，每一级的静态工作点独立，交流信号分别通过 C_1、C_2、C_3 耦合。

在两级放大电路的输出（VT_2 的集电极）引出输出信号，经 R_f、C_4 返回到第一级（VT_1 的发射极），形成电压串联负反馈。可以分析此电路，引入电压串联负反馈，反馈系数 $F=\frac{u_f}{u_o}=\frac{R_{f1}}{R_{f1}+R_f}$，而此电路开环放大倍数 A_u 可以由示波器测得 u_i 与 u_o 后计算得出。

在 Multisim 2001 软件工作平台上，建立多级放大电路的仿真电路如图 3-24 所示。操作步骤如下。

1. 开环放大倍数和闭环放大倍数的测试

（1）按照图 3-24 所示电路将元器件拖入至仿真电路图中，并连线。

（2）加入示波器、信号发生器。

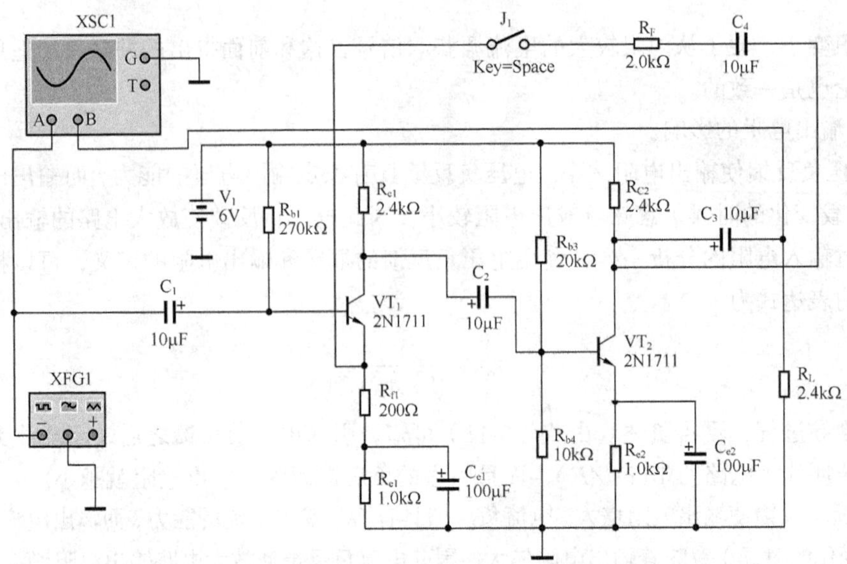

图 3-24 级间负反馈放大电路仿真实验电路

（3）设置信号发生器为 1kHz、4mV 的交流信号。

（4）利用示波器检测输入电压 u_i、输出电压 u_o，记入表 3-2 中，计算出开环放大倍数 A_u。

表 3-2 记录并计算开环、闭环放大倍数

	u_i（mV）	u_o（mV）	电压放大倍数（A_u、A_{uf}）
开环			
闭环			

（5）闭合开关 J1，形成负反馈放大电路，测出并记录此时的 u_i、u_o，计算出闭环放大倍数 A_{uf}。

2. 测试负反馈电路对非线性失真的影响

（1）将 J1 断开，稍稍增大输入电压 u_i（如输入 10mV），观察示波器的输出波形，可以发现输出电压变大，波形出现失真，如图 3-25（a）所示。

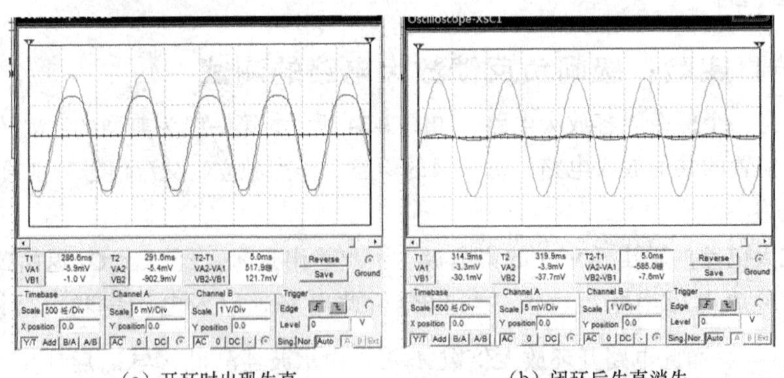

（a）开环时出现失真 （b）闭环后失真消失

图 3-25 负反馈电路对波形失真的改善作用

（2）将 J1 闭合，可以发现输出电压下降，波形失真消失，如图 3-25（b）所示。

3. 总结

计算负反馈系数 $F=\dfrac{u_f}{u_o}=\dfrac{R_{f1}}{R_{f1}+R_f}$，验证开环放大倍数与闭环放大倍数是否满足开环放大倍数与闭环放大倍数的关系式，即 $A_f = \dfrac{A}{1+AF}$。

另外，此电路 $F = \dfrac{u_f}{u_o} = \dfrac{R_{f1}}{R_{f1}+R_f}$，而电路是两级的共射放大电路，开环 A 比较大，可以计算出 $AF \gg 1$，属于深度负反馈，因此闭环放大倍数 $A_f = \dfrac{A}{1+AF} \approx \dfrac{A}{AF} = \dfrac{1}{F}$，读者可以自行检验，通过改变反馈系数，如改变 R_f 的大小，可以改变闭环放大倍数的大小。

（二）实训：级间负反馈放大电路的测试

1. 实训目的

（1）进一步熟悉两级放大电路的构成与测试方法。

（2）加深理解负反馈对放大电路的影响。

2. 实训器材

实训电路板，信号发生器 1 台，示波器 1 台，交流毫伏表、万用表各 1 块，三极管 3DG6 两只（β= 50～100），电阻、电容、连接导线若干。

3. 实训内容及步骤

（1）负反馈放大电路开环和闭环放大倍数的测试。

① 开环电路。

按图 3-26 接线，信号发生器输入 U_s 端，反馈电路 C_f 与 R_f 先不接入，调整函数信号发生器频率为 1kHz，并调整其幅值，使得 U_i 为 1mV 的正弦交流信号。用示波器观察负反馈放大电路的输入和输出波形，波形不失真且无振荡。

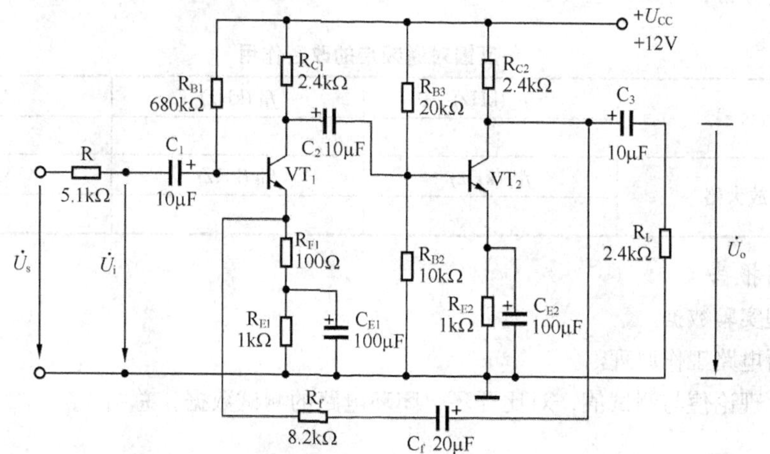

图 3-26　负反馈放大实验电路

按表 3-3 的要求进行测量并将测量结果填入表中。

表 3-3　　实验数据记录

	R_L（kΩ）	u_i（mV）	u_o（mV）	电压放大倍数 A_u、A_{uf}
开环	∞			
	3k			
闭环	∞			
	3k			

② 闭环电路。

接入反馈电路 C_f 与 R_f，按（1）的要求调整电路，波形不失真时进行测量。

按表 3-3 的要求测量并将测量结果填入表中，计算 A_{uf}，根据实测结果，验证 $A_{uf} \approx \frac{1}{F}$ 是否成立。

（2）负反馈对失真的改善作用。

① 将实验电路开环，逐步加大 U_i 的幅度，使输出信号出现失真（注意不要过分失真），将失真波形幅度记录在表 3-4 中。

表 3-4　　负反馈对失真波形的改善

	R_L（kΩ）	u_i（mV）	u_o（mV）	输 出 波 形
开环	∞			
	3k			
闭环	∞			
	3k			

② 将电路闭环，观察输出情况，并适当增加 U_i 的幅度，使输出幅度接近开环时的失真波形幅度，记录 U_i 的幅值并填入表 3-4 中。

（3）负反馈对放大电路通频带的影响。

对开环电路接上 R_L，保持 U_s 不变，然后增加和减小输入信号的频率，找出开环的上、下限频率 f_H 和 f_L；再对把电路闭环，重复一次，找出闭环的上、下限频率 f_{Hf} 和 f_{Lf}。分别计算开环和闭环的通频带，并填入表 3-5 中。

表 3-5　　负反馈对通频带的改善作用

基本放大器	f_L (kHz)	f_H (kHz)	Δf (kHz)
负反馈放大器	f_{Lf} (kHz)	f_{Hf} (kHz)	Δf_f (kHz)

4. 实训报告

（1）整理实验数据。

（2）分析电路工作原理。

（3）对比理论值与测试值，对比开环、闭环电路的测试数据，总结。

思考与练习

一、判断题

1. 现测得两个共射放大电路空载时的电压放大倍数均为−100，将它们连成两级放大电路，其电压放大倍数应为 10 000。（　　）

2. 阻容耦合多级放大电路各级的 Q 点相互独立，它只能放大交流信号。（　　）

3. 直接耦合多级放大电路各级的 Q 点相互影响，它只能放大直流信号。 (　　)

4. 只有直接耦合放大电路中晶体管的参数才随温度而变化。 (　　)

5. 互补输出级应采用共集或共漏接法。 (　　)

二、选择题

1. 直接耦合放大电路存在零点漂移的原因是________。

　A. 电阻有误差　　B. 晶体管参数的分散性　　C. 晶体管参数受温度影响

2. 集成放大电路采用直接耦合方式的原因是________。

　A. 便于设计　　B. 放大交流信号　　C. 不易于制作大容量电容

3. 选用差动放大电路的原因是________。

　A. 克服温漂　　B. 提高输入电阻　　C. 稳定放入倍数

4. 差动放大电路的差模信号是两个输入端信号的_______，共模信号是两个输入端信号的_______。

　A. 差　　B. 和　　C. 平均值

5. 用恒流源取代差动放大电路中的发射极电阻 R_E，将使电路的________。

　A. 差模放大倍数增大　　B. 抑制共模信号能力增强　　C. 差模输入电阻增大

三、分析和计算题

1. 判断图 3-27 所示的各两级放大电路中，VT_1 和 VT_2 分别组成哪种基本接法的放大电路。设图中所有电容对于交流信号均可视为短路。

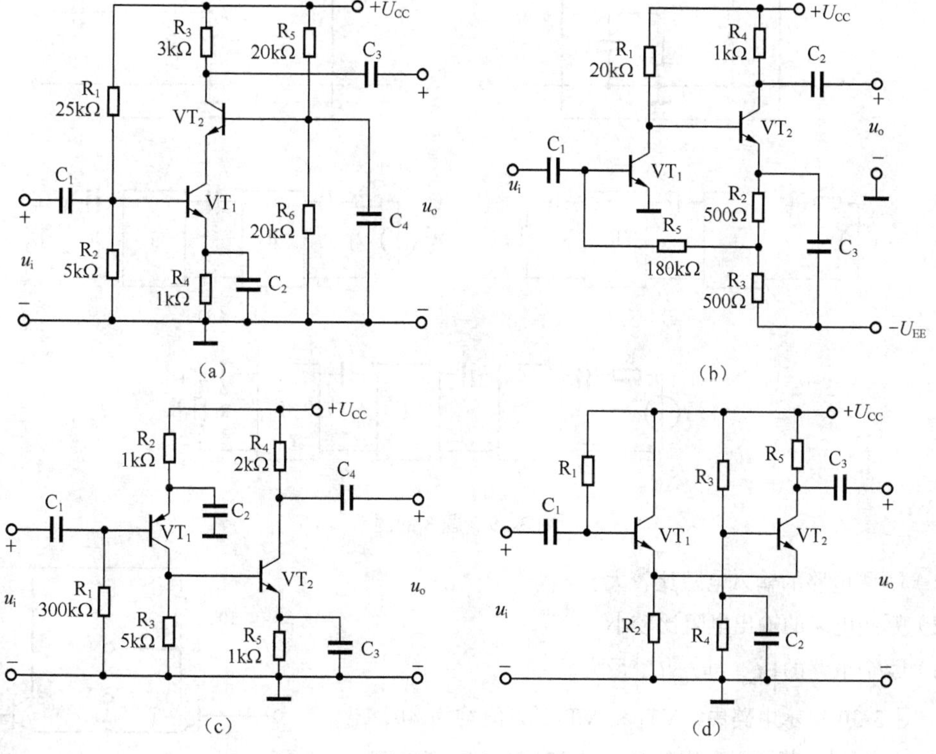

图 3-27　题 1 的图

2. 设图 3-28 所示各电路的静态工作点均合适，分别画出它们的交流等效电路，并写出 $\dot{A}_u$、r_i 和 r_o 的表达式。

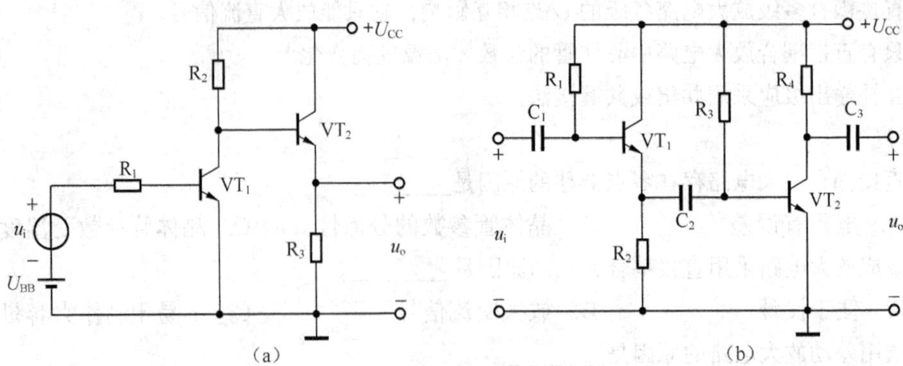

图 3-28　题 2 的图

3. 基本放大电路如图 3-29（a）、（b）所示，图（a）虚线框内为电路Ⅰ，图（b）虚线框内为电路Ⅱ。由电路Ⅰ、Ⅱ组成的多级放大电路如图（c）、（d）、（e）所示，它们均正常工作。试说明图（c）、（d）、（e）所示电路中，

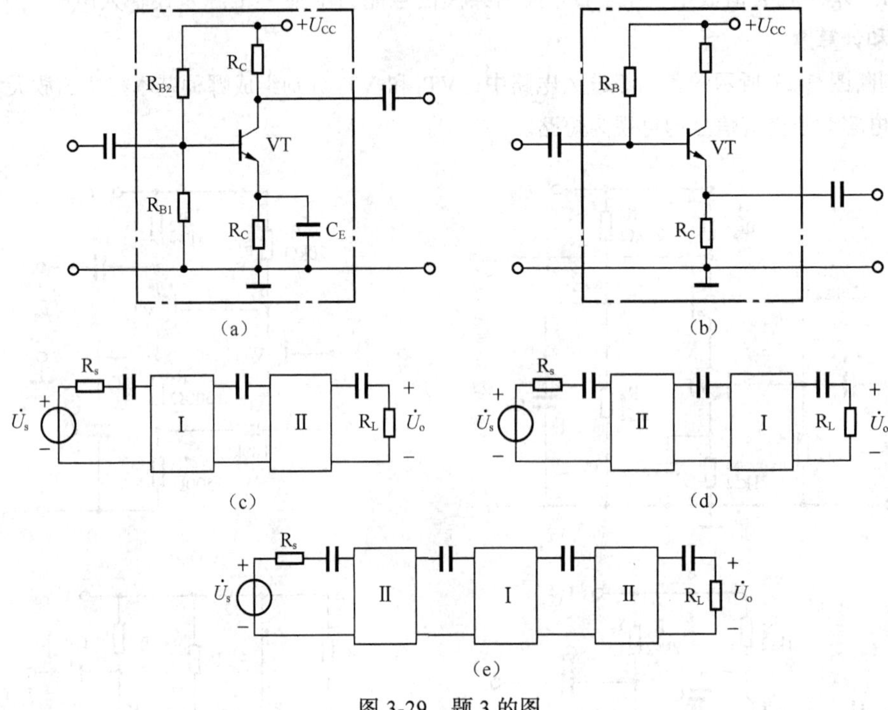

图 3-29　题 3 的图

（1）哪些电路的输入电阻比较大。

（2）哪些电路的输出电阻比较小。

（3）哪个电路的$\left|\dot{A}_{us}\right|=\left|\dot{U}_o/\dot{U}_s\right|$最大。

4. 图 3-30 所示电路中，VT_1 和 VT_2 的β值均为 40，r_{be} 均为 3kΩ。试问：若输入直流信号 $u_{i1}=20\text{mV}$，$u_{i2}=10\text{mV}$，则电路的共模输入电压 $u_{ic}=$？差模输入电压 $u_{id}=$？输出动态电压$\Delta u_o=$？

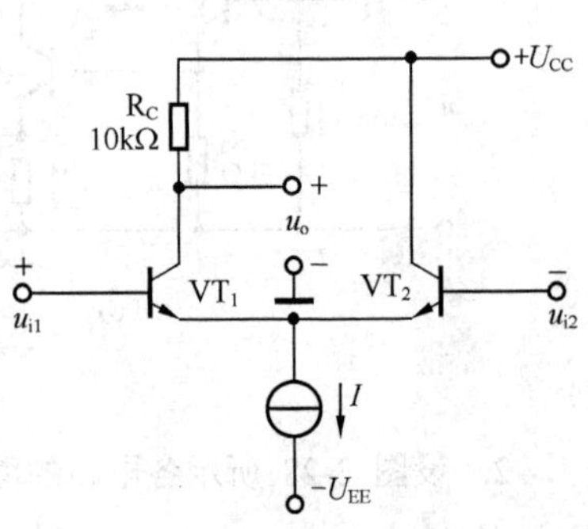

图 3-30　题 4 的图

5. 判断图 3-31 所示各电路的反馈类型。

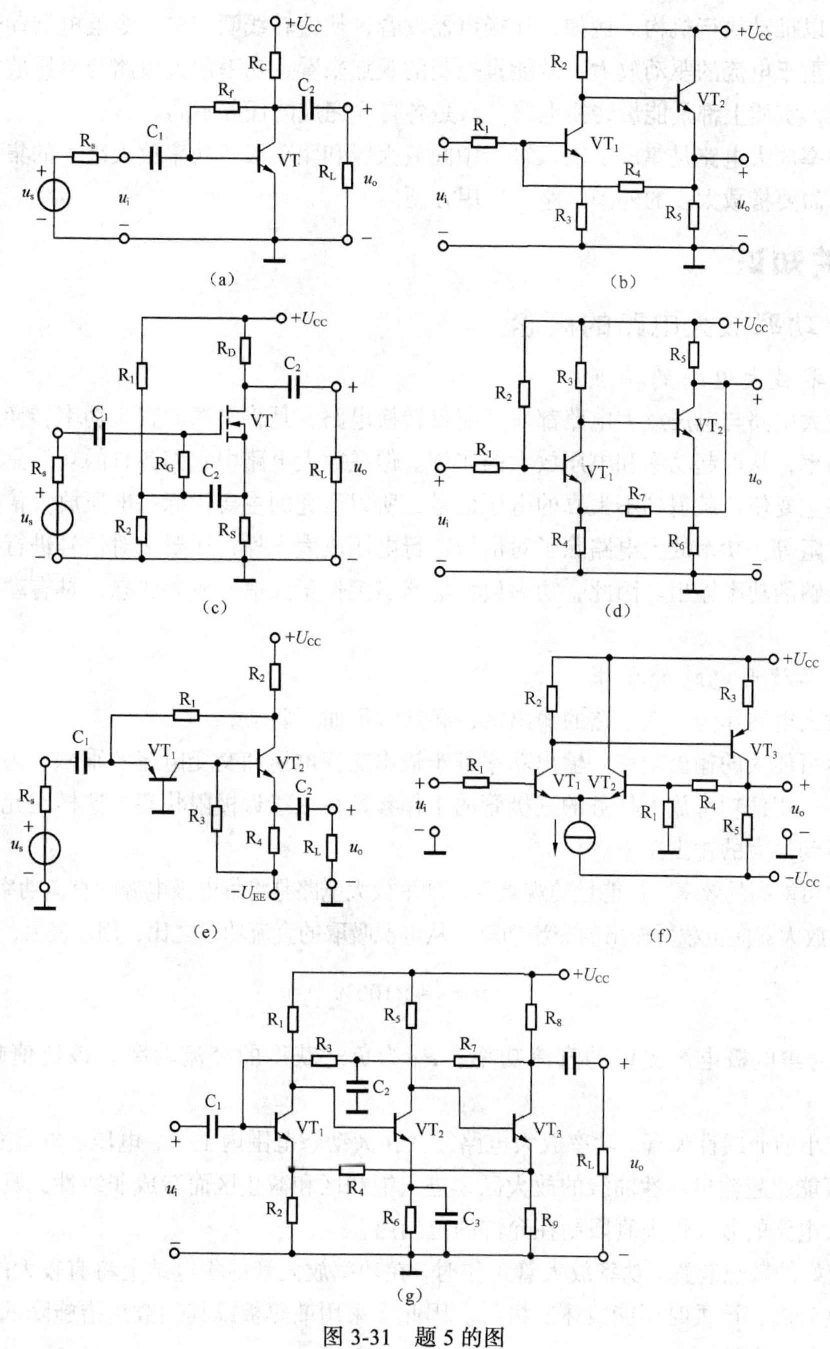

图 3-31　题 5 的图

项目二　功率放大电路及其调试

一、项目导入

功率放大电路通常位于多级放大电路的末级，其作用是将前级电路已放大的电压信号进行功率放大，以推动执行机构。例如，让扬声器发音，使偏转线圈扫描，令继电器动作等。功率放大电路着重于电流的驱动放大，从能量控制的观点来看，功率放大电路与电压放大电路并没有本质区别，实质上都是能量转换电路，只是各自要完成的任务不同。

集成功率放大电路是集成了输入级、中间放大级和驱动级（功率放大级）的集成电路，集成度高，不需要搭载太多的外围电路，使用方便。

二、相关知识

（一）功率放大电路的概念

1. 功率放大电路的特点

功率放大电路与电压放大电路都属于能量转换电路，是将电源的直流功率转换成被放大信号的交流功率，从而起功率和电压放大的作用。但在放大电路中它们各自的功能是不同的，电压放大电路主要使负载得到不失真的电压信号，所以研究的主要指标是电压放大倍数、输入电阻、输出电阻等。功率放大电路除了对信号进行电压放大之外，还要求对信号进行电流放大，从而获得足够的功率输出。因此，功率放大电路多工作于大信号放大状态，具有动态工作范围大的特点。

2. 功率放大电路的要求

功率放大电路作为放大电路的输出级，必须满足如下要求。

（1）尽可能大的输出功率。输出功率等于输出交变电压和交变电流的乘积。为了获得最大的输出功率，担任功率放大任务的三极管的工作参数往往接近极限状态，这样在允许的失真范围内才能得到最大的输出功率。

（2）尽可能高的效率。从能量的观点看，功率放大电路是将集电极电源的直流功率转换成交流功率输出。放大器向负载所输出的交流功率与从电源吸取的直流功率之比，用η表示，即

$$\eta = \frac{P_o}{P_V} \times 100\%$$

式中，P_V为集电极电源提供的直流功率；P_o为负载获得的交流功率。该比值越大，效率越高。

（3）较小的非线性失真。功率放大电路往往在大动态范围内工作，电压、电流变化幅度大，这样就有可能超越输出特性曲线的放大区，进入饱和区和截止区而造成非线性失真。因此必须将功率放大电路的非线性失真限制在允许的范围内。

（4）较好的散热装置。功率放大管工作时，在功率放大管的集电结上将有较大的功率损耗，使管子温度升高，严重时可能毁坏三极管。因此多采用散热板或其他散热措施降低管子温度，保证足够大的功率输出。

总之，只有在保证晶体管安全工作的条件下和允许的失真范围内，功率放大电路才能充分发挥其潜力，输出尽量大的功率，同时减小功率放大管的损耗以提高效率。

3. 功率放大电路的分类

根据所设静态工作点的不同状态，常用功率放大电路可分为甲类、乙类、甲乙类等。

（1）甲类功率放大电路在输入信号的整个周期内，功率放大管都有电流通过，如图3-32（a）所示。

（2）乙类功率放大电路只在输入信号的正半周导通，在负半周截止，如图3-32（b）所示。

（3）甲乙类功率放大电路三极管导通的时间大于信号的半个周期，即介于甲类和乙类之间，如图 3-32（c）所示。

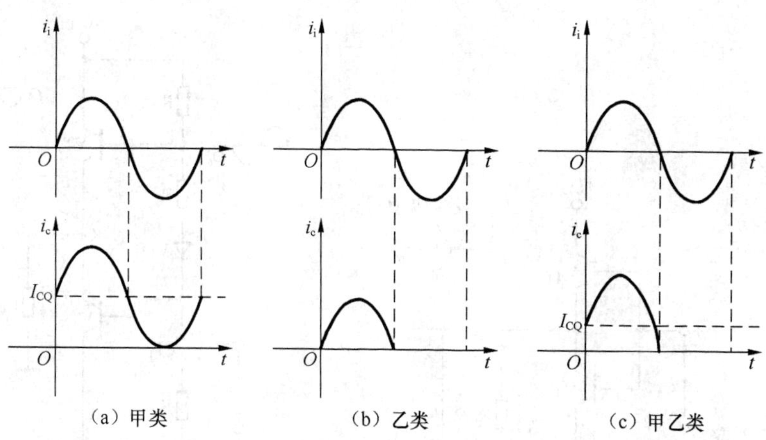

图 3-32　功率放大电路的分类

甲类状态下效率只有 30%左右，最高不超过 50%。乙类状态下效率提高到 78.5%，但输出信号在越过功率放大管死区时得不到正常放大，从而产生交越失真，如图 3-33 所示。

（二）互补对称功率放大电路

互补对称功率放大电路按电源供给的不同，分为双电源互补对称电路（OCL 电路）和单电源互补对称电路（OTL 电路）。

1. 双电源互补对称电路

OCL 基本电路结构与工作原理如图 3-34 所示。

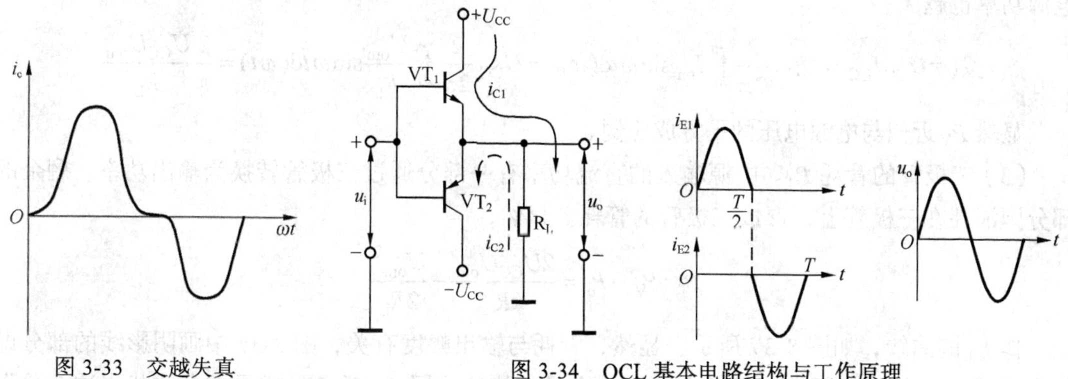

图 3-33　交越失真

图 3-34　OCL 基本电路结构与工作原理

当输入信号处于正半周，且幅度远大于三极管的开启电压时，NPN 型三极管导电，有电流通过负载 R_L，按图中方向由上到下，与假设正方向相同。

当输入信号处于负半周，且幅度远大于三极管的开启电压时，PNP 型三极管导电，有电流通过负载 R_L，按图中方向由下到上，与假设正方向相反。

于是两个三极管一个正半周、一个负半周轮流导电，在负载上将正半周和负半周合成在一起，得到一个完整的不失真波形。

严格地说，输入信号很小时，达不到三极管的开启电压，三极管不导电。因此在正、负半周交替过零处会出现一些非线性失真，这个失真称为交越失真，如图 3-35 所示。

为解决交越失真的问题，可给三极管稍稍加一点偏置，使之工作在甲乙类。此时的互补功率放大电路如图 3-36 所示。

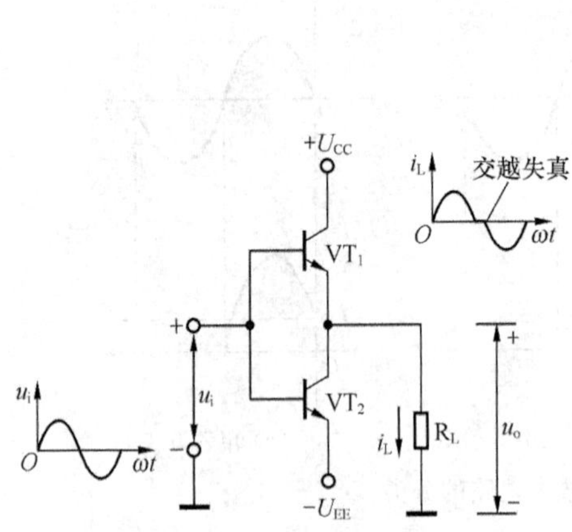

图 3-35　乙类放大电路的交越失真

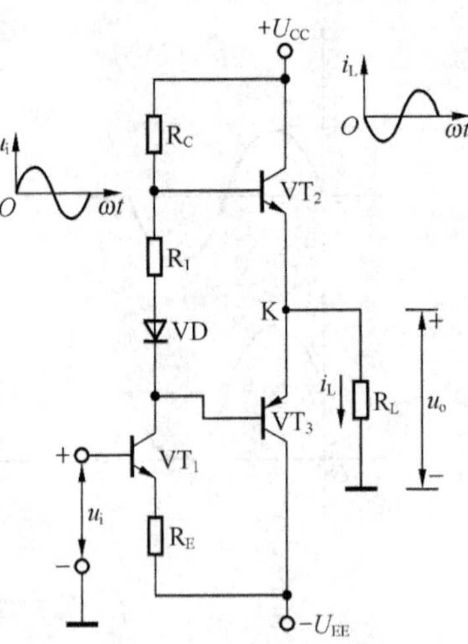

图 3-36　加偏置电路的 OCL 电路

（1）最大不失真输出功率 P_{omax}。设互补功率放大电路为乙类工作状态，输入为正弦波。忽略三极管的饱和压降，负载上的最大不失真功率为

$$P_{\text{omax}}=\frac{\left[(U_{\text{CC}}-U_{\text{CES}})/\sqrt{2}\right]^2}{R_{\text{L}}}=\frac{(U_{\text{CC}}-U_{\text{CES}})^2}{2R_{\text{L}}}\approx\frac{U_{\text{CC}}{}^2}{2R_{\text{L}}}$$

（2）电源功率 P_{V}。直流电源提供的功率为半个正弦波的平均功率，信号越大，电流越大，电源功率也越大。

$$P_{\text{V}}=U_{\text{CC}}I_{\text{CC}}=U_{\text{CC}}\frac{2}{2\pi}\int_0^{\pi}I_{\text{om}}\sin\omega t\text{d}(\omega t)=U_{\text{CC}}\frac{2}{2\pi}\int_0^{\pi}\frac{U_{\text{om}}}{R_{\text{L}}}\sin\omega t\text{d}(\omega t)=\frac{2}{\pi}\frac{U_{\text{CC}}U_{\text{om}}}{R_{\text{L}}}$$

显然 P_{V} 近似与电源电压的平方成比例。

（3）三极管的管耗 P_{T}。电源输入的直流功率有一部分通过三极管转换为输出功率，剩余的部分则消耗在三极管上，形成三极管的管耗。显然，

$$P_{\text{T}}=P_{\text{V}}-P_{\text{o}}=\frac{2U_{\text{CC}}U_{\text{om}}}{\pi R_{\text{L}}}-\frac{U_{\text{om}}{}^2}{2R_{\text{L}}}$$

作 P_{T} 的曲线，如图 3-37 所示。显然，管耗与输出幅度有关，图 3-37 中画阴影线的部分即代表管耗，P_{T} 与 U_{om} 呈非线性关系，有一个最大值。可用 P_{T} 对 U_{om} 求导的办法找出这个最大值。P_{Tmax} 发生在 $U_{\text{om}}=0.64U_{\text{CC}}$ 处，将 $U_{\text{om}}=0.64U_{\text{CC}}$ 代入 P_{T} 表达式，可得 P_{Tmax} 为

$$P_{\text{T}}=\frac{2U_{\text{CC}}U_{\text{om}}}{\pi R_{\text{L}}}-\frac{U_{\text{om}}{}^2}{2R_{\text{L}}}=\frac{2U_{\text{CC}}0.64U_{\text{CC}}}{\pi R_{\text{L}}}-\frac{(0.64U_{\text{CC}})^2}{2R_{\text{L}}}$$

$$=\frac{2.56U_{\text{CC}}{}^2}{\pi 2R_{\text{L}}}-\frac{0.64^2U_{\text{CC}}{}^2}{2R_{\text{L}}}\approx 0.8P_{\text{omax}}-0.4P_{\text{omax}}=0.4P_{\text{omax}}$$

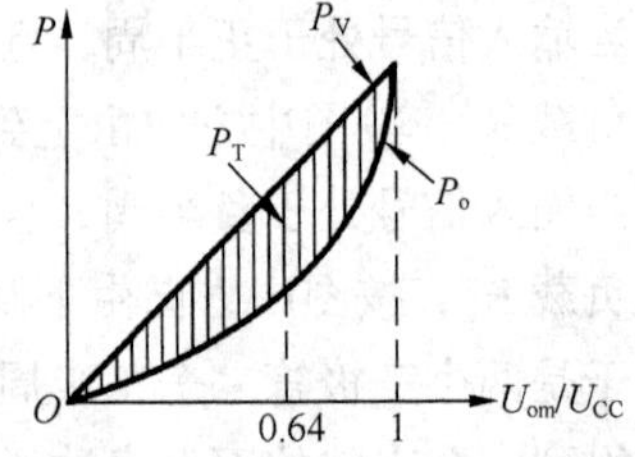

图 3-37　乙类互补功率放大电路的管耗

对一只三极管，$P_{\text{T}}\approx 0.2P_{\text{omax}}$。

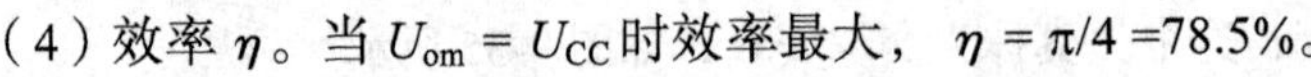

（4）效率 η。当 $U_{\text{om}}=U_{\text{CC}}$ 时效率最大，$\eta=\pi/4=78.5\%$。

$$\eta=\frac{P_o}{P_V}=\frac{I_{om}U_{om}}{2}\bigg/\frac{2U_{CC}I_{om}}{\pi}=\frac{\pi}{4}\frac{U_{om}}{U_{CC}}$$

2. 单电源互补对称电路

OCL 电路具有线路简单、效率高等特点，但若要用两个电源供电，会给使用和维修带来不便。功放电路中，使用更为广泛的是单电源互补对称电路，又称为 OTL(Output Transformer Less)电路。OTL 基本原理电路如图 3-38 所示，当输入正弦交流信号 u_i 时，在 u_i 的正半周，VT_1 导通（VT_2 截止），有电流通过负载 R_L 同时向电容 C 充电，在 u_i 的负半周，VT_2 导通（VT_1 截止），已充电的电容器 C 起着电源的作用，通过负载 R_L 放电，这样在 R_L 上就得到完整的正弦波，为保证电源的对称性，静态时要求输出端中点 A 的电位 $U_A=U_{CC}/2$。

图 3-38 的电路工作在乙类放大状态，不可避免地存在着交越失真。为克服这一缺点，多采用工作于甲乙类放大状态的 OTL 电路，如图 3-39 所示。

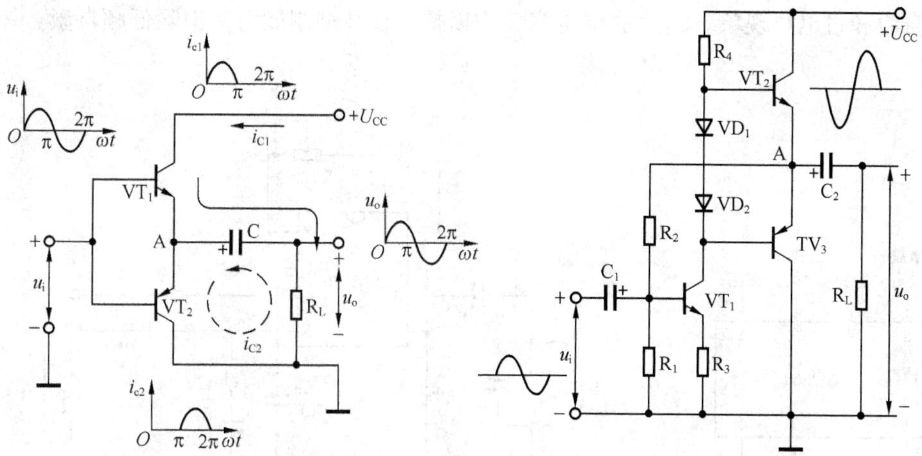

图 3-38　OTL 基本原理电路　　图 3-39　OTL 功率放大电路

在输出功率较大时，由于大功率管的电流放大系数β较小，而且很难找到特性接近的 PNP 型和 NPN 型大功率三极管，因此实际电路中采用复合管来解决这个问题。把两个或两个以上的三极管的电极适当地连接起来，等效为一个使用，即为复合管。复合管的类型取决于第一只三极管，如图 3-40 所示。其电流放大系数近似等于各只三极管β值的乘积。由 NPN-NPN 或 PNP-PNP 复合而成的一般称为达林顿管。

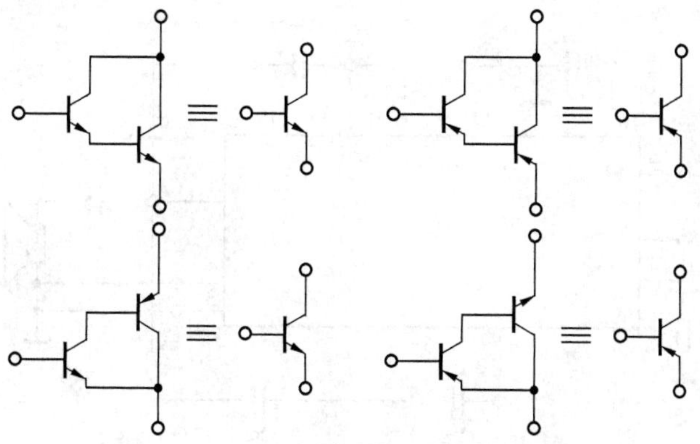

图 3-40　由若干个三极管复合成的达林顿管

（三）集成功率放大电路

目前集成功率放大电路已大量涌现，其内部电路一般均为 OTL 或 OCL 电路，它除了具有分立元件 OTL 或 OCL 电路的优点外，还具有体积小、工作稳定可靠、使用方便等优点，因而获得了广泛的应用。低频集成功放的种类很多，美国国家半导体公司生产的 LM386 就是一种小功率音频放大集成电路。该电路功耗低、允许的电源电压范围宽、通频带宽、外接元件少，广泛应用于收录机、对讲机、电视伴音等系统中，LM386 的引脚图如图 3-41 所示。

用 LM386 制作的单片收音机的电路如图 3-42 所示。L 和 C_1 构成调谐回路，可选择要收听的电台信号；C_2 为耦合电容，将电台高频信号送至 LM386 的同相输入端；由 LM386 进行检波及功率放大，放大后信号第 5 脚输出推动扬声器发声。电位器 R_P 用来调节功率放大的增益，即可调节扬声器的音量大小。当 R_P 值调至最小时，电路增益最大，所以扬声器的音量最大。R_1、C_5 构成串联补偿网络，与呈感性的负载（扬声器）并联，最终使等效负载近似呈纯阻性，以防止高频自激和过电压现象。C_4 为去耦电容，用以提高纹波抑制能力，消除低频自激。

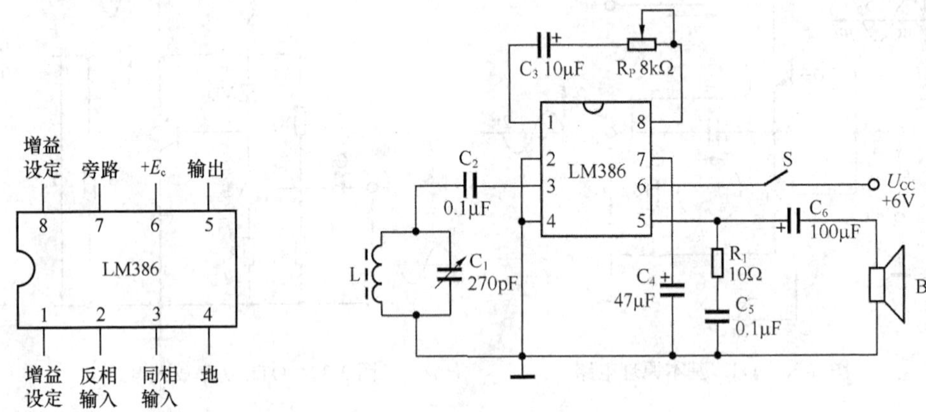

图 3-41 LM386 的引脚图

图 3-42 用 LM386 制作的单片收音机的电路

DG4100 集成功率放大器具有输出功率大、噪声小、频带宽、工作电源范围宽、保护电路等优点，是经常使用的标准集成音频功率放大器。它由输入级、中间级、输出级、偏置电路及过电压、过热保护电路等构成。DG4100 的典型应用电路如图 3-43 所示。

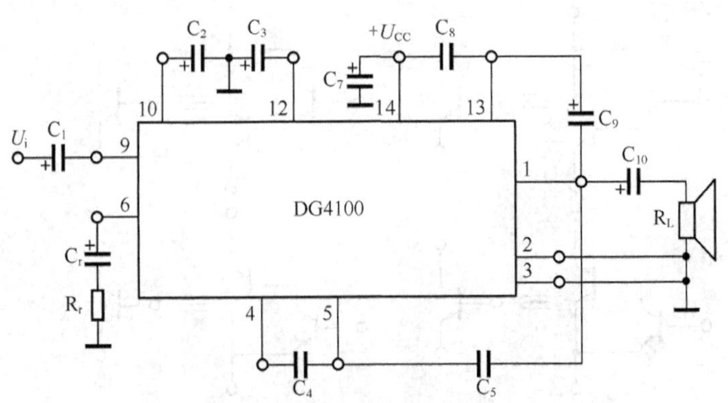

图 3-43 DG4100 的典型应用电路

三、项目实施

（一）仿真实验：功率放大电路的测试

仿真内容与步骤如下。

1. 按图 3-44（仿真图）建立仿真文件、设置参数

（1）按电路从元件库中拖出相应的元器件并按图连接。

（2）设置信号源为 8V、1 000Hz 的交流信号，合上开关，观察并记录示波器输出波形。

（3）将信号源的交流电压改为 2V，观察并记录输出波形。

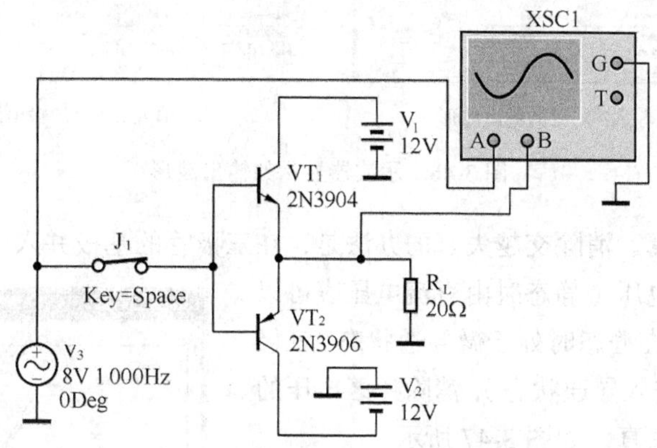

图 3-44　典型 OCL 仿真实验电路图

2. 消除交越失真的 OCL 放大电路仿真

（1）修改图 3-44 的仿真电路图，增加二极管 VD_1、VD_2 和电阻 R_1、R_2，如图 3-45 所示。

（2）先不输入交流信号，合上开关，观察直流电压表，记录静态工作电压。

（3）接入交流输入信号，幅值减小到 1V，观察输出波形有无交越失真。

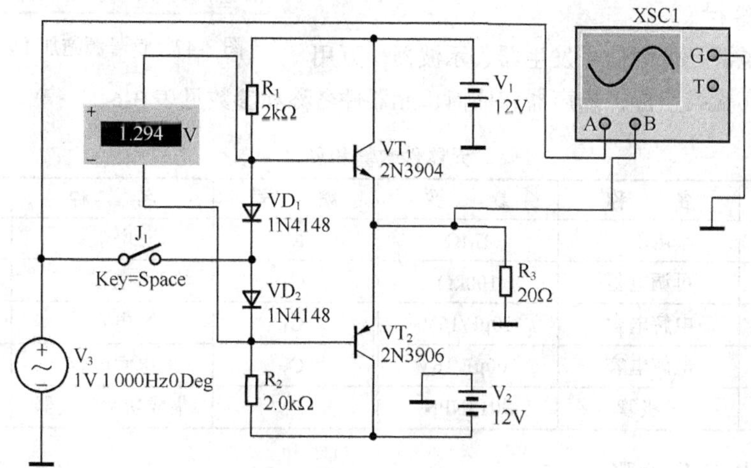

图 3-45　消除交越失真的 OCL 电路的仿真

3. 实验结果验证

（1）交越失真。典型的 OCL 电路输入较大的交流信号时，交越失真不明显，如图 3-46（a）

所示，但是当输入信号较小时，交越失真的现象就严重了，如图 3-46（b）。正如前面章节所述，由于三极管的输入有大概 0.7V 的死区电压，小信号输入时，失真就很明显了。

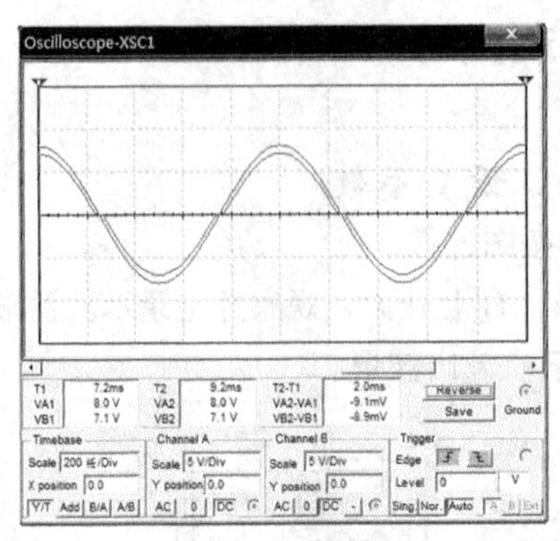

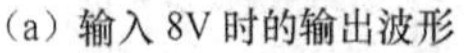
（a）输入 8V 时的输出波形

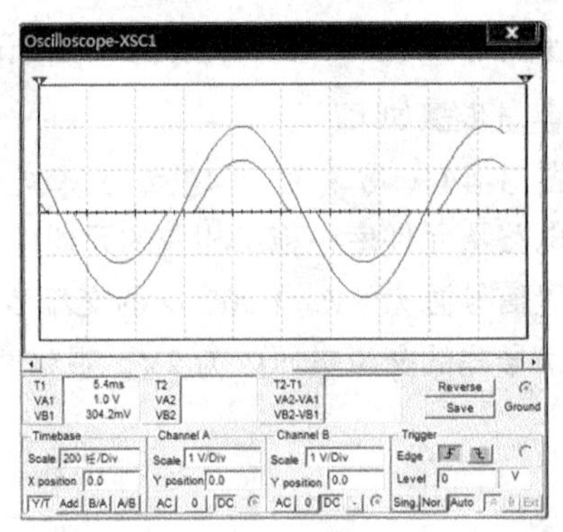

（b）输入 2V 时的输出波形

图 3-46　示波器显示的输出波形

（2）消除交越失真。消除交越失真的办法是，在三极管的基极并入两个二极管，目的是在静态时预先提高静态电压（静态时由直流电压表可以检测出），使得三极管在静态时处于微导通状态（三极管尚未导通，而即将进入导通状态），消除死区电压的影响，从而消除交越失真，如图 3-47 所示。

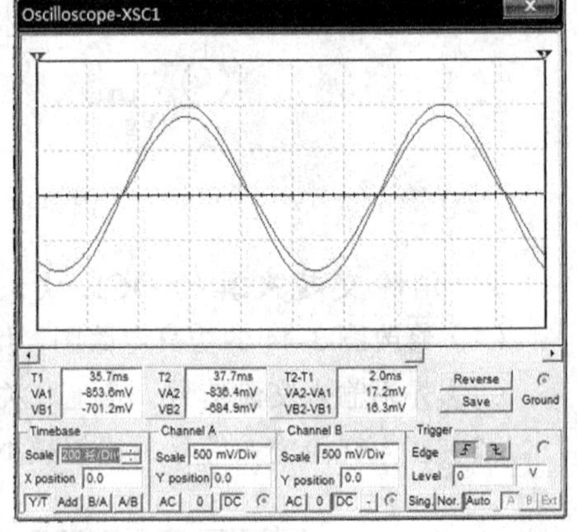

图 3-47　信号源施加 1V 时的输出波形

（二）实训：集成功率放大器的应用

1. 实训目的

（1）熟悉集成功率放大器的功能及应用。

（2）掌握集成功率放大器应用电路的调整与测试方法。

2. 实训器材

直流稳压电源、低频信号发生器、示波器、万用表、毫伏表、实验线路板、扬声器和话筒，元器件名称和参数见表 3-6。

表 3-6　元器件数量和品种

编　号	名　称	参　数	编　号	名　称	参　数
R_1	电阻	1MΩ	R_2	电阻	4.7kΩ
R_P	可调电阻	100kΩ	C_1	电容	1μF/16V
C_2	电解电容	10μF/16V	C_3	电容	0.1μF/16V
C_4	电解电容	100μF/16V	C_5	电解电容	100μF/16V
VT	三极管	9013NPN		集成功率放大器	LM386

3. 实训内容及步骤

（1）测试电路如图 3-48 所示，分析电路的工作原理，估算 VT 的静态工作点电流和电压。

（2）按图 3-48 所示电路及表 3-6 配置元器件，并对所有元器件进行检测。

（3）按图 3-48 组装电路。经检查接线没有错误后，接通 12V 直流电源。

（4）用万用表的直流电压挡测量三极管的直流工作点电压以及集成功放 5 脚的对地电压，判断是否均符合要求。若不符合，应切断直流电源进行检查。查出原因后，方可再次接通直流电源进行测试。

（5）输入端用信号发生器输入 800Hz、10mV 左右的音频电压，扬声器中就会有声音发出。调节 R_P，声音的强弱会随着变化。用示波器观察输出波形，应为正弦波，再用交流毫伏表测量放大电路的电压增益，$A_u = U_o/U_i$，同时测出最大不失真功率，并与理论值进行比较。

（6）将话筒置于输入端，模拟扩音机来检验该电路的放大效果。

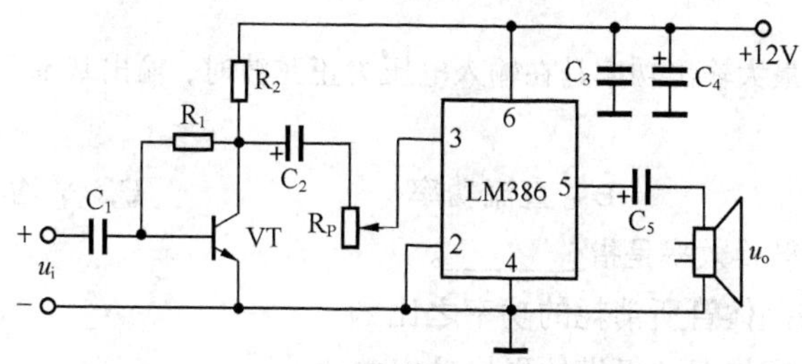

图 3-48　集成功放 LM386 应用电路

4. 实训报告

（1）整理实验数据。

（2）分析电路工作原理。

（3）静态工作点、电压放大倍数、最大不失真功率的估算及其与测量值的比较分析。

5. 注意事项

（1）注意 LM386 的引脚连接方式。

（2）接线要用屏蔽线，屏蔽线的外屏蔽层要接到系统的地线上。

（3）进行故障检查时，需注意测量仪器所引起的故障。

思考与练习

一、判断题

1. 功率放大电路中，输出功率越大，功放管的功耗越大。（　　）

2. 功率放大电路的最大输出功率是指在基本不失真的情况下，负载上可能获得的最大交流功率。（　　）

3. 当 OCL 电路的最大输出功率为 1W 时，功放管的集电极最大耗散功率应大于 1W。（　　）

4. 功率放大电路与电压放大电路、电流放大电路的共同点是

（1）都使输出电压大于输入电压；（　　）

（2）都使输出电流大于输入电流；（　　）

（3）都使输出功率大于信号源提供的输入功率。（　　）

5. 功率放大电路与电压放大电路的区别是

（1）前者比后者电源电压高；（　　）

（2）前者比后者电压放大倍数大；（ ）

（3）前者比后者效率高；（ ）

（4）在电源电压相同的情况下，前者比后者的最大不失真输出电压大。（ ）

6. 功率放大电路与电流放大电路的区别是

（1）前者比后者电流放大倍数大；（ ）

（2）前者比后者效率高；（ ）

（3）在电源电压相同的情况下，前者比后者的输出功率大。（ ）

二、选择题

1. 功率放大电路的最大输出功率是在输入电压为正弦波时，输出基本不失真情况下，负载上可能获得的最大________。

A. 交流功率　　B. 直流功率　　C. 平均功率

2. 功率放大电路的转换效率是指________。

A. 输出功率与晶体管所消耗的功率之比

B. 最大输出功率与电源提供的平均功率之比

C. 晶体管所消耗的功率与电源提供的平均功率之比

3. 在 OCL 乙类功放电路中，若最大输出功率为 1W，则电路中功放管的集电极最大功耗约为________。

A. 1W　　B. 0.5W　　C. 0.2W

4. 在选择功放电路中的晶体管时，应当特别注意的参数有________。

A. β　　B. I_{CM}　　C. I_{CBO}

D. $V_{(BR)CEO}$　　E. P_{CM}　　F. f_T

5. 若图 3-49 所示电路中晶体管饱和压降的数值为 $|U_{CES}|$，则最大输出功率 P_{om}=________。

A. $\dfrac{(U_{CC}-U_{CES})^2}{2R_L}$　　B. $\dfrac{\left(\frac{1}{2}U_{CC}-U_{CES}\right)^2}{R_L}$　　C. $\dfrac{\left(\frac{1}{2}U_{CC}-U_{CES}\right)^2}{2R_L}$

6. 已知电路如图 3-50 所示，VT_1 和 VT_2 的饱和压降 $|U_{CES}|=3V$，$U_{CC}=15V$，$R_L=8\Omega$，选择正确答案填入空内。

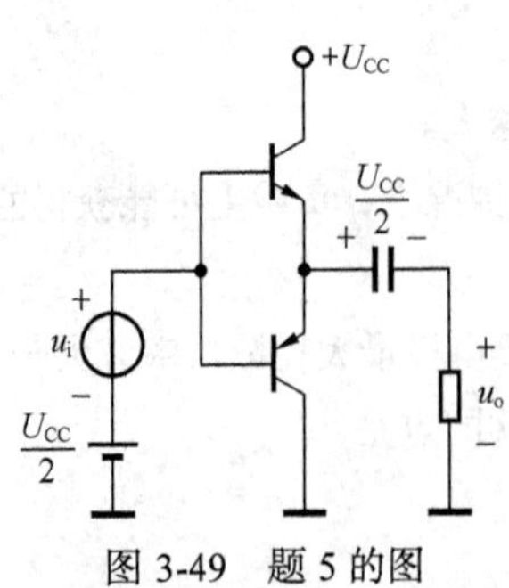

图 3-49　题 5 的图

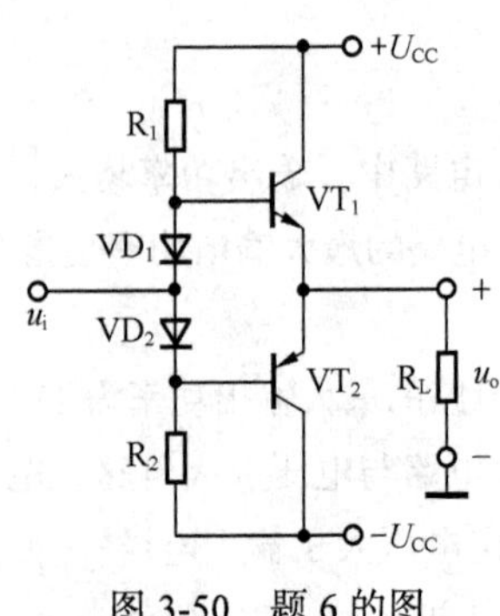

图 3-50　题 6 的图

（1）电路中 VD_1 和 VD_2 的作用是消除________。

A. 饱和失真　　B. 截止失真　　C. 交越失真

（2）静态时，晶体管发射极电位 U_{EQ}________。

A. ＞0V　　B. ＝0V　　C. ＜0V

（3）最大输出功率 P_{om}________。

A. ≈28W　　B. ＝18W　　C. ＝9W

（4）当输入为正弦波时，若 R_1 虚焊，即开路，则输出电压________。

A. 为正弦波　　B. 仅有正半波　　C. 仅有负半波

（5）若 VD_1 虚焊，则 VT_1________。

A. 可能因功耗过大烧坏　　B. 始终饱和　　C. 始终截止

单元小结

由若干个基本放大电路构成多级放大电路，可以获得较大的电压增益，而且也能进一步改善电路的输入输出特性。每一级基本放大电路的耦合方式一般采用电容耦合，因此每一级放大电路的静态工作点都是独立的。分析多级放大电路也是采用每级独立分析的方法，最后综合每一级的放大参数分析。

若电路只能采用直接耦合，每一级的静态工作点会相互影响，造成电路的漂移现象，采用差动放大电路的形式可以很好地解决这个问题，不仅如此，它还可以抑制共模噪声信号，因此差动放大电路是集成电路中常见的一种电路形式。

反馈是电路中常见的形式，正反馈通过反馈使输入量增加，多用于振荡电路的起振；负反馈使输入量减少，降低了电路的放大倍数，但可以改善放大电路的性能，比如稳定放大倍数、减小非线性失真、扩宽通频带、改变输入电阻和输出电阻。判断是正反馈还是负反馈可以使用瞬时极性法。

甲类放大电路的失真小，但效率低，也不适合带动大功率负载，乙类和甲乙类的效率高，输出电流大，但失真严重，因此可以采用乙类互补对称功率放大电路。由于三极管存在死区电压，会造成交越失真，实际应用中一般多采用甲乙类互补对称功率放大电路。互补对称放大电路有双电源（OCL）和单电源（OTL）两种。

第4单元

集成运算放大器

【学习目标】

1. 掌握集成运算放大器在线性和非线性应用时的分析方法。
2. 理解反相、同相输入比例运算电路的特点，掌握其分析、测试方法。
3. 理解求和电路的特点，掌握其分析、测试方法。
4. 了解有源滤波器的滤波原理，理解电压比较器的电路的特点，掌握其分析、测试方法。
5. 理解波形发生器的特点，掌握其分析、测试方法。

项目一　集成运算放大器的基本单元电路测试

一、项目导入

运算放大器实际上就是一个高增益的多级直接耦合放大器，由于它最初主要用作模拟计算机的运算放大，故至今仍保留这个名字。随着电子技术的飞速发展，运算放大器的各项性能不断提高，目前，它的应用领域已大大超出了数学运算的范畴。集成运算放大器则是利用集成工艺，将运算放大器的所有元件集成制作在同一块硅片上，然后再封装在管壳内。集成运算放大器简称为集成运放。使用集成运放，只需另加少数几个外部元件，就可以方便地实现很多电路功能。可以说，集成运放已经成为模拟电子技术领域中的核心器件之一。

集成运算放大电路与外部电阻、电容、半导体器件等构成闭环电路后，能对各种模拟信号进行运算，其中最基本的功能就是实现模拟信号的比例放大和加减法运算。通过本项目的实施，能够掌握实现比例放大和加减法运算的输入电路和反馈电路的结构及参数选择方法。

二、相关知识

（一）集成运算放大器简介

1. 集成运算放大器的组成和符号

集成运放的组成框图如图 4-1（a）所示。输入级主要由差动放大器构成，以减小运放的零漂，提高其他方面的性能，它的两个输入端分别构成整个电路的同相输入端和反相输入端。

中间级的主要作用是获得高的电压增益，一般由一级或多级放大器构成。

输出级一般由电压跟随器（电压缓冲放大器）或互补电压跟随器组成，以降低输出电阻，提高运放的带负载能力和输出功率。

偏置电路则为各级提供合适的工作点及能源。

集成运放的电路符号如图 4-1（b）所示（省略了电源端、调零端等），其中的“−”、“+”分别表示反相输入端和同相输入端。在实际应用时，需要了解集成运放外部各引出端的功能及相应的接法，但一般不需要画出其内部电路。

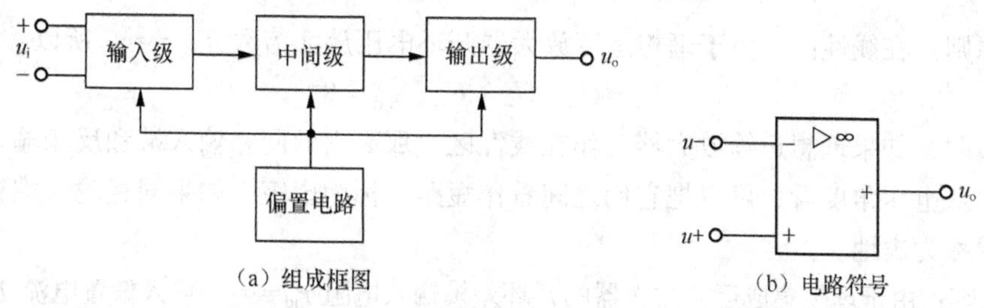

（a）组成框图　　（b）电路符号

图 4-1　集成运算放大器

2. 理想运算放大器的参数

在分析集成运放构成的应用电路时，将集成运算放大器看成理想运算放大器，可以使分析大大简化。

尽管理想运放并不存在，但由于实际集成运放的技术指标比较理想，在具体分析时将其理想化一般是允许的。这种分析计算所带来的误差一般不大，只是在需要对运算结果进行误差分析时才予以考虑。

理想运算放大器具有以下理想参数。

（1）开环电压增益 $A_{ud}\to\infty$。此参数说明理想集成运算放大器对于差模信号的放大倍数趋于无穷大，但注意并非说明输出电压可以被放大到无穷大，而是说明电压输入端输入的电压趋于无穷小，在合理的范围内，我们可以把输入电压看成为 0，即后面要讲到的“虚短”的概念。

（2）差模输入电阻 $r_{id}\to\infty$。此参数说明对于输入端的差模信号，由于输入电阻趋于无穷大，所以输入端的输入电流趋于 0，即后面要讲到的“虚断”。

（3）输出电阻 $r_{od}=0$。此参数说明输出的电压和电流完全作用在负载上面，运放本身没有内阻，输出电压、电流和负载电阻符合欧姆定律。

（4）共模抑制比 $K_{CMR}\to\infty$，即没有温度漂移。此参数说明理想集成运算放大器对共模信号的放大倍数趋于 0，即同相输入端和反相输入端输入信号的相同部分，无论是 0V、2V 还是 10V，输出端对此都无放大作用。共模信号不影响输出。

（5）开环带宽 $f_H\to\infty$。此参数说明理想集成运算放大器对信号的频率适应性很好，任何频率的信号都可以正常放大，即无频率选择性的问题。

3. 理想运算放大器的两个重要原则

理想集成运算放大器的电路符号如图 4-2（a）所示，其电压传输特性如图 4-2（b）所示。集成运算放大器有两个工作区：线性放大区和饱和区，理想集成运放工作在饱和区。当输入电压为正时，输出电压始终为 U_{om}，当输入电压为负时，输出电压始终为$-U_{om}$。

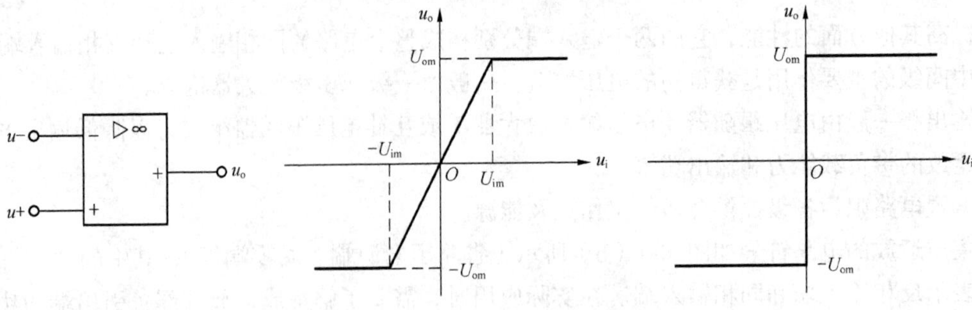

（a）电路符号　　　　（b）电压传输特性

图 4-2　理想集成运算放大器的电路符号及电压传输特性

虚短原则：在线性区，由于理想运算放大器开环电压放大倍数 $A_{od}=\infty$，所以

$$U_i = U_+ - U_- = U_o / A_{od} = 0$$

上式表明，如果理想运算放大器工作在线性区，那么它的同相输入端和反相输入端的电压始终相等。从电压角度看，可以把它们之间看作短路，称为**虚短**。如果同相输入端接地时，则反相输入端称为**虚地**。

虚断原则：由于理想集成运算放大器的开环差模输入电阻 $r_{id}=\infty$，输入偏置电流 $I_B=0$，当然不会向外部电路索取任何电流，因此其两个输入端的电流都为零，集成运算放大器工作在线性区时，其两个输入端均无电流，就好像集成运算放大器和外部电路是断开的，故这一特点称为**虚断**。

虚短和虚断两个原则在分析集成运放电路时有非常重要的作用。一般情况我们可以利用虚短原则，由一个已知的输入端的电压推导出另外一个输入端的电压，利用虚断原则推导出从输入端到反馈电阻以及负载上的电流。

4. 常见集成运放芯片简介

（1）LM324：LM324 在一个芯片上集成了 4 个通用运算放大器，适合需要使用多个运放放大器且输入电压范围相同的运算电路。主要技术参数如下：增益带宽为 1MHz，直流电压增益为 100dB，输入偏移电压为 2mV，输入偏移电流为 45nA，单电源供电电压为 32V，双电源输入电压为 ± 16V，输入电流为 50mA，输入电压为 0～30V（单电源供电）或−15～15V（双电源供电），工作温度为 0～70℃。其引脚图如图 4-3 所示。

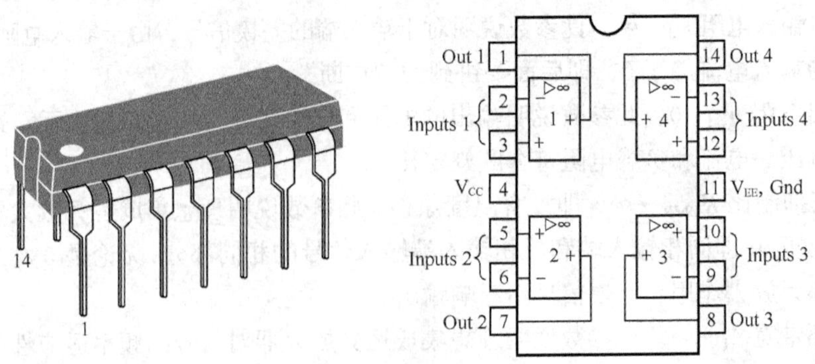

图 4-3　LM324 引脚图

（2）MC4558C：MC4558C 在一个芯片上集成了两个通用运算放大器。主要技术参数如下：增益带宽为 2MHz，直流电压增益为 90dB，输入偏移电压为 2mV，输入偏移电流为 80nA，电源供电电压为 ± 18V，输入电流为 50mA，输入电压为−15～15V，工作温度为 0～70℃。其引脚图如图 4-4 所示。

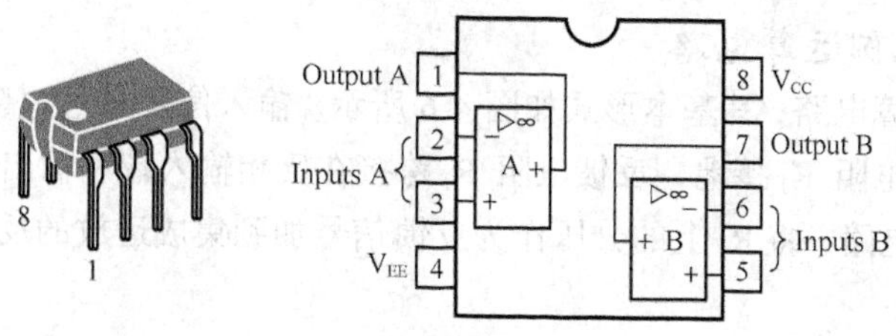

图 4-4　MC4558C 引脚图

其他常见的集成运放有 OP07、LF353、AD508 等，读者可以查询相关元器件手册，了解供电电压，输入电压、电流等参数。

（二）模拟运算电路

1. 反相输入比例运算电路

反相输入比例运算电路如图 4-5 所示。输入信号 u_i 经 R_1 加至集成运放的反相输入端，同相输入端经电阻 R_2 接地。反馈电阻 R_f 跨接在反相输入端和输出端之间，将输出电压 u_o 反馈至反相输入端，形成深度的电压并联负反馈。

根据运放工作在线性区的两条分析依据即 $u_- = u_+$，$i_- = i_+ = 0$，可知，因 $i_+ = 0$，故电阻 R_2 上无电压降，则 $u_- = u_+ = 0$，$i_1 = i_f$。

由图 4-5 得：

$$i_1 = \frac{u_i - u_-}{R_1} = \frac{u_i}{R_1}$$

$$i_f = \frac{u_- - u_o}{R_f} = -\frac{u_o}{R_f}$$

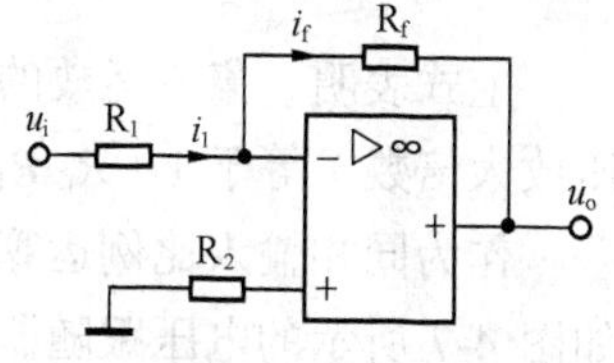

图 4-5　反相输入比例运算电路

由此可得：$u_o = -\frac{R_f}{R_1} u_i$

式中的负号表示输出电压与输入电压的相位相反。

闭环电压放大倍数为：$A_{uf} = \frac{u_o}{u_i} = -\frac{R_f}{R_1}$

上式表明，集成运放的输出电压与输入电压相位相反，大小成比例关系。比例系数（即电压放大倍数）等于外接电阻 R_f 与 R_1 之比值，显然与运放本身的参数无关。因此，只要选用不同的 R_f、R_1 电阻值，便可方便地改变此比例系数。而且，只要选用优质的精密电阻使这两个电阻值精确、稳定，即使放大器本身的参数发生一些变化，A_{uf} 的值还是非常精确、稳定的。因输出电压与输入电压大小相等，相位相反，这种运算电路称为反相输入比例运算电路。

R_2 称为平衡电阻，其作用是消除静态基极电流对输出电压的影响，以保证运算放大器差动输入级输入端静态电路的平衡，即保证输入电压 $u_i = 0$ 时，使输出电压 $u_o = 0$，因此

$$R_2 = R_1 // R_f$$

当 $R_f = R_1$ 时，$A_{uf} = -1$，即输出电压与输入电压大小相等、相位相反，这种运算放大电路称为反相器。

例 4-1　在图 4-5 中，如果 R_1 为 10kΩ，要求输出电压 $u_o = -3u_i$，请选择正确的 R_f。

解：根据虚短原则，可知 $u_- = u_+ = 0$，则：$i_1 = u_i / R_1$；

根据虚断原则，$i_f = i_1$，可得 $u_o = -i_f \times R_f = -u_i R_f / R_1$。

依据题意可得，$R_f = 3R_1$ =30kΩ。

2. 同相输入比例运算电路

同相输入比例运算电路，其基本形式如图 4-6 所示。输入信号 u_i 经电阻 R_2 从同相输入端加输入，反相输入端经电阻 R_1 接地，反馈电阻 R_f 跨接在反相输入端和输出端之间。输出电压经 R_f 及 R_1 组成的分压电路，将 R_1 上的分压作为反馈信号加到集成运放的反相输入端，形成了深度的电压串联负反馈。

根据运放工作在线性区的两条分析依据即 $u_-=u_+$，$i_-=i_+=0$，可知，因 $i_+=0$，故电阻 R_2 上无电压降，则 $u_-=u_+=u_i$，$i_1=i_f$。

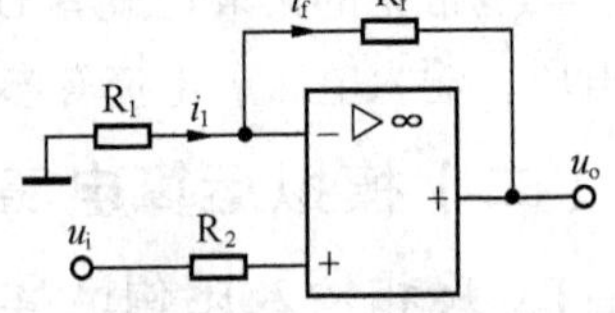

图 4-6 同相输入比例运算电路

由图 4-6 得：

$$i_1=\frac{0-u_-}{R_1}=-\frac{u_i}{R_1}$$

$$i_f=\frac{u_--u_o}{R_f}=-\frac{u_i-u_o}{R_f}$$

由此可得：$u_o=\left(1+\dfrac{R_f}{R_1}\right)u_i$

故闭环电压放大倍数为：$A_{uf}=\dfrac{u_o}{u_i}=1+\dfrac{R_f}{R_1}$

上式表明，集成运放的输出电压与输入电压相位相同，大小呈比例关系。比例系数（即电压放大倍数）等于 $1+R_f/R_1$，此值与集成运放本身的参数无关。

作为同相输入比例运算电路的特例，当集成运放的输出端和反相输入端直接连接时，构成如图 4-7 所示的电压跟随器。电压跟随器就是输出电压与输入电压大小相等、相位相同，其电压放大倍数恒小于且接近 1。

电压跟随器的显著特点是，输入阻抗高，输出阻抗低，电压放大倍数约等于 1。一般来说，电压跟随器的输入阻抗在 10 MΩ 以上，甚至更高；输出阻抗通常可以低到几欧姆，甚至更低。在多级放大电路中，电压跟随器一般做缓冲级或隔离级。

例 4-2 在图 4-8 所示电路中，已知 $R_1=100\text{k}\Omega$，$R_f=200\text{k}\Omega$，$u_i=1\text{V}$，求输出电压 u_o，并说明输入级的作用。

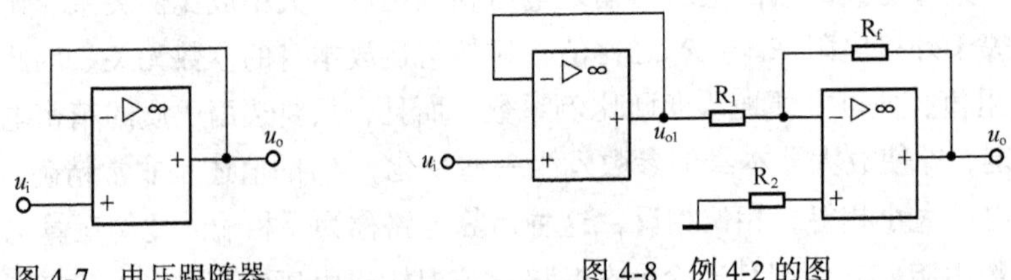

图 4-7 电压跟随器　　图 4-8 例 4-2 的图

解：输入级为电压跟随器，由于是电压串联负反馈，因而具有极高的输入电阻，起到减轻信号源负担的作用。且 $u_{o1}=u_i=1\text{ V}$，作为第二级的输入。

第二级为反相输入比例运算电路，因而其输出电压为：

$$u_o=-\frac{R_f}{R_1}u_{o1}=-\frac{200}{100}\times1=-2\ (\text{V})$$

例 4-3 在图 4-9 所示电路中，已知 $R_1=100\text{k}\Omega$，$R_f=200\text{k}\Omega$，$R_2=100\text{k}\Omega$，$R_3=200\text{k}\Omega$，$u_i=1\text{V}$，求输出电压 u_o。

解：根据虚断，由图 4-9 可得：

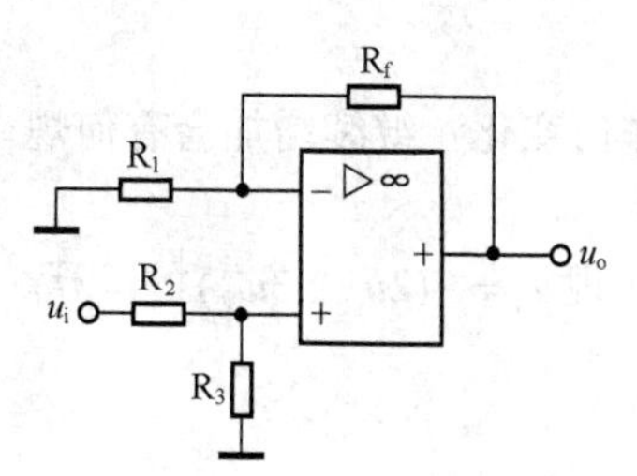

图 4-9　例 4-3 的图

$$u_- = \frac{R_1}{R_1 + R_f} u_o$$

$$u_+ = \frac{R_3}{R_2 + R_3} u_i$$

又根据虚短，有：$u_- = u_+$

所以：

$$\frac{R_1}{R_1 + R_f} u_o = \frac{R_3}{R_2 + R_3} u_i$$

$$u_o = \left(1 + \frac{R_f}{R_1}\right) \frac{R_3}{R_2 + R_3} u_i$$

可见图 4-9 所示电路也是一种同相输入比例运算电路。代入数据得：

$$u_o = \left(1 + \frac{200}{100}\right) \times \frac{200}{100 + 200} \times 1 = 2\ (\text{V})$$

3. 比例运算放大电路的一些问题

（1）平衡电阻。反相输入比例运算电路、同相输入比例运算电路中的 R_2 被称为平衡电阻。同样，加减法运算电路等使用集成运放的电路中，都要注意平衡电阻的问题。本书在原理讲解部分有的省略了平衡电阻，但在实际使用中为了电路的准确性，务必使集成运放同相反相两端的电阻相等。

（2）同相输入和反相输入比例运算电路的比较（见表 4-1）。

表 4-1　同相输入和反相输入比例运算电路的比较

项　　目	同 相 输 入	反 相 输 入
输入输出电压极性	相同	相反
输入电阻	∞	R_1
输出电阻	0	0
放大倍数	$1+\frac{R_f}{R_1}$	$-\frac{R_f}{R_1}$
平衡电阻	$R_1 // R_f$	$R_1 // R_f$

4. 反相加法运算电路

加法运算电路是指电路的输出电压等于各个输入电压的代数和的电路。在反相输入放大器中再增加几个支路，便组成反相加法运算电路，如图 4-10 所示。

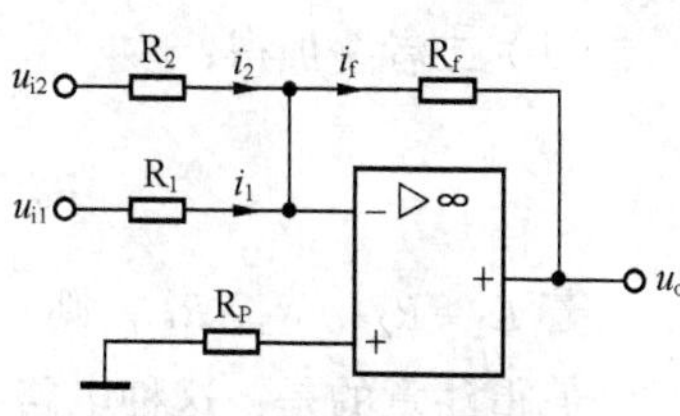

图 4-10　反相加法运算电路

根据运放工作在线性区的两条分析依据可知：

$$i_f = i_1 + i_2$$

$$i_1 = \frac{u_{i1}}{R_1},\quad i_2 = \frac{u_{i2}}{R_2},\quad i_f = -\frac{u_o}{R_f}$$

由此可得：

$$u_o = -\left(\frac{R_f}{R_1} u_{i1} + \frac{R_f}{R_2} u_{i2}\right)$$

若 $R_1 = R_2 = R_f$，则：

$$u_o = -(u_{i1} + u_{i2})$$

式中负号是因反相输入引起的。该结果实现了两信号 u_{i1} 与 u_{i2} 带加权系数（分别为 R_f/R_1 和 R_f/R_2）的相加。

注：实际应用电路同相端还应连接平衡电阻：$R_p = R_1 // R_2 // R_f$

想一想：如果在反相输入端再连接 R_3 和 u_{i3}，那么输出 u_o 会作何变化？继续增加会有何规律可循？

例题 4-4 设计一加法器，要求输入端电阻不少于 10kΩ，同时实现 $u_o = -(2u_{i1} + 3u_{i2})$ 的运算。

解：依据上式可知：$\dfrac{R_f}{R_1} = 2$ $\qquad \dfrac{R_f}{R_2} = 3$

取：R_2 =10kΩ，有 R_f =30kΩ，R_1 =15kΩ。

平衡电阻：$R_p = R_1 // R_2 // R_f = 5\text{k}\Omega$

总结：要使用理想集成运放得到输出电压为输入电压的负倍数关系的时候，比如 $u_o = -Au_{i1} - Bu_{i2}$，一般步骤如下。

（1）先确定 R_f，如 $R_f = C \times 10\text{k}\Omega$，C 可以根据 A、B 取最小公倍数，大于 1 而小于 10；

（2）依据 A，取 $R_1 = \dfrac{R_f}{A}$；

（3）依据 B，取 $R_2 = \dfrac{R_f}{B}$。

5. 同相加法运算电路

反相加法电路输出和输入之间始终有一个负号关系，更接近“减法”的概念，要实现完全意义上的加法，可以在反相加法电路后接一个反相电路实现，也可以直接使用同相加法电路。

同相加法电路如图 4-11 所示。

应用叠加定理进行分析：

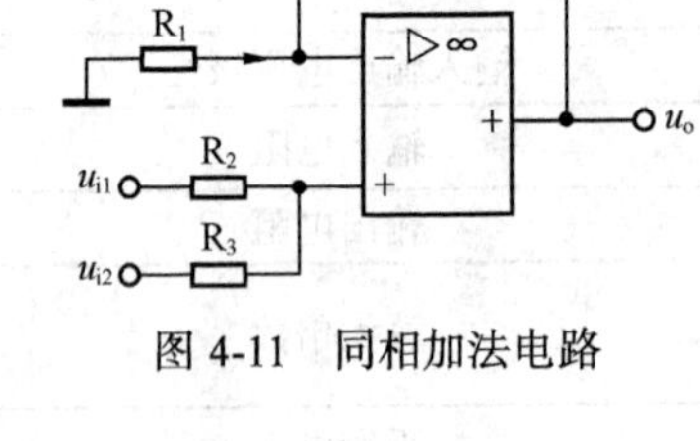

图 4-11 同相加法电路

（1）设 u_{i1} 单独作用，$u_{i2}=0$，则 $\begin{cases} u'_+ = \dfrac{R_2}{R_1 + R_2} u_{i1} \\ u'_o = \left(1 + \dfrac{R_f}{R_3}\right)\dfrac{R_2}{R_1 + R_2} u_{i1} \end{cases}$

（2）设 u_{i2} 单独作用，$u_{i1}=0$，$\begin{cases} u''_+ = \dfrac{R_1}{R_1 + R_2} u_{i2} \\ u''_o = \left(1 + \dfrac{R_f}{R_3}\right)\dfrac{R_1}{R_1 + R_2} u_{i2} \end{cases}$

（3）二者叠加得：

$$u_o = u'_o + u''_o = \left(1 + \frac{R_f}{R_3}\right)\left(\frac{R_1 R_2}{R_1 + R_2}\right)\left(\frac{u_{i1}}{R_1} + \frac{u_{i2}}{R_2}\right)$$

若 $R_1 = R_2$ 、$R_3 = R_f$，则 $u_o = u_{i1} + u_{i2}$，表明输出电压为两输入电压之和。

值得注意的是：这种电路共模输入电阻较高，且输入端电阻不易调整。

例 4-5 设计一加法器，要求输入端电阻不少于 10kΩ，同时实现 $u_o = 4u_{i1} + 3u_{i2}$ 的运算。

解：由于输入输出电压同相，所以我们可以使用图 4-11 的同相加法器实现。

当 u_{i1} 单独作用时，$\dfrac{R_2}{R_1 + R_2} N = 4$，其中 $N = 1 + \dfrac{R_f}{R_3}$

当 u_{i2} 单独作用时，$\dfrac{R_1}{R_1 + R_2} N = 3$

联合求解可得：$3R_2 = 4R_1$，故可取 $R_2 = 40\text{k}\Omega$，$R_1 = 30\text{k}\Omega$；

把 R_2、R_1 带入式 $N=1+\frac{R_f}{R_3}$，可得 $1+\frac{R_f}{R_3}=7$，故取 $R_3=10\text{k}\Omega$，可得 $R_f=60\text{k}\Omega$。

总结：在设计加法器电路，输出与输入同相时，如 $u_o=Au_{i1}+Bu_{i2}$。我们可以采取如下步骤。

（1）取 $R_1=B\times10\text{k}\Omega$，$R_2=B\times10\text{k}\Omega$，$R_3=10\text{k}\Omega$。

（2）取 $R_f=(A+B-1)\times10\text{k}\Omega$。

（三）积分、微分电路

如果我们想把矩形波变换成其他形式的波，如三角波，该如何变换呢？由高等数学的知识可知，一个常数 C 的积分为 $y=Cx$，在函数图上来看就是一条斜率一定的直线，可以作为三角波的一条边存在。下面我们介绍利用集成运算放大器构成的积分电路。

1. 积分电路

积分电路如图 4-12 所示。输入信号 u_i 通过电阻 R 接至反相输入端，电容 C 为反馈元件。

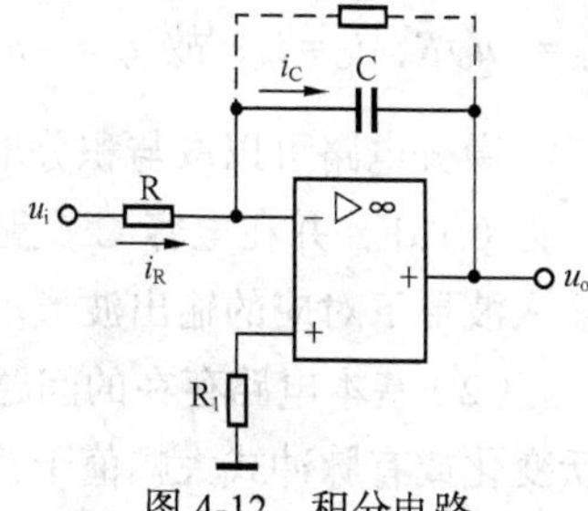

图 4-12 积分电路

一般情况下可取 $R=1\text{k}\Omega$，$C=0.1\mu\text{F}$，$R'=100\text{k}\Omega$，$R_1=R//R'\approx R$。当然，R 和 C 也可以根据实际需要取不同的值。

利用虚短、虚断原则可知，$i_R=\frac{u_i}{R}$

（1）若 C 上起始电压为零，则 $u_C=\frac{1}{C}\int_0^t i_C\text{d}t$，故 $u_o=-u_C=-\frac{1}{C}\int_0^t i_C\text{d}t=-\frac{1}{RC}\int_0^t u_i\text{d}t$。

（2）若 C 上起始电压值不为零，则 $u_o=-\frac{1}{RC}\int_0^t u_i\text{d}t+u_C\big|_{t(0)}$。

由上面的分析可以看出，当输入电压固定时，由集成运放构成的积分电路在电容充电过程（即积分过程）中，输出电压（即电容两端电压）随时间线性增长，增长速度均匀。而简单的 RC 积分电路所能实现的则是电容两端电压随时间按指数规律增长，只在很小范围内可近似为线性关系。从这一点来看，集成运放构成的积分电路实现了接近理想的积分运算。

当输入为阶跃信号时，若 $t=0$ 时刻电容两端的电压为零，电容将以近似恒流的方式充电，当输出电压达到运放输出的饱和值时，积分作用无法继续，波形如图 4-13 所示。

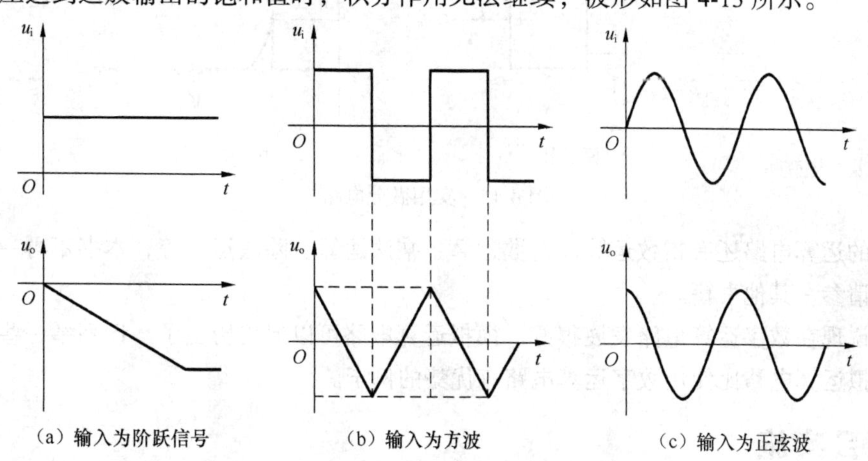

图 4-13 同输入情况下的积分电路电压波形

在图 4-12 所示的电路中，取 R 为 $1\text{k}\Omega$，C 为 $0.1\mu\text{F}$，运放为 MC4558，在 C 两端并接一个 $100\text{k}\Omega$ 电阻 R′（引入负反馈并启动电路，该电阻取值应尽可能大，但也不宜过大）。

当输入为阶跃信号、方波和正弦波时，输出电压波形分别如图 4-11（a）、（b）、（c）所示。

为防止低频信号增益过大，在实际电路中，常在电容上并联一个电阻加以限制，如图 4-10 中虚线所示。

由图 4-13（b）可知，图 4-12 所示电路可实现本节开始提到的把矩形波变换为三角波的功能。

2. 微分电路

将图 4-10 中反相输入端的电阻 R 和反馈电容 C 位置互换，便构成基本微分电路，如图 4-14 所示。

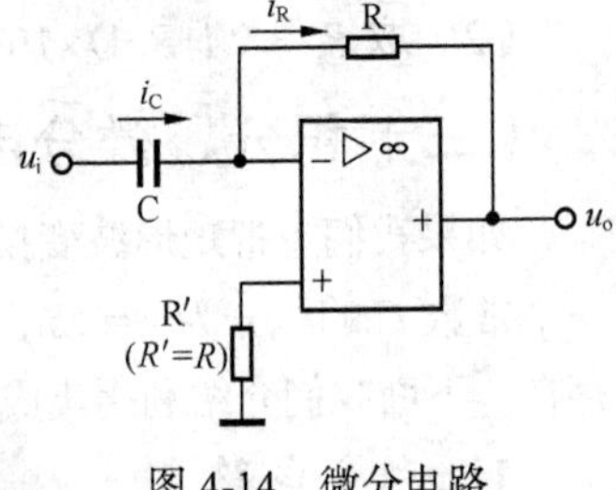

图 4-14 微分电路

（1）性能分析。根据虚短、虚断原则可知，$i_C = C\dfrac{du_i}{dt}$，$i_R = -u_o/R$，$i_C = i_R$，故 $u_o = -Ri_R = -RC\dfrac{du_i}{dt}$。

微分电路可以取与积分电路差别不大的参数进行实际电路搭接和测试。例如，取 R 为 1kΩ，C 为 0.1μF，并在电容 C 支路中串接一个 51kΩ的电阻（防止产生过冲响应）。然后观察不同的输入波形下对应的输出波形。

（2）基本电路存在的问题及其改进方法。图 4-14 所示的电路并不实用，当输入电压产生阶跃变化或有脉冲式大幅值干扰时，集成运放内部的放大管进入饱和截止状态，即使信号消失了，内部管子也不能脱离原状态而回到放大区，出现阻塞现象，只有切断电源后电路方能恢复；此外，基本微分电路容易产生自激振荡，使电路不能稳定工作。

实用微分电路如图 4-15（a）所示。R_1 限制输入电流，亦即限制 R 中的电流；VZ_1、VZ_2 用以限制输出电压，防止阻塞现象产生；C 为小容量电容，起相位补偿作用，防止产生自激振荡。若输入为方波，且 $RC \ll T/2$（T 为方波周期），则输出为尖顶波，如图 4-15（b）所示。

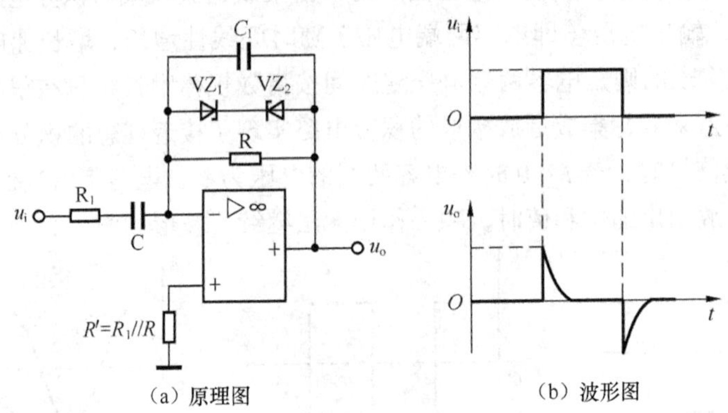

（a）原理图 （b）波形图

图 4-15 实用微分电路

常用的运算电路还有指数运算、对数运算、乘法运算、除法运算等，本书不再一一介绍，相关内容请参考其他书籍。

有人说现在数字运算电路发展很好，模拟运算电路可以退出历史了。请列举一些常见电路中使用模拟运算电路比使用数字运算电路有优势的例子。

三、项目实施

（一）仿真实验：比例运算电路的测试

比例运算电路的仿真在 Multisim 2001 软件工作平台上进行，操作步骤如下。

（1）从运放电路库中拖出理想运放 OPAMP_3T_VIRTUAL。

（2）从电源库中拖出电源 V_{CC} 和接地。

（3）从基本元件库中拖出 4 个 1kΩ电阻。

（4）拖出函数信号发生器。

（5）拖出示波器。

（6）按图 4-16 连接电路，检查电路无误后按下仿真开关进行测试。仿真结果如图 4-17 所示。

（7）调整 R_1 和 R_f 的阻值，记录至少 5 组不同阻值（要求 1 组 $R_1=R_f$，两组 $R_1>R_f$，两组 $R_1<R_f$）情况下的输出电压（Channel A）和输入电压（Channel B），计算其比值并与 R_1 和 R_f 的比值进行比较，验证 $A_{uf}=\dfrac{u_o}{u_i}=-\dfrac{R_f}{R_1}$ 是否成立。

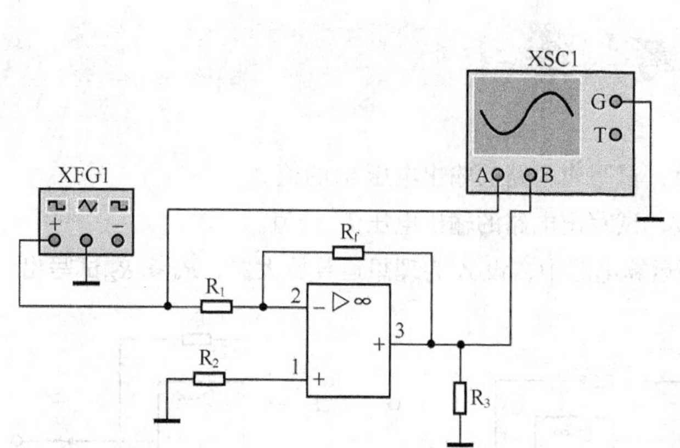

图 4-16　比例放大电路仿真测试电路

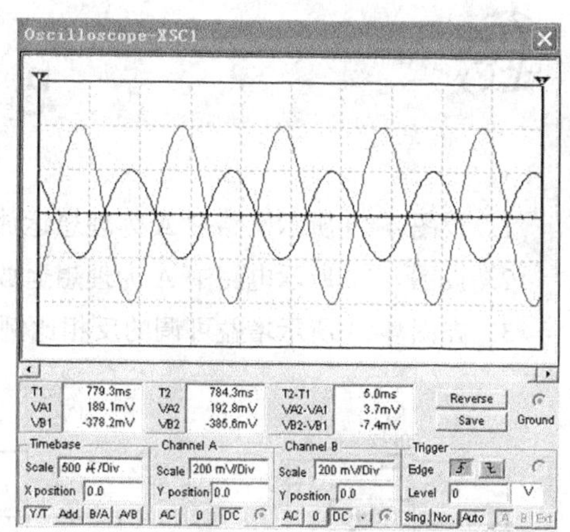

图 4-17　仿真结果

（二）实训：反相加法运算电路的测试

1. 实训目的

（1）了解集成运放芯片的结构与使用方法。

（2）掌握利用集成运放芯片构成求和电路的方法。

2. 实训器材

0～30V 双路直流稳压电源 1 台，数字万用表 1 块，集成运放 1 块，电阻若干。

3. 实训原理与参数选择

（1）加法求和电路如图 4-18 所示。

（2）元器件参数选择。R_1、R_2 和 R_f 均为 1kΩ，R_P 为 1/3kΩ，运放为 MC4558。

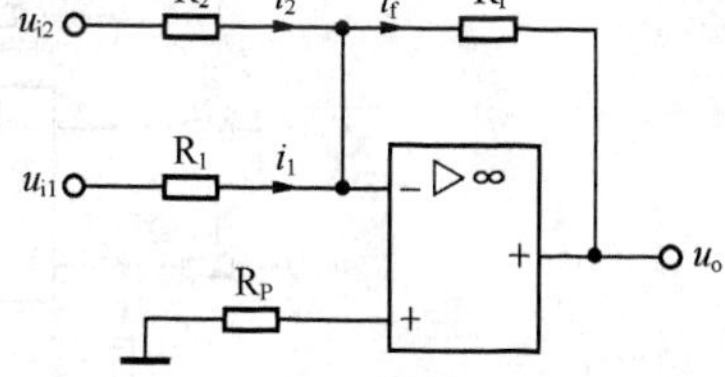

图 4-18　实训参考电路

4. 实训内容及步骤

（1）连接电路，并接入+ $U_{CC}=+15V$，$-V_{CC}=-15V$。

（2）保持步骤（1），接入 u_{i1}（0.1V，5kHz 的正弦波信号），不接 u_{i2}。

（3）保持步骤（2），用示波器 DC 输入端观察输出、输入电压波形，画出各波形并作如下记录。

输出电压幅值与输入电压幅值________________（基本相等/相差很大），即电压放大倍数与 R_f/R_1 值________（基本相等/相差很大），且输出电压与输入电压相位________（相同/相反）。

（4）保持步骤（3），将 R_f 改为 2kΩ，用示波器 DC 输入端观察输出、输入电压波形，画出各波形并作如下记录。

输出电压幅值基本等于输入电压幅值的________（1倍/2倍），即电压放大倍数与 R_f/R_1 值________（基本相等/相差很大）。

（5）保持步骤（4），将 R_f 改为 1kΩ。

（6）保持步骤（5），接入 u_{i1} 和 u_{i2}（均为 0.1V，5kHz 的正弦波信号），用示波器 DC 输入端观察输出电压和输入电压 u_{i2} 的波形，画出各波形并作如下记录。

5. 实训报告

（1）整理实训结果，并对结果进行分析。

（2）总结本次实训的收获与体会。

思考与练习

1. 设图 4-19 所示电路中 A 为理想运放，试写出电路的输出电压 u_o 的值。

2. 设图 4-20 所示电路中 A 为理想运放，试写出电路的输出电压 U_o 的值。

3. 在图 4-21 所示增益可调的反相比例运算电路中，设 A 为理想运算放大器，$R_W \ll R_2$，试写出：

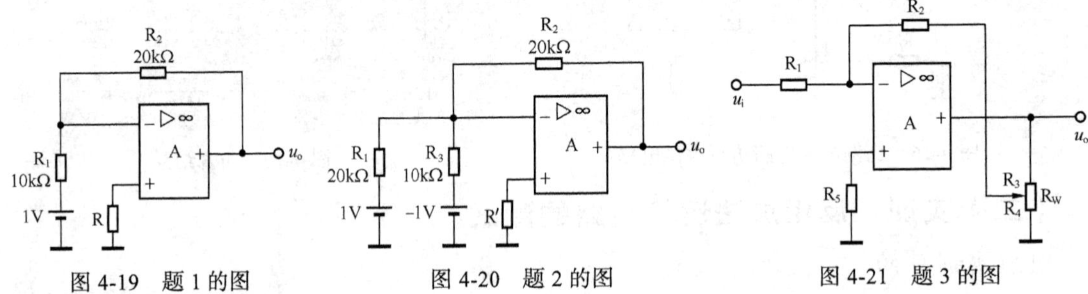

图 4-19　题 1 的图　　图 4-20　题 2 的图　　图 4-21　题 3 的图

（1）电路增益 $A_u = U_o/U_i$ 的近似表达式。

（2）电路输入电阻 r_i 的表达式。

4. 分析图 4-22 所示的电路，回答下列问题。

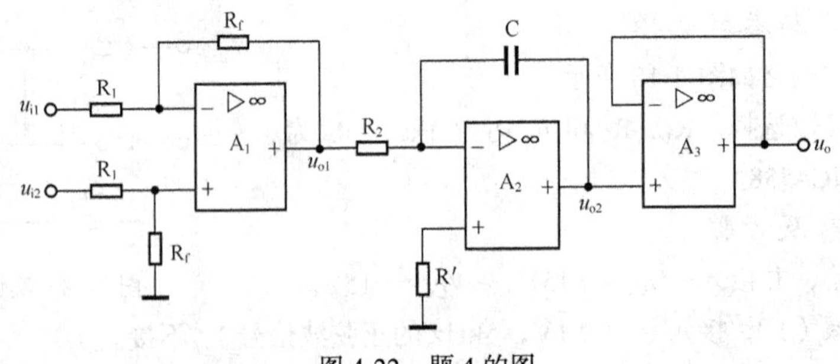

图 4-22　题 4 的图

（1）A_1、A_2、A_3 与相应的元件各组成何种电路？

（2）设 A_1、A_2、A_3 均为理想运算放大器，输出电压 U_o 与 U_{i1}、U_{i2} 有何种运算关系（写出表达式）？

5. 请分析出图 4-23 所示由理想运放构成的电路中 u_o 与 u_1、u_2、u_3 的关系。

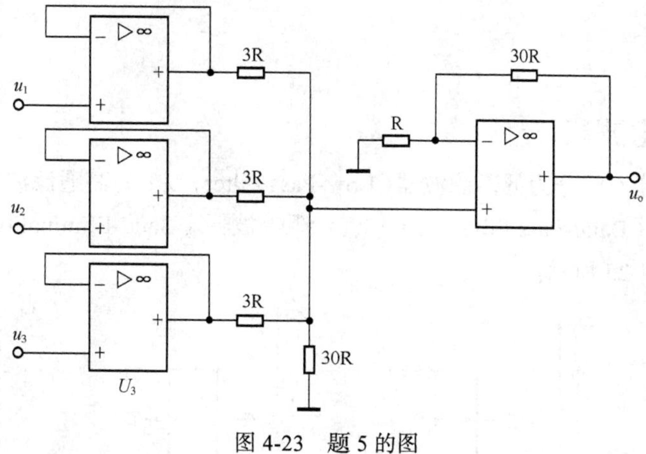

图 4-23　题 5 的图

6. 由理想集成运放组成的电路如图 4-24 所示，已知稳压二极管 VD_1、VD_2 的性能相同，$U_Z = 5.3V$，$U_{D(on)} = 0.7V$，若输入 $u_i = 3\sin 2\pi \times 10^3 t(V)$，参考电压 $u_r = 3\cos 2\pi \times 10^3 t(V)$，电容初始电压为零。

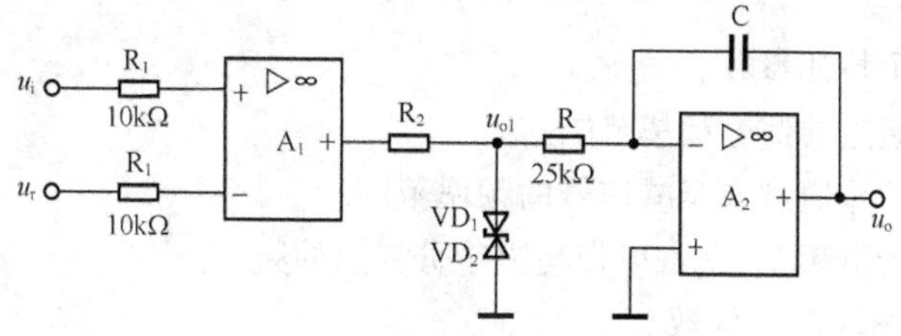

图 4-24　题 6 的图

（1）画出 u_{o1} 和 u_o 的波形（要求至少画出一个周期的波形）。

（2）若要求 u_o 的振荡幅度为 8V，试确定电容 C 的值。

7. 设计一加法器，要求输入端电阻不少于 10kΩ，同时实现 $u_o = -(3u_{i1} + 5u_{i2})$ 的运算。

8. 设计一加法器，要求输入端电阻不少于 10kΩ，同时实现 $u_o = u_{i1} + 3u_{i2}$ 的运算。

9. 设计一加法器，要求输入端电阻不少于 10kΩ，同时实现 $u_o = -3u_{i1} + 5u_{i2}$ 的运算。

10. 设计一加法器，要求输入端电阻不少于 10kΩ，同时实现 $u_o = u_{i1} + 2u_{i2} - 3u_{i3} - 4u_{i4}$ 的运算。

项目二　有源滤波器和电压比较器测试

一、项目导入

滤波器可以在滤除电路中的杂波，在现代通信电路中应用非常广泛。由于集成运算放大器具有高输入阻抗、低输出阻抗的特性，使由集成运算放大器构成的滤波器输出和输入间有良好的隔离，便于级联。可以构成滤波特性好或频率特性有特殊要求的滤波器。

在实际电路应用中，除了前面介绍过的运算电路以外，另外一类用得较多的电路就是电压比较器。电压比较器最基本的结构由两个输入端和一个输出端构成，当同相输入端的电压比反相输入端高时，输出一个正（或负）电压；反之，当同相输入端电压较低时，输出一个负（或正）电压（也有输出为 0 的情况）。电压比较器在波形变换、数字通信线路的中继放大恢复、数字信号处理等方面都有广泛的应用。本项目将介绍利用集成运算放大器构成简单电压比较器和迟滞电压比较器的方法。

二、相关知识

（一）有源滤波器

滤波器按照功能不同分为低通滤波器（Low-Pass Filter，LPF）、高通滤波器(High-Pass Filter，HPF)、带通滤波器（Band-Pass Filter，BPF）、带阻滤波器（Band-Elimination Filter，BEF）。其理想幅频特性如图 4-25 所示。

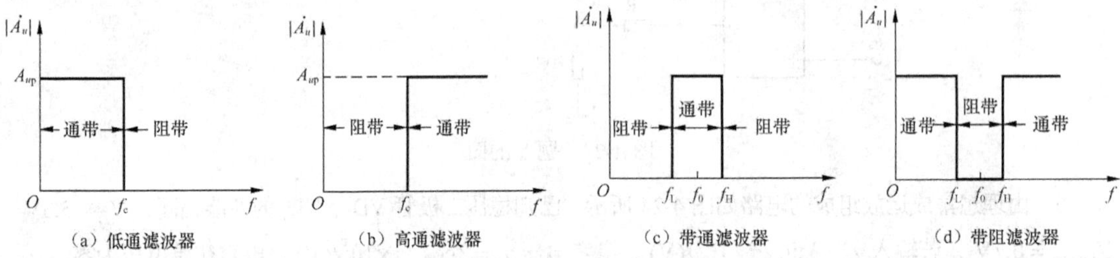

图 4-25　各种滤波器的理想幅频特性

滤波器有以下几个特征参数。

（1）通带：能够通过的信号频率范围。

（2）阻带：阻止信号通过或衰减信号的频率范围。

（3）截止频率（转折频率）f_c：通带与阻带分界点的频率。

（4）A_{up}：通带的电压放大倍数。

（5）f_L：低频段的截止频率；f_H：高频段的截止频率；f_0：中心频率（Center Frequency）。

1．一阶低通滤波器

（1）电路组成。一阶低通滤波器电路如图 4-26 所示，它是由运放和 RC 网络组成的。

（2）频率特性。一阶低通滤波器的幅频特性如图 4-27 所示，它的通带截止频率 $f_H = f_0 = \frac{1}{2\pi RC}$。由于一阶低通滤波器的衰减斜率为−20dB/十倍频，衰减很慢，只适用于要求不高的场合。

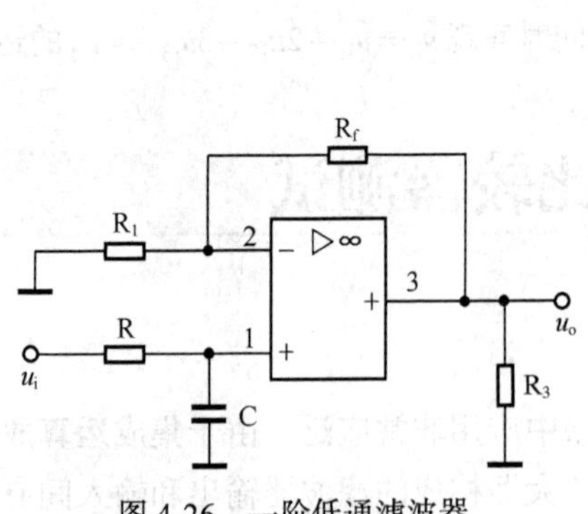

图 4-26　一阶低通滤波器

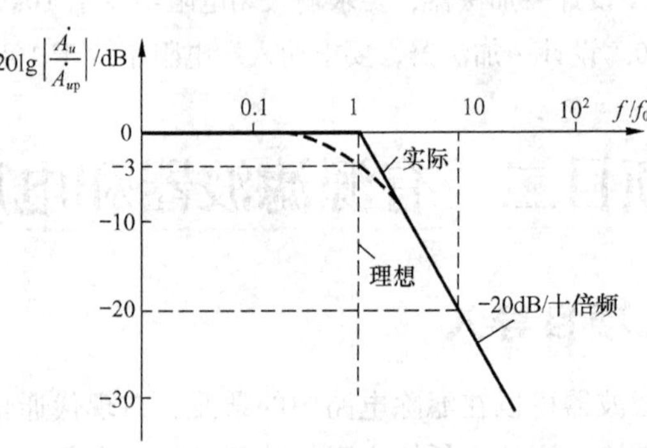

图 4-27　一阶低通滤波器的幅频特性

2．一阶高通滤波器

（1）电路组成。把图 4-24 中的 R、C 的位置互换，就可以得到如图 4-28 所示的一阶有源高通滤波器。

（2）频率特性。一阶高通滤波器的幅频特性如图 4-29 所示。

由图 4-29 可以看出，通带截止频率 $f_L = f_0 = \frac{1}{2\pi RC}$，当 $f \ll f_0$ 时，其衰减斜率为 20dB/十倍频。

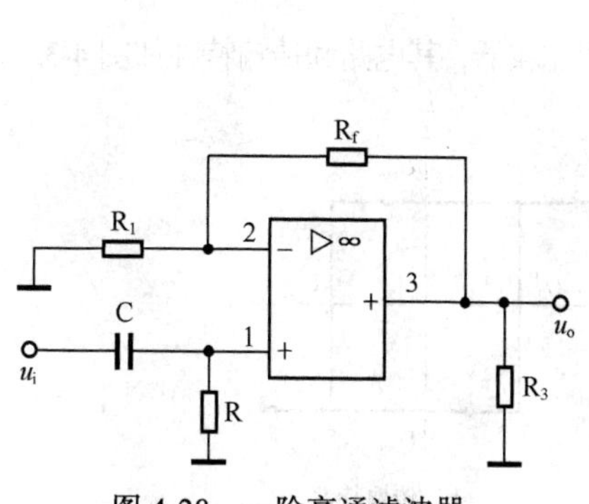

图 4-28　一阶高通滤波器

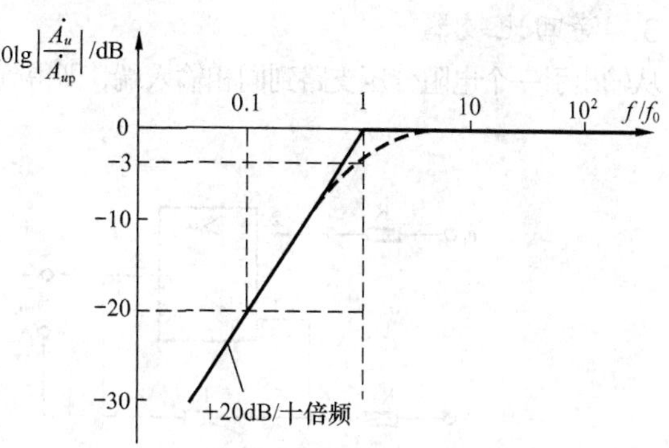

图 4-29　一阶高通滤波器的幅频特性

（二）电压比较器

1. 过零比较器

过零比较器是典型的幅度比较电路，它的电路图和传输特性曲线如图 4-30 所示。

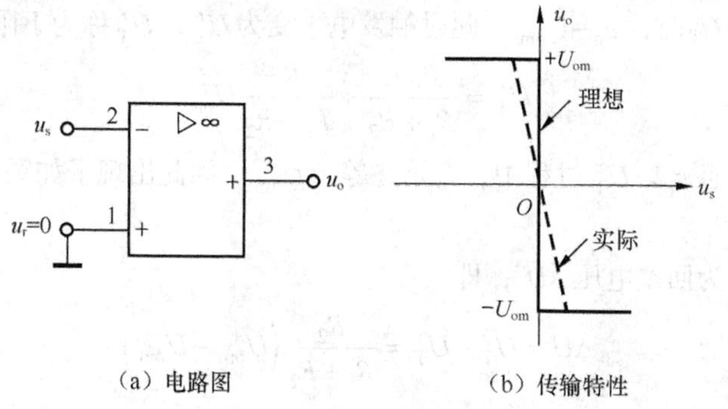

（a）电路图　　（b）传输特性

图 4-30　过零比较器

2. 一般单限比较器

将过零比较器的一个输入端从接地改接到一个固定电压值 U_r 上，就得到电压比较器，其电路和传输特性如图 4-31 所示。调节 U_r 可方便地改变阈值。

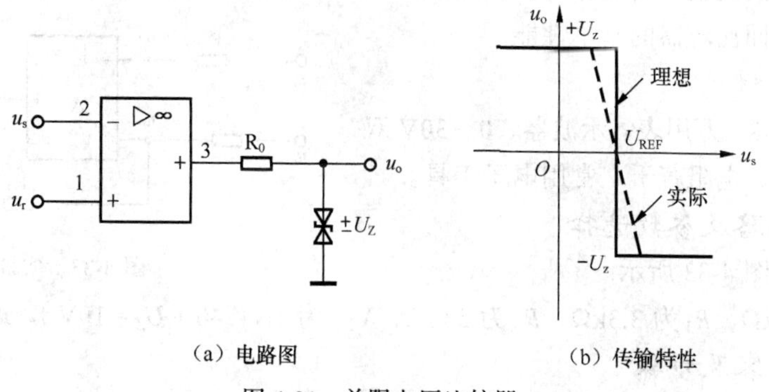

（a）电路图　　（b）传输特性

图 4-31　单限电压比较器

单限比较器的基本特点如下。

（1）工作在开环或正反馈状态。

（2）开关特性。因为开环增益很大，比较器的输出只有高电平和低电平两个稳定状态。

（3）非线性。因是大幅度工作，输出和输入不呈线性关系。

3. 滞回比较器

从输出引一个电阻分压支路到同相输入端，即得到滞回比较器，其电路和传输特性如图 4-32 所示。

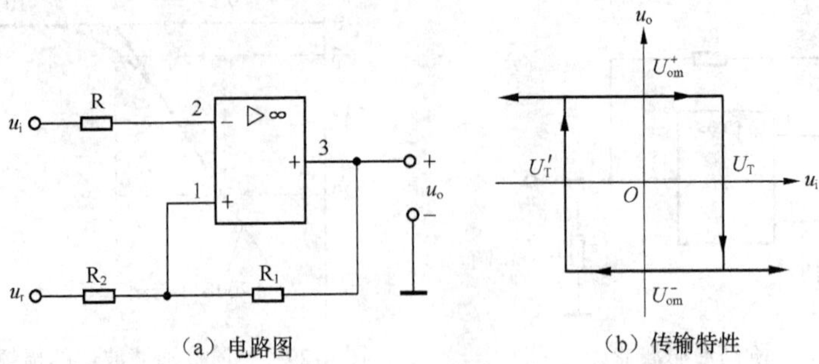

（a）电路图　　（b）传输特性

图 4-32　滞回比较器

当输入电压 u_i 从零逐渐增大，且 $u_i \leqslant U_T$ 时，$u_o = U_{om}^+$，U_T 称为上限阈值（触发）电平。

$$U_T = \frac{R_1 U_r}{R_1 + R_2} + \frac{R_2}{R_1 + R_2} U_{om}^+$$

当输入电压 $u_i \geqslant U_T$ 时，$u_o = U_{om}^-$。此时触发电平变为 U_T'，U_T' 称为下限阈值（触发）电平。

$$U_T' = \frac{R_1 U_r}{R_1 + R_2} + \frac{R_2}{R_1 + R_2} U_{om}^-$$

当 u_i 逐渐减小，且 $u_i > U_T'$ 过程中，u_o 始终等于 U_{om}^-，因此出现了如图 4-30（b）所示的滞回特性曲线。

U_T 与 U_T' 的差称为回差电压 ΔU，即

$$\Delta U = U_T - U_T' = \frac{R_2}{R_1 + R_2}\left(U_{om}^+ - U_{om}^-\right)$$

三、项目实施——滞回比较器的制作与调试

1. 实训目的

（1）加深对滞回比较器工作原理的认识。

（2）掌握滞回比较器的制作与调试方法。

（3）了解滞回比较器的基本性能。

2. 实训器材

运放 MC4558、万用表、示波器、0～30V 双路直流稳压电源、电阻若干、常用电子工具。

3. 实训电路及参数选择

实训电路如图 4-33 所示。

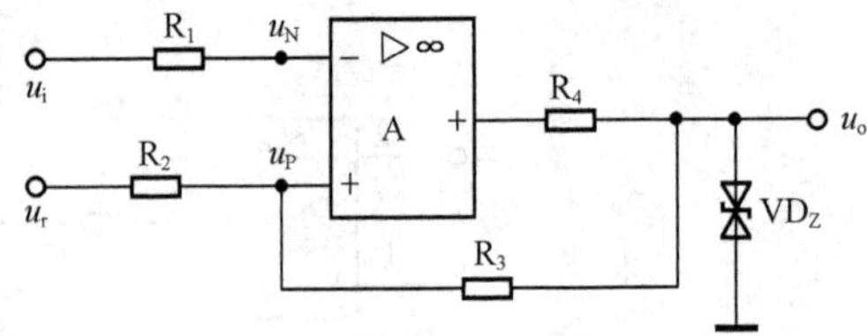

图 4-33　实训电路

R_1、R_2 为 1kΩ，R_3 为 3.3kΩ，R_4 为 330Ω，V_{DZ} 为 1N4740（U_Z=10V），运放为 MC4558。

4. 实训内容及步骤

（1）接好电路，并接入 $+U_{CC}$=+15V，U_{dd}=−15V。

（2）保持步骤（1），接入 $u_i = U_r = 0$（直接接地），用万用表测量输出直流电压的大小，并把结果填入表 4-2 中。

（3）保持步骤（2），微调 u_i，使 u_i 在 ±1V 之间变化，用万用表测量并观察输出直流电压的变化情况，把结果填入表 4-2 中。

表 4-2 测试结果

项目	U_o（步骤 2）	输出电平（高/低）	U_o（步骤 3）	抗干扰能力（有/无）

5. 实训报告

（1）整理实训结果，并对结果进行分析。

（2）总结本次实训的收获与体会。

思考与练习

1. 能否利用低通滤波电路、高通滤波电路来组成带通滤波电路？组成的条件是什么？

2. 能否利用带通滤波电路组成带阻滤波电路？

3. 电压比较器中的运放通常工作在什么状态（负反馈、正反馈或开环）？一般它的输出电压是否只有高电平和低电平两个稳定状态？

4. 滞回比较器有几个门限电压值？

5. 滞回比较器为什么具有迟滞特性？

6. 试分别指出，在下列情况下应选用哪种输入方式和何种类型的比较器。

（1）要求 $u_i > 0$ 时,u_o 为低电平；$u_i < 0$ 时，u_o 为高电平。

（2）要求 u_i 由负值向正值变化过程中，仅在 u_i 经过+ 3V 时输出电压 u_o 由低电平跳变到高电平；而在 u_i 由正值向负值变化过程中，仅在 u_i 经过−3V 时输出电压 u_o 由高电平跳变到低电平，其他情况下输出电压 u_o 不变。

（3）要求在 $u_i > 3$V 时，u_o 为高电平，而在 $u_i < 3$V 时，u_o 为低电平。

项目三　波形发生器测试

一、项目导入

现在的家电、信息设备以及电子和通信领域的其他专业设备都需要产生各种各样的波形。这些波形有各种频率的正弦波、矩形波、三角波、锯齿波等。常见的得到波形的方式有利用晶振产生正弦波后进行波形变换，也可以用集成运放来构成电路得到。用集成运放构成的波形发生器，电路简单，频率与幅度易于调节，因而应用很广。本节介绍正弦波发生器和非正弦波发生器。

二、相关知识

（一）正弦波发生器

正弦波发生器习惯上称正弦波振荡器，是由放大器、正反馈、选频电路以及限幅器组成的。

正弦波振荡器的振荡条件包括以下两个方面。

（1）相位条件。从输出端反馈到输入端的反馈电压与原输入电压同相，即引入正反馈。

（2）振幅条件。当闭环放大倍数大于 1 时，电路可以产生振荡。在临界振荡状态时，其闭环放大倍数等于 1。

正弦波振荡器有多种类型，不管哪种类型都是遵循相位条件和振幅条件设计的。振荡电路分析也是依据这两个条件进行的。故障分析时，首先判断起放大作用的元件是否正常工作（判断振幅条件），然后判断选频电路是否正常工作（判断相位条件）。

由集成运放组成的正弦波振荡器的典型实例是 RC 文氏桥振荡器，如图 4-34 所示。该电路的主要特点是采用 RC 串并联电路作为选频和反馈电路，集成运放和 R_f、R_1 构成同相比例放大电路。

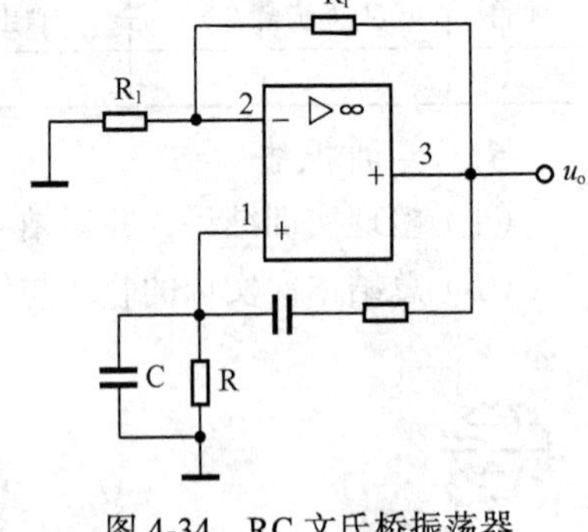

图 4-34 RC 文氏桥振荡器

由图 4-33 可知 $F=\dfrac{U_f}{U_o}=\dfrac{1}{\sqrt{3^2+\left(\omega RC-\dfrac{1}{\omega RC}\right)^2}}=\dfrac{1}{\sqrt{3^2+\left(2\pi fRC-\dfrac{1}{2\pi fRC}\right)^2}}$

令
$$f_0=\frac{1}{2\pi RC}$$

则
$$F=\frac{1}{\sqrt{3^2+\left(\dfrac{f}{f_0}-\dfrac{f_0}{f}\right)^2}}$$

（1）当 $f=f_0$ 时，反馈信号与原输入信号同相位，满足相位条件；反馈电路输出电压只有反馈电路输入电压的 $\frac{1}{3}$，且最大。因此，集成运放组成的放大电路中 R_f 略大于 $2R_1$ 时就能满足振幅条件，从而产生振荡，振荡频率为 f_0。若 $R_f<2R_1$，电路不能起振；若 $R_f\gg 2R_1$，输出电压 u_o 的波形会产生接近方波的失真。

（2）当 $f\neq f_0$ 时，反馈电路输出信号与输入信号的相位不相同，无正弦波信号电压输出。

（二）非正弦波发生器

矩形波（又称方波）发生器是非正弦发生器中应用最广泛的电路，数字电路和微机电路中时钟信号就由方波发生器提供的。

1．电路组成

方波发生器电路如图 4-35（a）所示。它由滞回比较器和具有延时作用的 RC 反馈网络组成。

2．工作原理

输出端接限幅电路的滞回比较器的输出电压 $u_o=\pm(U_Z+U_D)\approx\pm U_Z$。

当电源接通，$t=0$ 时刻，$u_C=0$，设 $u_{o1}=+U_Z$，u_+ 为

$$U_{th1}=u'_+=\frac{R_1}{R_1+R_2}u_{o1}=\frac{R_1}{R_1+R_2}U_Z$$

输出电压 $u_o=u_Z$，C 充电，u_C 按指数规律上升，如图 4-35（b）曲线①。$u_C=U_{th1}$ 时，电路状态发生翻转。此时，u_+ 突变为

$$U_{th2}=u''_+=\frac{R_1}{R_1+R_2}u_{o2}=-\frac{R_1}{R_1+R_2}U_Z$$

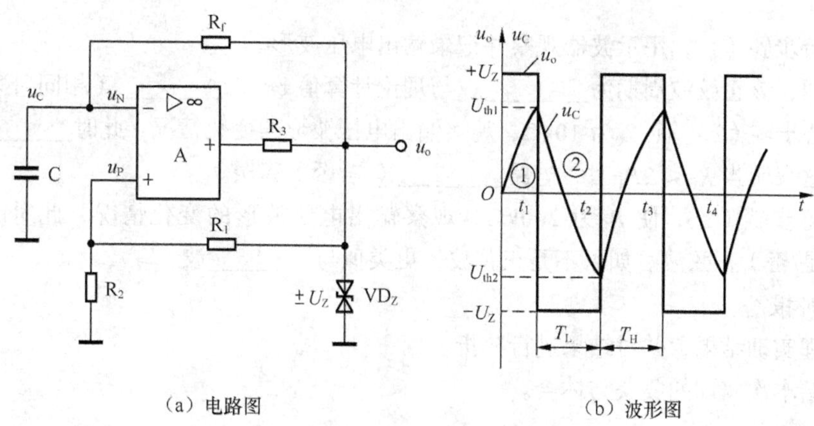

（a）电路图　（b）波形图

图 4-35　方波发生器

此时，C 放电而 u_C 下降，如图 4-35（b）曲线②，放电完毕后电容反向充电，当 $u_C = u_- = U_{th2}$ 时，电路发生翻转，$u_o = +U_Z$。电容反向放电，当放电完毕进行正向充电，$u_C = U_{th1}$ 时，电路又发生翻转，输出由 $+U_Z$ 突变为 $-U_Z$。如此反复，在输出端即产生方波波形，如图 4-33（b）所示。

3．振荡频率估算

由上述分析可以得到

$$T = 2RC\ln\left(1+2\frac{R_1}{R_2}\right)$$

$$f = \frac{1}{2RC\ln\left(1+\frac{R_1}{R_2}\right)}$$

适当选取 R_1、R_2，使 $\ln\left(1+2\frac{R_1}{R_2}\right)=1$，则

$$T = 2RC$$

$$f = \frac{1}{2RC}$$

三、项目实施——正弦波发生器的测试

1．实训目的

（1）了解正弦波发生器的构成。

（2）掌握调整正弦波周期和频率的方法。

2．实训器材

函数信号发生器 1 台，20M 双踪示波器 1 台，集成运放 1 块，电阻电容若干。

3．实训电路与参数选择

（1）正弦波发生器电路如图 4-32 所示。

（2）元器件参数选择如下。

R 为 10～100kΩ，R_f 为 20 kΩ，R_1 为 10 kΩ，C 为 100nF，运放为 MC4558。

4．实训内容及步骤

（1）接好电路，并接入+ U_{CC}=+15V，$-U_{CC}$=−15V。

（2）保持步骤（1），用示波器观察并记录输出电压波形。

结果表明，该正弦波周期为________，与理论计算值 $2\pi RC$ ________（相同/不相同）。

（3）保持步骤（2），使 R_f 为 10kΩ，观察输出电压波形的变化情况，此时________（是/否）有正弦波。这表明当 $R_f < 2R_1$ 时，电路________（是/否）起振。

（4）保持步骤（3），使 R_f 为 200kΩ，观察输出电压波形的变化情况，此时的输出波形________（是/否）正弦波。如果不是正弦波，更类似与________波。

5. 实训报告

（1）整理实训结果，并对结果进行分析。

（2）总结本次实训的收获与体会。

思考与练习

1. 正弦波振荡器的振荡条件和负反馈放大电路的自激条件都是环路放大倍数等于 1，但是由于反馈信号加到比较环节上的极性不同，前者为+，而后者则为−。除了数学表达式的差异外，问构成相位平衡条件的实质有什么不同？

2. 在满足相位平衡条件的前提下，既然正弦波振荡器的振幅平衡条件为闭环放大倍数等于 1，如果 R_f 为已知，则 $R_1 = \frac{1}{2}R_f$，即可起振，你认为这种说法对吗？

3. 将一个已知的正弦信号（设峰值为 2V，初相为 0），通过图 4-36（a）所示电路后再通过具有图 4-36（b）所示电压传输特性的电路。请作出 u_i 两个周期所对应的 u_{o1} 和 u_o 波形，并判断具有图中所示电压传输特性的电路是什么电路？

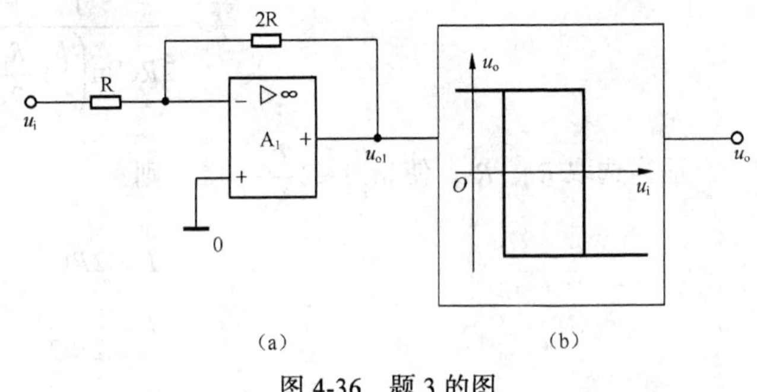

图 4-36　题 3 的图

单元小结

（1）集成运算放大电路闭环运行时，工作在线性区，存在“虚短”和“虚断”现象。线性应用包括比例、加法、减法、积分和微分等多种运算电路。

（2）利用集成运放的特性可构成电压比较器。常见的有过零比较器、一般单限比较器和滞回比较器。比较器能比较两个模拟量的大小，其中滞回比较器具有回差特性。

（3）正弦波振荡器能产生正弦波；方波产生电路是一种能够直接产生方波或矩形波的非正弦信号发生电路。

第5单元

直流稳压电源

【学习目标】

1. 了解直流稳压电源的组成及各部分的作用。
2. 理解各单相整流电路的结构、工作原理、参数计算方法及应用。
3. 掌握各滤波电路的原理及应用。
4. 掌握单相桥式整流电容滤波电路的仿真测试方法。
5. 掌握串、并联稳压电路的工作原理。
6. 学会识别集成稳压器的引脚并能正确应用。
7. 掌握集成稳压电源的制作、调试与检测方法。

项目一　单相整流、滤波电路调试

一、项目导入

很多常用电子仪器或设备都需要用直流电源供电，而电能大多是交流电形式，因此需要将交流电转换成稳定的直流电。

直流稳压电源的作用是将交流电转换成功率较小的直流电，它一般由变压、整流、滤波、稳压等几部分组成。变压器用来将标准交流电压变为所需的交流电压值。整流电路用来将交流电压转换为单向脉动的直流电压；滤波电路用来滤除整流后单向脉动电压中的交流成分，使之成为平滑的直流电压；稳压电路的作用是输入交流电源电压波动和负载变化时，维持输出直流电压的稳定。

单相整流滤波电路的调试是电子技术的基本技能。通过对本项目的学习，应掌握单向整流、滤波电路的原理和计算、调试方法。

二、相关知识

图 5-1 所示为直流稳压电源的框图。它由电源变压器、整流电路、滤波电路和稳压电路 4 部分组成。

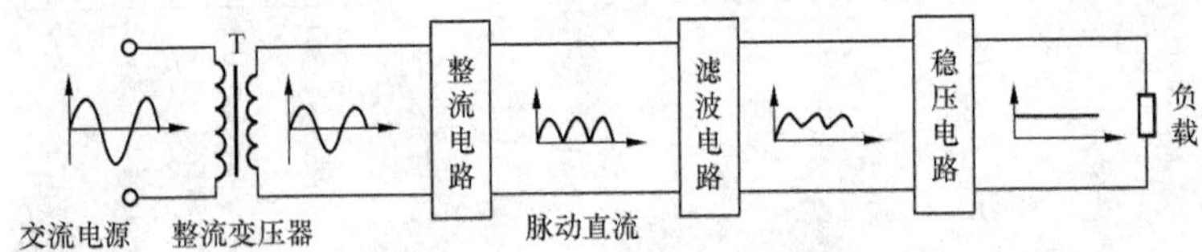

图 5-1　直流稳压电源的框图

交流电源电压经电源变压器变换成所需的交流电压值，通过整流电路变换成单向脉动直流电，再由滤波电路滤去其中的交流分量，得到平滑的直流电压，最后经稳压电路获得稳定的直流电压。

（一）整流电路

整流电路是利用二极管的单向导电性，将工频交流电转换为单向脉动直流电的电路。单向整流电路有半波整流、全波整流、桥式整流。目前广泛使用的是桥式整流电路。

1. 单相半波整流电路

图 5-2（a）所示是单相半波整流电路，由电源变压器 T、整流元件 VD 及负载电阻 R_L 组成。

设变压器二次的交流电压为

$$u_2 = \sqrt{2}U_2 \sin \omega t$$

其波形如图 5-2（b）所示。

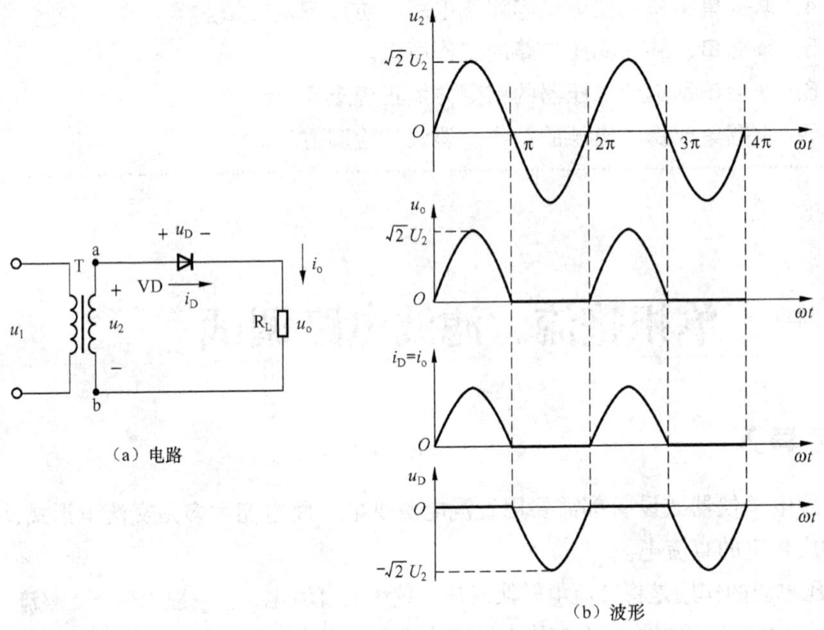

图 5-2　单向半波整流电路及其电压、电流波形

（1）工作原理。当 u_2 为正半周时，其极性为上正下负，即 a 点的电位高于 b 点，二极管 VD 承受正向电压而导通，此时有电流流过负载，并且和二极管上的电流相等，即 $i_o = i_D$。忽略二极管的电压降，则负载两端的输出电压等于变压器二次电压，即 $u_o=u_2$，输出电压 u_o 的波形与 u_2 相同。

当 u_2 为负半周时，a 点的电位低于 b 点，二极管 VD 承受反向电压而截止。此时负载上无电流流过，输出电压 $u_o= 0$，变压器二次电压 u_2 全部加在二极管 VD 上。

因此，在负载电阻 R_L 上得到的是半波整流电压 u_o，其大小是变化的，而且极性一定，即所谓单向脉动电压。

（2）参数计算。负载上的直流电压平均值是

$$U_o = \frac{1}{2\pi}\int_0^{\pi}\sqrt{2}U_2\sin\omega t\mathrm{d}(\omega t) = 0.45U_2$$

流过负载电阻的电流平均值为

$$I_o = \frac{U_o}{R_L} = 0.45\frac{U_2}{R_L}$$

变压器二次电压有效值为

$$U_2 = \frac{U_o}{0.45} = 2.22U_o$$

流过二极管的电流平均值为

$$I_D = I_o = 0.45\frac{U_2}{R_L}$$

二极管截止时承受的最高反向电压就是变压器二次交流电压的最大值，即

$$U_{DRM} = \sqrt{2}U_2$$

这样，根据 I_D 和 U_{DRM} 就可以选择合适的整流元件。

例 5-1 有一单相半波整流电路如图 5-2（a）所示，已知负载电阻 R_L=750Ω，变压器二次电压 U_2=20V，试求 U_o、I_o，并选择合适的二极管。

解：负载电压平均值为

$$U_o = 0.45U_2 = 0.45\times 20\text{V} = 9\text{V}$$

流过负载的电流平均值为

$$I_o = \frac{U_o}{R_L} = \frac{9}{750}\text{A} = 0.012\ \text{A} = 12\text{mA}$$

流过二极管的电流平均值为

$$I_D = I_o = 12\ \text{mA}$$

二极管截止时承受的最高反向电压为

$$U_{DRM} = \sqrt{2}U_2 = \sqrt{2}\times 20\text{V} = 28.2\text{V}$$

查半导体手册，二极管可选用 2AP4，其最大整流电流为 16mA，最高反向工作电压为 50V。为了使用安全，二极管的反向工作峰值电压要选得比 U_{DRM} 大一倍左右。

2. 单相桥式整流电路

单相半波整流电路的缺点是输出电压低、脉动大、电路整流效率低，为了克服这些缺点，常采用单相桥式整流电路。

图 5-3 所示为单相桥式整流电路。它由 4 个二极管（VD_1～VD_4）接成桥式电路，VD_1 阳极与 VD_4 阴极相连，VD_2 阳极与 VD_3 阴极相连，分别接在变压器二次的 a、b 两端；VD_1 与 VD_2 阴极相连，VD_3 与 VD_4 阳极相连，分别接在负载的正端与负端，输出直流电压。

（1）工作原理。当 u_2 为正半周时，a 点电位高于 b 点电位，二极管 VD_1、VD_3 承受正向电压而导通，VD_2、VD_4 承受反向电压而截止。此时电流的路径为：a→VD_1→R_L→VD_3→b。

当 u_2 为负半周时，b 点电位高于 a 点电位，二极管 VD_2、VD_4 承受正向电压而导通，VD_1、VD_3 承受反向电压而截止。此时电流的路径为：b→VD_2→R_L→VD_4→a。

负载电阻 R_L 在交流电压的一周期内都有电流流过，而方向不变，波形如图 5-4 所示。

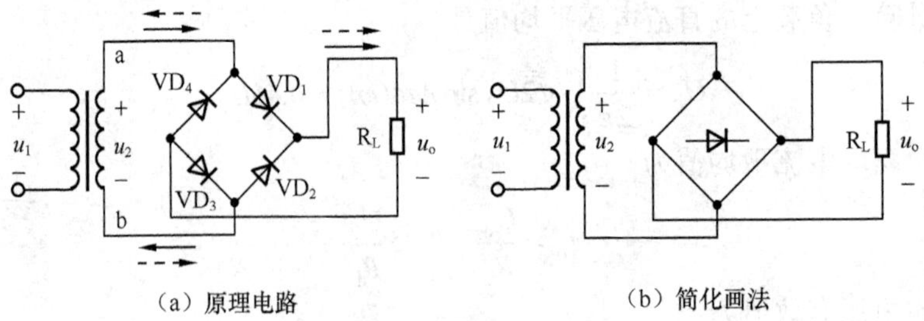

（a）原理电路　　（b）简化画法

图 5-3　单相桥式整流电路

（2）参数计算。负载上的直流电压平均值为

$$U_o = \frac{1}{\pi}\int_0^{\pi}\sqrt{2}U_2\sin\omega t\mathrm{d}(\omega t) = 2\frac{\sqrt{2}}{\pi}U_2 = 0.9U_2$$

流过负载电阻的电流平均值为

$$I_o = \frac{U_o}{R_L} = 0.9\frac{U_2}{R_L}$$

流经每个二极管的电流平均值为负载电流的一半，即

$$I_D = \frac{1}{2}I_o = 0.45\frac{U_2}{R_L}$$

每个二极管在截止时承受的最高反向电压为 u_2 的最大值，即

$$U_{DRM} = \sqrt{2}U_2$$

根据 I_D 和 U_{DRM} 就可以选择二极管的型号。

整流变压器二次电压有效值为

$$U_2 = \frac{U_o}{0.9} = 1.11U_o$$

整流变压器二次电流有效值为

$$I_2 = \frac{U_2}{R_L} = 1.11\frac{U_o}{R_L} = 1.11I_o$$

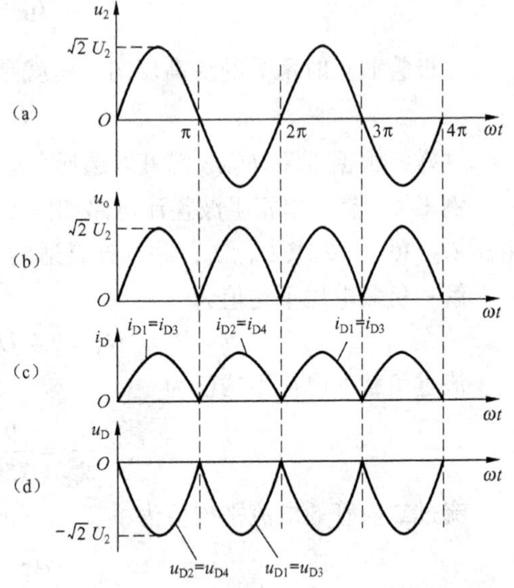

图 5-4　单相桥式整流电路的电压和电流波形

电源变压器的容量 $S = U_2I_2$。考虑到二极管的正向压降和变压器的损耗，在实际电路中 S 与 U_2 应增大 10%～20%。

例 5-2　试设计一台输出电压为 24V，输出电流为 1A 的直流电源，且该电源采用单相桥式整流电路。试计算：（1）变压器二次绕组电压和电流的有效值，（2）选择二极管的型号。

解：（1）变压器二次绕组电压有效值为

$$U_2 = \frac{U_o}{0.9} = \frac{24}{0.9}\text{V} = 26.7\text{V}$$

整流变压器二次电流有效值为

$$I_2 = 1.11I_o = 1.11\text{A}$$

（2）整流二极管承受的最高反向电压为

$$U_{DRM} = \sqrt{2}U_2 = 1.41\times 26.7\text{V} = 37.6\text{V}$$

流过每个整流二极管的平均电流为

$$I_D = \frac{1}{2}I_o = 0.5\text{A}$$

因此可选用 4 只 2CZ52B 整流二极管，其最大整流电流为 1A，最高反向工作电压为 50V。

（二）滤波电路

整流电路的输出电压虽然方向不变，但脉动较大，含有较多的交流成分，对于大多数电子设备，脉动很大的直流电会带来严重的不良影响。为此，在整流电路后面还需用滤波电路将脉动的直流电转变为平滑的直流电。所谓滤波，就是滤掉脉动直流电的交流成分，保留其直流成分。滤波电路利用电抗性元件对交、直流阻抗的不同，实现滤波。下面介绍几种常用的滤波电路。

1．电容滤波电路

图 5-5 所示为单相桥式整流电容滤波电路。它在桥式整流电路的输出端并联一个电容 C，利用电容 C 的充放电作用，即二极管导通时对电容 C 充电，二极管不导通时电容 C 对负载放电，使负载电流趋于平滑。

设电容两端初始电压为零，接通电源后，当 u_2 为正半周时，a 点电位高于 b 点电位，VD_1、VD_3 承受正向电压而导通，C 被充电，同时电流经 VD_1、VD_3 向负载电阻供电。忽略二极管正向压降和变压器内阻，因此 $u_o=u_C\approx u_2$，在 u_2 达到最大值时，u_C 也达到最大值，如图 5-6 中 *Oa* 段所示。然后 u_2 下降，此时，$u_C>u_2$，VD_1、VD_3 截止，电容 C 向负载电阻 R_L 放电，电容电压 u_C 按指数规律逐渐下降，如图 5-6 中 *ab* 段所示。

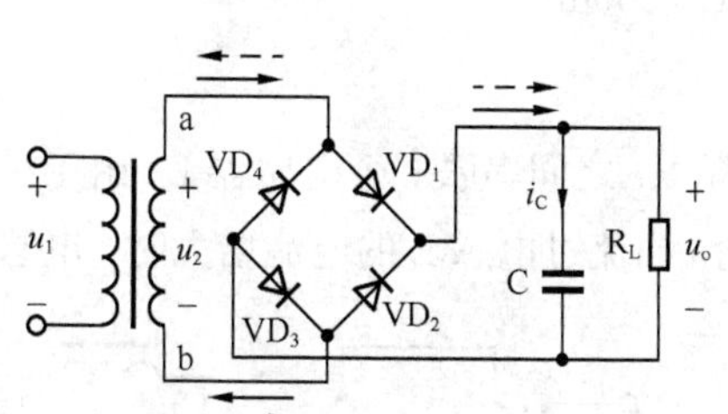

图 5-5　单相桥式整流电容滤波电路

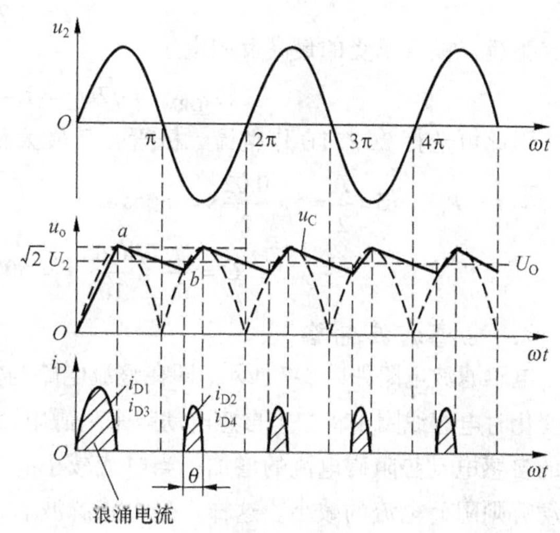

图 5-6　单相桥式整流电容滤波电路电压和电流波形

当 u_2 为负半周时，u_C 下降，$|u_2|$上升，当$|u_2|>u_C$ 时，VD_2、VD_4 导通，电容 C 再次被充电，输出电压增大，以后重复上述充放电过程。其输出电压波形近似为一锯齿波直流电压。

为了获得较平滑的输出电压，通常选取

$$\tau=R_LC\geqslant(3\sim5)\frac{T}{2}$$

式中，τ 为电容通过负载放电的时间常数；T 为交流电压的周期。

加入滤波电容以后，输出直流电压的波形平滑了，而且输出直流电压的平均值也提高了，其值接近于变压器二次电压的幅值，一般按 $1.2U_2$ 计算，即 $U_o=1.2U_2$。

由图 5-6 可见，二极管导通时间缩短，通过二极管的电流是周期性的脉冲电流 i_D。由于电容 C 的充电，流过二极管的瞬时电流可能很大，二极管要经受得住一定的电流冲击。为了保证二极管的安全，选管时应放宽裕量。

单相半波整流电容滤波电路中，二极管承受的反向电压为$u_{DR}=u_C+u_2$，当负载开路时，承受的反向电压最高，为

$$U_{DRM}=2\sqrt{2}U_2$$

单相桥式整流电容滤波电路中，二极管承受的反向电压与没有电容滤波时一样，为

$$U_{DRM}=\sqrt{2}U_2$$

电容滤波的优点是电路简单，输出电压U_o较高，$U_o=1.2U_2$，脉动较小。其缺点是负载变动时对输出电压影响较大，负载电流增大时脉动变大，二极管导通时间变短，在导通期间流过较大的冲击电流。因此电容滤波适用于负载电流小、负载变动小的场合。

例 5-3 设计一单相桥式整流电容滤波电路，要求输出电压$U_o=48\text{V}$，已知负载电阻$R_L=100\,\Omega$，交流电源频率为50Hz，试选择整流二极管和滤波电容器。

解： 流过整流二极管的平均电流为

$$I_D=\frac{1}{2}I_o=\frac{1}{2}\frac{U_o}{R_L}=\frac{1}{2}\times\frac{48}{100}\text{A}=0.24\text{A}=240\text{mA}$$

变压器二次电压有效值为

$$U_2=\frac{U_o}{1.2}=\frac{48}{1.2}\text{V}=40\text{V}$$

整流二极管承受的最高反向电压

$$D_{DRM}=\sqrt{2}U_2=1.41\times40\text{V}=56.4\text{V}$$

因此可选择2CZ11B作整流二极管，其最大整流电流为1A，最高反向工作电压为200V。

取$\tau=R_LC=5\times\frac{T}{2}=5\times\frac{0.02}{2}\text{s}=0.05\text{s}$，则

$$C=\frac{\tau}{R_L}=\frac{0.05}{100}\text{F}=500\times10^{-6}\text{F}=500\mu\text{F}$$

2. 电感滤波电路

电感滤波电路如图5-7所示，即在整流电路与负载电阻R_L之间串联一个电感器L。由于在电流变化时电感线圈中将产生自感电动势来阻碍电流的变化，当流过电感L的电流增大时，电感产生的自感电动势阻碍电流的增加；当电流减小时，自感电动势则阻碍电流的减小。这样，经电感滤波后，输出电流和电压的波形也可以变得平滑，脉动减小。显然，L越大，滤波效果越好。

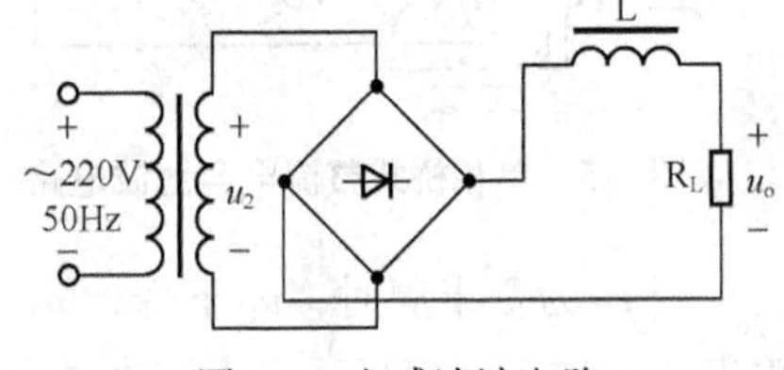

图5-7 电感滤波电路

忽略电感线圈的电阻，电感滤波电路的输出电压平均值与桥式整流电路相同，即

$$U_o\approx0.9U_2$$

当负载改变时，对输出电压的影响较小。因此，电感滤波适用于负载电流较大、负载变动较大的场合。由于电感量大时体积也大，在小型电子设备中很少采用电感滤波方式。

3. 复合滤波电路

单一的电容滤波或电感滤波的效果可能不够理想，在对滤波的效果要求很高的情况下，应采用复合滤波。常用的复合滤波有LC滤波、Π型LC滤波、Π型RC滤波等几种。

图5-8（a）所示是LC滤波电路，它由电感滤波和电容滤波组成。脉动直流电首先经过电

感滤波，滤掉大部分交流分量，即使有小部分交流分量通过电感，再经过电容滤波，也可得到很平滑的直流电，负载上的交流分量很小。

图 5-8（b）所示是Π型 LC 滤波电路，可看成是电容滤波和 LC 滤波电路的组合，因此滤波效果更好，在负载上的电压更平滑。由于Π型 LC 滤波电路输入端接有电容，在通电瞬间因电容器充电会产生较大的冲击电流，所以一般取 $C_1 < C_2$，以减小浪涌电流。

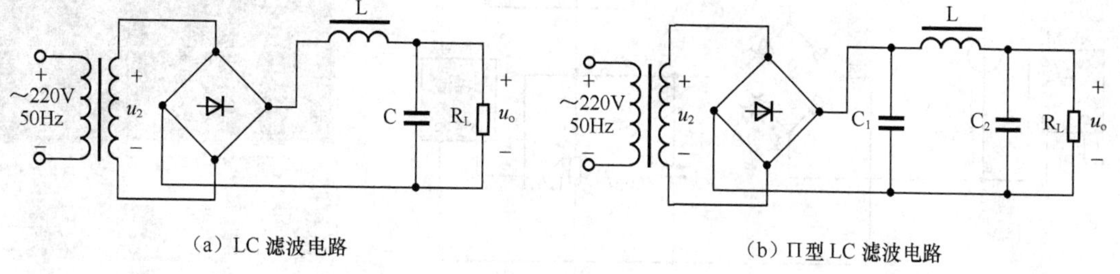

（a）LC 滤波电路　　（b）Π型 LC 滤波电路

图 5-8　复合滤波电路

在负载电流较小的情况下，常用电阻代替电感，构成Π型 RC 滤波电路。电阻对直流和交流呈现相同的阻抗，但若与电容配合适当，则可起到滤波作用。

三、项目实施

（一）仿真实验：单相桥式整流电容滤波电路的测试

1. 单相桥式整流电路的测试

单相桥式整流电路仿真测试的电路如图 5-9 所示，实验在 Multisim 2001 软件工作平台上进行，操作步骤如下。

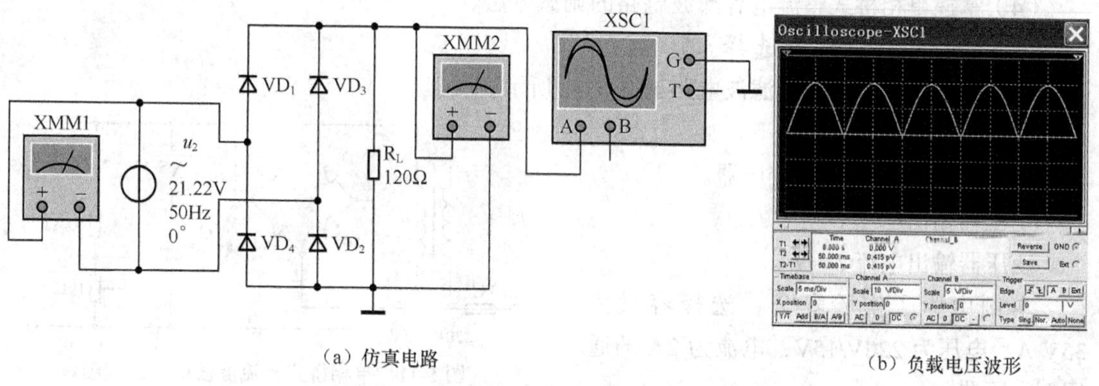

（a）仿真电路　　（b）负载电压波形

图 5-9　单相桥式整流电路仿真测试

（1）从仪表栏中拖出电压表、示波器等。

（2）从元件库中拖出二极管、电阻等元器件，按图要求设置元器件参数。

（3）按图 5-9 连接线路。

（4）测量电源电压及负载两端的电压，验证二者的关系是否满足 $U_o = 0.9U_2$。

（5）用示波器测量负载两端的电压，理解整流电路的工作原理。

2. 单相桥式整流电容滤波电路的测试

单相桥式整流电容滤波电路仿真测试的电路如图 5-10 所示。实验要求如下。

（1）测量电源电压及滤波后负载两端的电压，验证二者的关系是否满足 $U_o = 1.2U_2$。

（2）用示波器测量负载两端的电压，理解滤波原理。

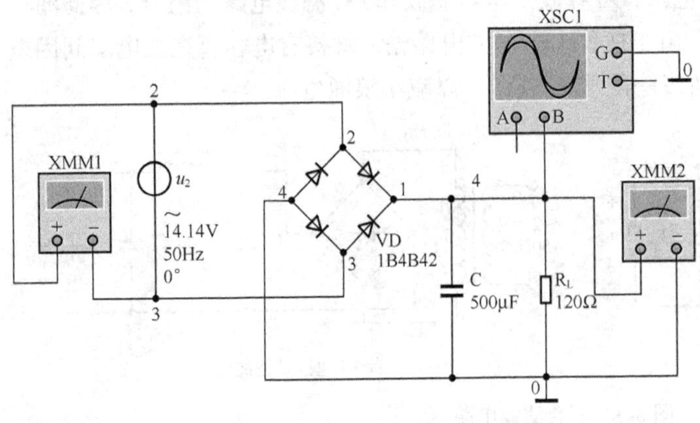

（a）仿真电路

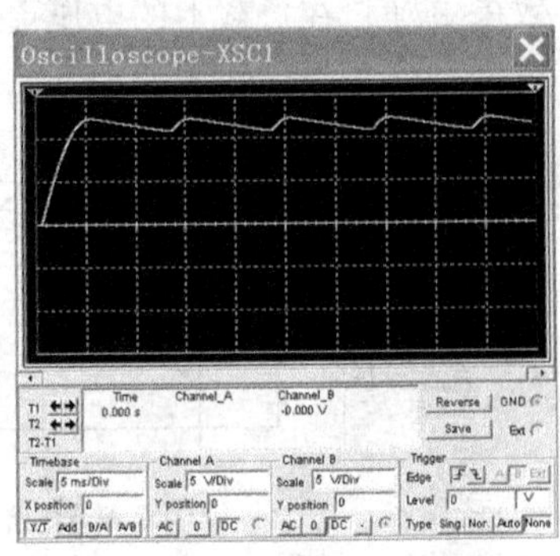

（b）负载电压波形

图 5-10　单相桥式整流电容滤波电路仿真测试

（二）实训：单相桥式整流电容滤波电路的调试

1. 实训目的

（1）了解单相桥式整流电容滤波电路的工作原理。

（2）了解单相桥式整流电容滤波电路的器件选择。

（3）掌握单相桥式整流电容滤波电路的连接方法。

（4）掌握单相桥式整流电容滤波电路的调试方法。

2. 实训电路与参数选择

（1）单相桥式整流电容滤波电路如图 5-11 所示。

（2）元器件参数选择如下。

① 根据负载参数选择变压器。

变压器输出电压 $U_2 = U_o/1.2$。

变压器输出电流 $I_2 \approx I_L$。

本例中为了实验安全，选择容量为 35V·A，电压为 220V/15V，电流为 2A 的通用型变压器。

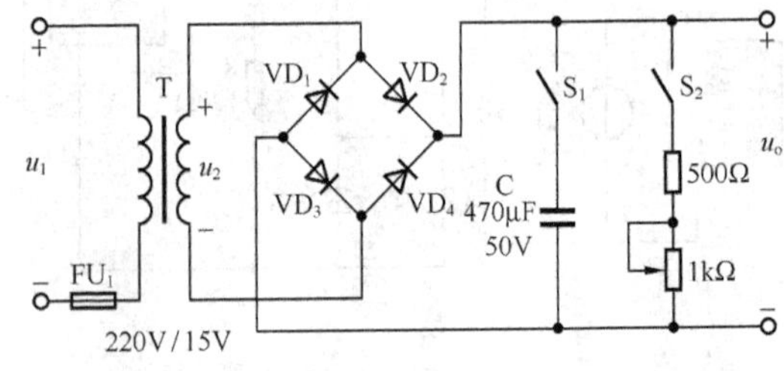

图 5-11　单相桥式整流滤波电路原理图

② 整流二极管的选择。

二极管最大反向击穿电压 $U_{DRM} \geqslant (1.5 \sim 2.5)\sqrt{2}U_2$。

二极管最大正向工作电流 $I_M \geqslant (1 \sim 1.5)I_L$。

③ 滤波电容的选择。

容量 $C \geqslant (3 \sim 5)\dfrac{T}{2R_L}$。

3. 实训器材

SR 8示波器、数字万用表、常用电子工具。选用元器件见表 5-1。

表 5-1　　单相桥式整流电容滤波电路元器件参数表

名　称	规　格	数　量
变压器 T	220V/15V，2A，35V·A	1只
二极管 VD_1～VD_4/1N4001	1A/100V	4只
电解电容 C	470μF/50V	1只
电阻器	500Ω/1W	1只
电位器	1kΩ/1W	1只
万能实验板	50×50×5	一块
开关		两个

4. 实训内容及步骤

（1）单相桥式整流电路的测试。

① 配齐元器件，并用万用表检查元件的性能及好坏。

② 按图 5-11 接线，在实验板上安装好单相桥式整流电容滤波电路。

③ 检查各元器件有无虚焊、错焊、漏焊及各引线是否正确、有无疏漏和短路现象。

④ 接通电源，将开关 S_1 断开，S_2 闭合，电路为单相桥式整流电路。

⑤ 调节示波器旋钮，使荧光屏上图像适中。用示波器观察 u_2 的波形及 U_o 的波形。

⑥ 用万用表测量 u_2 和 U_o 的大小。

（2）单相桥式整流电容滤波电路的测试。

① 将开关 S_1 和 S_2 都闭合时，电路为单相桥式整流电容滤波电路。

② 用示波器观察 u_2 及 U_o 的波形，用万用表测量 u_2 和 U_o 的大小。

③ 调节电位器，用示波器观察当负载最大和最小时，输出电压 U_o 的波形变化情况，并分析原因。

④ 绘制单相桥式整流电容滤波电路在不同负载下输出电压 U_o 的波形。

⑤ 将测得电压值记入表 5-2 中。

表 5-2　　单相桥式整流电容滤波各电压值

电路形式	输入交流电压	电路输出电压		整流器件上电压和电流	
		负载开路时电压	带负载时电压		
桥式整流电容滤波	u_2	$\sqrt{2}\,U_2$	$1.2U_2$	最大反向电压 $U_{DRM}=\sqrt{2}\,U_2$	电流 $I_F=\frac{1}{2}I_L$

5. 实训报告

（1）整理实验数据。

（2）电路工作原理分析。

（3）分析不同输出电压 U_o 的波形变化情况，将输出电压的计算值、测量值进行分析比较。

思考与练习

一、问答题

1. 什么是整流？整流输出的电压与恒稳直流电压、交流电压有什么不同？

2. 直流电源通常由哪几部分组成？各部分的作用是什么？

3. 电容滤波的原理是什么？为什么用电容滤波后二极管的导通时间大大缩短？

4. 电容和电感为什么能起滤波作用？它们在滤波电路中应如何与 R_L 连接？各适用于什么场合？

二、分析和计算题

1. 分别列出单相半波和桥式整流电路中以下几项参数的表达式，并进行比较。（1）输出电压平均值 U_o；（2）二极管正向平均电流；（3）二极管最大反向峰值电压 U_{DRM}。

2. 在图 5-12 所示电路中，已知 R_L=8kΩ，直流电压表 V_2 的读数为 110V，二极管的正向压降忽略不计，求：

（1）直流电流表 A 的读数。

（2）整流电流的最大值。

（3）交流电压表 V_1 的读数。

3. 设一半波整流电路和一桥式整流电路的输出电压平均值和所带负载大小完全相同，均不加滤波，试问两个整流电路中整流二极管的电流平均值和最高反向电压是否相同？

4. 在单相桥式整流电路中，已知变压器二次电压有效值 U_2=60V，R_L=2kΩ，若不计二极管的正向导通压降和变压器的内阻，求：（1）输出电压平均值 U_o；（2）通过变压器二次绕组的电流有效值 I_2；（3）确定二极管的 I_D、U_{DRM}。

5. 在图 5-13 所示桥式整流电容滤波电路中，U_2=20V，R_L=40Ω，C=1 000μF，试问：

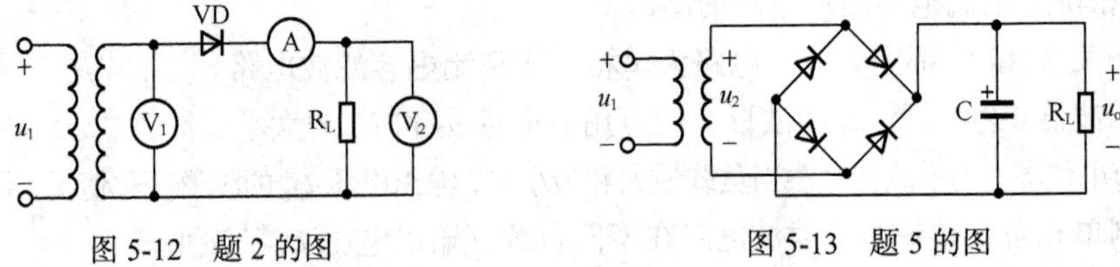

图 5-12 题 2 的图　　图 5-13 题 5 的图

（1）正常时 U_o 为多大？

（2）如果电路中有一个二极管开路，U_o 又为多大？

（3）如果测得 U_o 为下列数值，可能出现了什么故障？①U_o=18V，②U_o=28V，③U_o=9V。

6. 单相桥式整流电容滤波电路中，已知交流电源频率 f= 50Hz，要求输出直流电压和输出直流电流分别为 U_o= 30V，I_o= 150mA，试选择二极管及滤波电容。

项目二　稳压电源制作调试

一、项目导入

直流稳压电源是电子制作中不可缺少的设备，也是无线电爱好者制作最多的课题之一。学习制作调试直流稳压电源是电子技术必须掌握的实训项目之一。

随着半导体工艺的发展，稳压电路也制成了集成器件，现实中使用的稳压电源基本都采用集成稳压电源。由于集成稳压电源具有体积小、外接线路简单、使用方便、工作可靠和通用性强等优点，因此，在各种电子设备中应用十分普遍，基本上取代了由分立元件构成的稳压电路。

在本项目中将学习制作集成稳压电源。

通过对该项目内容的学习，学生应理解并联型和串联型稳压电路的组成及工作原理，熟悉三端稳压器的应用电路，了解开关型稳压电源的原理及应用，学会制作、调试直流稳压电源。

二、相关知识

交流电经过整流滤波后变成较平滑的直流电压，但是负载电压是不稳定的。电网电压的变化或负载电流的变化都会引起输出电压的波动，要获得稳定的直流输出电压，必须在滤波之后再加上稳压电路。

所谓稳压电路，就是当电网电压波动或负载发生变化时，能使输出电压稳定的电路。

目前在中小功率设备中应用较广泛的稳压电路有两种：一种是用硅稳压管并联组成的并联型稳压电路；另一种是用三极管或集成电路组成的串联型稳压电路。

（一）并联型稳压电路

用硅稳压二极管并联组成的并联型稳压电路的电路图如图 5-14 所示。电阻 R 一方面用来限制电流，使稳压管电流 I_Z 不超过允许值，另一方面还利用它两端电压的升降使输出电压 U_o 趋于稳定。稳压管反向并联在负载两端，工作在反向击穿区，由于稳压管反向特性陡直，即使流过稳压管的电流有较大的变化，其两端的电压也基本保持不变。经电容滤波后的直流电压通过电阻器 R 和稳压管 VZ 组成的稳压电路接到负载上。这样，负载上得到的就是一个比较稳定的电压 U_o。

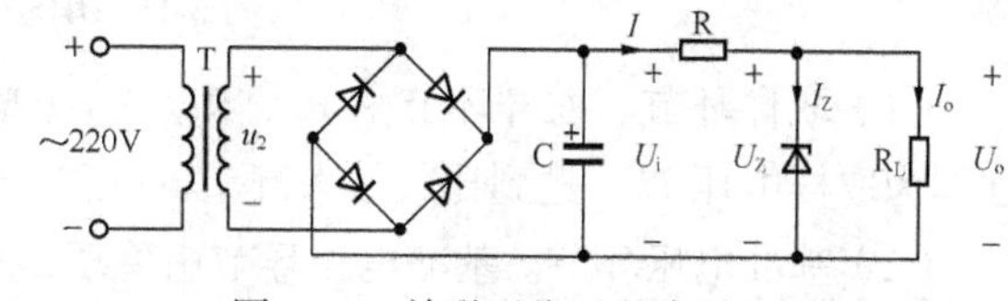

图 5-14　并联型稳压电路原理图

引起输出电压不稳的主要原因有交流电源电压的波动和负载电流的变化。我们来分析在这两种情况下稳压电路的作用。

输入电压 U_i 经电阻 R 加到稳压管和负载 R_L 上，$U_i=IR+U_o$。在稳压管上有工作电流 I_Z 流过，负载上有电流 I_o 流过，且 $I=I_Z+I_o$。

若负载 R_L 不变，当交流电源电压增加，即造成变压器二次电压 u_2 增加而使整流滤波后的输出电压 U_i 增加时，输出电压 U_o 也有增加的趋势，但输出电压 U_o 就是稳压管两端的反向电压（或叫稳定电压）U_Z，当负载电压 U_o 稍有增加（即 U_Z 稍有增加）时，稳压管中的电流 I_Z 大大增加，使限流电阻两端的电压降 U_R 增加，以抵消 U_i 的增加，从而使负载电压 U_o 保持近似不变。这一稳压过程可表示成：

电源电压↑→u_2↑→U_i↑→U_o↑→U_Z↑→I_Z↑↑→$I=I_Z+I_o$↑↑→U_R↑↑→U_o↓→稳定。

若电源电压不变，整流滤波后的输出电压 U_i 不变，负载 R_L 减小时，则引起负载电流 I_o 增加，电阻 R 上的电流 I 和两端的电压降 U_R 均增加，负载电压 U_o 因而减小，U_o 稍有减小将使 I_Z 下降较多，从而抵消了 I_o 的增加，保持 $I=I_Z+I_o$ 基本不变，也保持 U_o 基本恒定。这个过程可归纳为

R_L↓→I_o↑→$I=I_Z+I_o$↑→U_R↑→U_o↓→I_Z↓↓→$I=I_Z+I_o$↓↓→U_R↓→U_o↑→稳定

可见，这种稳压电路中稳压管起着自动调节的作用。

（二）串联型稳压电路

硅稳压管稳压电路虽然简单，但受稳压管最大稳定电流的限制，负载电流不能太大，输出电压不可调且稳定性也不够理想。若要获得稳定性高且连续可调的输出直流电压，可采用由三极管或集成运算放大器所组成的串联型直流稳压电路。由分立元件组成的串联型稳压电路曾是稳压电源领域中使用最多的一种，目前已基本上被集成稳压电源所取代。但它的电路原理仍然是集成稳压电源内部电路的基础。

串联型稳压电路如图 5-15 所示，整个电路由 4 部分组成。

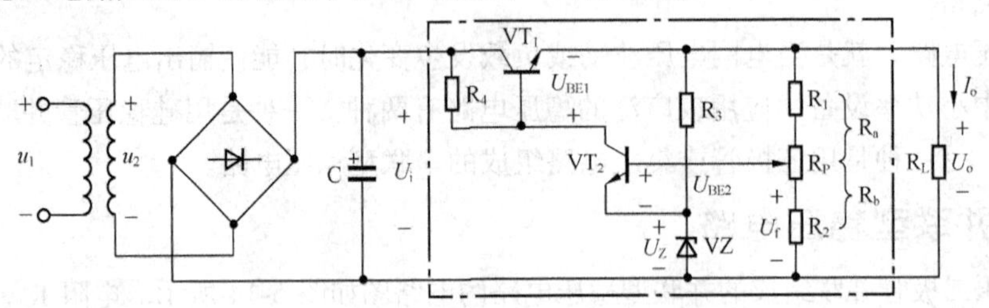

图 5-15　串联型稳压电路

（1）取样环节。取样环节由 R_1、R_P、R_2 组成的分压电路构成，它将输出电压 U_o 分出一部分作为取样电压 U_f，送到比较放大环节。

（2）基准电压环节。基准电压环节由稳压二极管 VZ 和电阻 R_3 构成的稳压电路组成，稳定的基准电压 U_Z 作为调整、比较的标准。

设 VT_2 发射结电压 U_{BE2} 可忽略，则 $U_f=U_Z=\dfrac{R_b}{R_a+R_b}U_o$

或 $U_o=\dfrac{R_a+R_b}{R_b}U_Z$

调节电位器 RP 即可调节输出电压 U_o 的大小，但 U_o 必定大于或等于 U_Z。

（3）比较放大环节。直流放大环节由 VT_2 和 R_4 构成的直流放大电路组成，其作用是将取样电压 U_f 与基准电压 U_Z 之差放大后去控制调整管 VT_1。

（4）调整环节。调整环节由工作在线性放大区的功率管 VT_1 组成，VT_1 的基极电流 I_{B1} 受比较放大电路输出的控制，它的改变又可使集电极电流 I_{C1} 和集—射电压 U_{CE1} 改变，从而达到自动调整稳定输出电压的目的。

电路的工作原理如下：当输入电压 U_i 或输出电流 I_o 变化引起输出电压 U_o 增加时，取样电压 U_f 相应增大，使 VT_2 的基极电流 I_{B2} 和集电极电流 I_{C2} 随之增加，VT_2 的集电极电位 U_{C2} 下降，因此 VT_1 管的基极电流 I_{B1} 下降，I_{C1} 下降，U_{CE1} 增加，U_o 下降，从而使 U_o 保持基本稳定。

这一自动调压过程可表示如下：

$$U_o\uparrow\rightarrow U_f\uparrow\rightarrow I_{B2}\uparrow\rightarrow I_{C2}\uparrow\rightarrow U_{C2}\downarrow\rightarrow I_{B1}\downarrow\rightarrow U_{CE1}\uparrow$$
$$\rightarrow U_o\downarrow$$

同理，当 U_i 或 I_o 变化使 U_o 降低时，调整过程相反，U_{CE1} 将减小使 U_o 基本保持不变。从上述的调整过程可以看出，该电路是依靠电压负反馈来稳定输出电压的。

比较放大环节也可采用集成运算放大器，如图 5-16 所示。

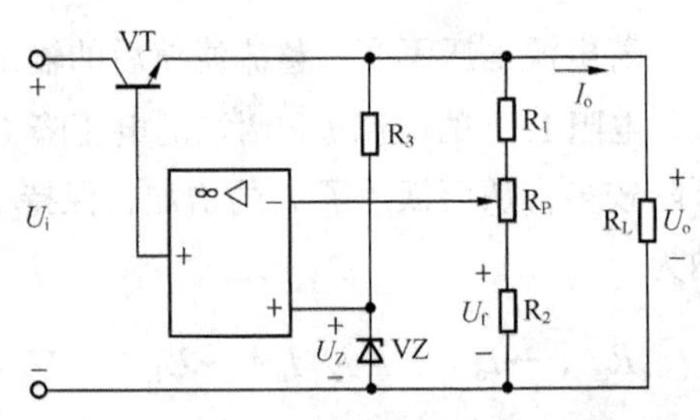

图 5-16　采用集成运算放大器的串联型稳压电路

（三）线性集成稳压器

集成稳压器是将稳压电路的主要元件甚至全部元件制作在一块硅基片上的集成电路，具有体积小、使用方便、工作可靠等特点。

集成稳压器是目前性能较为良好的集成稳压器件，它可以分为固定输出和可变输出两种。固定输出集成稳压器有 78 系列和 79 系列两大系列。78 系列输出为正电压，输出正电压有 5V、6V、8V、9V、10V、12V、15V、18V、24V 等多种；79 系列输出为负电压。三端稳压器在加装散热器的情况下，输出电流可达 1.5～2.2A，最高输入电压为 35V，最小输入、输出电压差为 2～3V，输出电压变化率为 0.1%～0.2%。

图 5-17 所示为三端集成稳压器外形图，图（a）为金属壳封装，图（b）为塑料封装；图 5-18 所示为它们的电路符号；图 5-19 是集成稳压器的引脚与排列。

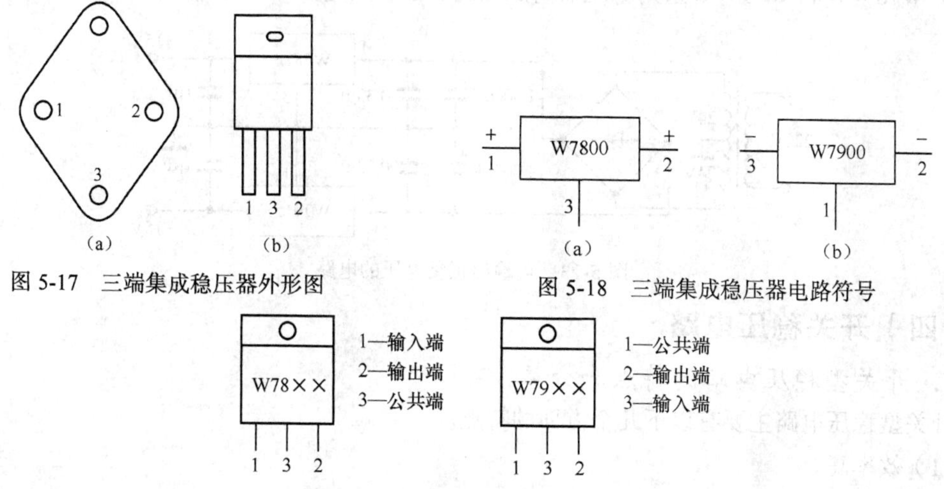

图 5-17 三端集成稳压器外形图

图 5-18 三端集成稳压器电路符号

图 5-19 三端集成稳压器引脚与排列

下面介绍几种三端集成稳压器的应用电路。

1. 基本电路

三端集成稳压器可以用最简单的形式接入电路中使用。图 5-20（a）所示为 W78××系列的应用电路，从变压器输出的交流电压经整流滤波后产生的直流电压从 1、3 两端输入，从 2、3 输出的是稳定的直流电压。当稳压器远离整流滤波电路时，接入电容 C_1 以抵消较长电路的电感响应，防止产生自激振荡。电容 C_2 的接入是为了减小电路的高频噪声。C_1 一般取 0.331μF，C_2 取 0.1μF。

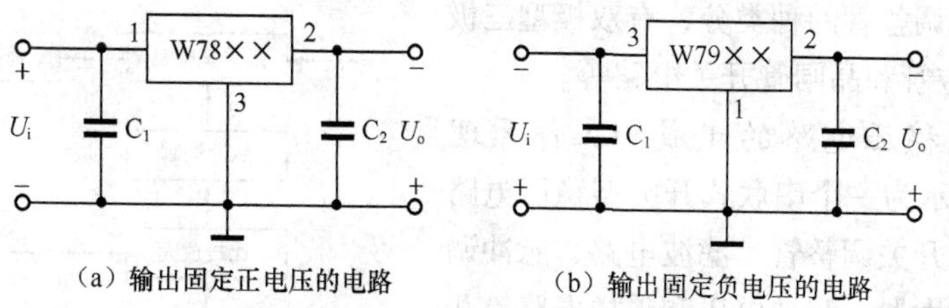

（a）输出固定正电压的电路　（b）输出固定负电压的电路

图 5-20 三端集成稳压器基本接线图

2. 提高输出电压的电路

当负载所需电压高于现有三端稳压器的输出电压时，可采用升压电路来提高输出电压，其电路如图 5-21 所示。显然电路的输出电压 U_o 高于 W78××的固定输出电压 $U_{××}$。

3．扩大输出电流的电路

三端集成稳压器的输出电流有一定的限制，如 1.5A、0.5A、0.1A 等。当负载所需电流大于现有三端稳压器的输出电流时，可以通过外接功率管的方法来扩大输出电流，其电路如图 5-22 所示。

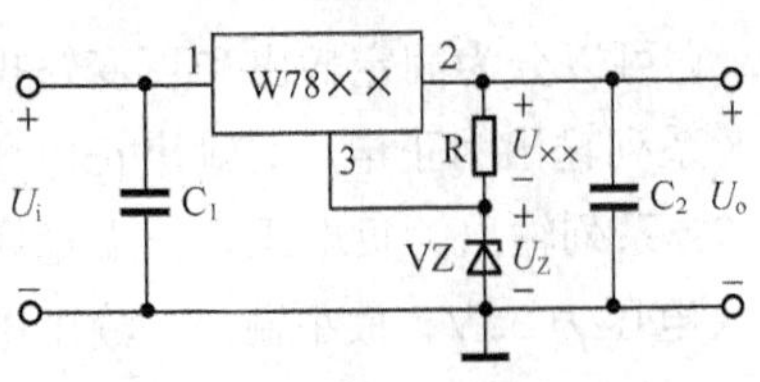

图 5-21　提高输出电压的电路

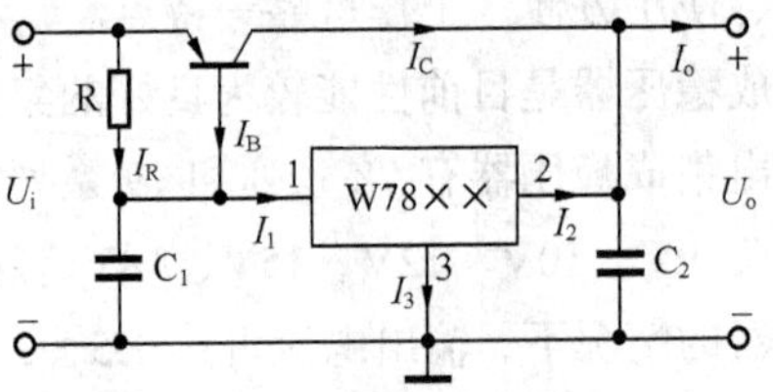

图 5-22　扩大输出电流的电路

4．输出正负电源的电路

将 W78××和 W79××系列稳压器组成如图 5-23 所示电路，可以输出正负电压。

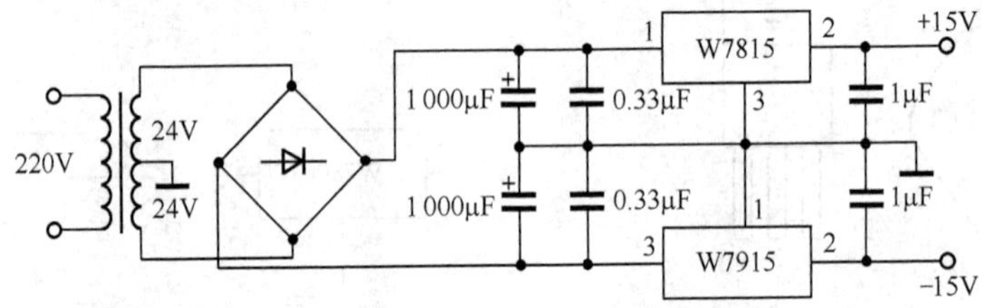

图 5-23　可输出正负电压的电路

（四）开关稳压电路

1．开关型稳压电路的特点和分类

开关型稳压电路主要有以下几个方面的特点。

（1）效率高。

（2）体积小、重量轻。

（3）对电网电压的要求不高。

（4）调整管的控制电路比较复杂。

（5）输出电压中纹波和噪声成分较大。

开关型稳压电路的类型很多，可以按不同的方法来分类。按控制的方式分，开关型稳压电路有脉冲宽度调制型（PWM）、脉冲频率调制型（PFM）和混合调制型 3 种；按是否使用工频变压器分，有低压开关稳压电路和高压开关稳压电路两种；按激励的方式分，有自激式和他激式；按所用开关调整管的种类分，有双极型三极管、MOS 场效应管和晶闸管开关电路等。

2．开关型稳压电路的组成和工作原理

图 5-24 所示为一个串联式开关型稳压电路的框图，其包括开关调整管、滤波电路、脉冲调制电路、比较放大器、基准电压和采样电路等几个组成部分。

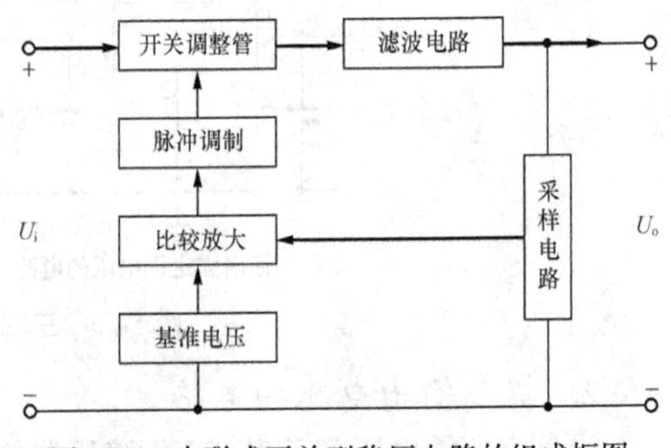

图 5-24　串联式开关型稳压电路的组成框图

图 5-25 所示为一个最简单的开关型稳压电路示意图，电路的控制方式采用脉冲宽度调制式。其工作原理如下。

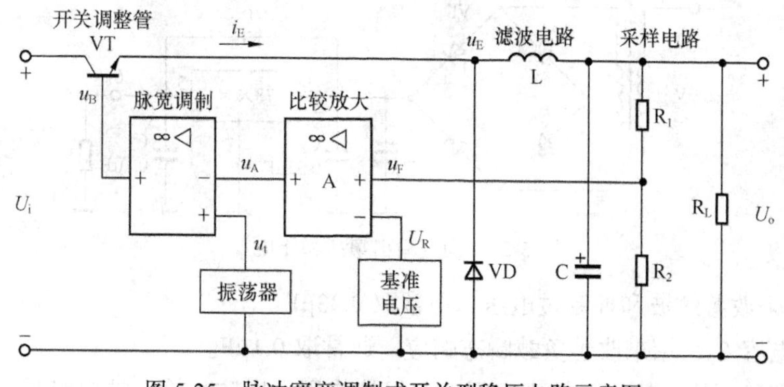

图 5-25　脉冲宽度调制式开关型稳压电路示意图

当 $u_t > u_A$ 时，比较器输出高电平，$u_B = +U_{OM}$。

当 $u_t < u_A$ 时，比较器输出低电平，$u_B = -U_{OM}$。

故调整管 VT 的基极电压 u_B 成为高、低电平交替的脉冲波形。

u_B 为高电平时，调整管饱和导通，此时发射极电流 i_E 流过电感和负载电阻，一方面向负载提供输出电压，另一方面将能量储存在电感的磁场中。由于三极管 VT 饱和导通，因此其发射极电位 u_E 为

$$u_E = U_i - U_{CES}$$

式中，U_i 为直流输入电压，U_{CES} 为三极管的饱和管压降。u_E 的极性为上正下负，故二极管 VD 被反向偏置，不能导通，此时二极管不起作用。

当 u_B 为低电平时，调整管截止，但电感具有维持流过电流不变的特性，此时将储存的能量释放出来，在电感上产生的反电势使电流通过负载和二极管继续流通，因此，二极管 VD 称为续流二极管。此时调整管发射极的电位 u_E 为

$$u_E = -U_D$$

式中，U_D 为二极管的正向导通电压。

可见调整管处于开关工作状态，它的发射极电位 u_E 也是高、低电平交替的脉冲波形。经过 LC 滤波电路以后，在负载上可以得到比较平滑的输出电压 U_o。

三、项目实施——集成线性稳压电源的制作与调试

1. 实训目的

（1）加深对直流稳压电源工作原理的认识。

（2）掌握集成稳压电源的制作、调试与检测方法。

（3）了解稳压电源的基本性能。

2. 实训器材

万用表、示波器、整流变压器、电烙铁、实验线路板、常用电子工具。

3. 实训电路及参数选择

图 5-26 所示为采用 78 系列的集成稳压电源电路。该集成稳压电源电路输出直流电压为 12V，输出电流为 1.5A。

电路中 T 为变压器，将 220V 的交流电转换为 12V 交流电，经 VD_1～VD_4 组成的桥式整流电路整流后，变成全波脉动直流电压，再经电容 C_1 滤波后，形成了较为平滑的直流电压。滤波后的直流电压还不稳定，为了进一步使输出平稳，本电路采用了 CW7812 三端稳压块，使输出电压稳定在 12V 上。

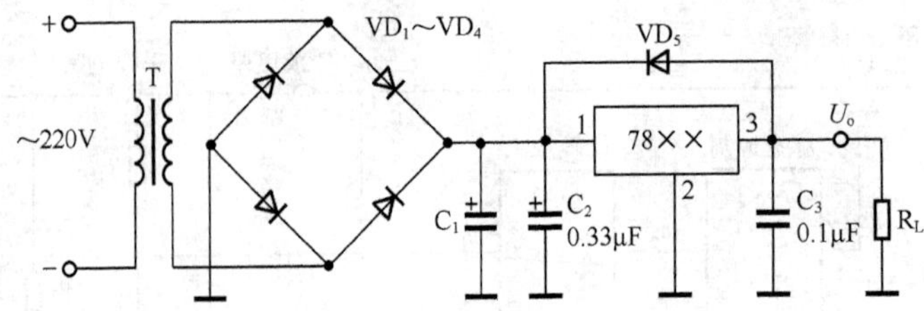

图 5-26　固定输出集成稳压电源

电容 C_2 用来改善纹波和抑制过电压，通常取 0.33μF。

输出端接电容 C_3，用来改善负载瞬态响应，通常取 0.1μF。

VD_5 跨接在稳压块的输入、输出之间，起保护作用，以防止输入端短路时，输出电容通过稳压块放电而使稳压器损害。

电源变压器 T 是根据使用的稳压块和要求输出的电压值来决定的。本电路采用了 7812 三端稳压块，输出电压为 12V，则要求变压器二次为交流电压 12V。若选用其他输出电压值的集成块，则可根据表 5-3 来决定变压器二次的交流电压。

表 5-3　　78XX 系列稳压块数据

型号	7805	7806	7809	7812	7815	7818	7824
交流输入电压	7V	8V	9V	12V	14V	16V	20V
输出电压	+5V	+6V	+9V	+12V	+15V	+18V	+24V

三端固定输出集成稳压器 CW7812 的输出电流有 100mA、500mA、1A、1.5A、3A 等电流挡之分，本课题选用输出电流为 1.5A 的塑封三端固定输出集成稳压器 CW7812。

整流二极管 VD_1～VD_4 和 VD_5 选用整流电流大于 2A 的整流管即可。

滤波电容 C_1 是根据稳压块输出电流的大小来选择的，本电路中输出电流为 1.5A，滤波电容应选用 3 300μF/50V。若稳压块选用 MC78L00 系列（输出电流为 100mA），C_1 应选用 220μF；若稳压块选用μA78M00 系列（输出电流为 50mA），C_1 则选用 1 000μF。总之，输出电流越大，选用的 C_1 的容量也越大。本电路中选用的稳压块为 CW7812 系列，能够与之直接替换的还有 SW7800C 系列和μA7800 系列，它们的输出电流都是 1.5A。

4. 实训内容及步骤

正确选择元器件，按照图 5-26 所示电路组装，组装步骤如下。

（1）元器件测试。在组装电路前，应用万用表测试各元器件的质量及好坏。

（2）在安装稳压块前，应明确引脚排列顺序，因为不同厂家和不同封装形式的稳压块，其引脚排列是不相同的。

（3）稳压块接地端（或称公共端）应可靠接地，不能悬空，否则稳压块极易被烧毁。

（4）根据电路图，将元器件整形并安装在相应位置。

（5）焊接电路。

直流稳压电源调试步骤如下。

（1）电路检查和初测。

电路组装好以后，要检查一遍接线情况，在确定安装接线无误的情况下，就可进行电路通电初测。初测时，一般先测二次绕组电压 U_2，再测整流滤波输出电压，即稳压器的输入电压

U_i，最后测稳压器的输出电压 U_o。如果正常，说明设计组装基本成功，可进行下一步性能鉴定测试。

（2）电路主要性能测试。

① 输出电压值及输出电压范围的测试。用万用表测出输出电压值，应符合要求。

② 负载能力的测试。在额定输出电压、最大输出电流的情况下，观察稳压器的发热情况。

③ 测试电压调整率。

5. 实训报告

（1）整理实训结果，并对结果进行分析。

（2）总结本次实训的收获与体会。

思考与练习

1. 图 5-27 所示桥式整流电路中，设 $u_2=\sqrt{2}U2\sin\omega t(\text{V})$，试分别画出下列情况下输出电压 u_{AB} 的波形。

（1）S_1、S_2、S_3 打开，S_4 闭合。

（2）S_1、S_2 闭合，S_3、S_4 打开。

（3）S_1、S_4 闭合、S_2、S_4 打开。

（4）S_1、S_2、S_4 闭合，S_3 打开。

（5）S_1、S_2、S_3、S_4 全部闭合。

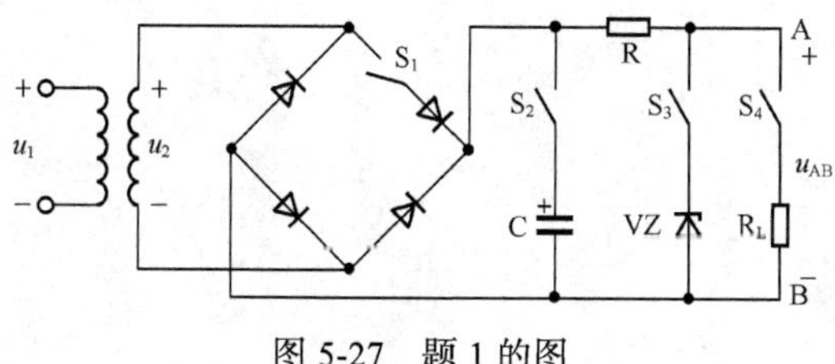

图 5-27　题 1 的图

2. 串联型直流稳压电路主要由哪几部分组成？它实质上依靠什么原理来稳压？

3. 图 5-28 所示的电路可使输出电压高于集成稳压器的固定输出电压。（1）求图（a）电路中输出电压 U_o 的表达式；（2）在图（b）电路中，设集成稳压器为 W7809，R_1=3kΩ，R_2=4kΩ，试求 U_o（从 3 脚流出的电流 I_o 很小可忽略不计）。

4. 用两个 W7909 稳压器能否构成输出电压分别为 18V、－18V、±9 V 的电路？若能，画出电路图。

5. 如图 5-29 所示，如果不小心把直流电源接反了，会出现什么问题？串联电阻 R 有什么作用？如果 R=0 还有稳压作用吗？如果输出端偶然断路稳压管会受损吗？稳压管击穿或断路，输出电压将如何变化？

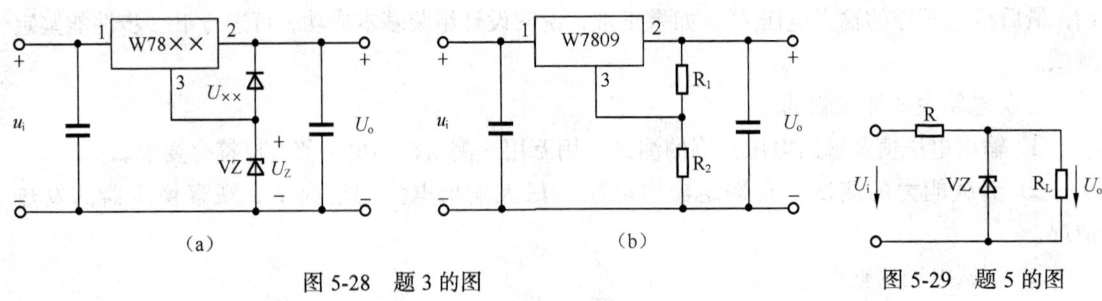

图 5-28　题 3 的图

图 5-29　题 5 的图

单元小结

直流稳压电源的作用是将交流电转换成功率较小的直流电，由变压、整流、滤波和稳压等几部分组成。整流电路是利用二极管的单向导电性，将工频交流电转换为脉动直流电的电路，单向整流电路有半波整流、全波整流、桥式整流，目前广泛使用的是桥式整流电路。

滤波电路用来滤除整流后单向脉动直流电的交流成分，使之成为平滑的直流电，常用的滤波电路有电容滤波、电感滤波和复合滤波。

稳压电路就是当电网电压波动或负载发生变化时，能使输出电压稳定的电路。常用的稳压电路有并联型硅稳压管稳压电路和串联型稳压电路，集成稳压电路是将稳压电路的主要元件甚至全部元件制作在一块硅基片上的集成电路。集成稳压器是目前性能较为良好的集成稳压器件，它可以分为固定输出和可变输出两种。固定输出集成稳压器有 78 系列和 79 系列两大系列。

单向桥式整流电容滤波电路的调试及直流稳压电源的制作是必须掌握的技能训练内容。

第6单元

可控整流电路

【学习目标】

1. 掌握晶闸管的结构、符号、工作原理
2. 掌握单结晶体管的简易测试方法。
3. 熟悉单结晶体管触发电路（阻容移相桥触发电路）的工作原理及调试方法。
4. 熟悉用单结晶体管触发电路控制晶闸管调压电路的方法。

一、项目导入

整流电路的功能是将交流电压转换成直流电压。常用的整流电路是二极管桥式整流电路，如图 6-1 所示。该电路具有不可控制性，即其输出波形及有效电压是由输入信号决定的，整流电路无法将其改变。为了使输出波形及有效电压具有可控性以适应不同的应用需求，可以用单向晶闸管替代桥式整流电路两臂的其中一个二极管，如图 6-2 所示。由于晶闸管具有可控性，其构成的整流电路也具有可控性，故称之为可控整流电路。本单元讨论学习可控整流电路的特性及测试。

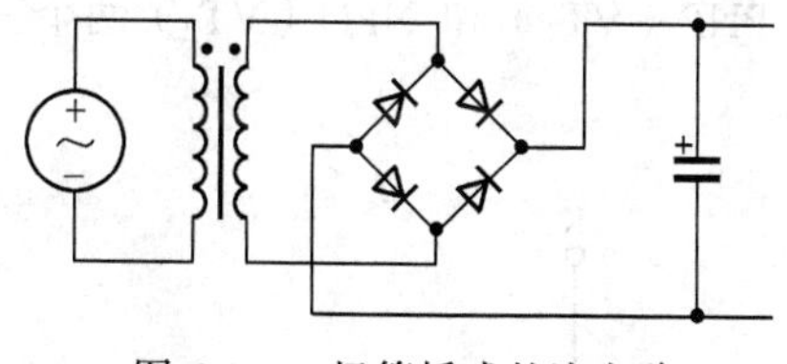

图 6-1　二极管桥式整流电路

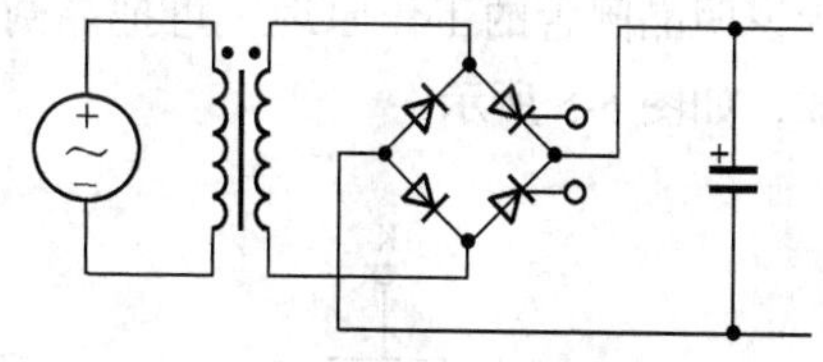

图 6-2　可控整流电路

二、相关知识

（一）晶闸管

1. 晶闸管的外观及内部结构

晶闸管是一种大功率的半导体器件，它具有体积小、重量轻、耐压高、容量大、效率高、使用维护简单、控制灵敏等优点。同时它的功率放大倍数很高，可以用微小功率的信号对大功率的电源进行控制和变换，在脉冲数字电路中也可以作为功率开关使用。它的缺点是过载能力和抗干扰能力较差，控制电路比较复杂等。晶闸管的外形如图 6-3 所示。

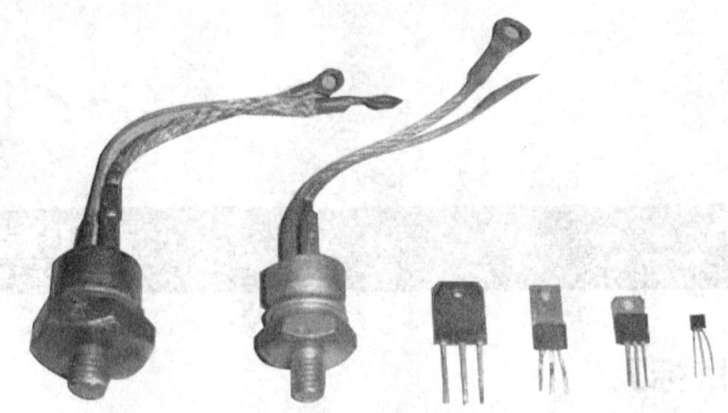

图 6-3　常见晶闸管

晶闸管有 3 个电极，阳极 A、阴极 K 和控制极 G，图 6-4 所示为晶闸管的内部结构和电路符号。晶闸管由 PNPN 4 层半导体构成，中间形成 3 个 PN 结：J_1、J_2、J_3。从下面的 P_1 层引出阳极 A，从 N_2 层引出阴极 K，由中间的 P_2 层引出控制极 G，用铝片和钼片作为衬底。

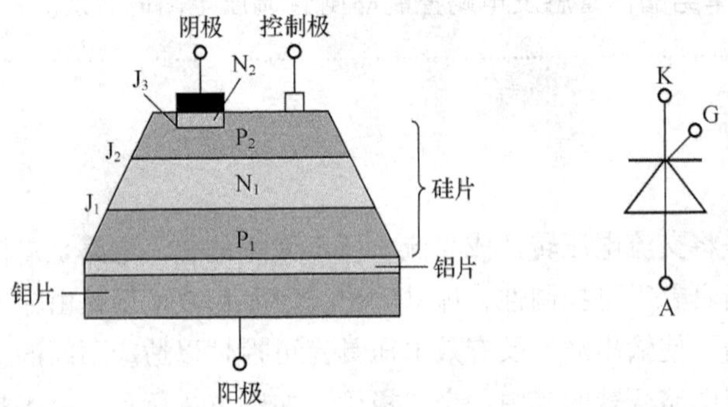

图 6-4　晶闸管的内部结构及电路符号

2. 晶闸管的工作原理

为说明晶闸管的工作原理，可把晶闸管看成是由 PNP（VT_1）和 NPN（VT_2）两个三极管所组成，如图 6-5 所示。

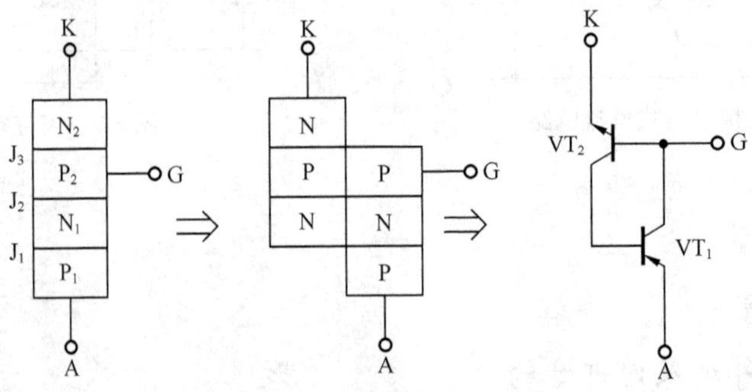

图 6-5　晶闸管等效为两个三极管

当不加控制极电压，即 $I_G = 0$ 时，VT_2 基极没有输入电流，VT_1 和 VT_2 中只有比较小的漏电流，晶闸管处于阻断状态。

当阳极和阴极之间加正向电压 U_{AK}，控制极和阴极之间加正向电压 U_{GK} 时，如图 6-6 所示，产生控制极电流 $I_G(I_G = I_{B2})$，经过 VT_2 放大后，形成集电极电流 $I_{C2} = \beta_2 I_{B2}$，这个电流又是 VT_1 的基极电流 I_{B1}，即 $I_{B1} = I_{C2}$，同样经过 VT_1 放大，产生集电极电流 $I_{C1} = \beta_1\beta_2 I_{B2}$，此电流又作为 VT_2 的基极电流再次放大，如此循环往复，形成一个正反馈过程。由于 VT_2 基极电流加入 I_{C1}，当 I_{C1} 增大到一定大小后，即使撤去 I_G，电流也能自行保持且不断增长，于是在极短时间内很快使两个管子充分饱和，使晶闸管处于导通状态。导通以后，晶闸管的阳极电流很大，而管子两端的压降很小，约 1V，此时外加的电源电压 U_{AK} 基本上都加在负载电阻 R_L 上。

晶闸管导通以后，VT_2 中的基极电流比原来外加的电流 I_G 大得多，所以即使此时将控制极电压去掉，晶闸管仍能继续导通，所以为使晶闸管导通，控制极只需加一个正的触发脉冲。

为使晶闸管由导通变为阻断状态，可以采用降低电源电压、增大负载电阻或改变电源电压极性等方法，使阳极电流 I_A 减小到某一特定数值以下，才能使晶闸管重新阻断。这是由于当 I_A 减小时，相当于三极管 VT_1、VT_2 的电流也随之减小，当 I_E 很小时，β 值下降。此时在两个三极管中电流将愈来愈小，因而很快使晶闸管阻断。

3. 晶闸管的伏安特性

晶闸管的伏安特性曲线如图 6-7 所示，晶闸管的阳极和阴极间加上正向电压，而控制极不加电压时，晶闸管的 J_1、J_3 结处于正向偏置，J_2 结处于反向偏置，晶闸管只能通过很小的正向漏电流 I_{DR}，即特性曲线的 OA 段，称为正向阻断状态。当阳极电压继续增加到图中的 U_{BO} 时，J_2 结被反向击穿，阳极电流急剧上升，特性曲线突然由 A 点跳到 B 点，晶闸管处于导通状态。U_{BO} 称为正向转折电压。晶闸管导通以后电流很大而管压降只有 1V 左右，此时的伏安特性与二极管的正向特性相似，即图中的 BC 段，称为正向导通特性。

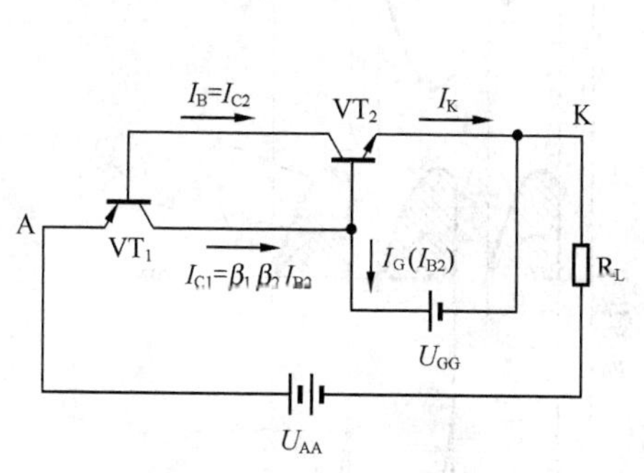

图 6-6　晶闸管的导电原理

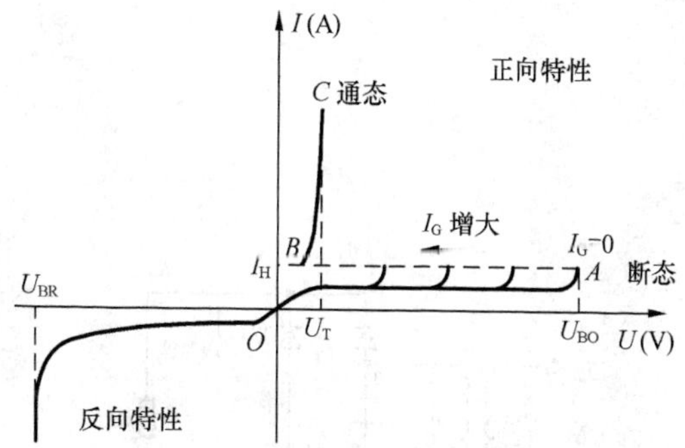

图 6-7　晶闸管的伏安特性

晶闸管导通后，如果减小阳极电流，则当 I_A 小于 I_H 时，晶闸管突然由导通状态转变为阻断，特性曲线由 B 点跳回到 A 点。I_H 称为维持电流。

当控制极加上电流 I_G 时，使晶闸管由阻断变为导通所需的阳极电压值将小于 U_{BO}，而且 I_G 愈大，所需的阳极电压愈小。不同 I_G 时的正向特性如图 6-7 所示。

晶闸管的阳极电压为负时的伏安特性称为反向特性。晶闸管加反向电压时，J_1、J_3 结处于反向偏置，J_2 结处于正向偏置，晶闸管只流过很小的反向漏电流。这时的伏安特性与二极管的反向特性相似，晶闸管处于反向阻断状态。当反向电压超过图中的 U_{BR} 时，管子被击穿，反向电流急剧增加，使晶闸管反向导通，成为不可逆击穿。U_{BR} 称为反向击穿电压。

晶闸管正常工作时，外加电压不允许超过反向击穿电压，否则管子将被损坏。同时，外加电压也不允许超过正向转折电压，否则不论控制极是否加控制电流 I_G，晶闸管均导通。在可控整流电路中，应该由控制极电压来决定晶闸管何时导通。

综上所述，晶闸管的导通条件为：①在晶闸管的阳极和阴极之间加上一定大小的正向电压；②在控制极和阴极之间加上正向触发电压。满足这两个条件，晶闸管才能导通，否则其处于阻断状态。

值得注意的是，晶闸管一旦触发导通后，控制极就失去了控制作用，这时要使电路阻断，必须使阳极电压降到足够小，以使阳极电流降到 I_H（晶闸管的最小维持电流）以下。

（二）单相半控整流

单相桥式半控电路如图 6-8 所示，用晶闸管 VT_1、VT_3 代替了不可控整流电路中的二极管。在电源电压 u_2 的正半周，VT_1、VD_4 承受正向电压，若晶闸管的控制极不加脉冲，VT_1 不导通，此时负载中没有电流流过。当 $\omega t=\alpha$ 时，控制极加上触发脉冲 u_G，VT_1 导通，电流流经 VT_1、R_L、VD_4。由于晶闸管导通时管压降很小，所以负载上的电压 $u_o\approx u_2$。这时 VD_2 和 VT_3 因承受反向电压而处于阻断状态。当 $\omega t=\pi$时，u_2 降为零，VT_1 又变为阻断。

在 u_2 的负半周，VT_3、VD_2 承受正向电压，当 $\omega t=\pi+\alpha$时，u_G 触发 VT_3 使其导通，电流流经 VT_3、R_L、VD_2，负载上的电压仍然为 $u_o\approx u_2$。这时 VT_1 和 VD_4 因承受反向电压而处于阻断状态。当 $\omega t=2\pi$时，VT_3 恢复阻断状态。

由以上分析可见，在 u_2 的一个完整周期内，流过负载 R_L 的电流方向是相同的，负载上的电压和电流波形如图 6-9 所示。

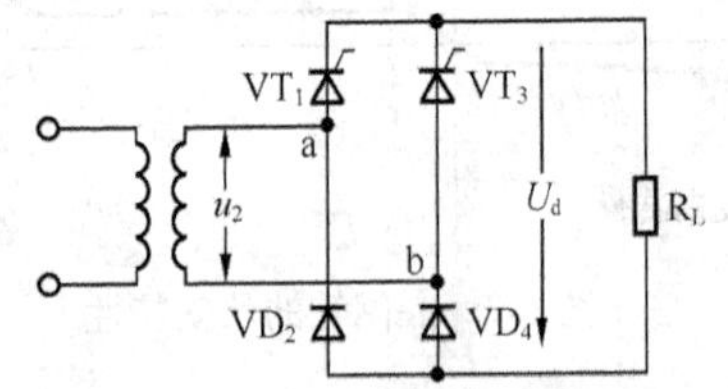

图 6-8　单相桥式半控整流电路原理图

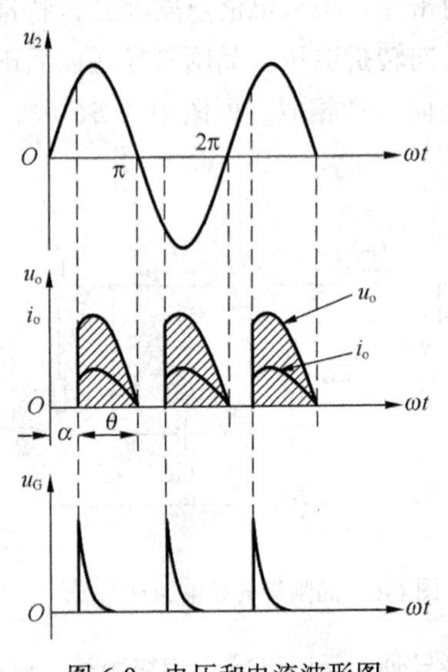

图 6-9　电压和电流波形图

（三）单结晶体管及其触发电路

单结晶体管又称为双基极二极管，它的结构及符号如图 6-10 所示。在一片高电阻率的 N 型硅片一侧的两端各引出一个电极，分别称为第一基极 B_1 和第二基极 B_2。在硅片的另一侧较靠近 B_2 处制作一个 PN 结，在 P 型硅上引出一个电极，称为发射极 E。两个基极之间的电阻为 R_{BB}，一般为 2～15kΩ。R_{BB} 一般可分为两段，$R_{BB}=R_{B1}+R_{B2}$，其中 R_{B1} 是第一基极 B_1 至 PN 结的电阻；R_{B2}是第一基极 B_2 至 PN 结的电阻。

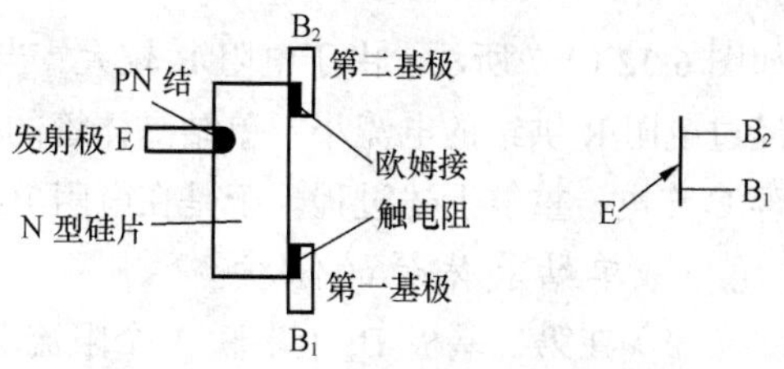

图 6-10　单结晶体管的结构与符号

1. 单结晶体管工作特性分析

将单结晶体管按图 6-11（a）接于电路中，观察其特性。首先在两个基极之间加电压 U_{BB}，再在发射极 E 和第一基极 B_1 之间加上电压 U_E，U_E 可以用电位器 R_P 进行调节。这样该电路可以等效成图 6-11（b）所示的形式，单结晶体管可以用一个 PN 结和两个电阻 R_{B1}、R_{B2} 组成的等效电路替代。

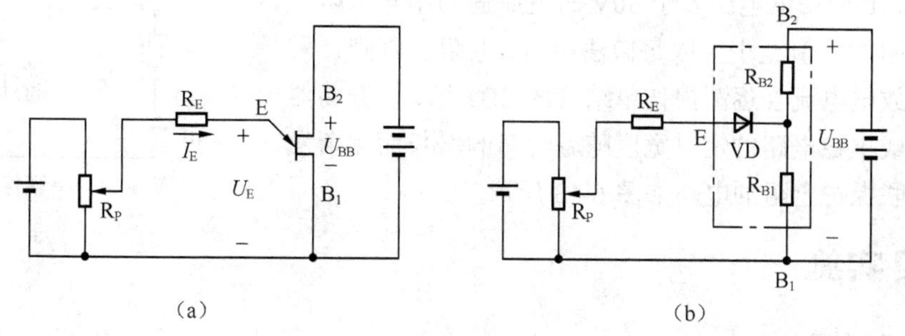

图 6-11　单结晶体管的特性测试电路

当基极间加电压 U_{BB} 时，R_{B1} 上分得的电压为

$$U_{B1}=\frac{U_{BB}}{U_{B1}+U_{B2}}R_{B1}=\frac{R_{B1}}{R_{BB}}U_{BB}=\eta U_{BB}$$

式中，η称为分压比，与管子的结构有关，为 0.5～0.9。

2. 单结晶体管触发电路

图 6-12（a）是由单结晶体管组成的张弛振荡电路，可从电阻 R_1 上取出脉冲电压 u_g。图的 R_1 和 R_2 是外加的，不是图 6-11（b）中的 R_{B1} 和 R_{B2}。

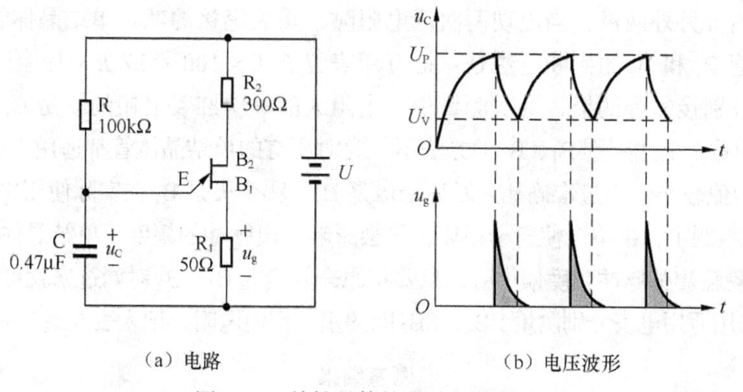

图 6-12　单结晶体管张弛振荡电路

假设在接通电源之前，电容 C 上的电压 u_C 为零。接通电源后，电源经 R 向电容器充电，使其端电压按指数曲线升高。电容器上的电压就加在单结晶体管的发射极 E 和第一基极 B_1 之间。当 u_C 等于单结晶体管的峰点电压 U_P 时，单结晶体管导通，电阻 R_{B1} 急剧减小（约 20Ω），电容器向 R_1 放电。由于电阻 R_1 取得较小，放电很快，放电电流在 R_1 上形成一个脉冲电压 u_g，

如图 6-12（b）所示。由于电阻 R 较大，当电容电压下降到单结晶体管的谷点电压 U_V 时，电源经过电阻 R 供给的电流小于单结晶体管的谷点电流，于是单结晶体管截止。电源再次经 R 向电容 C 充电，重复上述过程。于是在电阻 R_1 上就得到一个的脉冲电压 u_g。

3. 单结晶体管的保护

（1）在第二基极 B_2 上串联 1 个限流电阻 R_2，限制单结管的峰值功率。

（2）电路中的电容 C 或峰值电压较大时，电容 C 上应串联一个保护电阻，以保护发射极 E 不受到电损伤。例如，电容 C 大于 10μF 或峰值电压大于 30V 时就应适当串联电阻，这个附加电阻的阻值至少应取每微法串 1Ω电阻。否则，较大的电容器放电电流会逐渐损伤单结管的 EB1 结，使振荡器的振荡频率或单稳电路的定时宽度随着时间的增长而逐渐发生变化。串联保护电阻的电路如图 6-13 所示。

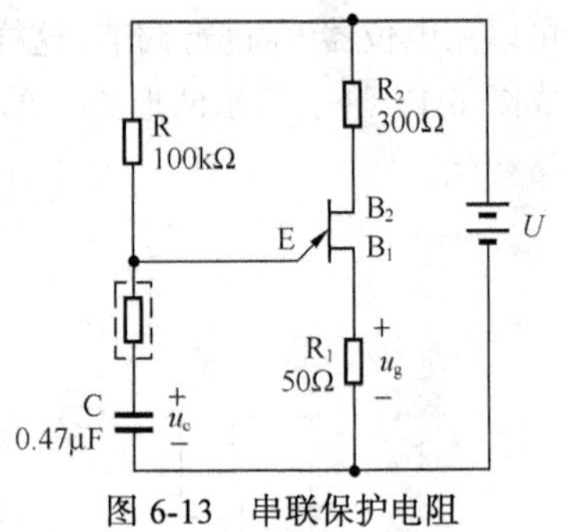

图 6-13 串联保护电阻

三、项目实施

1. 实训目的

（1）学习和了解单节晶体管的工作特性。

（2）学习单结晶体管触发电路的原理及应用。

2. 实训设备

万用表 1 块，示波器 1 台，可调整流电源及稳压管等，单向晶闸管 1 个、灯泡 1 个、阻容元件若干，实训板 1 块。

（一）单结晶体管的识别与检测

1. 单结晶体管的识别

判断单结晶体管发射极 E 的方法是：把万用表置于 $R\times100$ 挡或 $R\times1k$ 挡，黑表笔接假设的发射极，红表笔接另外两极，当出现两次低电阻时，黑表笔接的就是单结晶体管的发射极。

单结晶体管 B_1 和 B_2 的判断方法是：把万用表置于 $R\times100$ 挡或 $R\times1k$ 挡，用黑表笔接发射极，红表笔分别接另外两极，两次测量中，电阻大的一次红表笔接的就是 B_1 极。

应当说明的是，上述判别 B_1、B_2 的方法不一定对所有的单结晶体管都适用，有个别管子的 E、B_1 间的正向电阻值较小。不过准确地判断哪个极是 B_1，哪个极是 B_2 在实际使用中并不特别重要。即使 B_1、B_2 用颠倒了，也不会使管子损坏，只会影响输出脉冲的幅度（单结晶体管多作脉冲发生器使用），当发现输出的脉冲幅度偏小时，只要将原来假定的 B_1、B_2 对调过来就可以了。

按上述方法用万用电表分别测量 EB_1、EB_2 间的正、反向电阻，记入表 6-1，并作出结论。

表 6-1 测量结果

$R_{EB1}(\Omega)$	$R_{EB2}(\Omega)$	$R_{B1E}(k\Omega)$	$R_{B2E}(k\Omega)$	结　论

2. 单结晶体管的检测

单结晶体管性能的好坏可以通过测量其各极间的电阻值是否正常来判断。将万用表置于 $R\times1k$ 挡，黑表笔接发射极 E，红表笔依次接两个基极（B_1 和 B_2），正常时阻值均应为几千欧至十几千欧。再将红表笔接发射极 E，黑表笔依次接两个基极，正常时阻值为无穷大。

单结晶体管两个基极（B_1 和 B_2）之间的正、反向电阻值均为 2～10kΩ，若测得某两极之间的电阻值与上述正常值相差较大，则说明该单结晶体管已损坏。

（二）单结晶体管触发电路的测试

可控整流电路的作用是把交流电转换为电压值可以调节的直流电。图 6-14 所示为单结晶体管触发测试电路。主电路由负载 R_L（灯炮）和晶闸管 VT_1 组成，触发电路为单结晶体管 VT_2 及一些阻容元件构成的阻容移相桥触发电路。改变晶闸管 VT_1 的导通角，便可调节主电路的可控输出整流电压（或电流）的数值，这点可由灯泡的亮度变化看出。

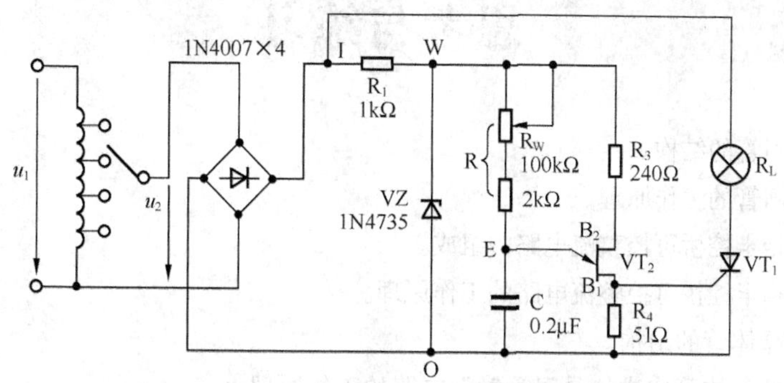

图 6-14　常见单结晶体管触发测试电路

操作步骤如下：断开工频电源，接入负载灯泡 R_L，再接通工频电源，调节电位器 R_W，使灯泡由暗到中等亮，再到最亮，用示波器观察晶闸管两端电压 u_T、负载两端电压 u_L，并测量负载直流电压 U_L 及工频电源电压 U_2 的有效值，记入表 6-2 中。

表 6-2

	暗	较　亮	最　亮
u_L 波形			
u_T 波形			
导通角 θ			
U_L（V）			
U_2（V）			

（三）晶闸管的检测

检测时先应判别出晶闸管的电极。对于小功率"晶闸管"，利用"×1k"挡，两表笔任意测量两极间电阻的阻值，直到测得某两极正反向阻值的差值很大为止，且正向阻值约几百欧以下，反向阻值大于几千欧。这时，在阻值小的那次测量中，黑表笔所接的是晶闸管的 g，红表笔接的是 c，剩下的则是 a。对于大功率晶闸管（一般体积大的功率大），可用"×10k"或"×1k"挡检测，但测得的阻值分别比上述小功率"晶闸管"小 1～2 个数量级，判别法完全相同。实际应用中，还存在两个阴极引线的"晶闸管"，这是为了便于与电路进行连接，极性判别法一样，应能进行识别。

首先对晶闸管的引脚进行标号，然后按上述方法用万用电表分别测量引脚间正、反向电阻，记入表 6-3，并作出结论判断。其中 R_{12} 表示第 1 脚和第 2 脚间的正向电阻，R_{21} 表示第 1 脚和第 2 脚间的反向电阻，其余表示方法与此相同。

表 6-3

R_{12}	R_{21}	R_{13}	R_{31}	R_{23}	R_{32}
结论					

思考与练习

1. 试说明晶闸管的结构。
2. 试说明晶闸管的工作原理。
3. 试说明单相半控桥可控整流电路的组成。
4. 试说明单相半控桥可控整流电路的工作原理。
5. 说明单结晶体管的结构。
6. 试说明单结晶体管构成的晶闸管触发电路的工作原理。
7. 晶闸管又叫________，它是一种大功率、可以________的半导体器件，具有用________控制________的特点。常用的晶闸管种类有________、________、________和________。
8. 晶闸管的内部有________PN 结，外引出 3 个电极，分别为________、________和________。
9. 晶闸管具有正向________和反向________的特性。使晶闸管导通的条件是在________，在________。
10. 晶闸管在导通情况下，当正向阳极电压减小到接近于零时，晶闸管（　　）。

   A. 导通　　B. 关断　　C. 不确定

单元小结

晶闸管有 3 个电极，其中一个是门极（控制极）G，另外两个极分别叫做阳极 A 和阴极 K。当阳极和阴极之间加正向电压，控制极和阴极之间加正向电压时晶闸管导通。晶闸管导通后将控制极电压去掉，晶闸管仍能继续导通，成为不可控，所以为使晶闸管导通，控制极只需加一个正的触发脉冲。为使晶闸管由导通变为阻断状态，可以采用降低电源电压，或增大负载电阻，或改变电源电压极性等方法，才能使晶闸管重新阻断。

晶闸管常见触发电路为单结晶体管触发电路，单结晶体管又称为双基极二极管，它具有两个基极和一个发射极。单结晶体管触发电路即张弛振荡电路，其脉冲输出信号改变晶闸管的导通角，便可调节主电路的可控输出整流电压（或电流）的数值。

第二部分

数字电子技术

第7单元

逻辑代数与门电路

【学习目标】

1. 熟悉十、二、八、十六进制数的表示方法；掌握不同数制间的转换方法。
2. 理解8421BCD码的含义，熟练掌握其应用；了解其他编码及其应用。
3. 理解逻辑代数的3种基本运算及复合运算关系；掌握逻辑代数的公式、基本规则及逻辑函数的化简方法；掌握逻辑函数的不同表示方法。
4. 了解TTL和CMOS集成逻辑门电路的基本组成及工作原理；掌握TTL与非门电路的主要参数及外部特性。
5. 掌握常用逻辑门电路的逻辑功能及使用方法；了解使用门电路的注意事项。
6. 正确识别、选用集成电路芯片，学会查阅数字集成电路手册；学会测试集成逻辑门电路的逻辑功能。

项目一　数制及其转换

一、项目导入

在生产和生活中，人们创造了各种不同的计数方法。究竟采用哪一种方法计数，应根据人们的需要而定。由数字符号构成，表示物理量大小的数字和数字组合称为数码。多位数码中每一位的构成方法以及从低位到高位的进制规则称为计数制，简称数制。常用的计数制有十进制、二进制、八进制、十六进制等。

二、相关知识

（一）数制

1．十进制

（1）十进制数由0、1、2、…、9共10个数码组成，基数是10。

（2）低位数和相邻高位数的进位规则是“逢十进一”。

（3）各位的位权是“10”的幂。

例如，$(503.6)_{10}=(5\times10^2+0\times10^1+3\times10^0+6\times10^{-1})_{10}$

（4）一个 n 位整数、m 位小数的十进制数可表示为 $\sum_{i=-m}^{n-1}(a_i\times10^i)$。

2. 二进制

在数字系统中，广泛采用二进制计数。这是因为数字电路工作时，通常只有两种基本状态，如电位高或低，脉冲有或无，导通或截止等。

（1）二进制数由 0、1 两个数码组成，基数是 2。

（2）低位数和相邻高位数的进位规则是“逢二进一”。

（3）各位的位权是“2”的幂。

例如，$(1101.11)_2=(1\times2^3+1\times2^2+0\times2^1+1\times2^0+1\times2^{-1}+1\times2^{-2})_{10}=(13.75)_{10}$

（4）一个 n 位整数、m 位小数的二进制数可表示为 $\sum_{i=-m}^{n-1}(a_i\times2^i)$。

3. 八进制数

（1）八进制数由 0、1、2、…、7 共 8 个数码组成，基数是 8。

（2）低位数和相邻高位数的进位规则是“逢八进一”。

（3）各位的位权是“8”的幂。

例如，八进制数$(607.4)_8=(6\times8^2+0\times8^1+7\times8^0+4\times8^{-1})_{10}=(391.5)_{10}$

（4）一个 n 位整数、m 位小数的八进制数可表示为 $\sum_{i=-m}^{n-1}(a_i\times8^i)$。

4. 十六进制

二进制数在计算机系统中处理很方便，但当位数较多时，比较难记忆而且书写也不方便。为了减小位数，通常将二进制数用十六进制数表示。

（1）十六进制数由 0～9、A、B、C、D、E、F 共 16 个数码组成，基数是 16。

（2）低位数和相邻高位数的进位规则是“逢十六进一”。

（3）各位的位权是“16”的幂。

例如，$(20F.8)_{16}=(2\times16^2+0\times16^1+15\times16^0+8\times16^{-1})_{10}=(527.5)_{10}$

（4）一个 n 位整数、m 位小数的十六进制数可表示为 $\sum_{i=-m}^{n-1}(a_i\times16^i)$。

在使用中，十进制用简码 D 表示或省略；二进制用 B 表示；八进制用 O 表示；十六进制用 H 表示。十六进制、十进制、二进制之间的关系见表 7-1。

表 7-1 数制之间的关系

十进制（D）	二进制（B）	八进制（O）	十六进制（H）	十进制（D）	二进制（B）	八进制（O）	十六进制(H)
0	0000	0	0	9	1001	11	9
1	0001	1	1	10	1010	12	A
2	0010	2	2	11	1011	13	B
3	0011	3	3	12	1100	14	C
4	0100	4	4	13	1101	15	D
5	0101	5	5	14	1110	16	E
6	0110	6	6	15	1111	17	F
7	0111	7	7	16	10000	20	10
8	1000	10	8				

（二）数制转换

1. 二进制转换成十进制

例 7-1 将二进制数 10011.101 转换成十进制数。

解：将每一位二进制数乘以位权，然后相加，可得

$$(10011.101)_2=(1\times2^4+0\times2^3+0\times2^2+1\times2^1+1\times2^0+1\times2^{-1}+0\times2^{-2}+1\times2^{-3})_{10}=(19.625)_{10}$$

2. 十进制转换成二进制

① 整数部分的转换采用“除 2 反序取余法”。

例 7-2 将十进制数 23 转换成二进制数。

解：根据“除 2 反序取余法”的原理，按如下步骤转换。

除数	被除数	余数	位
2	23	………余1	b_0
2	11	………余1	b_1
2	5	………余1	b_2
2	2	………余0	b_3
2	1	………余1	b_4
	0		

（读取次序：由下向上）

则$(23)_{10}=(10111)_2$

② 小数部分的转换采用“乘 2 顺序取整法”。

例 7-3 将十进制数$(0.625)_{10}$转换成二进制数。

解：用“乘 2 顺序取整法”，按如下步骤转换。

$0.625\times2=1.250$…… 1……b_{-1}

$0.25\times2=0.50$…… 0……b_{-2}

$0.50\times2=1.00$…… 1……b_{-3}

（读取次序：由上向下）

则$(0.625)_{10}=(0.101)_2$

3. 二进制转换成十六进制

由于十六进制基数为 16，而 $16=2^4$，4 位二进制数就相当于 1 位十六进制数。因此，可用“4 位分组”法将二进制数转化为十六进制数。

例 7-4 将二进制数 1001101.100111 转换成十六进制数。

解：$(1001101.100111)_2=(01001101.10011100)_2=(4D.9C)_{16}$

同理，若将二进制数转换为八进制数，可将二进制数分为 3 位一组，再将每组的 3 位二进制数转换成一位 8 进制数即可。

4. 十六进制转换成二进制

由于每位十六进制数对应于 4 位二进制数，因此，十六进制数转换成二进制数，只要将每一位变成 4 位二进制数，按位的高低依次排列即可。

例 7-5 将十六进制数 6E.3A5 转换成二进制数。

解：$(6E.3A5)_{16}=(1101110.\ 001110100101)_2$

同理，若将八进制数转换为二进制数，只需将每一位变成 3 位二进制数，按位的高低依次排列即可。

5. 十六进制转换成十进制

可由“按权相加”法将十六进制数转换为十进制数。

例 7-6 将十六进制数 7A.58 转换成十进制数。

解：$(7A.58)_{16} = (7 \times 16^1 + 10 \times 16^0 + 5 \times 16^{-1} + 8 \times 16^{-2})_{10}$

$= (112 + 10 + 0.3125 + 0.03125)_{10} = (122.34375)_{10}$

思考与练习

1. 将下列二进制数分别转换成等值十进制数、八进制、十六进制数。

（1）$(101110110)_2$（2）$(11100001.101)_2$

2. 将下列十进制数分别转换成等值二进制数、八进制、十六进制数。

（1）254　　（2）29.625

3. 将下列十六进制数分别转换成等值二进制数、十进制数。

（1）$(7A.2F)_{16}$　　（2）$(168)_{16}$

4. 十六进制数$(3E)_H$对应的十进制数是________。

A. 62　　B. 60　　C. 52　　D. 50

5. 和二进制数（1100110111.001）$_2$等值的十六进制数是________。

A. $(337.2)_{16}$　　B. $(637.1)_{16}$　　C. $(1467.1)_{16}$　　D. $(C37.4)_{16}$

项目二　码制

一、项目导入

数字系统中，用以表示十进制数码、字母、符号等各种特定信息的一定位数的二进制数称为二进制代码。

代码只代表某种信息，并不表示其数值的大小。例如，运动员在参加比赛时佩带的号码显然没有数量上的意义，仅表示不同的运动员。

二、相关知识

（一）二—十进制编码（BCD 码）

人们常常希望用十进制方式显示运算结果，但在数字电路中，参于运算的数据都必须是二进制格式的，即参加运算的数据都必须是二进制编码。

二—十进制代码是用 4 位二进制代码来表示一位十进制数，也称 BCD 码。

一位十进制数（0～9，共 10 个）至少要用 4 位二进制数表示，4 位二进制数有 16 种组合。从 16 种组合中选择 10 种来表示 0～9 10 个数有多种选择方案，这就形成了不同的 BCD 码，其中最常用的是 8421BCD 码。

几种常见的 BCD 码与十进制数之间的对应关系见表 7-2。

表 7-2 常用 BCD 码

十进制数	8421 码	2421 码	5421 码	余三码
0	0000	0000	0000	0011
1	0001	0001	0001	0100
2	0010	0010	0010	0101
3	0011	0011	0011	0110
4	0100	0100	0100	0111
5	0101	1011	1000	1000
6	0110	1100	1001	1001
7	0111	1101	1010	1010
8	1000	1110	1011	1011
9	1001	1111	1100	1100
位权	8421	2421	5421	无权

1. 8421BCD 码

8421BCD 码是用 4 位二进制编码中的前 10 个数码 0000～1001 来表示 10 个十进制数。

例 7-7 （1）求十进制数 256 的 8421BCD 码。

（2）将十进制数 256 转换为二进制数。

解：（1）按表 7-2 可写出 256 的 8421BCD 码

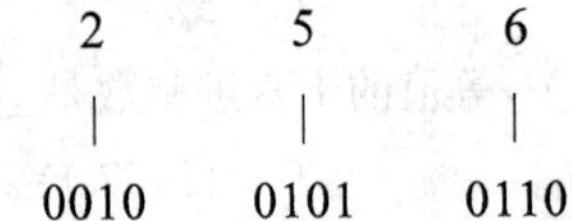

$(256)_{10} = (0010\ 0101\ 0110)_{8421BCD}$

（2）按“除 2 反序取余数”的方法将十进制数 256 转换为二进制数。

$(256)_{10} = (0001\ 0000\ 0000)_2$

将（1）和（2）的结果作比较可以看出，8421BCD 码与二进制数是不同的概念，虽然在一组 8421BCD 码中每位的进位也是二进制，但 8421BCD 码在组与组之间的进位是十进制。

例 7-8 求 8421BCD 码 110 0001 0101 1001.01 所表示的十进制数。

解：将 8421BCD 码从小数点开始向左、向右每 4 位分为一组，最高位不足 4 位者前面补 0，最低位不足 4 位后面补 0，每组表示 1 个十进制数码。

故$(0110\ 0001\ 0101\ 1001.01)_{8421BCD} = (6159.4)_{10}$

2421BCD 码的各位对应的权值分别为 2、4、2、1，5421BCD 码的各位对应的权值分别为 5、4、2、1。

2. 余 3 码

余 3 码也是用 4 位二进制数码表示 1 位十进制数。由表 7-2 知，它是由 8421 码加 3 得到的。

（二）可靠性编码（格雷码）

代码在传输过程中免不了会发生错误。为保证代码在传输过程中不易出错，或出错时易于发现和自动较正，就需要高可靠性编码。

在自动化控制中，生产设备多应用格雷码（也称为循环码），格雷码的特点是任意两个相邻码仅有一位不同。

表 7-3 给出了十进制数、二进制数与格雷码的对应关系。

表 7-3　　　　十进制数、二进制数与格雷码对应关系

十进制数	二进制数	格雷码	十进制数	二进制数	格雷码
0	0000	0000	8	1000	1100
1	0001	0001	9	1001	1101
2	0010	0011	10	1010	1111
3	0011	0010	11	1011	1110
4	0100	0110	12	1100	1010
5	0101	0111	13	1101	1011
6	0110	0101	14	1110	1001
7	0111	0100	15	1111	1000

（三）常用字符代码（ASCⅡ代码）

ASCⅡ代码是美国标准信息交换码，目前已被国际标准化组织（ISO）选定作为一种国际通用的代码，广泛地用于通信和计算机中。

ASCⅡ代码是由 7 位二进制数组合而成的编码，一共有 128 个，分别表示 0～9 10 个数字、26 个字母和各种常用符号及控制字符见表 7-4。

表 7-4　　　　ASCⅡ编码表

<table>
<tr><th>$b_6b_5b_4$ / $b_3b_2b_1b_0$</th><th>000</th><th>001</th><th>010</th><th>011</th><th>100</th><th>101</th><th>110</th><th>111</th></tr>
<tr><td>0000</td><td>NUL</td><td>DLE</td><td>SP</td><td>0</td><td>@</td><td>P</td><td>`</td><td>p</td></tr>
<tr><td>0001</td><td>SOH</td><td>DC1</td><td>!</td><td>1</td><td>A</td><td>Q</td><td>a</td><td>q</td></tr>
<tr><td>0010</td><td>STX</td><td>DC2</td><td>″</td><td>2</td><td>B</td><td>R</td><td>b</td><td>r</td></tr>
<tr><td>0011</td><td>ETX</td><td>DC3</td><td>#</td><td>3</td><td>C</td><td>S</td><td>c</td><td>s</td></tr>
<tr><td>0100</td><td>EOT</td><td>DC4</td><td>$</td><td>4</td><td>D</td><td>T</td><td>d</td><td>t</td></tr>
<tr><td>0101</td><td>ENQ</td><td>NAK</td><td>%</td><td>5</td><td>E</td><td>U</td><td>e</td><td>u</td></tr>
<tr><td>0110</td><td>ACK</td><td>SYN</td><td>&</td><td>6</td><td>F</td><td>V</td><td>f</td><td>v</td></tr>
<tr><td>0111</td><td>BEL</td><td>ETB</td><td>’</td><td>7</td><td>G</td><td>W</td><td>g</td><td>w</td></tr>
<tr><td>1000</td><td>BS</td><td>CAN</td><td>(</td><td>8</td><td>H</td><td>X</td><td>h</td><td>x</td></tr>
<tr><td>1001</td><td>HT</td><td>EM</td><td>)</td><td>9</td><td>I</td><td>Y</td><td>i</td><td>y</td></tr>
<tr><td>1010</td><td>LF</td><td>SUB</td><td>*</td><td>:</td><td>J</td><td>Z</td><td>j</td><td>z</td></tr>
<tr><td>1011</td><td>VT</td><td>ESC</td><td>+</td><td>;</td><td>K</td><td>[</td><td>k</td><td>{</td></tr>
<tr><td>1100</td><td>FF</td><td>FS</td><td>,</td><td><</td><td>L</td><td>\</td><td>l</td><td>|</td></tr>
<tr><td>1101</td><td>CR</td><td>GS</td><td>–</td><td>=</td><td>M</td><td>]</td><td>m</td><td>}</td></tr>
<tr><td>1110</td><td>SO</td><td>RS</td><td>.</td><td>></td><td>N</td><td>^</td><td>n</td><td>～</td></tr>
<tr><td>1111</td><td>SI</td><td>US</td><td>/</td><td>?</td><td>O</td><td>_</td><td>o</td><td>DEL</td></tr>
</table>

查表时，把每个字符对应的列数先读出来，然后读出行数，合在一起即成为该字符的 ASCⅡ代码。例如，“&”的 ASCⅡ代码的列数是 010，行数是 0110，合在一起为 010 0110，即 26H。

思考与练习

1. 什么是二进制代码？什么是 BCD 码？8421BCD 码从高位至低位的位权分别是多少？

2. 写出下列 8421BCD 码对应的十进制数和二进制数。

（1）$(101\ 1001)_{8421}$ （2）$(11\ 0110)_{8421}$

3. 将下列十进制数转换成 8421BCD 码。

（1）14 （2）37.65 （3）256.37 （4）157.28

4. 判断题（判断正误并在括号内填 √ 或 ×）

（1）代码不仅代表信息，也能表示数值的大小。 （ ）

（2）BCD 码是用十进制数表示二进制数。 （ ）

（3）8421BCD 码中 1000 比 0001 大。 （ ）

（4）任意两个格雷码仅有一位码元不同。 （ ）

项目三 逻辑函数的表示法

一、项目导入

逻辑代数是分析和设计数字电路的数学工具，借助逻辑代数可以把逻辑问题表示为数学表达式，这为研究数字电路提供了极大的便利。利用逻辑函数的化简方法，可得到实现一定逻辑功能的最简逻辑电路。

同一个逻辑函数（逻辑关系）可用逻辑代数、真值表、波形图及逻辑门电路等不同的方法表示。

二、相关知识

电子电路处理的信号有两种，即模拟信号和数字信号。

在时间和数值上连续变化的信号称为模拟信号，如图 7-1（a）所示。对模拟信号进行传输、处理的电子线路称为模拟电路。

在时间和数值上不连续（离散）的信号称为脉冲信号，因其只有高电平和低电平两种取值，可以分别用数字 1 和 0 来表示，故又称为数字信号，如图 7-1（b）所示。对数字信号进行传输、处理的电子线路称为数字电路。

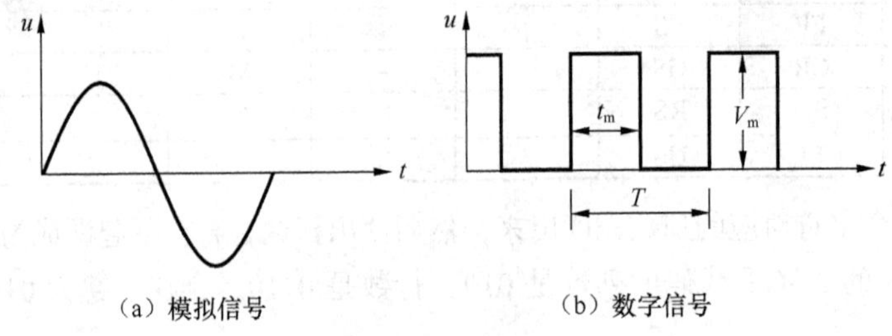

图 7-1 模拟信号和数字信号

数字电路具有如下特点。

（1）工作信号是离散（不连续）的，反映在电路上就是低电平和高电平两种状态（即 0 和 1 两个逻辑值）。

（2）数字电路主要研究电路的逻辑功能，即输入信号的状态和输出信号的状态之间的逻辑关系。

（3）对组成数字电路的元器件的精度要求不高，只要在工作时能够可靠地区分 0 和 1 两种状态即可。

数字电路不仅在计算机、通信技术领域中应用广泛，而且对医疗、检测、控制、自动化生产线以及人们的日常生活也都产生了深刻的影响。

数字信号按波形可分为矩形波、尖顶波、三角波、锯齿波、梯形波、钟形波等。其中矩形波、尖顶波是数字电路中最常用的两种波形。

矩形脉冲波的主要参数有脉冲幅度（脉冲幅值）V_m、脉冲宽度 t_m 和脉冲周期 T，如图 7-1（b）所示。

（一）逻辑代数基础

在数字电路中，一些相互对立的现象（如开关的通断、电平的高低、事物的真假、脉冲的有无、灯亮或灯灭等）可以用“1”或“0”来表示，这里“1”或“0”并不表示数值的大小，而是表示相互对立的两种逻辑状态。若将高电平规定为逻辑“1”，低电平规定为逻辑“0”，则为正逻辑；反之为负逻辑。在同一系统中，只能采用一种逻辑，本书采用正逻辑。

数字电路研究的是电路的输入与输出之间的逻辑关系。这些逻辑关系可以用逻辑代数来处理，逻辑代数由逻辑变量（只能取 0 和 1）、逻辑常量（0 和 1）以及与、或、非 3 种基本逻辑运算组成。逻辑代数运算又可以用逻辑电路来实现。

1. 逻辑代数的“与运算”（逻辑乘）

当决定一件事情的条件全部具备后，这件事情才会发生。这种条件与结果的关系称为“与逻辑”。

如图 7-2（a）所示电路，两个开关 A、B 是条件，闭合为 1，断开为 0；灯泡 F 是结果，亮为 1，不亮为 0。则灯泡 F 与开关 A、B 的关系是“与逻辑”。

与运算的规则为见 0 得 0，全 1 得 1。

逻辑表达式为 F = A • B

与逻辑关系的逻辑电路符号、逻辑关系表和真值表如图 7-2（b）、（c）、（d）所示。

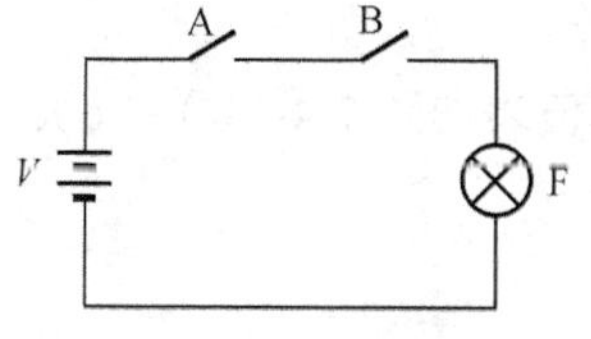

（a）电路图

（b）逻辑符号

开关 A	开关 B	灯 F
断开	断开	不亮
断开	闭合	不亮
闭合	断开	不亮
闭合	闭合	亮

（c）逻辑关系表

A	B	F
0	0	0
0	1	0
1	0	0
1	1	1

（d）真值表

图 7-2　与逻辑关系

2. 逻辑代数的“或运算”（逻辑加）

当决定一件事情的几个条件中，只要有一个（或一个以上）具备时，这件事情就会发生，这种条件与结果的关系称为“或逻辑”。

如图 7-3（a）所示电路，两个开关 A、B 是条件，闭合为 1，断开为 0；灯泡 F 是结果，亮为 1 不亮为 0。则灯泡 F 与开关 A、B 的关系是“或逻辑”。

或运算的规则为见 1 得 1，全 0 得 0。

逻辑表达式为 F = A + B

或逻辑关系的逻辑电路符号、逻辑关系表和真值表如图 7-3（b）、（c）、（d）所示。

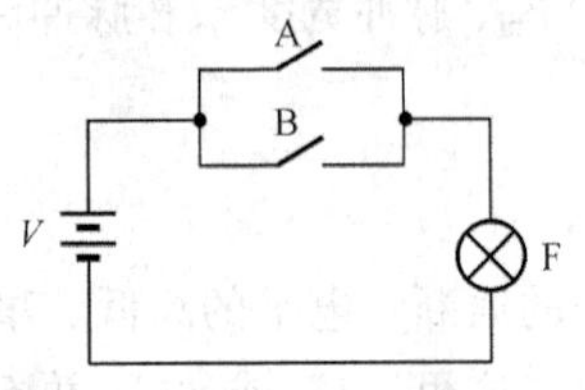

（a）电路图

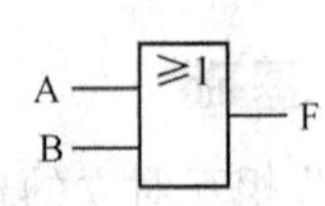

（b）逻辑符号

开关 A	开关 B	灯 F
断开	断开	不亮
断开	闭合	亮
闭合	断开	亮
闭合	闭合	亮

（c）逻辑关系表

A	B	F
0	0	0
0	1	1
1	0	1
1	1	1

（d）真值表

图 7-3　或逻辑关系

3. 逻辑代数的“非运算”（逻辑非）

当决定一件事情的条件具备时事情不发生，条件不具备时事情才发生，这种条件与结果的关系称为“非逻辑”或称“逻辑非”。

如图 7-4（a）所示电路，开关 A 是条件，闭合为 1，断开为 0；灯泡 F 是结果，亮为 1 不亮为 0。则灯泡 F 与开关 A 的关系是“非逻辑”。

非运算的规则为见 1 得 0，全 0 得 1。

逻辑表达式为 $F = \overline{A}$

非逻辑关系的逻辑电路符号、逻辑关系表和真值表如图 7-4（b）、（c）、（d）所示。

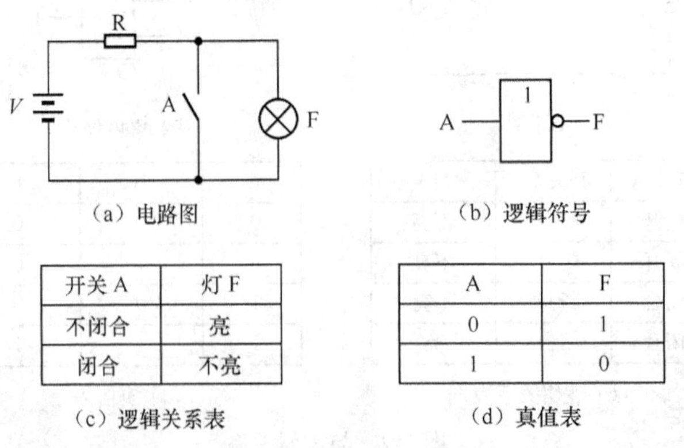

（a）电路图　　（b）逻辑符号

开关 A	灯 F
不闭合	亮
闭合	不亮

（c）逻辑关系表

A	F
0	1
1	0

（d）真值表

图 7-4　非逻辑关系

4. 逻辑代数的复合运算

最常见的复合逻辑关系有与非、或非、与或非、异或、异或非（同或）等。其逻辑表达式分别如下。

与非：$F=\overline{A\bullet B}$

或非：$F=\overline{A+B}$

与或非：$F=\overline{AB+CD}$

异或：$F=\overline{A}B+A\overline{B}=A\oplus B$

异或非（同或）：$F=\overline{A}\,\overline{B}+AB=\overline{A\oplus B}$

常见复合逻辑关系的逻辑电路符号如图 7-5 所示。

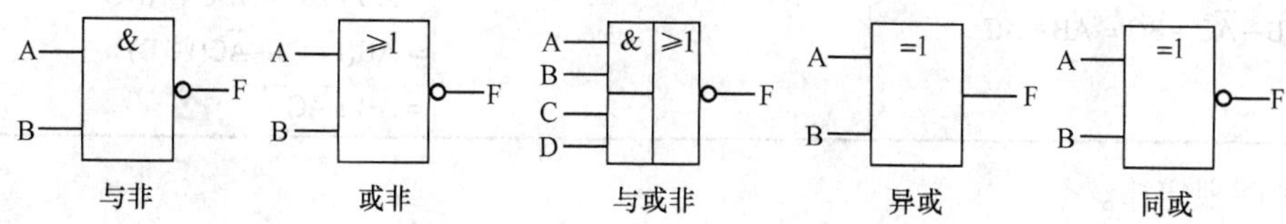

图 7-5　复合逻辑关系的逻辑符号

（二）逻辑函数的公式化简法

1. 逻辑代数的基本公式

（1）逻辑常量运算公式见表 7-5。

以上公式可以根据“与”、“或”、“非”的特点得出。

（2）逻辑变量、常量运算公式见表 7-6。

表 7-5 逻辑常量运算公式

与运算	或运算	非运算
0·0=0	0+0=0	
0·1=0	0+1=1	$\overline{1}=0$
1·0=0	1+0=1	$\overline{0}=1$
1·1=1	1+1=1	

表 7-6 逻辑变量、常量运算公式

与运算	或运算	非运算
A·0=0	A+0=A	$\overline{\overline{A}}=A$
A·1=A	A+1=1	
A·A=A	A+A=A	
$A\cdot\overline{A}=0$	$A+\overline{A}=1$	

2. 逻辑代数的基本定律

（1）交换律、结合律、分配律见表 7-7。

逻辑代数的交换律、结合律的运算规律与普通代数相同，只有分配律的第二个公式与普通代数不同，可用真值表加以证明，见表 7-8。

表 7-7　交换律、结合律、分配律

交换律	A + B = B + A
	AB = BA
结合律	A + B + C = (A + B) + C = A + (B + C)
	ABC = (AB)C = A(BC)
分配律	A(B + C) = AB + BC
	A + BC = (A + B)(A + C)

表 7-8 A+BC=(A+B)(A+C)的公式证明

输入			输出	
A	B	C	A + BC	(A + B)(A + C)
0	0	0	0	0
0	0	1	0	0
0	1	0	0	0
0	1	1	1	1
1	0	0	1	1
1	0	1	1	1
1	1	0	1	1
1	1	1	1	1

（2）吸收律见表 7-9。

表 7-9　吸收律

吸　收　律	证　　明
$AB+A\overline{B}=A$	$AB+A\overline{B}=A(B+\overline{B})=A$
$A+AB=A$	$A+AB=A(1+B)=A$
$A+\overline{A}B=A+B$	$A+\overline{A}B=(A+\overline{A})(A+B)=A+B$
$AB+\overline{A}C+BC=AB+\overline{A}C$	$AB+\overline{A}C+BC=AB+\overline{A}C+BC(A+\overline{A})$ $=AB+\overline{A}C+ABC+\overline{A}BC$ $=AB(1+C)+\overline{A}C(1+B)$ $=AB+\overline{A}C$

（3）摩根定律。

$$\overline{AB}=\overline{A}+\overline{B}\text{；}\ \overline{A+B}=\overline{A}\,\overline{B}$$

一种逻辑关系的可以有多种表达式，但是其真值表却是唯一的。下面用真值表来证明摩根定律，见表 7-10 和表 7-11。

表 7-10　$\overline{AB}=\overline{A}+\overline{B}$ 的证明

A	B	$\overline{AB}$	$\overline{A}+\overline{B}$
0	0	1	1
0	1	1	1
1	0	1	1
1	1	0	0

表 7-11　$\overline{A+B}=\overline{A}\,\overline{B}$ 的证明

A	B	$\overline{A+B}$	$\overline{A}\cdot\overline{B}$
0	0	1	1
0	1	0	0
1	0	0	0
1	1	0	0

推广应用：$\overline{ABC\cdots}=\overline{A}+\overline{B}+\overline{C}+\cdots$；$\overline{A+B+C+\cdots}=\overline{A}\,\overline{B}\,\overline{C}\cdots$

3. 逻辑函数的代数化简法

（1）逻辑函数式的常见形式。一个逻辑函数的表达式不是唯一的，可以有多种形式，并且能互相转换。常见的逻辑式主要有以下 5 种形式。

$$F=AC+\overline{A}B \qquad \text{（与—或表达式）}$$
$$=(A+B)(\overline{A}+C) \qquad \text{（或—与表达式）}$$
$$=\overline{\overline{AC}\cdot\overline{\overline{A}B}} \qquad \text{（与非—与非表达式）}$$
$$=\overline{\overline{A+B}+\overline{\overline{A}+C}} \qquad \text{（或非—或非表达式）}$$
$$=\overline{A\overline{C}+\overline{A}\,\overline{B}} \qquad \text{（与—或非表达式）}$$

在上述多种逻辑函数表达式中，“与—或”表达式是逻辑函数最基本的表达形式。在化简逻辑函数时，通常是将逻辑式化简成最简“与—或”表达式，然后再根据需要转换成其他形式。

（2）最简“与—或”表达式应满足以下两个条件。

① 逻辑函数中的与项最少。

② 每一与项中的变量数最少。

（3）用代数法化简逻辑函数。

用代数法化简逻辑函数就是直接利用逻辑代数的基本公式和基本规则进行化简。代数法化简没有固定的步骤，常用的化简方法有以下几种。

① 并项法。利用互补律，将两项合并，从而消去一个变量。

② 吸收法。利用吸收律 $A+AB=A$，将 AB 项消去。A、B 可以是任何复杂的函数式。

③ 消去法。运用吸收律 $A+\overline{A}B=A+B$，消去多余的因子。A、B 可以是任何复杂的逻辑式。

④ 配项法。先通过乘以（$A+\overline{A}$）（=1）或加上 $A\overline{A}$（=0）增加必要的乘积项，再用以上方法化简。

应用代数法化简逻辑函数式，要求熟练掌握逻辑代数的基本公式、常用公式、基本定理，且技巧性强，需通过大量的练习才能做到应用自如。这种方法在许多情况下还不能断定所得的最后结果是否已是最简，故有一定的局限性。

例 7-9 化简逻辑函数 $L=AD+A\overline{D}+AB+\overline{A}C+BD+A\overline{B}EF+\overline{B}EF$。

解： $L=A+AB+\overline{A}C+BD+A\overline{B}EF+\overline{B}EF$（利用 $A+\overline{A}=1$）

$=A+\overline{A}C+BD+\overline{B}EF$（利用 $A+AB=A$）

$=A+C+BD+\overline{B}EF$（利用 $A=\overline{A}B=A+B$）

例 7-10 化简逻辑函数 $L=AB+A\overline{C}+\overline{B}C+\overline{C}B+\overline{B}D+\overline{D}B+ADE(F+G)$。

解： $L=A\overline{\overline{B}C}+\overline{B}C+\overline{C}B+\overline{B}D+\overline{D}B+ADE(F+G)$（利用反演律）

$=A+\overline{B}C+\overline{C}B+\overline{B}D+\overline{D}B+ADE(F+G)$（利用 $A+\overline{A}B=A+B$）

$=A+\overline{B}C+\overline{C}B+\overline{B}D+\overline{D}B$（利用 $A+AB=A$）

$=A+\overline{B}C(D+\overline{D})+\overline{C}B+\overline{B}D+\overline{D}B(C+\overline{C})$（配项法）

$=A+\overline{B}CD+\overline{B}C\overline{D}+\overline{C}B+\overline{B}D+\overline{D}BC+\overline{D}B\overline{C}$

$=A+\overline{B}C\overline{D}+\overline{C}B+\overline{B}D+\overline{D}BC$（利用 $A+AB=A$）

$=A+C\overline{D}(\overline{B}+B)+\overline{C}B+\overline{B}D$

$=A+C\overline{D}+\overline{C}B+\overline{B}D$（利用 $A+\overline{A}=1$）

例 7-11 化简逻辑函数 $L=A\overline{B}+B\overline{C}+\overline{B}C+\overline{A}B$

解法 1： $L=A\overline{B}+B\overline{C}+\overline{B}C+\overline{A}B+A\overline{C}$（增加冗余项 $A\overline{C}$）

$=A\overline{B}+\overline{B}C+\overline{A}B+A\overline{C}$（消去 1 个冗余项 $B\overline{C}$）

$=\overline{B}C+\overline{A}B+A\overline{C}$（再消去 1 个冗余项 $A\overline{B}$）

解法 2： $L=\overline{A}B+B\overline{C}+\overline{B}C+\overline{A}B+\overline{A}C$（增加冗余项 $\overline{A}C$）

$=\overline{A}B+B\overline{C}+\overline{A}B+\overline{A}C$（消去 1 个冗余项 $\overline{B}C$）

$=A\overline{B}+B\overline{C}+A\overline{C}$（再消去 1 个冗余项 $\overline{A}B$）

（三）用仿真软件化简逻辑函数

逻辑函数的代数化简法适用于各种复杂的逻辑函数，但需要熟练地运用公式和定理，且具有一定的运算技巧。在变量较多时采用计算机软件化简是一个很好的选择，仿真软件最多可以化简 8 个变量的逻辑函数。

1. Multisim 2001 仿真软件中的逻辑转换仪

仿真软件 Multisim 2001 的虚拟仪器库中有一个逻辑转换仪，图 7-6 所示为逻辑转换仪的工作界面。逻辑转换仪不仅可以实现逻辑电路、真值表和逻辑函数式之间的相互转换，而且可以化简逻辑函数式。要注意的是，在软件中函数式的形式 $A'D'+BD'+BC=\overline{A}\,\overline{D}+B\overline{D}+BC$，符号“′”表示函数变量的“非”形式。

2. 化简方法

用仿真软件化简逻辑函数 $L=AD+A\overline{C}\,\overline{D}+\overline{A}CD+BCD$，操作步骤如下。

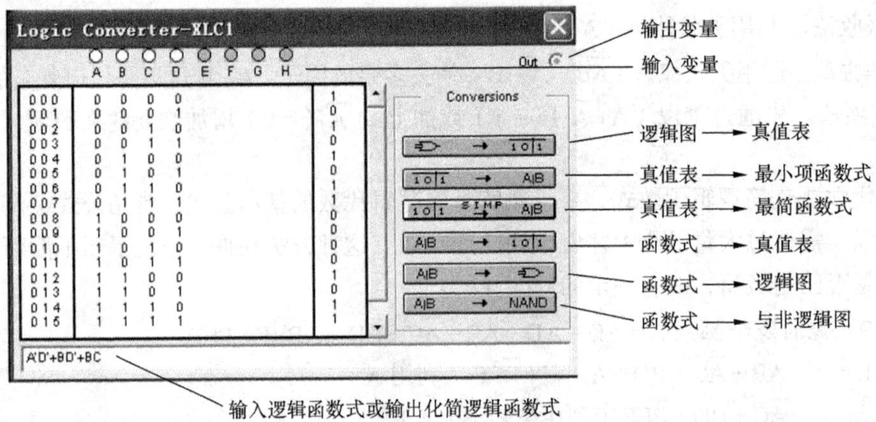

图 7-6　逻辑转换仪工作界面

（1）单击仪器栏中逻辑转换仪的按钮，鼠标指针上就出现逻辑转换仪的图标。移动指针到电路编辑区窗口合适的地方单击，放入逻辑转换仪 XLC1，如图 7-7（a）所示。

（2）双击逻辑转换仪图标，显示逻辑转换仪工作界面，如图 7-7（b）所示。

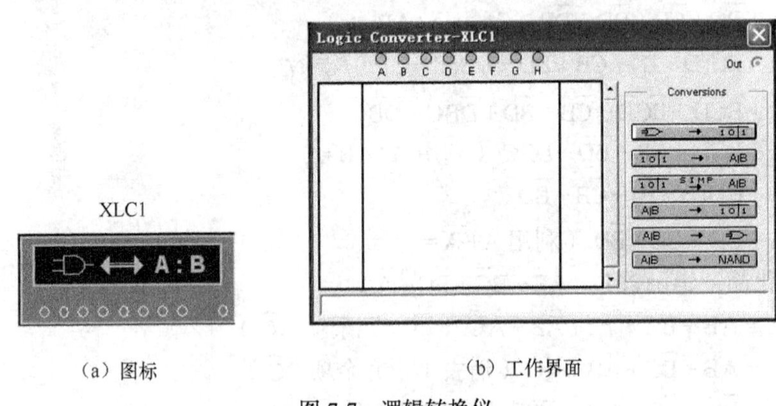

（a）图标　　（b）工作界面

图 7-7　逻辑转换仪

（3）在函数式栏中输入逻辑函数式 $AD+AC'D'+A'CD+BCD$，如图 7-8 所示。

（4）按下逻辑转换仪面板上〖函数式→真值表〗键，在工作界面上出现该逻辑函数的真值表，如图 7-9 所示。

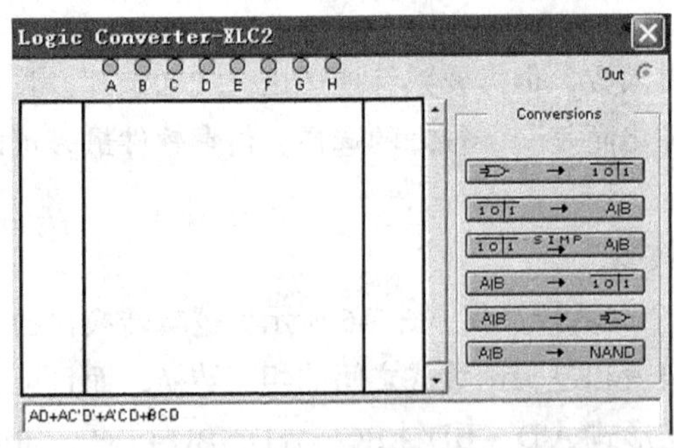

图 7-8　在函数式栏中输入逻辑函数式

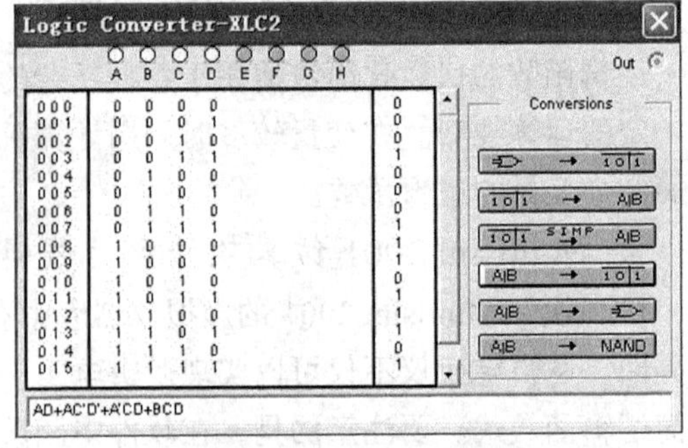

图 7-9　函数式转换为真值表

（5）按下〖真值表→最简函数式〗键，在函数式栏中出现该逻辑函数的最简函数式，如图 7-10 所示。

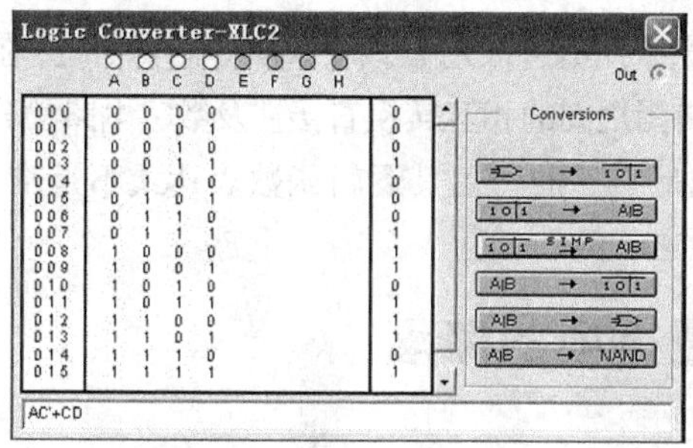

图 7-10　真值表转换为最简函数式

（6）在逻辑函数式栏中显示其最简函数式为AC′+CD，所以化简后的逻辑函数式为 $L = A\overline{C} + CD$。

三、项目实施

一个逻辑函数可以用不同的形式表示。例如，要表示逻辑变量 A 和 B 的异或逻辑关系，可以用以下 4 种形式表示。

（一）用逻辑表达式表示逻辑函数

其逻辑表达式为 $F = \overline{A}B + A\overline{B}$

可以看出这个逻辑表达式表示输出对输入具有异或功能，即 A 和 B 取值不同时，F 才为 1，否则 F 为 0。如果逻辑表达式较为复杂，其实现的功能一下看不出来，则可通过逻辑函数的化简或仿真软件化简法得到最简与或式，然后通过真值表分析得出。

（二）用真值表表示逻辑函数

用真值表描述组合逻辑电路的功能比较直观。通过化简得到最简与或式，再把这个最简与或式中的输入、输出关系用真值表表示出来。表 7-12 是表示二变量异或逻辑关系的真值表。

表 7-12　异或逻辑关系真值表

A	B	F
0	0	0
0	1	1
1	0	1
1	1	0

观察真值表的输入与输出关系，当两个输入变量不同时，输出为 1；两个输入变量相同时，输出为 0。因此可判断出该逻辑关系为异或逻辑关系。

（三）用波形图（也称时序图）表示逻辑函数

组合逻辑电路的输入变量和输出变量之间的关系用波形图表示，更加直观。如图 7-11 所示，当两输入相同时，输出为 0；两输入相异时，输出为 1。因此，这是一个输出与输入变量间具有异或逻辑关系的波形图。

（四）用逻辑电路图表示逻辑函数

任意一个组合逻辑电路都可以用基本逻辑门和组合逻辑门相连接的电路图来表示。图 7-12 是表示两变量异或逻辑关系的电路图。

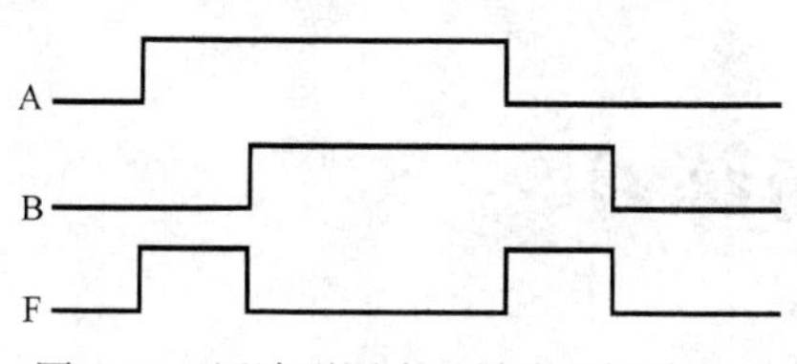

图 7-11　用波形图表示异或逻辑关系

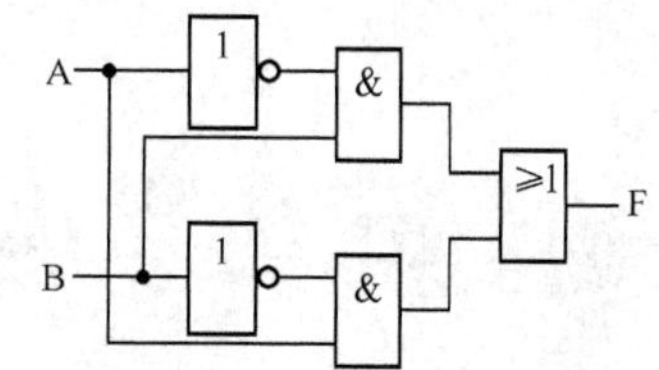

图 7-12　用电路图表示异或逻辑关系

一个具体的逻辑函数究竟采用哪种表示方式应视实际需要而定，在使用时应充分利用每一种表示方式的优点。真值表和逻辑图之间的相互转换直接涉及数字电路的分析和设计，应熟练掌握。

虽然逻辑函数的真值表是唯一的，但其逻辑函数表达式不是唯一的。显然，根据逻辑表达式画出的逻辑电路图也不是唯一的。

四、知识拓展——最小项的概念

1. 最小项

若一个函数的某个与项包含了函数的全部变量，其中每个变量都以原变量或反变量的形式出现，且仅出现一次，则这个乘积项称为该函数的一个最小项。

一个具有 n 个逻辑变量的与或表达式中，若每个变量以原变量或反变量形式仅出现一次，就可组成 2^n 个“与”项，把这些“与”项称为 n 个变量的最小项。

n 变量最小项通常用 m_i 表示，下标 i 用如下方法确定：最小项中的原变量记为 1，反变量记为 0，当变量顺序确定后，可按变量顺序确定一个 n 位二进制数，则与这个二进制数相对应的十进制数就是最小项的下标。

例如，两变量 A、B，它们最多能构成 2^2 个最小项：$\overline{A}\,\overline{B}$、$A\overline{B}$、$\overline{A}B$、$AB$，如果原变量用逻辑“1”，反变量用逻辑“0”，则两变量的最小项就是 $m_0=00$，$m_1=01$，$m_2=10$，$m_3=11$。

三变量 A、B、C 最多可构成 2^3 个最小项：$\overline{A}\,\overline{B}\,\overline{C}$、$\overline{A}\,\overline{B}C$、$\overline{A}B\overline{C}$、$\overline{A}BC$、$A\overline{B}\,\overline{C}$、$A\overline{B}C$、$AB\overline{C}$、$ABC$，则 $m_0=000$，$m_1=001$，$m_2=010$，$m_3=011$，$m_4=100$，$m_5=101$，$m_6=110$，$m_7=111$。

可见，n 个变量的逻辑函数最多具有 2^n 个最小项，而且有如下特点。

① 每个最小项都是各变量相“与”构成的，即 n 个变量的最小项含有 n 个因子。

② 每个变量都以原变量或反变量的形式出现一次，且仅出现一次。

2. 最小项的性质

最小项具备下列性质。

① 对于任意一个最小项，只有一组变量取值可使它的值为 1，其余各组变量取值其对应值为 0。

② 任意两个不同的最小项之积恒为 0。

③ 变量全部最小项之和恒等于 1。

3. 最小项表达式

任何一个逻辑函数都可以表示为唯一的一组最小项之和，称为标准“与或”表达式，也称为最小项表达式。例如，两变量的最小项标准表达式为

$$F(A,B)=\overline{A}\,\overline{B}+\overline{A}B+A\overline{B}+AB$$

三变量的最小项标准表达式为

$$F(A,B,C)=\overline{A}\,\overline{B}\,\overline{C}+\overline{A}\,\overline{B}C+\overline{A}B\overline{C}+\overline{A}BC+A\overline{B}\,\overline{C}+A\overline{B}C+AB\overline{C}+ABC$$

思考与练习

1. 基本逻辑关系有哪 3 种？

2. 有 3 个开关 A、B、C 串联控制照明灯 L，试写出该电路的逻辑函数式。

3. 有 3 个开关 A、B、C 并联控制照明灯 L，试写出该电路的逻辑函数式。

4. 判断下述逻辑运算是否正确，正确者在其后（　　）内打 √，反之打 ×。

（1）若 X+Y=X+Z，则 Y = Z。(　　)

（2）若 XY=XZ，则 Y = Z。(　　)

（3）若 X⊕Y=X⊕Z，则 Y = Z。(　　)

5. 用公式化简下列逻辑函数。

（1）$F=A\overline{B}+B+\overline{A}B$　　（2）$F=\overline{A}B\overline{C}+A+\overline{B}+C$

（3）$F=\overline{A+B+C}+A\overline{B}\overline{C}$　　（4）$F=A\overline{B}CD+ABD+A\overline{C}D$

（5）$F=A\overline{C}+ABC+AC\overline{D}+CD$　　（6）$F=\overline{ABC}+A+B+C$

（7）$F=AD+A\overline{D}+\overline{A}B+\overline{A}C+BFE+CEFG$

6. 化简下列逻辑函数，并分别转换成与或非表达式、与或表达式、与非表达式。

$$F=\overline{(\overline{B}+C)(A+\overline{B}+C)(\overline{A}+B+C)}$$

7. 画出同或逻辑关系的逻辑图，说明同或逻辑与异或逻辑之间的关系。

8. 写出图 7-13 各逻辑电路图的表达式。

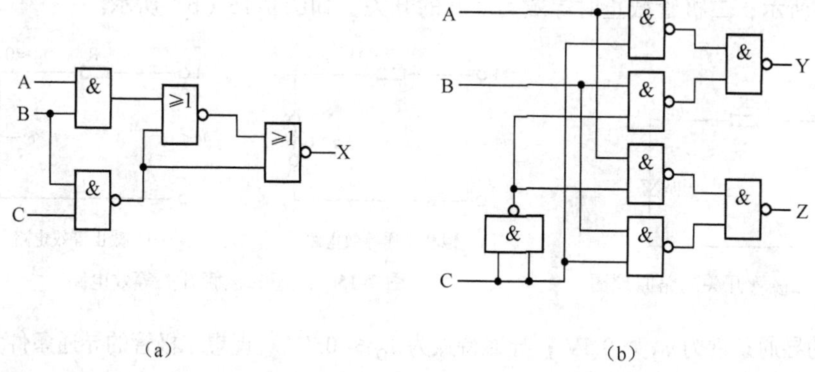

图 7-13　题 8 的图

9. 举例说明逻辑函数有哪几种表示方法？

10. 将下列逻辑函数用最小项表示。

（1）$F=A\overline{B}+B+\overline{A}B$　　（2）$F=\overline{A+B+C}+A\overline{B}\overline{C}$

（3）$F=\overline{A}B\overline{C}+A+\overline{B}+C$　　（4）$F=\overline{ABC}+A+B+C$

项目四　门电路的识别及测试

一、项目导入

逻辑门电路简称门电路，是构成数字电路的基本单元，是实现基本和常用逻辑关系的逻辑电路。门电路可分为分立元件门电路和集成门电路。

掌握半导体的开关特性，学习分立元件逻辑门电路的组成及工作原理，可以加深对数字电路的进一步理解。了解各种集成逻辑门电路的结构，掌握集成逻辑门电路的引脚识别、逻辑功能及其测试方法是学好逻辑门电路的关键。

二、相关知识

（一）半导体的开关特性

一个理想的开关接通时，其电阻为零，在开关上不产生压降；开关断开时，其电阻为无穷大，开关中没有电流流过，而且开关接通与断开的速度非常快时，仍能保持上述特性。数字逻辑器件中的半导体器件一般都工作在开关状态。

1．半导体二极管的开关特性

二极管加正向电压时导通，加反向电压时截止。利用其单向导电特性，在数字电路中常将二极管作为受外加电压控制的开关使用。

（1）二极管的静态特性。二极管开关电路原理图如图 7-14 所示。二极管承受正向电压（正向偏置）时导通，其中硅二极管大于死区电压约 0.5V，锗二极管大于死区电压约 0.3V。当二极管完全导通时，等效为一个具有 0.7V 电压降的闭合开关；当二极管承受反向电压（反向偏置）时截止，等效为一个断开的开关。理想二极管导通时等效为闭合的开关（电阻为零），如图 7-15（a）所示；二极管截止时等效为断开的开关，如图 7-15（b）所示。

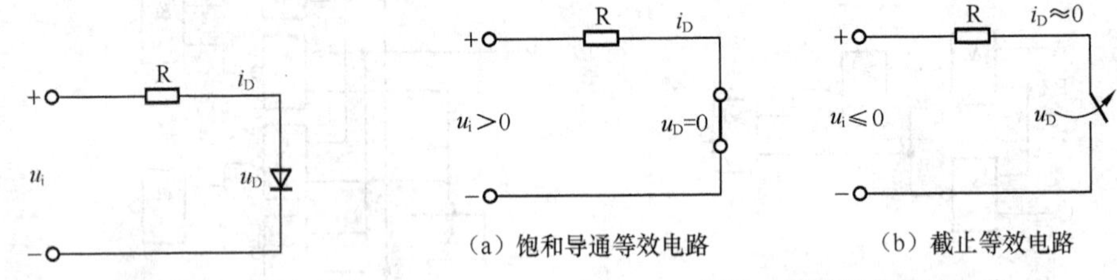

（a）饱和导通等效电路　（b）截止等效电路

图 7-14　二极管开关电路原理图　　图 7-15　理想二极管开关等效电路

二极管的导通条件为 $u_D>0.5V$；导通特点为 $u_D\approx0.7V$。理想二极管的导通条件为 $u_D>0$；导通特点为 $u_D=0$。

二极管的截止条件为 $u_D<0.5V$；截止特点：$i_D\approx0$。理想二极管的截止条件为 $u_D\leqslant0$；截止特点为 $i_D=0$。

可见，二极管的导通和截止取决于加到二极管上的电压。

实用中当输入电压 u_i 较高时，图 7-14 所示开关电路中二极管可近似为理想二极管。当输入为高电平时二极管导通，u_D 两端输出低电平；当输入低电平时，二极管截止，u_D 两端输出高电平。

（2）二极管的动态特性。二极管在导通与截止两种状态转换过程中的特性称为动态特性，它表现在完成两种状态之间的转换需要时间。二极管的动态开关特性如图 7-16 所示。

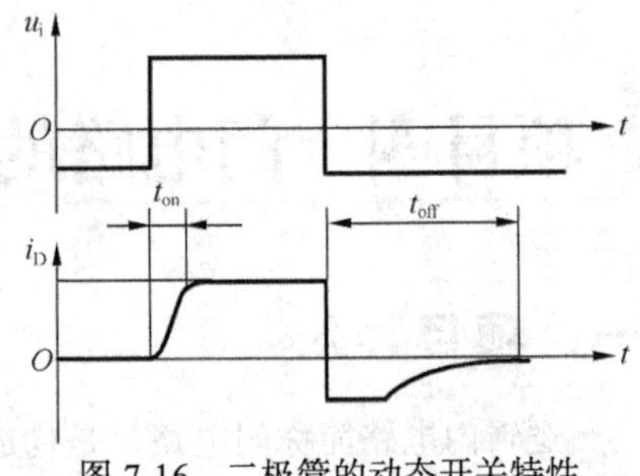

图 7-16　二极管的动态开关特性

开通时间 t_{on} 是指二极管从反向截止变为正向导通所需要的时间。反向恢复时间（关断时间）t_{off} 是指二极管从正向导通变为反向截止所需要的时间。开关时间 $t = t_{on}+t_{off}$。由于反向恢复时间远大于正向导通所需要的时间，二极管的开关时间主要取决于反向恢复时间（关断时间）。

开关二极管的参数中，一般给出反向恢复时间和开关频率。二极管的反向恢复时间限制了二极管的开关速度。但在开关速度远小于开关频率时，可以不考虑开关时间的影响；但在开关速度接近开关频率时，必须考虑开关时间对门电路的影响。

在实际应用中，开关二极管的开关速度是相当快的，硅开关二极管的反向恢复时间只有几纳秒，即使是锗开关二极管，也不过几百纳秒。

2. 半导体三极管的开关特性

在数字电路中，半导体三极管是双极型电流控制器件。半导体三极管作为开关元件主要工作于截止和饱和两种状态，而放大状态是截止和饱和之间的过渡状态。

（1）三极管的静态特性。三极管的两个 PN 结分别加不同偏置电压时，可使三极管分别工作在截止、放大和饱和 3 种状态。在数字电路中，三极管主要工作在截止和饱和状态，并且在这两种状态之间快速转换。即利用三极管从截止区迅速经过放大区进入饱和区，从饱和区迅速经过放大区进入截止区，从而实现三极管开关电路状态的转换。

NPN 型三极管截止、放大和饱和 3 种状态的条件和特点见表 7-13。

表 7-13　NPN 型三极管截止、放大和饱和 3 种状态的条件和特点

工作状态		截止	放大	饱和
条件		$i_B \approx 0$	$0 < i_B < I_{BS}$	$i_B \geqslant I_{BS} = \frac{U_{CC}}{\beta R_C}$
工作特点	偏置情况	发射结反偏，集电结反偏，即 $u_{BE} < 0$，$u_{BC} < 0$	发射结正偏，集电结反偏，即 $u_{BE} > 0$，$u_{BC} < 0$	发射结正偏，集电结正偏，即 $u_{BE} > 0$，$u_{BC} > 0$
	集电极电流	$i_C \approx 0$	$i_C = \beta i_B$	$i_C = I_{CS} = \frac{U_{CC}}{R_C}$
	C、E 间电压	$u_{CE} \approx U_{CC}$	$u_{CE} = U_{CC} - i_C R_C$	$u_{CE} = U_{CES} \approx 0.3V$
	C、E 间等效电阻	很大，相当于开关断开	可变	很小，相当于开关闭合

NPN 型三极管的开关电路如图 7-17 所示。三极管开关电路实际上是一个反相器，其原理图如图 7-17（a）所示。当三极管处于饱和状态时，C、E 间相当于一个闭合的开关，输入为高电平 1，输出为低电平 0；当三极管处于截止状态时，相当于一个断开的开关，输入为低电平 0，输出为高电平 1。NPN 型三极管的开关等效电路电路如图 7-17（b）、（c）所示。忽略 B、E 和 C、E 间的管压降时，三极管可视为理想开关器件。

（2）三极管的动态特性。由于三极管内部电荷的建立和消散都需要一定的时间，所以集电极电流 i_C 的变化滞后于基极电压 u_i 的变化，输出电压 u_o 的变化比输入电压 u_i 的变化也相应地滞后，且 i_C、u_o 的波形产生了上升沿和下降沿。因此，三极管在截止与饱和导通两种状态间迅速转换时，需要一定的时间，延迟时间越小，三极管的开关速度越快，其开关特性就越好。

三极管的动态开关特性如图 7-18 所示。

3. MOS 管的开关特性

在数字电路中，MOS 管是单极型电压控制器件。MOS 管也有 3 个电极，分别为栅极 G，漏极 D 和源极 S；它也有 3 种状态，即截止状态、恒流状态和电阻状态。下面以 N 沟道增强型

绝缘栅 MOS 管为例来分析 MOS 管的开关特性。

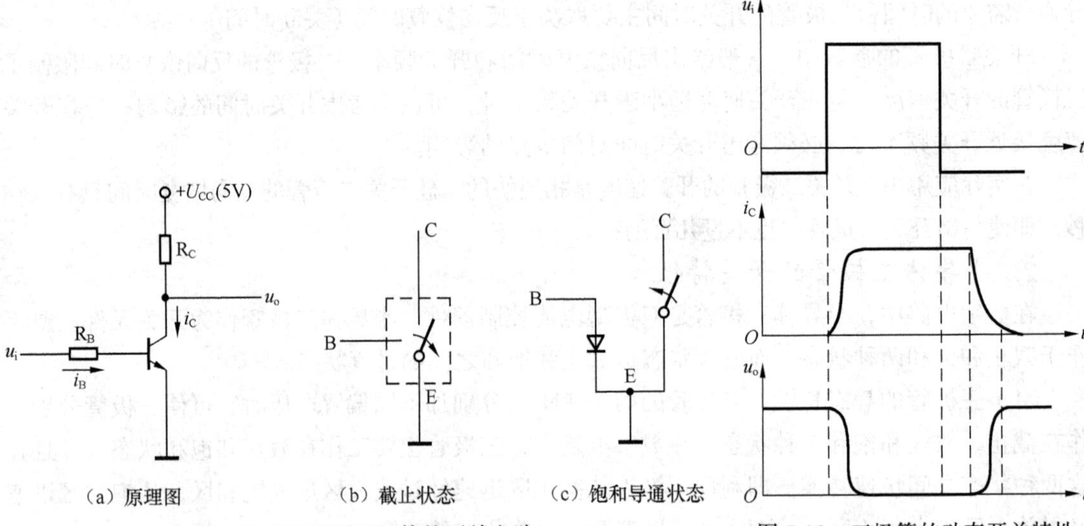

图 7-17 NPN 型三极管的开关电路

图 7-18 三极管的动态开关特性

MOS 管是电压控制元件，开启电压为 U_T，所以主要由栅源电压 u_{GS} 决定其工作状态。由 N 沟道增强型 MOS 管（简称 NMOS 管）构成的开关电路如图 7-19 所示，其原理图如图 7-19（a）所示。MOS 管作为开关器件，同样有截止或导通两种状态。下面以 NMOS 管为例分析其开关特性。

（1）MOS 管的静态特性。当 $u_{GS} < U_T$ 时，MOS 管工作在截止区，漏源之间的电阻 R_{DS} 很大，电流 $i_{DS} = 0$，MOS 管处于“断开”状态，输出电压 $u_{DS} \approx U_{DD}$，其等效电路如图 7-19（b）所示。

当 $u_{GS} \geqslant U_T$ 时，MOS 管工作在导通区，漏源之间的电阻 R_{DS} 很小，电流 $i_{DS} = \dfrac{U_{DD}}{R_D} \neq 0$，MOS 管处于“导通”状态。当 $R_{DS} < R_D$ 时，相当于开关闭合，输出电压 $u_{DS} \approx 0$，其等效电路如图 7-19（c）所示。

（2）MOS 管的动态特性。MOS 管在导通与截止两种状态转换时同样存在过渡过程，但其动态特性主要取决于电路杂散电容的充、放电时间，而管子本身导通和截止时电荷积累和消散的时间是很短的。故开关在动态工作情况下即 u_i 在高、低电平间跳变时，漏极电流 i_D 的变化和输出电压 u_{DS} 的变化都将滞后于输入电压的变化，其开关状态下的电压、电流波形如图 7-20 所示。

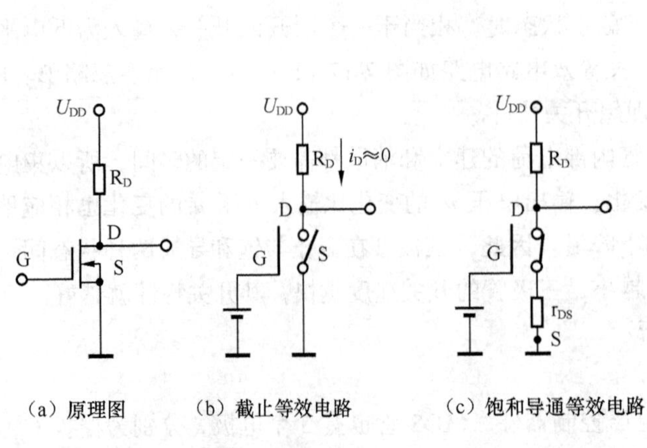

图 7-19 NMOS 管构成的开关电路

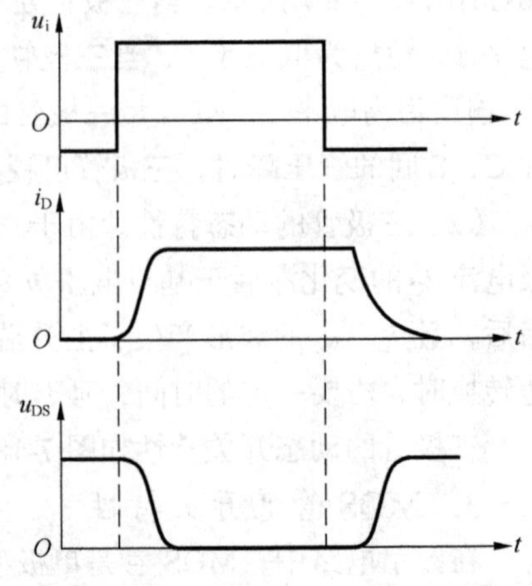

图 7-20 MOS 管的动态开关特性

总之，开关元件的开关特性是决定整个电路工作速度和最高工作频率的重要因素。

（二）分离元件门电路

1. 二极管与门电路

与门电路有多个输入端和一个输出端。两个输入端的与门电路及其逻辑符号如图 7-21 所示（二极管均工作在理想状态）。

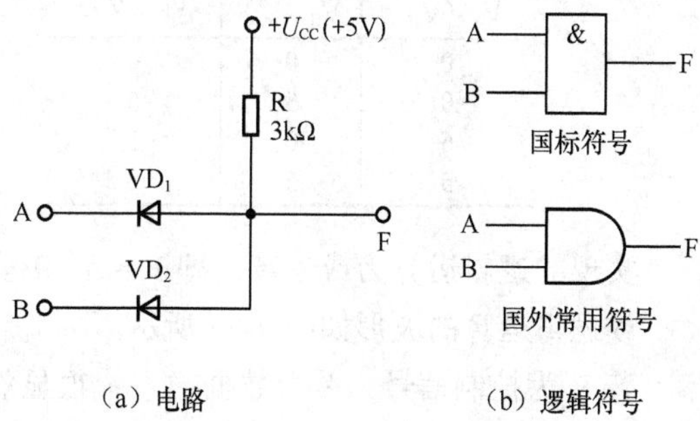

图 7-21　二极管与门电路及其逻辑符号

（1）$V_A = V_B = 0V$。此时二极管 VD_1 和 VD_2 都导通，由于二极管正向导通时有钳位作用，$V_F \approx 0V$。

（2）$V_A = 0V$，$V_B = 5V$。此时二极管 VD_1 优先导通，由于钳位作用，$V_F \approx 0V$，VD_2 承受反向电压而截止。

（3）$V_A = 5V$，$V_B = 0V$。此时 VD_2 导通，$V_F \approx 0V$，VD_1 截止。

（4）$V_A = V_B = 5V$。此时二极管 VD_1 和 VD_2 都截止，$V_F = U_{CC} = 5V$。

分析归纳可得功能表 7-14 及真值表 7-15。

表 7-14　与门功能表

输　入		输　出
V_A（V）	V_B（V）	V_F（V）
0	0	0
0	5	0
5	0	0
5	5	5

表 7-15　与逻辑真值表

输　入		输　出
A	B	F
0	0	0
0	1	0
1	0	0
1	1	1

实现的逻辑运算为与运算，即 $F = A \cdot B$。

与逻辑运算的波形图如图 7-22 所示。

若 B 为控制信号，A 为数据输入，很显然只有 B = 1 时，与门才能打开，数据才可以通过与门输出。B = 0 时，与门被封锁。

2. 二极管或门电路

二极管或门电路及其逻辑符号如图 7-23 所示。

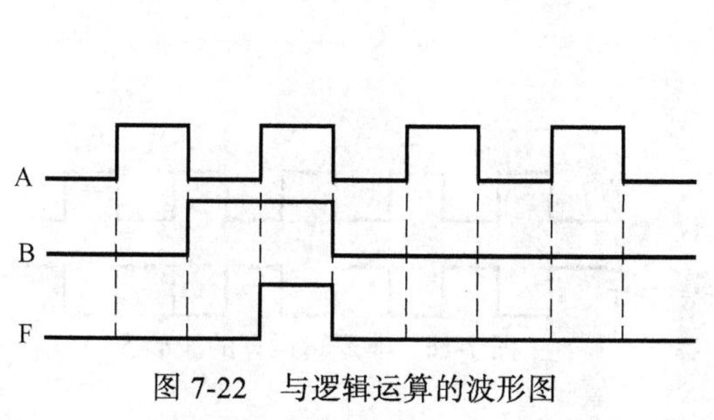

图 7-22　与逻辑运算的波形图

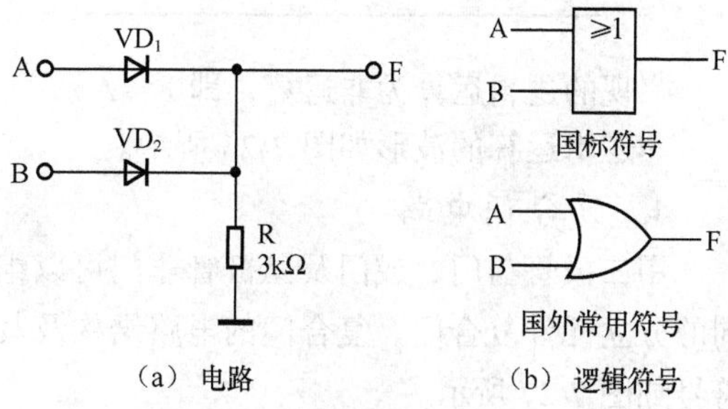

图 7-23　二极管或门电路及其逻辑符号

或逻辑运算的功能表见表 7-16，真值表如表 7-17 所示。

表 7-16 或门功能表

输入		输出
V_A（V）	V_B（V）	V_F（V）
0	0	0
0	5	5
5	0	5
5	5	5

表 7-17 或逻辑真值表

输入		输出
A	B	F
0	0	0
0	1	1
1	0	1
1	1	1

实现的逻辑运算为或运算，即 F = A + B。

或逻辑运算的波形如图 7-24 所示。

若 B 为控制信号，A 为数据输入，很显然只有 B = 0 时，或门才能打开，数据才可以通过或门输出。B = 1 时，或门被封锁。

3. 三极管非门电路

由三极管构成的非门（反相器）电路及其逻辑符号如图 7-25 所示。

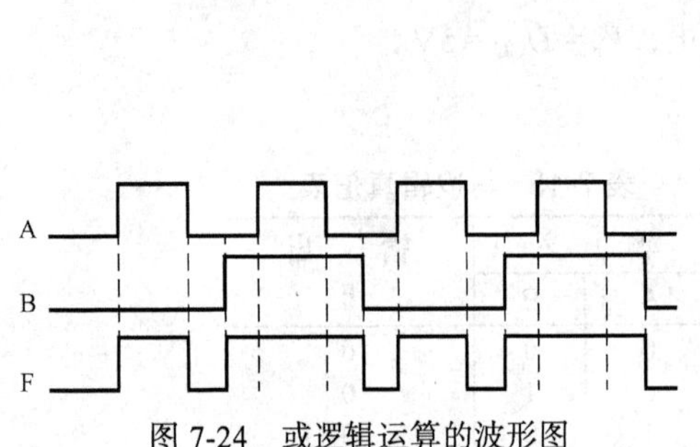

图 7-24 或逻辑运算的波形图

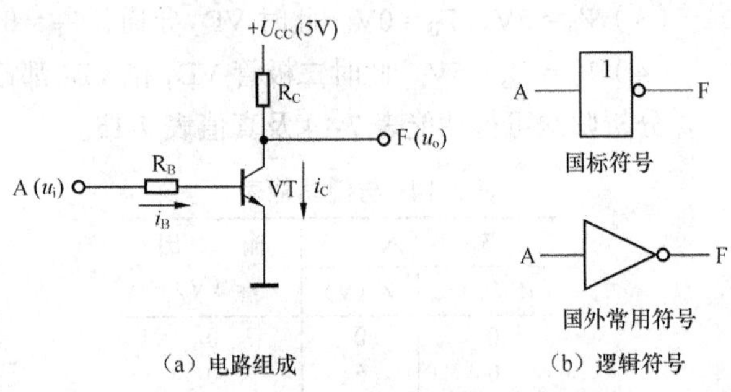

图 7-25 三极管非门电路及其逻辑符号

当输入电压为高电平 $u_i = U_{IH}$ 时，三极管 VT 饱和导通，输出为低电平 $u_o = U_{OL} = U_{CES}$。对小功率管来说，三极管饱和压降 $U_{CES} \approx 0.3V$。而当输入电压为低电平 $u_i = U_{IL}$ 时，三极管 VT 截止，输出为高电平 $u_o = U_{OH} = U_{CC} = 5V$。图 7-25（b）所示逻辑符号中输出端的小圈就是表示反相关系。

以上分析结果可用功能表 7-18 及真值表 7-19 表示。

表 7-18 非门功能表

A	F
0.3	5
5	0.3

表 7-19 非逻辑真值表

A	F
0	1
1	0

实现的逻辑运算为非运算，即 $F = \overline{A}$。

非逻辑运算的波形如图 7-26 所示。

4. 复合门电路

用二极管与门、或门及三极管非门可以组成不同的分立元件复合门。复合门的电路结构及其逻辑符号如图 7-27 所示。

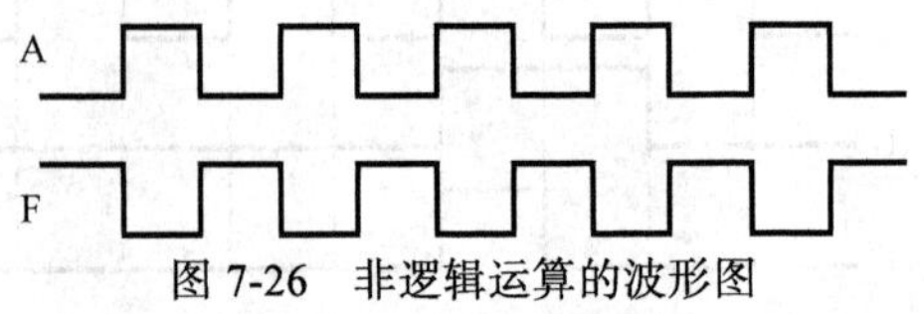

图 7-26 非逻辑运算的波形图

（三）TTL 集成逻辑门电路

晶体管—晶体管—逻辑门电路即 Transistor-Transistor-Logic，缩写为 TTL。集成电路（IC）是指将晶体管、电阻、电容及连接导线等集中制作在一块很小的半导体硅片（亦称芯片）上并加以封装，构成的具有一定功能的电路。根据电路中晶体管的导电类型，集成电路分为双极型电路和单极型电路两类。TTL 集成逻辑门电路属于双极型电路，后面的 MOS 集成电路则属于单极型电路。

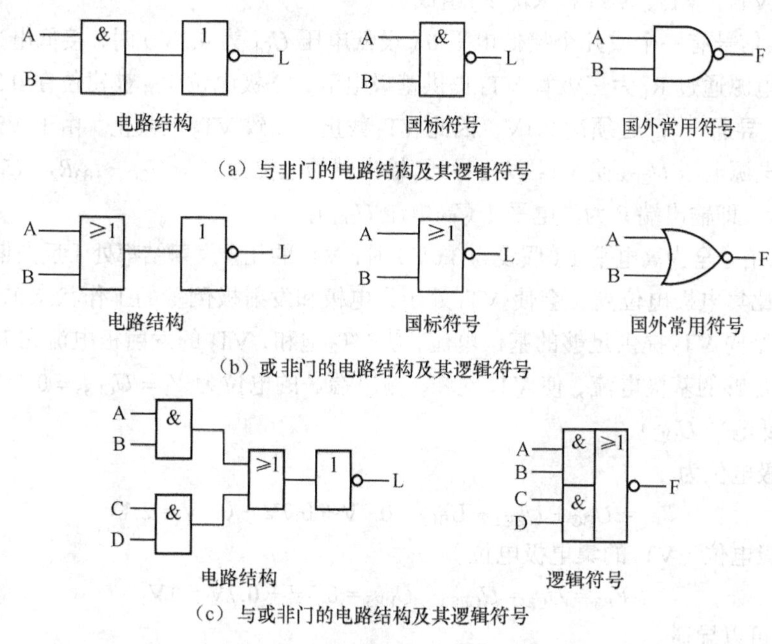

图 7-27　复合门的电路结构及其逻辑符号

通常，单块芯片上集成元器件数量的多少称为集成度，据此可以把集成电路分为小规模、中规模、大规模、超大规模集成电路。小规模集成电路（SSI）包含 10～100 个元器件或 1～10 个门电路，如集成逻辑门和集成触发器；中规模集成电路（MSI）包含 100～1 000 个元器件或 10～100 个门电路，如集成计数器、寄存器和译码器等；大规模集成电路（LSI）包含 1 000～10 000 个元器件或 100～1 000 个门电路，如存储器和某些设备的控制器等；超大规模集成电路（VLSI）包含 10 000 个以上的元器件，如单片微型计算机等。

1. TTL 与非门

（1）工作原理。TTL 与非门电路如图 7-28（a）所示，电路由输入级、中间级、输出级组成。

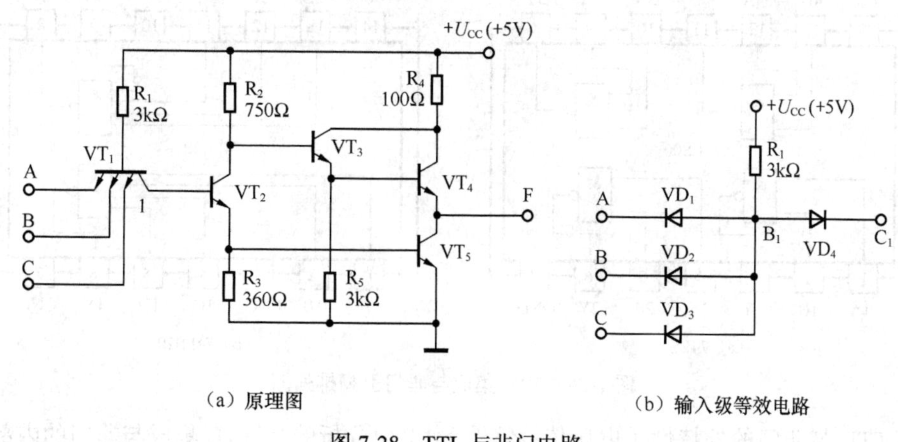

图 7-28　TTL 与非门电路

输入级由多发射极晶体管 VT_1 和电阻 R_1 组成，其等效电路如图 7-28（b）所示，相当于一个二极管与门电路。

VT_2、R_2、R_3 组成中间反相级。由 VT_2 集电极和发射极输出一对极性相反的信号驱动输出级。

输出级由 VT_3、VT_4、VT_5 和 R_4、R_5 组成。

① 当输入信号有一个或几个接低电平 0（设低电压 U_{OL} 为 0.3V）时，接低电平的发射结处于正向偏置。电源通过 R_1 为三极管 VT_1 提供基极电流，基极电位 V_{B1} 被钳位在 0.3V+0.7V=1V。若使 VT_2、VT_5 导通，V_{B1} 必须达 2.1V，因此 VT_2 截止，以致 VT_5 也截止。由于 VT_2 截止，其集电极电位接近电源电压 U_{CC}，使 VT_3、VT_4 导通，输出端的电位为 $V_F = U_{CC} - I_{B3}R_2 - U_{BE3} - U_{BE4} \approx 5 - 0.7 - 0.7 = 3.6V$，即输出端 F 为高电平 1（高电压 U_{OH}）。

② 当输入信号全为高电平 1（假设为 3.6V）时，VT_1 的几个发射结都处于反向偏置状态（VT_1 的发射极电位比集电极电位高，会使 VT_1 处于集电极和发射极倒置的工作状态）。电源通过 R_1 和 VT_1 的集电结向 VT_2 提供足够的基极电流，使 VT_2 饱和，VT_2 的发射极电流在 R_3 上产生压降又为 VT_5 提供足够的基极电流，使 VT_5 饱和，输出端 F 的电位为 $V_F = U_{CES5} = 0.3V$，即输出端 F 为低电平 0（低电平 U_{OL}）。

VT_1 的基极电位为

$$V_{B1} = U_{BC} + U_{BE2} + U_{BE5} = 0.7V + 0.7V + 0.7V = 2.1V$$

VT_3 的基极电位（VT_2 的集电极电位）为

$$V_{B3} = U_{C2} = U_{CES2} + U_{BE5} = 0.3V + 0.7V = 1V$$

所以 VT_3 可以导通。

VT_4 的基极电位（即 VT_3 的发射极电位）为

$$V_{B4}=V_{E3}=V_{B3}-U_{BE3}=1V-0.7V=0.3V$$

因 VT_3 的发射极电位也为 0.3V，因此 VT_4 截止。

可见，如图 7-28 所示电路输入、输出的逻辑关系是：当输入 A、B、C 中有一个是低电平 0 时，输出为 1，输入全为 1 时，输出为 0，满足与非的逻辑关系，即 $F = \overline{ABC}$。

图 7-28 与非门电路具有输出电阻小、带负载能力强、工作速度快等优点。

需要注意的是，此结构的输出端不可直接并联使用，也不可以与地或电源相连。否则由于电流过大会烧毁集成电路。

图 7-29 为两种 TTL 与非门 74LS00 和 74LS20 的引脚排列图。

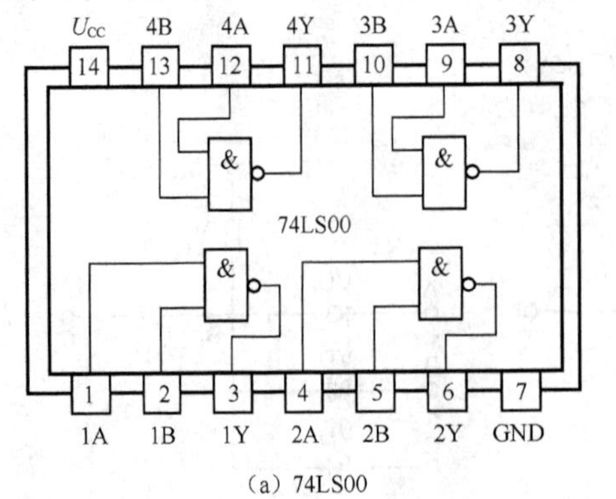

（a）74LS00

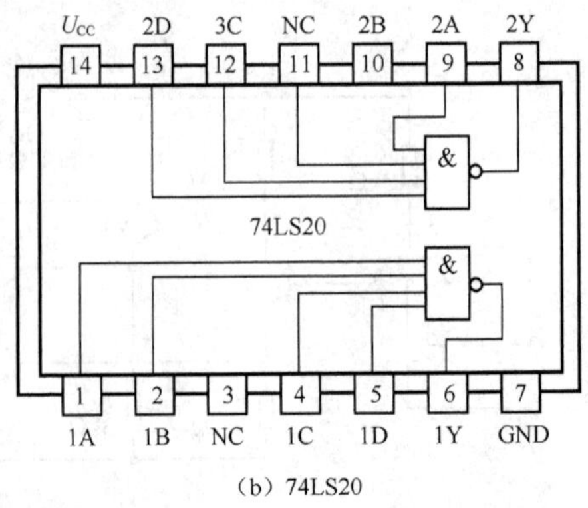

（b）74LS20

图 7-29　TTL 集成与非门引脚排列图

（2）TTL 与非门的外特性（电压传输特性）。上面分析的是 TTL 集成与非门的内部电路功能，了解即可。实际应用中，更重要的是集成电路的外部特性及正确连接。

TTL 与非门的测试电路如图 7-30（a）所示，图 7-30（b）为 TTL 与非门的电压传输特性，即 TTL 与非门的外特性。外特性的 *AB* 段，VT_2、VT_5 截止，对应输出的高电平 U_{OH} 值；外特性的 *B* 点，VT_2 开始导通；外特性中的 *BC* 段，是 VT_2 导通、VT_5 截止的线性区，此区域上对应 $0.9U_{OH}$ 时的输入电压通常小于 1V；外特性的 *C* 点处，VT_5 开始导通；*CD* 段为 VT_2、VT_5 都导通的转折区；外特性的 *D* 点对应输出的开门电平 U_{ON} 值；外特性的 *DE* 段对应 VT_2、VT_5 都饱和的区域。

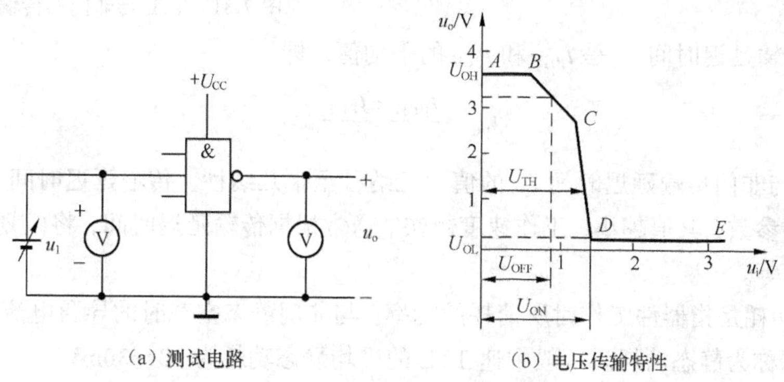

（a）测试电路　　（b）电压传输特性

图 7-30　TTL 与非门的外特性

需要指出的是，TTL 与非门电压传输特性中的参数均为符合一定的条件下测试出来的典型值，测试时电路连接一般应遵循这样一些原则：不用的输入端悬空（悬空端子为高电平“1”）或接高电平；输出高电平时不带负载；输出低电平时应接规定的灌电流负载。

（3）TTL 与非门的主要参数。TTL 与非门的主要参数均可在集成电路手册中查找到。主要参数有以下几个。

① 输出高电平 U_{OH}：与非门一个输入端接地，其余输入端开路时，输出端的电压值称为输出高电平。一般 74 系列的 TTL 与非门输出高电平的典型值为 3.6V（产品规格为＞3V）。

② 输出低电平 U_{OL}：与非门一个输入端接 1.8V，其余输入端开路，负载接 380Ω的等效电阻时，输出端的电压值称为输出低电平。典型值为 0.3V（产品规格为＜0.35V）。

③ 关门电平 U_{OFF}：与非门关断所需的最大输入电平称为关门电平，即图中输出为 $0.9U_{OH}$ 时，所对应的输入电压值。U_{OFF} 的典型值为 1V（产品规格为＜0.8V）。

低电平噪声容限 U_{NL}：输入低电平时允许的最大正向干扰幅度称为低电平噪声容限，即 $U_{NL}=U_{OFF}-U_{IL}$。噪声容限越大，门电路抗干扰能力越强。

④ 开门电平 U_{ON}：输出为 0.35V 时，所对应的输入电压称为开门电平 U_{ON}。典型值为 1.4V（产品规格为＞1.8V）。

高电平噪声容限 U_{NH}：输入高电平时允许的最大负向干扰幅度称为高电平噪声容限，即 $U_{NH}=U_{IH}-U_{ON}$。

⑤ 阈值电压 U_{TH}：电压传输特性转折区中点所对应的输入电压值称为阈值电压。阈值电压是 VT_5 导通和截止的分界线，也是输出高、低电平的分界线，所以也称为门槛电压。一般 TTL 与非门阈值电压的典型值为 1.4V。

⑥ 扇出系数 N_0：一个门电路能驱动同类门的最大数目称为扇出系数。N_0 值越大，表明与非门电路的带负载能力越强（产品规格为 4～8）。

⑦ 传输延迟时间 t_{pd}：信号通过与非门时所需要的平均延迟时间称为传输延迟时间如

图 7-31 所示。

导通延迟时间 t_{PHL}：从输入波形上升沿的中点到输出波形下降沿的中点所经历的时间称为导通延迟时间。

截止延迟时间 t_{PLH}：从输入波形下降沿的中点到输出波形上升沿的中点所经历的时间称为截止延迟时间。

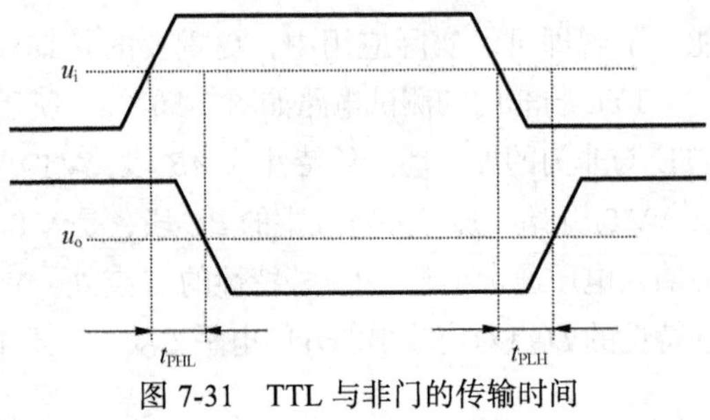

图 7-31　TTL 与非门的传输时间

与非门的传输延迟时间 t_{pd} 是 t_{PHL} 和 t_{PLH} 的平均值，即

$$t_{pd}=\frac{t_{PLH}+t_{PHL}}{2}$$

一般 TTL 与非门传输延迟时间 t_{pd} 的值为几纳秒至十几纳秒。传输延迟时间是反映门电路工作速度的重要参数，其值越小，工作速度越快。通常根据传输延迟时间，将门划分为低速门、中速门、高速门等。

⑧ 功耗：功耗是指器件工作时所消耗的功率。与非门静态空载时的导通电流 I_{OC} 与电源的电压 U_{OC} 的乘积称为静态功耗。一般中速 TTL 的平均静态功耗为 10～30mW。

2. 其他功能的集成 TTL 门电路

在集成 TTL 电路系列产品中，除了常用的与非门外，还有与门、或门、非门、或非门、与或非门、异或门、集电极开路门、三态门、扩展器等。它们都是在 TTL 与非门的基础上设计的，因此无论是电路结构、工作原理，还是主要参数，都与 TTL 与非门电路相同或相似。常用集成 TTL 与非门电路的型号及名称见表 7-20。

表 7-20　常用集成 TTL 与非门电路

型　号	逻 辑 功 能
74LS00	四—2 输入与非门
74LS10	三—3 输入与非门
74LS20	三—4 输入与非门
74LS30	8 输入与非门

下面介绍两种在数字电路中广泛应用的特殊 TTL 门电路。

（1）集电极开路与非门。在工程实践中，有时需要将几个门的输出端并联使用，以实现与逻辑，称为“线与”。普通 TTL 门电路的输出结构决定了它不能进行“线与”。

集电极开路门（OC 门）可实现“线与”。图 7-32 是 OC 与非门的电路结构、逻辑符号及两个 OC 门线与的连接电路。由于输出三极管 VT_3 集电极开路，使用时必须在输出端与电源之间串接电阻 R_L，R_L 称为上拉电阻，其阻值应结合实际电路正确选择。R_L 所接电源 U_{CC} 应根据实际情况选择，在 R_L 支路所需电流较小的情况下，可与 OC 门使用同一电源 U_{CC}。

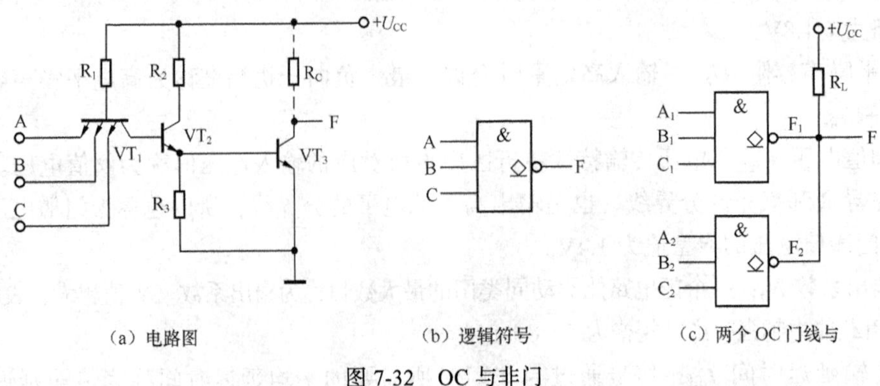

图 7-32　OC 与非门

图 7-32（c）所示是将两个 OC 门输出端直接相连实现线与。当任一 OC 门输出低电平时，输出 F 为低电平，只有所有 OC 门的输出都是高电平时，F 才为高电平，即

$$F = F_1 \cdot F_2 = \overline{A_1B_1C_1} \cdot \overline{A_2B_2C_2}$$

OC 门能实现线与功能，可以作接口电路，也可直接驱动各种负载。图 7-33（a）所示是用二输入端 OC 门驱动发光二极管 LED。图 7-33（b）所示是用二输入端 OC 门驱动大功率照明灯 L，由于 OC 门提供的电流较小，不能直接驱动大功率照明灯，而继电器的触点可以承受高电压和大电流，所以通过驱动继电器来实现对灯 L 的控制。

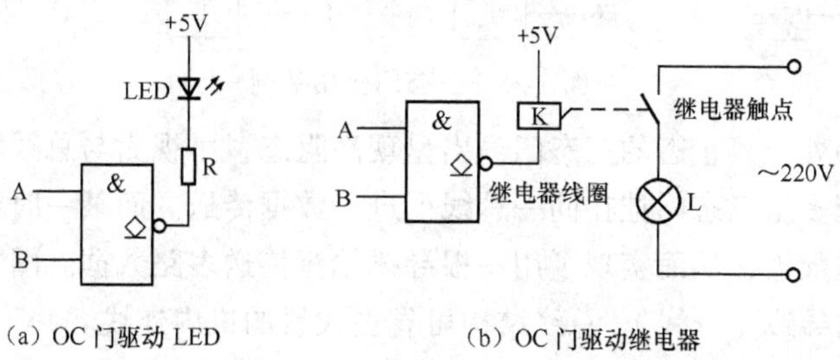

（a）OC 门驱动 LED　　（b）OC 门驱动继电器

图 7-33　二输入端 OC 门驱动 LED 和继电器

（2）三态门。三态门又称 TS 门，图 7-34（a）所示为三态输出的 TTL 与非电路。可以看出，三态门是在普通 TTL 与非门电路的基础上增加一个带有控制端 EN 的控制电路。由一级反相器和一个钳位二极管构成的控制电路为低电平有效；由两级反相器和一个钳位二极管构成的控制电路为高电平有效。

下面以低电平有效的控制电路为例来说明其控制原理。

当 $\overline{EN}=0$ 时，二极管 VD 截止，此时三态门就是普通 TTL 与非门。当 $\overline{EN}=1$ 时，VT_1 饱和，VT_2、VT_4 截止，同时二极管 VD 导通，使 VT_3 同时截止。这时从外往输出端看去，电路输出端呈现高阻状态。由于该电路的输出存在高阻、高电平、低电平 3 种状态，故称之为三态门。

低电平有效的 TTL 三态与非门的逻辑符号如图 7-34（b）所示，其逻辑功能见表 7-21。

表 7-21　三态与非门（低电平有效）的真值表

$\overline{EN}$	A	B	F
0	0	0	1
	0	1	1
	1	0	1
	1	1	0
1	×	×	高阻 Z

控制端高电平有效即指 EN = 1 时为正常的与非工作状态，而当 EN = 0 时，输出为高阻态。高电平有效的 TTL 三态与非门的逻辑符号如图 7-34（c）所示。

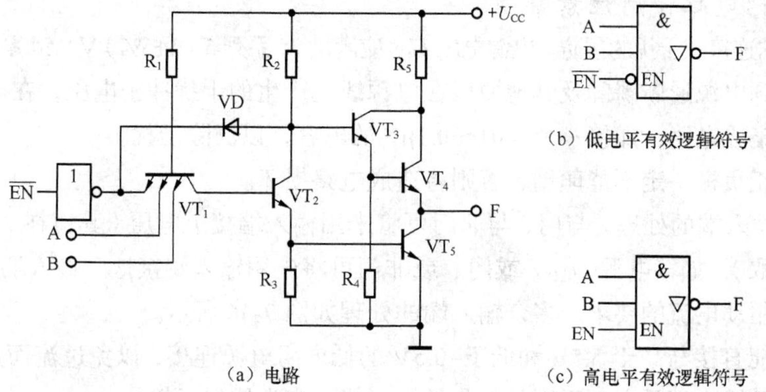

（a）电路　　（b）低电平有效逻辑符号　　（c）高电平有效逻辑符号

图 7-34　TTL 三态与非门电路及其逻辑符号

三态门在计算机系统中的一个重要用途是构成数据总线。为避免多个门输出同时占用数据总线，这些门的使能信号中只允许有一个为有效电平。图 7-35 中三态门的使能端为高电平有效。当 $EN_0=1$，$EN_1=EN_2=0$ 时，门电路 G_0 接到数据总线，$D=F_0$；当 $EN_1=1$，$EN_0=EN_2=0$ 时，门电路 G_1 接到数据总线，$D=F_1$；当 $EN_2=1$，$EN_0=EN_1=0$ 时，门电路 G_2 接到数据总线，$D=F_2$。

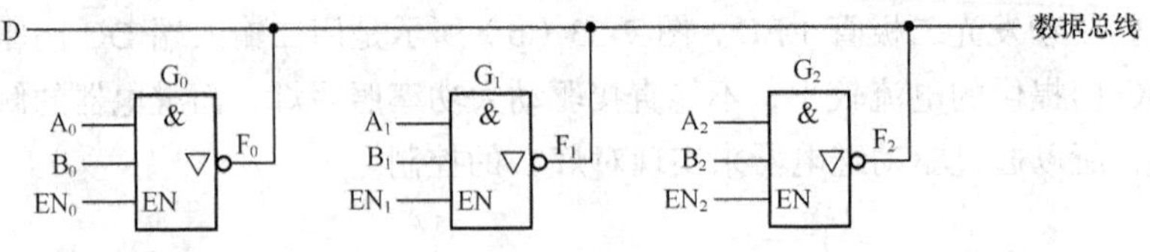

图 7-35　三态门应用举例

由于总线结构中处于禁止态的三态门输出呈现高阻态，可视为与总线脱离。利用这种分时传送原理，可以实现多组三态门挂在同一总线上进行数据传送。而某一时刻只允许一组三态门的输出在总线上发送数据，从而实现了用一根导线轮流传送多路数据。图中总线即用于传输多个三态门输出信号的导线（母线）。总线结构可省去大量的机内连线。

3. TTL 门电路的改进

在速度和功耗方面，TTL 电路都处于现代数字集成电路的中等水平，出现了各具特色的子系列门电路。它的品种丰富，互换性强，一般均以 74（民用）或 54（军用）为型号前缀。对 TTL 电路的改进主要从两方面进行：一是提高工作速度，二是降低功耗。因此就出现了各具特色的子系列门电路。

（1）肖特基 TTL 门（S 系列）。为了缩短转换时间，提高工作速度，肖特基 TTL 门电路采用了抗饱和晶体管。

（2）低功耗肖特基 TTL 门（LS 系列）。LS 系列是 TTL 门电路的主要产品。相对 S 系列门电路，LS 系列 TTL 门电路在电路结构上进行了改进，适当加大了电路中部分电阻的阻值。其主要特点是功耗低、品种多、价格便宜，但速度低于 S 系列。

（3）先进肖特基 TTL 门（AS 系列）。AS 系列 TTL 门电路主要是在制造工艺上对 TTL 门电路进行了改进，使器件达到了更高的性能。

（4）74ALS 系列。这是 LS 系列 TTL 的先进产品，其速度比 LS 系列 TTL 提高了一倍以上，功耗降低了 1/2 左右。其特性和 LS 系列近似，所以成为 LS 系列的更新换代产品。

STTL 门的传输延迟时间约数纳秒，功耗约几十毫瓦；LSTTL 门的传输延迟时间约十几纳秒，功耗约数毫瓦；ASTTL 门的传输延迟时间约 2ns，功耗约 4mW。

4. TTL 门电路使用注意事项

（1）电源的连接及干扰的预防。电源电压 U_{CC} 应满足 74 系列 5（1±5%）V、54 系列 5（1±10%）V 的要求。考虑到电源通断瞬间及其他原因在电源线上产生的干扰冲击电压，在印制电路板上每隔 5 块左右的集成电路，加接一个 0.01～0.1μF 的电容，以滤除干扰。

电源 U_{CC} 正负极一定不能颠倒，否则将造成电路损坏。

（2）多余输入端的处理。与门、与非门可将未用输入端接上电压（其值在 2.4V 至输入电压最大值之间选取），如接电源 U_{CC}。或门、或非门可将未用输入端接地。输入端也能并联使用，但这会增加对驱动电流的要求。多余输入端的处理如图 7-36 所示。

输入端不能直接与高于 5.5V 和低于−0.5V 的低内阻电源连接，以免过流而烧坏。一般情况下，不要将未用输入端悬空；否则易接收外界干扰，产生错误运算。

（3）输出端的正确处理。输出端不允许过载，更不允许对地短路，也不允许直接接到电源上。当输出端接容性负载时，电路从断开到接通瞬间有很大的冲击电流流过输出管，因此，为防止输出管损坏，应接限流电阻。一般容性负载为 100pF 时，限流电阻取 180Ω。三态输出门的输出端可并联使用，但在同一时刻只能有一个门工作，其他门输出处于高阻状态。集电极开路门输出端可并联使用，但公共输出端和电源之间应接负载电阻。

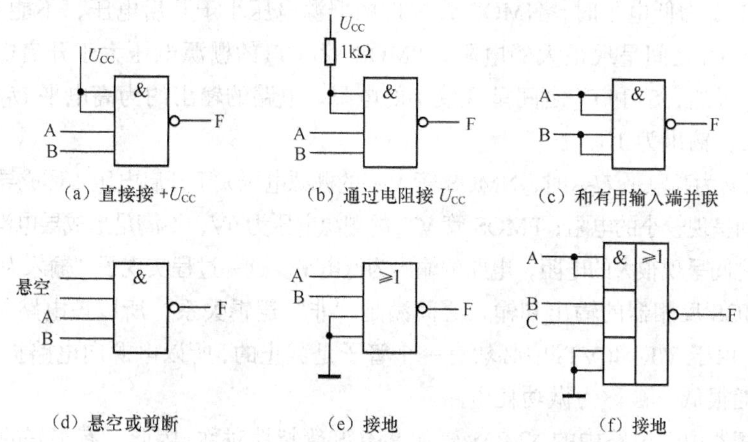

图 7-36　TTL 与非门、或非门多余输入端的处理

（4）电路安装接线和焊接应注意的问题。

① 连线要尽量短，最好用绞合线。

② 整体接地要好，地线要粗、短。

③ 焊接用的烙铁最好不大于 25W，使用中性焊剂，如松香酒精溶液，不可使用焊油。

④ 由于集成电路外引线间距离很近，焊接时焊点要小，不得将相邻引线短路，焊接时间要短。

⑤ 印制电路板焊接完毕后，不得浸泡在有机溶液中清洗，只能用少量酒精擦去外引线上的助焊剂和污垢。

（四）CMOS 集成逻辑门电路

由金属—氧化物—半导体场效应管构成的集成逻辑门电路简称集成 MOS 门电路，其主要有 NMOS 门电路、PMOS 门电路和 CMOS 门电路 3 种类型。CMOS 集成电路是由增强型 NMOS 管和增强型 PMOS 管串联互补（反相器）及并联互补（传输门）为基本单元的组件，因此称为互补型 MOS 器件。

CMOS 集成门电路具有功耗小、集成度高、噪声容限宽、工作电压范围宽、体积小、抗干扰能力强、稳定性好、输入电阻高、制作工艺简单等许多突出的优点，所以发展速度很快，应用领域不断扩大。随着大规模和超大规模集成电路工作速度和密度的不断提高，CMOS 电路已成为现代集成电路中重要的一类，并且越来越显示出它的优越性。

目前国产的 CMOS 数字集成电路主要有 4000 系列和高速系列，其中高速系列主要包含 CC54HC/CC74HC 和 CC54HCT/CC74HCT 两个子系列。

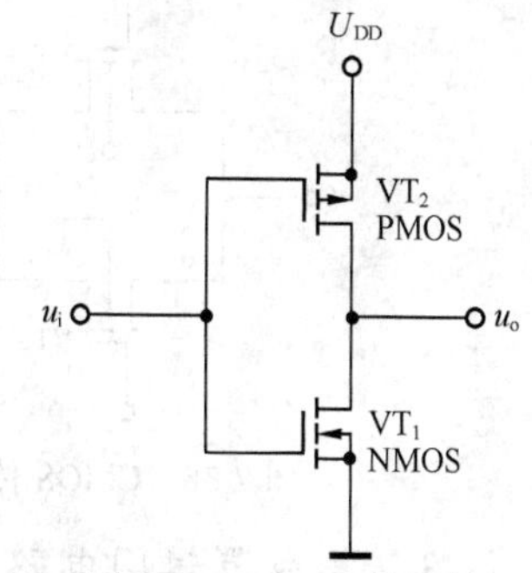

图 7-37　CMOS 反相器

1. CMOS 反相器

（1）电路组成。如图 7-37 所示，工作管 VT_1 是增强型 NMOS 管，负载管 VT_2 是 PMOS 管，两管的漏极 D 接在一起作为电路的输出端，两管的栅极 G 接在一起

作为电路的输入端，VT_1的源极S_1与其衬底相连并接地，VT_2的源极S_2与其衬底相连并接电源U_{DD}。

（2）工作原理。如果要使电路中的绝缘栅型场效应管形成导电沟道，VT_1的栅源电压必须大于开启电压，VT_2的栅源电压必须低于开启电压，所以为使电路正常工作，电源电压U_{DD}必须大于两管开启电压的绝对值之和。

当输入电压u_i为低电平时，NMOS管VT_1的栅源电压小于开启电压，不能形成导电沟道，VT_1截止，S_1和D_1之间呈现很大的电阻；PMOS管VT_2的栅源电压大于开启电压，能够形成导电沟道，VT_2导通，S_2和D_2之间呈现较小的电阻。电路的输出约为高电平U_{DD}。这一过程实现了"输入为0，输出为1"。

当输入电压u_i为高电平U_{DD}时，NMOS管VT_1的栅源电压大于开启电压，形成导电沟道，VT_1导通，S_1和D_1之间呈现较小的电阻；PMOS管VT_2的栅源电压为0V，不满足形成导电沟道的条件，VT_2截止，S_2和D_2之间呈现很大的电阻，电路的输出为低电平。这一过程实现了"输入为1，输出为0"。

显然，CMOS反相器的输出和输入之间满足"非"逻辑关系，所以该电路是非门。

在稳态时，由于VT_1和VT_2中必然有一个管子是截止的，所以电源向电路提供的电流极小，电路的功率损耗很低，被称为微功耗电路。

CMOS反相器由于电路中的NMOS管和PMOS管特性对称，因此具有很好的电压传输特性，其阈值电压$U_{TH} \approx U_{DD}/2$，所以噪声容限很高，约为$U_{DD}/2$。

以CMOS反相器为基础，可以构成CMOS与非门、或非门、异或门、与或非门等复合逻辑门电路。

2. CMOS传输门和模拟开关

（1）电路组成。当一个PMOS管和一个NMOS管并联时，就构成一个如图7-38所示的传输门。传输门电路中两个增强型MOS管的源极相连，作为电路的输入端，两管漏极相连作为电路的输出端。两管的栅极作为电路的控制端，分别与互为相反的控制电压C和$\overline{C}$相连。另外，PMOS管的衬底接U_{DD}，NMOS管的衬底与"地"相接。

（2）工作原理。当控制端C为高电平"1"时，$\overline{C}$为低电平"0"，传输门导通，数据可以从输入端传输到输出端，也可以从输出端传输到输入端，实现数据的双向传输。当控制端C为低电平"0"，$\overline{C}$为高电平"1"时，传输门截止，禁止传输数据。

由于传输门中两个MOS管的结构对称，源、漏极可以互换，实现双向传输，因此又被称为双向模拟电子开关。

用传输门和反相器可构成双向模拟开关，其结构和符号如图7-39所示。

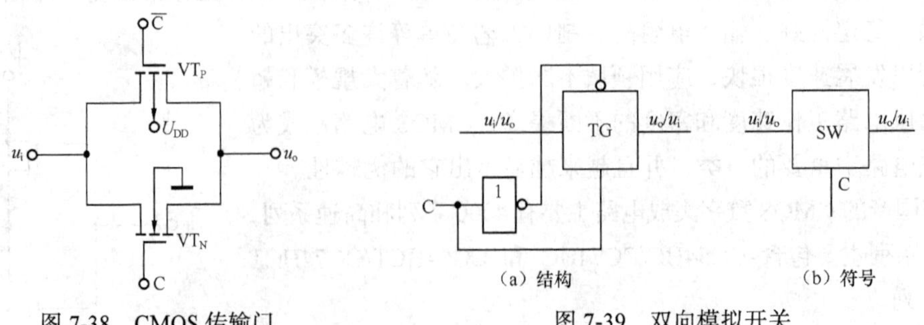

图7-38　CMOS传输门　　图7-39　双向模拟开关

3. 集成逻辑门电路使用注意事项

（1）电源。CMOS门电路所接电源不得超过其极限值，如CC4000系列电路在3~18V的电源电压范围内才能正常工作。工作电压的极性必须正确无误，否则将损坏门电路。

（2）输入端。

① 在 CMOS 集成电路的输入端都有保护电路。使用中，要求输入信号幅度不能超过 U_{DD}～U_{SS}，以保证保护电路正常工作。

② 或门（或非门）的多余输入端应接至 U_{SS} 端；与门（与非门）的多余输入端应接至 U_{DD} 端。当电源稳定性差或外界干扰较大时，多余输入端一般不能直接与电源（地）相连，而是通过一个电阻再与电源（地）相连。另外，采用输入端并联的方法来处理多余的输入端也是可行的。但这种方法只能在电路工作速度不高，功耗不大的情况下使用。需要注意，未用输入端严禁悬空，否则由于静电感应现象，可能损坏 MOS 管。

③ 为消除噪声干扰，一般在输入或输出端接滤波电容，但要加限流电阻，电容器的容量不得超过 200pF。

（3）输出端。

① 输出端不能直接与 U_{DD}、U_{SS} 端连接，否则将由于电流过大而使输出管损坏。

② 为提高电路的驱动能力，同一芯片上相同的门电路可并联使用。

（4）其他。

① CMOS 集成电路应存放在金属容器中或用铝箔包装，以防静电感应，损坏集成电路。

② 进行焊接等操作时，所用设备要接地良好。工作台不铺塑料板、橡胶垫等易带静电的物体，最好用金属材料覆盖，并可靠接地。

在数字系统中，还经常遇到 TTL 电路和 CMOS 电路相互连接的问题，这就要求驱动电路能为负载提供符合要求的高电平、低电平和驱动电流。因此，熟悉各系列 TTL 电路、CMOS4000 系列和 HCMOS 电路的主要参数是十分必要的。

（五）集成电路器件的识别

1. 集成电路手册介绍

器件手册是提供器件特性数据的书籍，是工程人员正确使用各种元器件的依据。手册种类很多，常用的有《中国集成电路大全》、《标准集成电路数据手册》等。在一些图书中，有许多以附录形式介绍器件参数的资料，功能与器件手册相近，但所介绍内容一般只局限于该书所涉及的有关器件。通过互联网查询 些器件的特性参数，也是非常重要的一条途径。

器件手册基本内容一般主要包括以下几部分。

（1）器件型号索引部分。

（2）器件功能索引部分。

（3）器件功能说明部分。

（4）器件参数、参数的意义、参数测试的条件及测试电路等。

（5）手册正文部分，详细列出器件的各种数据，包括参数数据、封装、外形尺寸、引出端排列顺序等。

此外一些手册还有器件质量评定办法、国内外型号对照表、附录等其他部分。

2. 集成电路型号命名法

集成电路现行国际规定的命名法如下。

器件的型号由 5 部分组成，各部分的符号及意义见表 7-22。

表 7-22　　器件型号的组成

第零部分		第一部分		第二部分	第三部分		第四部分	
用字母表示器件符合国家标准		用字母表示器件的类型		用阿拉伯数字和字母表示器件系列品种	用字母表示器件的工作温度范围		用字母表示器件的封装	
符号	意义	符号	意义		符号	意义	符号	意义
C	中国制造	T	TTL 电路	TTL 分为： 54/74×××、 54/74H×××、 54/74L×××、 54/74S×××、 54/74LS×××、 54/74AS×××、 54/74ALS×××、 54/74F×××； CMOS 分为： 4000 系列、 54/74HC×××、 54/74HCT×××	C	0～70℃	F	多层陶瓷扁平封装
					G	−25～70℃	B	塑料扁平封装
		H	HTL 电路		L	−25～85℃	H	黑瓷扁平封装
		E	ECL 电路		E	−40～85℃	D	多层陶瓷双列直插封装
		C	CMOS 电路		R	−55～85℃		
		M	存储器		M	−55～125℃	J	黑瓷双列直插封装
		u	微型机电路		⋮		P	塑料双列直插封装
		F	线性放大器				S	塑料单列直插封装
		W	稳压器				T	金属圆壳封装
		D	音响电视电路				K	金属菱形封装
							C	陶瓷芯片载体封装
		B	非线性电路				E	塑料芯片载体封装
		J	接口电路				G	网格针栅陈列封装
		AD	A/D 转换器				SOI	小引线封装
							PCC	塑料芯片载体封装
		DA	D/A 转换器				LCC	陶瓷芯片载体封装

例如，

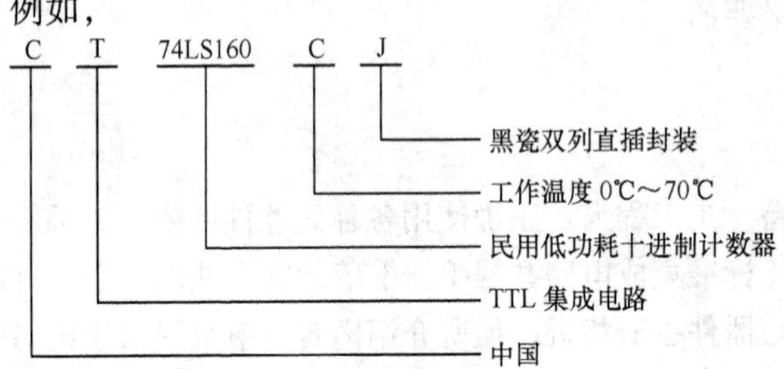

3. 集成电路外引线的识别

图 7-40 所示为集成电路封装的几种形式，图 7-40（a）为双列直插式（DIP），图 7-40（b）为片状塑料芯片载体封装（PLCC），图 7-40（c）为双列表面安装式封装（SOP），图 7-40（d）为插针网格阵列封装（PGA）。

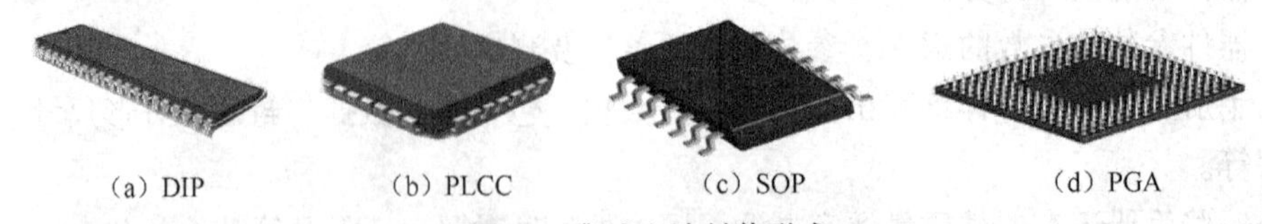

（a）DIP　（b）PLCC　（c）SOP　（d）PGA

图 7-40　集成电路封装形式

使用集成电路前，必须认真查对和识别集成电路的引脚，确认电源、地、输入、输出及控制等相应的引脚号，以免因错接而损坏器件。引脚排列的一般规律如下。

圆形集成电路：识别时，面向引脚正视。从定位销顺时针方向依次为 1，2，3，4，…。圆形多用于模拟集成电路。

扁平和双列直插型集成电路：识别时，将文字符合标记正放（一般集成电路上有一缺口，将缺口或圆点置于左方），由顶部俯视，从左下脚起，按逆时针方向数，依次为1，2，3，4，…。集成电路识别图如图7-41所示。扁平型多用于数字集成电路；双列直插型广泛应用于模拟和数字集成电路。

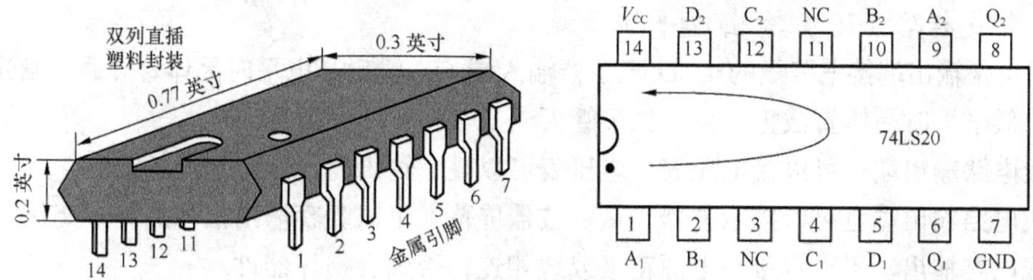

图7-41　集成电路识别图

三、项目实施

（一）集成电路实验板简介

集成电路实验板如图7-42所示。电路板由敷铜板加工制成，所有的接线孔为金属化孔，用带插针的软线连接电路。电路板上有3个集成电路块插座，可插入14/16/28个引脚以下的TTL集成电路和CMOS集成电路。

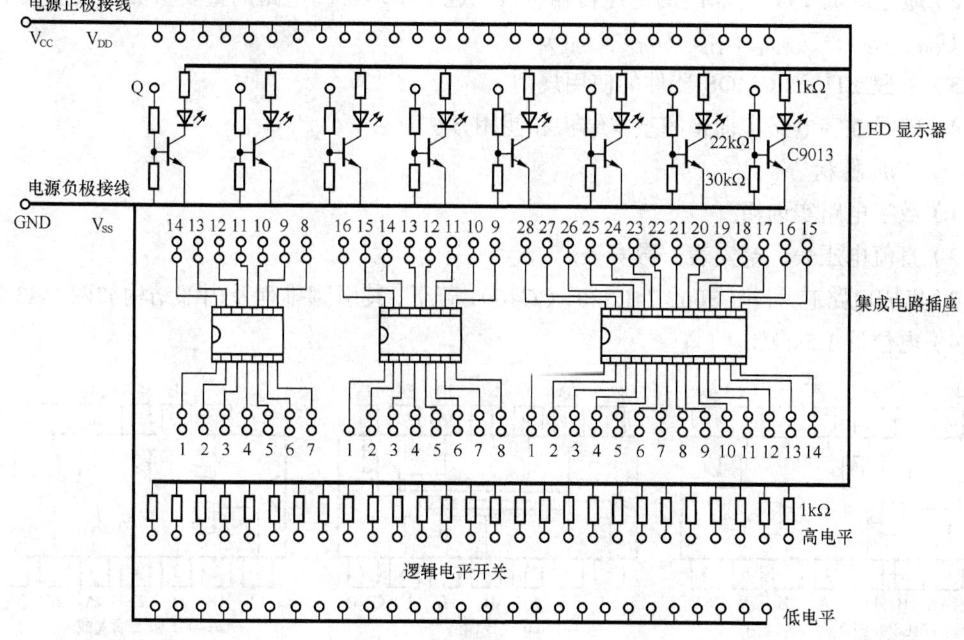

图7-42　集成电路实验板

1．电源正极接线

输入端接直流稳压电源的正极端，TTL集成电路用+5V电源，CMOS集成电路用3~18V电源。输出端连接集成电路电源端，TTL集成电路接V_{CC}引脚，CMOS集成电路接V_{DD}引脚。

2．电源负极接线

输入端接直流稳压电源的负极端。输出端连接集成电路接地端，TTL集成电路接GND引脚，CMOS 集成电路接 V_{SS} 引脚。

3. 集成电路（IC）高、低电平输入端

集成电路输入端接逻辑电平开关。它有两个插孔，上端接高电平，通过 1 个 1kΩ电阻接电源 V_{CC}/V_{DD}。下端接低电平，接到电路板的 GND/V_{SS} 端。

4. 集成电路（IC）输出电平显示端

集成电路输出端接电路板的 LED 显示器输入端 Q。输出高电平时晶体管导通，发光二极管亮；输出低电平时晶体管截止，发光二极管灭。

集成电路输出端也可以接电压表。电压表可以显示输出高、低电平的状态。

集成电路输出端也可以接示波器，从示波器屏幕上可以观察输出信号的波形变化。

集成电路输出端不准直接与电源正极或地相连，否则会损坏器件。

5. 开关机

开机时先接通电路板电源，后开信号源；关机时先关信号源，后关电路板电源。尤其是 CMOS 电路未接通电源时，不允许有输入信号加入。

（二）实训：集成门电路的测试

1. 实训目的

（1）学习 TTL 和 CMOS 门电路的逻辑功能测试方法，加深对 TTL 与 CMOS 门电路电平差异的认识。

（2）通过测试 TTL 与非门的电压传输特性，进一步理解门电路的重要参数及其意义（包括 U_{OL}、U_{OH}、U_{ON}、U_{OFF}、U_{TH}、U_{NL}、U_{NH}）。

（3）掌握 TTL 和 CMOS 器件的使用规则。

（4）熟悉数字电路实训箱的基本结构和使用方法。

2. 实训器材

（1）数字电路实训箱。

（2）直流电压表、毫安表、微安表。

（3）集成电路芯片 74LS00、74LS20、CC4001 若干，其引脚排列及内部结构如图 7-43 所示，

（4）电位器 1.5kΩ/3W 1 个。

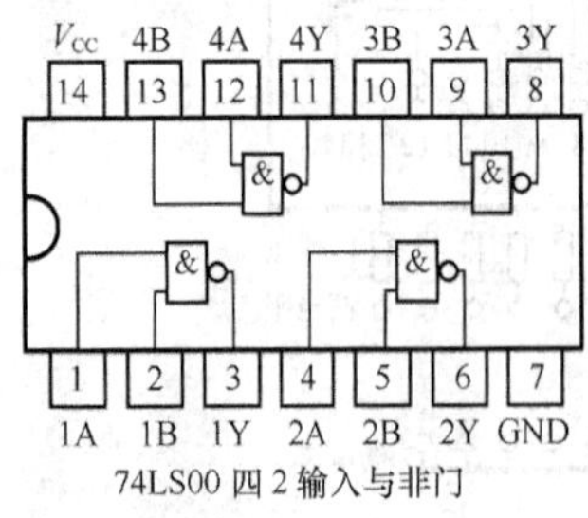

74LS00 四 2 输入与非门

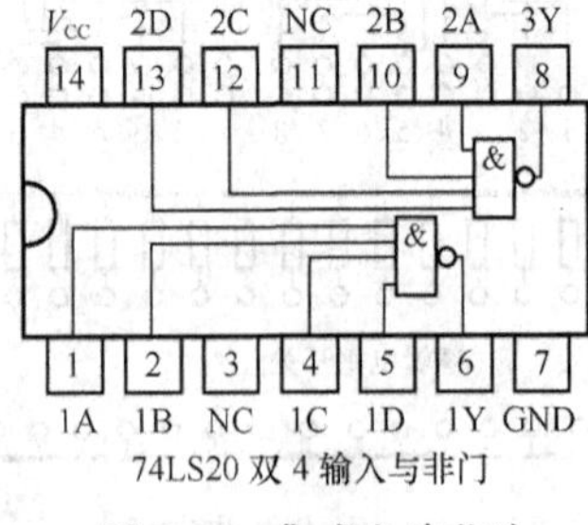

74LS20 双 4 输入与非门

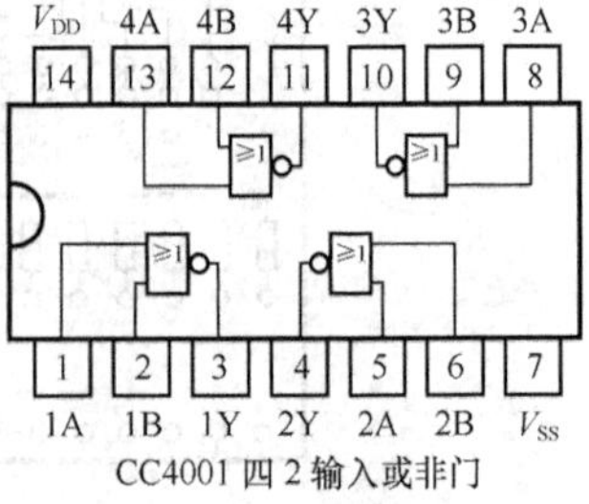

CC4001 四 2 输入或非门

图 7-43 集成电路芯片

3. 实训内容及步骤

（1）测试 TTL 与非门 74LS00 和 CMOS 或非门 CC4001 的逻辑功能，测试电路如图 7-44 所示。

① 识别 74LS00 和 CC4001 的封装形式及引脚排列。

② 正确连接测试电路，特别注意直流工作电压的大小和极性。

③ 测试它们的逻辑功能，完成真值表 7-23 和 7-24，要求记录输入高低电平（U_{IL}、U_{IH}）

和输出高低电平(U_{OL}、U_{OH})。

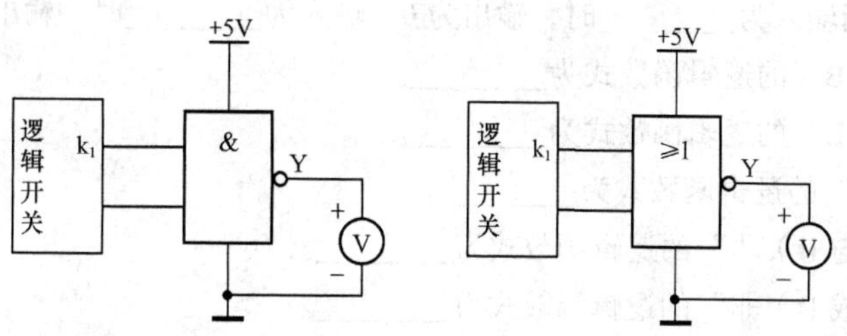

图 7-44　74LS00 和 CC4001 逻辑功能测试电路

表 7-23　74LS00 的真值表

输　入		输　出
1 端	2 端	Y
0	0	
0	1	
1	0	
1	1	
逻辑函数表达式		
器件功能结论		

表 7-24　CC4001 的真值表

输　入		输　出
1 端	2 端	Y
0	0	
0	1	
1	0	
1	1	
逻辑函数表达式		
器件功能结论		

④ 试验 TTL 和 CMOS 门电路的输入端悬空对门电路输出的影响。

注意 CMOS 电路的使用特点，应先接入电源电压，再接入输入信号；断电时则相反，应先断开输入信号，再断开电源电压。另外，CMOS 电路的多余输入端不得悬空。

（2）测试 TTL 与非门 74LS20 的电压传输特性。

① 按图 7-45 正确连接测试电路，特别注意电位器的连接，若连接错误易损坏电位器。

② 注意在特性曲线的转折处可适当增加测量点。

③ 正确读取数据并记录，完成表 7-25。

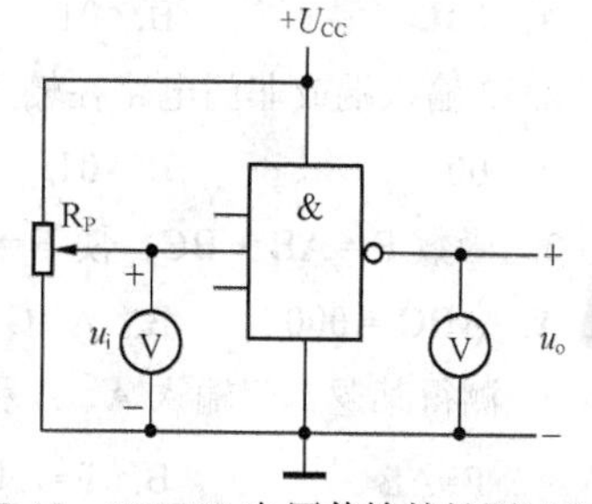

图 7-45　74LS20 电压传输特性测试电路

表 7-25　电压传输特性测试结果

u_i（V）	0	0.2	0.4	0.8	1.0	1.5	2.0	2.5	3.0	3.5	4.0
u_o（V）											

4. 实训报告

（1）绘制 TTL 与非门的传输特性曲线，并根据曲线标出 U_{ON}、U_{OFF}、U_{TH}、U_{NL}、U_{NH}。

（2）实验结果分析与总结。

思考与练习

一、填空题

1. 与门电路是当全部输入为________时，输出才为 1。

2. 或门电路是当全部输入为________时，输出才为 0。

3. 非门电路是当输入为________时，输出为 0；输入为________时，输出为 1。

4. “F 等于 A 与 B”的逻辑函数式为________。

5. “F 等于 A 或 B”的逻辑函数式为________。

6. “F 等于 A 非”的逻辑函数式为________。

7. “F 等于（A 与 B）非”的逻辑函数式为________。

8. “F 等于（A 或 B）非”的逻辑函数式为________。

9. TTL 门电路输入端悬空时，应视为________（高电平，低电平，不定）；此时如用万用表测量其电压，读数约为________（3.5V，0V，1.4V）。

10. CT74、CT74H、CT74S、CT74LS 4 个系列的 TTL 集成电路中功耗最小的为________；速度最快的为________；综合性能指标最好的为________。

11. 集电极开路门（OC 门）在使用时须在________（输出与地，输出与输入，输出与电源）之间接一电阻。

12. CMOS 门电路的特点：静态功耗________（很大，极低）；动态功耗随着工作频率的提高而________（增加，减小，不变）；输入电阻________（很大，很小）；噪声容限________（高，低，等）于 TTL 门。

二、选择题

1. 2 输入端与非门电路在输入端为（　　）状态下输出为 0。

A. 00　　B. 01　　C. 10　　D. 11

2. 2 输入端或非门电路在输入端为（　　）状态下输出为 1。

A. 00　　B. 01　　C. 10　　D. 11

3. 函数 $F = AB + BC$，使 $F = 1$ 的输入 ABC 组合为（　　）。

A. ABC = 000　　B. ABC = 010　　C. ABC = 101　　D. ABC = 110

4. 测得某逻辑门输入 A、B 和输出 F 的波形如图 7-46 所示，则 F（A，B）的表达式为（　　）。

A. $F=AB$　　B. $F=A+B$　　C. $F=\overline{AB}$　　D. $F = A\oplus B$

三、画图题

1. 已知与门电路两输入端的输入波形如图 7-47 所示，试绘出输出波形 F。

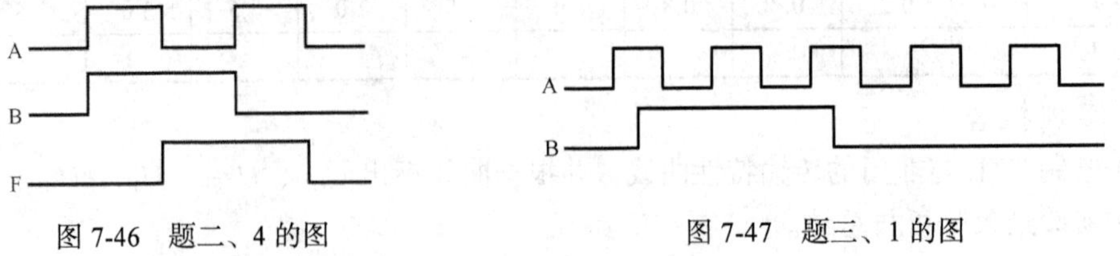

图 7-46　题二、4 的图　　　　图 7-47　题三、1 的图

2. 已知或门电路 2 输入端的输入波形如图 7-48 所示，试绘出输出波形 F。

3. 已知非门电路输入波形如图 7-49 所示，试绘出输出波形 F。

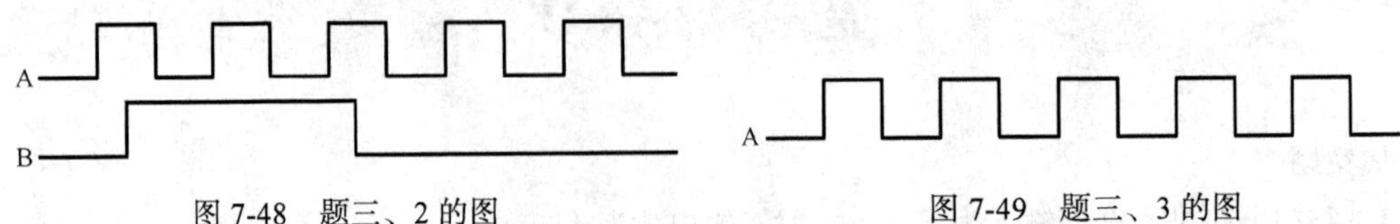

图 7-48　题三、2 的图　　　　图 7-49　题三、3 的图

4. 已知与非门电路两输入端A、B的输入波形如图7-50所示，试绘出输出波形F。

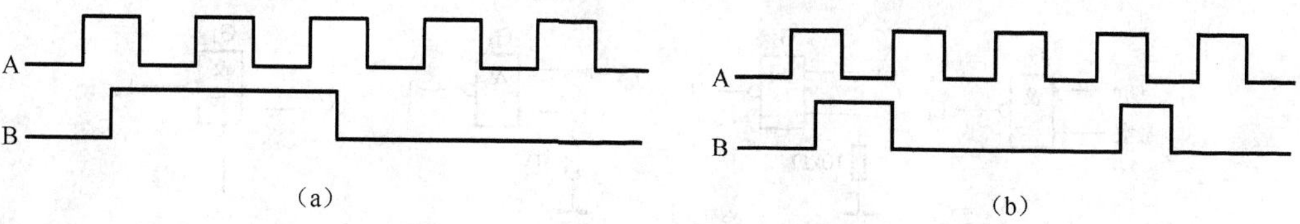

图7-50　题三、4的图

5. 画出图7-51（a）所示电路输出端F_1、F_2的电压波形。其中输入A、B的波形如图7-51（b）所示。

6. 试画出图7-52（a）所示三态门和TG门输出端F_1、F_2的电压波形。其中A、B电压波形图7-52（b）所示。

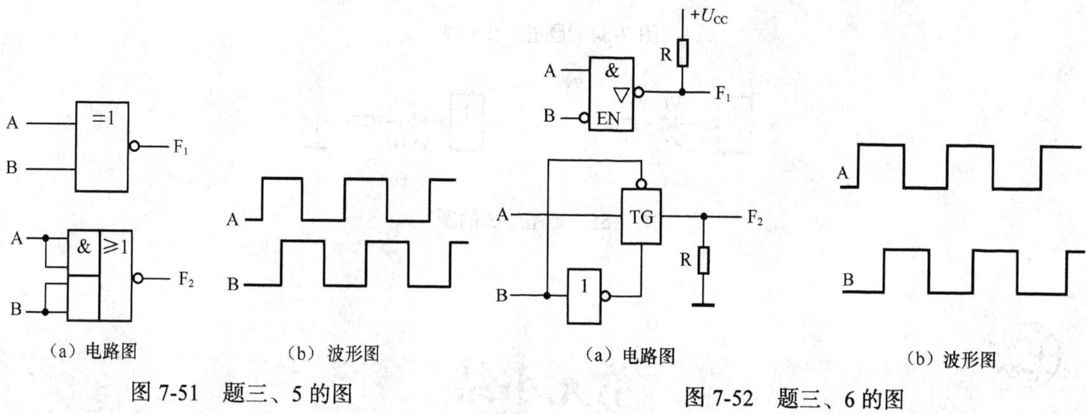

图7-51　题三、5的图　　图7-52　题三、6的图

四、问答题

1. 门电路按集成度可分为几类？
2. 什么是“线与”？
3. TTL集成门电路使用注意事项有哪些？
4. CMOS集成电路使用注意事项有哪些？
5. CMOS逻辑门电路与TTL门电路相比有哪些优点？

五、分析题

1. 找出图7-53（a）、（b）、（c）、（d）所示电路中的错误，并说明为什么。

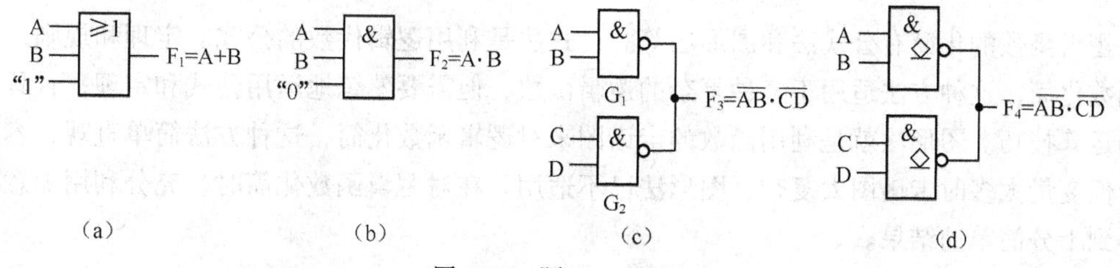

图7-53　题五、1的图

2. 图7-54中G_1、G_2、G_3、G_4为74系列的TTL门电路，G_5、G_6、G_7为CC4000系列的CMOS门电路。试指出各门的输出状态（高电平、低电平、高阻态）。

3. 甲、乙两同学想用一个与非门（已知与非门的$I_{OLmax}=16mA$, $I_{OHmax}=0.4mA$）驱动发光二极管（设二极管发光时工作电流为10mA），甲接线如图7-55（a）所示，乙接线如图7-55（b）所示，试问谁的接线正确？

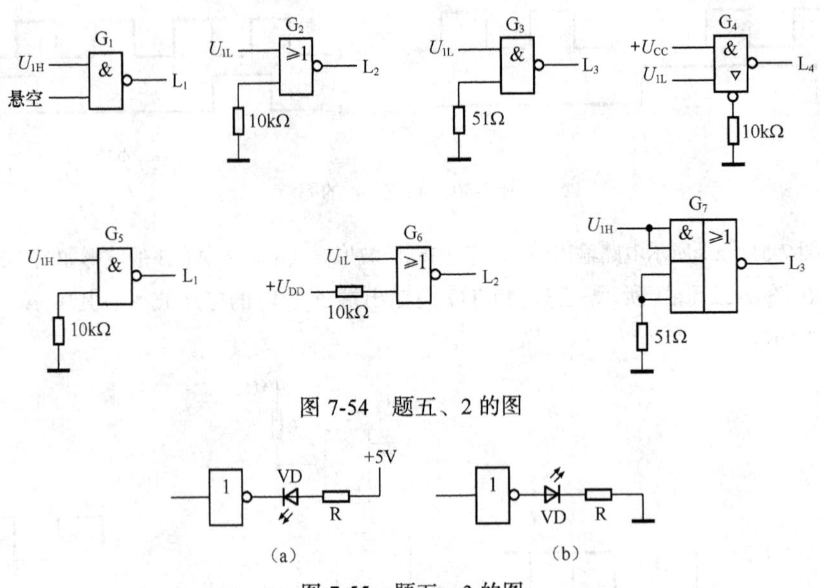

图 7-54　题五、2 的图

图 7-55　题五、3 的图

单元小结

逻辑代数是分析和设计逻辑电路的重要工具。逻辑变量是一种二值变量，只能取 0 或 1，仅用来表示两种截然不同的状态。可以运用逻辑代数的定律、公式进行逻辑运算。

基本逻辑运算有与运算、或运算、和非运算 3 种。常用的导出逻辑运算有与非运算、或非运算、与或非运算以及异或和同或运算，利用这些简单的逻辑关系可以组合成复杂的逻辑运算。

在逻辑代数的公式与定律中，交换律、结合律以及分配律的第一种形式与普通代数中的一样，而其余定律则完全不同于普通代数，要加以区别。这些定律中，摩根定律最为常用。

逻辑函数有 4 种常用的表示方法，分别是真值表、逻辑函数式、卡诺图（本书未讲）、逻辑图。

逻辑函数的化简有公式法和图形法等。公式法是利用逻辑代数的公式、定理和规则来对逻辑函数化简，这种方法适用于各种复杂的逻辑函数，但需要熟练地运用公式和定理，且具有一定的运算技巧。图形法就是利用函数的卡诺图来对逻辑函数化简，这种方法简单直观，容易掌握，但变量太多时卡诺图太复杂，图形法已不适用。在对逻辑函数化简时，充分利用随意项可以得到十分简单的结果。

第8单元

组合逻辑电路

【学习目标】

1. 理解组合逻辑电路的特点，掌握组合逻辑电路的分析与设计方法。
2. 熟悉实用组合逻辑器件的功能和外部特性，并能正确选择和合理使用。
3. 掌握组合逻辑电路的理论知识和实际应用技术，能设计实用、可靠、功能完善和经济指标好的组合逻辑新器件。

在数字系统中，数字逻辑电路按照结构和逻辑功能的不同可分为两大类，一类称为组合逻辑电路，另一类称为时序逻辑电路。

以逻辑门电路作为基本单元的数字电路称为组合逻辑电路。组合逻辑电路在某一时刻的输出状态由该时刻电路的输入信号决定，而与电路的原状态无关。它的特点是：没有记忆单元，没有从输出反馈到输入的回路。

为了方便使用，厂家把经常使用的组合逻辑电路制造成中规模集成器件。实用组合逻辑器件有加法器、数值比较器、编码器、译码器、多路选择器、多路分配器等。

项目一　组合逻辑电路的分析与设计方法

一、项目导入

对于给定的组合逻辑电路，分析判断其逻辑功能称为分析；反过来，根据实际问题确定的逻辑功能给出相应的逻辑电路称为设计。

二、相关知识

（一）组合逻辑电路的分析

对于任何组合逻辑电路，分析其逻辑功能的步聚如下。

（1）由给定的逻辑电路图逐级写出各输出端的逻辑表达式。

（2）对得到的逻辑表达式进行化简或逻辑变换。

（3）由简化的逻辑表达式列出输入、输出真值表。

（4）由真值表对逻辑电路进行分析，判断该电路的逻辑功能。

例 8-1 组合逻辑电路如图 8-1 所示，分析该电路的逻辑功能。

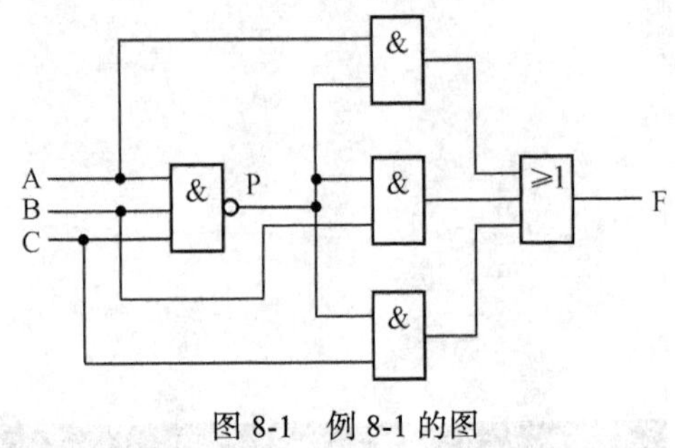

图 8-1 例 8-1 的图

解：（1）由逻辑图逐级写出逻辑表达式。为了写表达式方便，借助中间变量 P。

$$P=\overline{ABC}$$

$$F=\overline{AP+BP+CP}$$

$$=\overline{A\overline{ABC}+B\overline{ABC}+C\overline{ABC}}$$

$$=\overline{\overline{ABC}\cdot(A+B+C)}$$

$$=ABC+\overline{A}\,\overline{B}\,\overline{C}$$

（2）化简得 $F=ABC+\overline{A}\,\overline{B}\,\overline{C}$。

（3）由表达式列出真值表，见表 8-1。

表 8-1 **真值表**

A	B	C	F	A	B	C	F
0	0	0	1	1	0	0	0
0	0	1	0	1	0	1	0
0	1	0	0	1	1	0	0
0	1	1	0	1	1	1	1

（4）分析逻辑功能。当 A、B、C 3 个变量取值一致时，电路输出为“1”，所以该电路称为“输入一致电路”或称“输入一致表决器”。

（二）组合逻辑电路的设计

与分析过程相反，组合逻辑电路的设计是根据给定的实际逻辑问题，求出实现其逻辑功能的最简单的逻辑电路。设计步骤如下。

（1）分析设计要求，指定实际问题的逻辑含义，确定电路的输入变量和输出变量，列出真值表。

（2）由真值表写出逻辑表达式。

（3）化简逻辑表达式并画出逻辑图，或者变换逻辑表达式选用恰当的中规模集成电路（MSI）器件实现电路。

在组合电路中，当输入信号的状态改变时，输出端可能会出现不正常的干扰信号，使电路产生错误的输出，这种现象称为竞争冒险。若输出端的逻辑函数在一定条件下能简化成：$F=A+\overline{A}$（1 型冒险）或者 $F=A\cdot\overline{A}$（0 型冒险），则电路可能出现竞争冒险现象。

实际应用中，对设计完成的组合逻辑电路，应判断它是否存在竞争冒险现象。若存在竞争冒险，应通过接入滤波电容、引入选通脉冲、修改电路设计（增加冗余项）等措施加以消除。这部分内容可以通过教材配备的“组合逻辑电路的竞争冒险”动画学习，这里不再赘述。

例 8-2 设计一个 3 人表决电路。每人 1 个按键（A、B、C），按键按下表示同意，否则表示不同意；结果用指示灯表示，多数同意时指示灯亮，否则不亮。

解：（1）分析设计要求，设定输入、输出变量并逻辑赋值。

设 3 个按键 A、B、C 按下时为“1”，不按时为“0”。输出结果用 F 表示，多数赞成时为“1”，否则为“0”。

（2）根据题意列出真值表，见表 8-2。

表 8-2　　真值表

A	B	C	F	A	B	C	F
0	0	0	0	1	0	0	0
0	0	1	0	1	0	1	1
0	1	0	0	1	1	0	1
0	1	1	1	1	1	1	1

（3）由真值表 8-2 写出逻辑表达式并化简。

$$F=\overline{A}BC+A\overline{B}C+AB\overline{C}+ABC=BC+AC+AB$$

根据逻辑表达式实现逻辑电路，如图 8-2（a）所示。

（4）用与非门实现逻辑电路，变换逻辑表达式。

$$F=BC+AC+AB=\overline{\overline{BC+AC+AB}}=\overline{\overline{BC}\cdot\overline{AC}\cdot\overline{AB}}$$

根据变换后的逻辑表达式画出逻辑电路如图 8-2（b）所示。

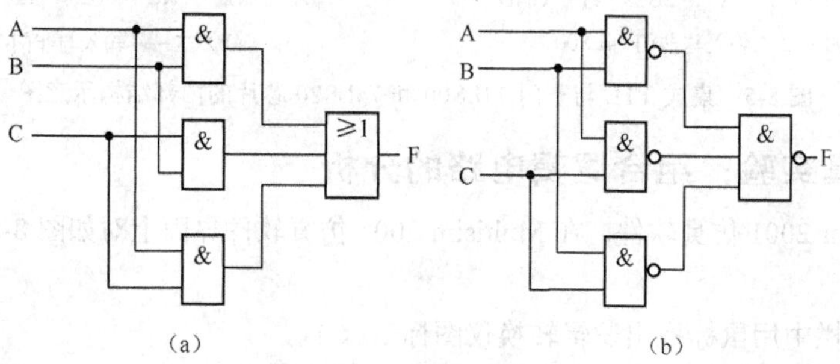

图 8-2　例 8-2 的图

三、项目实施

（一）集成 TTL 与非门 74LS00 和 74LS20 芯片的识别

14 引脚双列直插式集成 TTL 与非门 74LS00 和 74LS20 芯片的外形如图 8-3 所示，凹口标记处正下方为 1 脚，其余引脚按逆时针方向旋转顺序排列，其引脚排列如图 8-4 所示，内部结构示意图如图 8-5 所示。

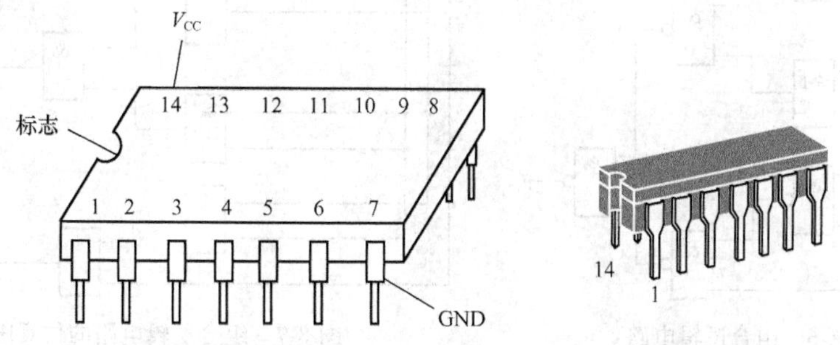

图 8-3　集成 TTL 与非门 74LS00 和 74LS20 芯片的外形图

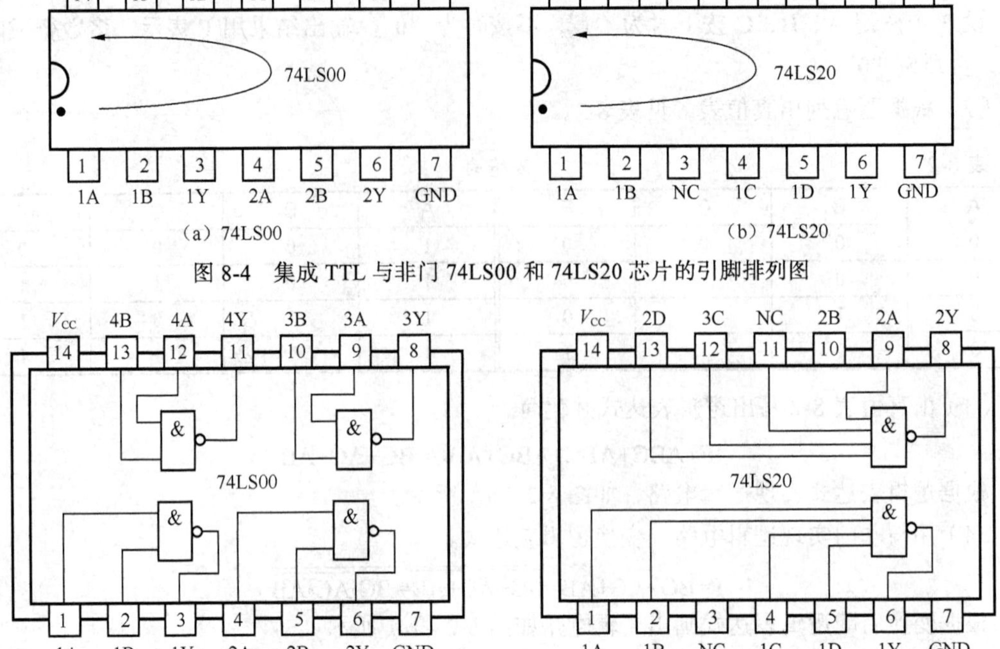

（a）74LS00　　（b）74LS20

图 8-4　集成 TTL 与非门 74LS00 和 74LS20 芯片的引脚排列图

（a）四—2 二输入与非门 74LS00　　（b）二—4 输入与非门 74LS20

图 8-5　集成 TTL 与非门 74LS00 和 74LS20 芯片的内部结构示意图

（二）仿真实验：组合逻辑电路的分析

启动 Multisim 2001 仿真软件，在 Multisim 2001 仿真软件界面上对如图 8-6 所示的组合逻辑电路进行分析。

（1）从仪器栏中用鼠标拖出逻辑转换仪图标 XLC1。

（2）从混合元件库中用鼠标拖出 1 个非门、1 个或门和 4 个与非门逻辑符号构成如图 8-6 所示的逻辑电路。

（3）将逻辑电路的输入端按 A、B、C，按图 8-7 接入逻辑转换仪的输入端，将逻辑电路的输出端接入逻辑转换仪的输出端。

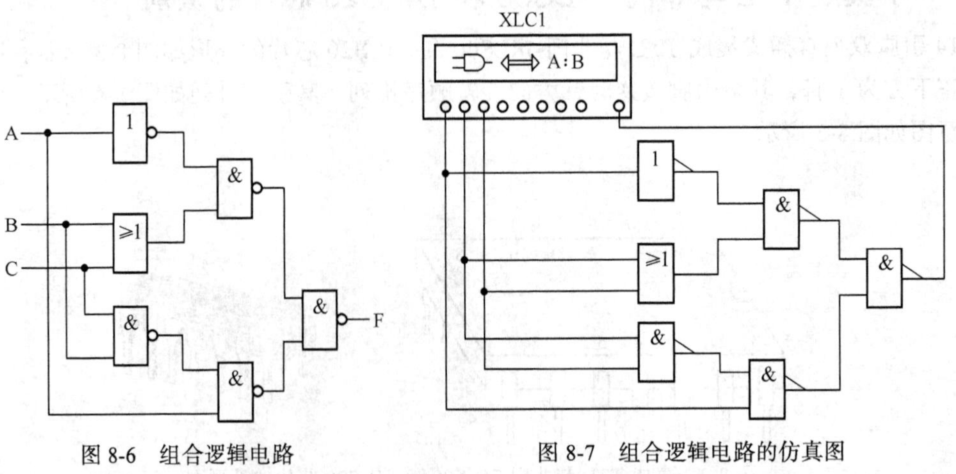

图 8-6　组合逻辑电路　　图 8-7　组合逻辑电路的仿真图

（4）用鼠标双击逻辑转换仪图标，显示逻辑转换仪工作界面。

（5）按下逻辑转换仪面板上的【逻辑图→真值表】键，在工作界面上出现该组合逻辑电路的真值表，如图 8-8 所示。

（6）分析该组合逻辑电路的真值表，见表 8-3。

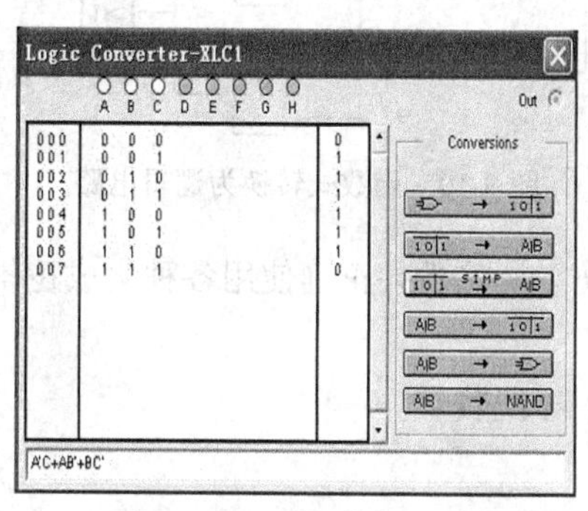

图 8-8 逻辑电路转换为真值表

表 8-3 组合逻辑电路的真值表

输入信号			输出信号
A	B	C	F
0	0	0	0
0	0	1	1
0	1	0	1
0	1	1	1
1	0	0	1
1	0	1	1
1	1	0	1
1	1	1	0

观察真值表可以看出，当 3 个输入信号完全相同时输出为 0，若 3 个输入信号中至少有一个不相同时输出即为 1。由于三变量不一致时输出为 1，因此这是一个三变量不一致判别电路。

（三）仿真实验：组合逻辑电路的设计

设计一个两地控制逻辑电路，要求在 A、B 两地的开关都能独立控制负载的通电或断电。设计思路如下：A、B 两个开关都能单独控制负载，则两个输入变量中“1”的个数为奇数时，逻辑输出为 1，否则为 0，其真值表见表 8-4。

表 8-4 两地控制逻辑电路的真值表

开关 A	开关 B	负载 L	开关 A	开关 B	负载 L
0	0	0	1	0	1
0	1	1	1	1	0

在 Multisim 2001 软件工作平台上对两地控制的逻辑电路进行设计的操作步骤如下。

（1）从仪表栏中用鼠标拖出逻辑转换仪图标 XLC1。

（2）用鼠标双击逻辑转换仪图标，显示逻辑转换仪工作界面。

（3）在逻辑转换仪工作界面上选择 A、B 两个变量，填入真值表逻辑值。

（4）按下逻辑转换仪面板上的【真值表→最简函数式】键，在逻辑函数式栏中出现该组合逻辑电路的最简逻辑函数式 A′B + AB′（即 $L=\overline{A}B+A\overline{B}$），如图8-9所示。

（5）按下逻辑转换仪面板上的【函数式→逻辑电路】键，在软件的电路编辑区呈现对应的组合逻辑电路，如图 8-10 所示。

可以看出，由仿真软件设计的组合逻辑电路由 2 个非门、2 个与门和 1 个或门组合而成。

（四）实训：用与非门芯片实现 3 人表决电路

1. 实训目的

（1）掌握组合逻辑电路的设计方法，能用指定芯片完成组合逻辑电路的设计。

（2）用实验验证所设计的组合逻辑电路的逻辑功能。

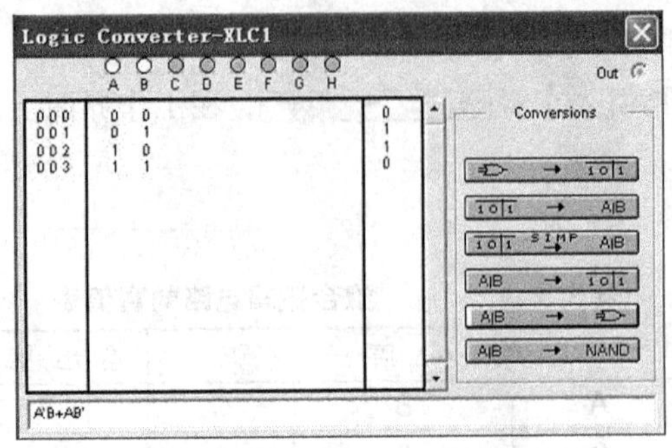

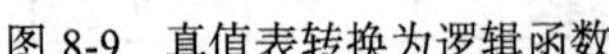
图 8-9 真值表转换为逻辑函数

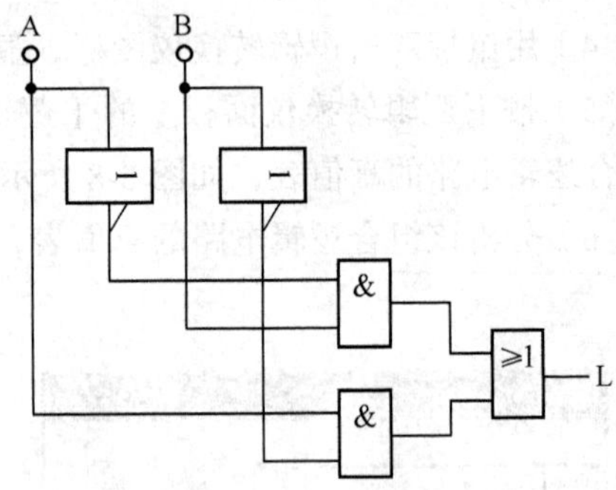

图 8-10 函数式转换为逻辑电路

（3）学会利用集成电路手册，选用集成电路芯片的方法，熟悉并正确使用各种集成逻辑门。

2. 实训器材

数字电路实验箱，集成电路芯片 74LS00、74LS20，导线若干。

3. 实训内容及步骤

（1）实训之前按设计要求完成下列各项工作。

① 根据题意列出输入、输出真值表。

② 对函数表达式进行化简和变换。

③ 利用指定与非门电路（如 74LS00、74LS20 等）实现逻辑功能，画出相应的逻辑电路图，如图 8-11 所示。

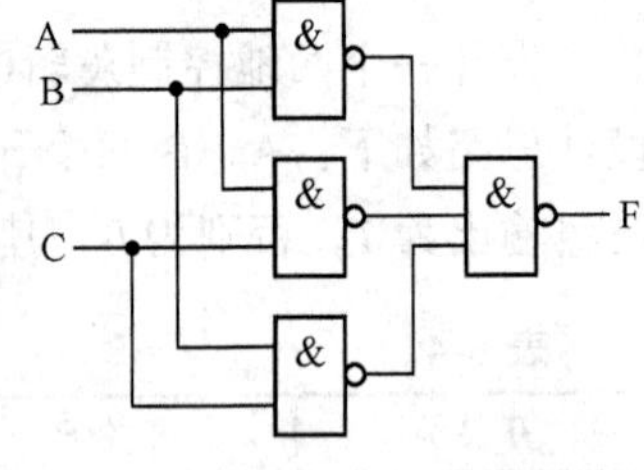

图 8-11 实训电路

（2）检查集成电路芯片 74LS00、74LS20 的外观是否完好无损，对选定的与非门集成芯片进行逻辑功能测试。

（3）画出接线图并进行静态测试。

用测试好的集成电路芯片 74LS00、74LS20 按接线图 8-11 连接电路，变量 A、B、C 分别接逻辑电平开关（0/1 信号），F 接 LED 显示器（0/1 信号）。检查集成电路芯片 74LS00、74LS20 的引脚接线无误后，给集成电路芯片接通电源，按照表 8-5 改变开关量组合，测试输出端 F 的逻辑状态，记入表 8-5 中，验证 3 人表决电路的逻辑功能，判断电路的逻辑功能是否与设计功能一致。

表 8-5 实训测试记录

A	B	C	F	A	B	C	F
0	0	0		1	0	0	
0	0	1		1	0	1	
0	1	0		1	1	0	
0	1	1		1	1	1	

（4）动态测试。变量 A、B、C 用实验系统中两两分频的序列信号作为输入信号，F 接双踪示波器的一个垂直通道，A、B、C 之一接另一个垂直通道，观察并记录输入、输出波形。

4. 实训报告

（1）预习组合逻辑电路的设计方法。

（2）复习 74LS00 和 74LS20 的逻辑功能，查阅资料弄清其引脚分布，总结如何利用集成电路手册选用集成电路芯片。

（3）总结用最少的门电路实现逻辑功能的方法。

（4）总结用集成电路芯片连接实验电路的方法。

思考与练习

一、问答题

1. 组合逻辑电路有什么共同特点？组合逻辑电路的基本单元是什么？
2. 分析组合逻辑电路的目的是什么？简述其分析步骤。
3. 简述组合逻辑电路的设计步骤。

二、分析和设计题

1. 证明图 8-12 所示的两个逻辑电路具有相同的逻辑功能。

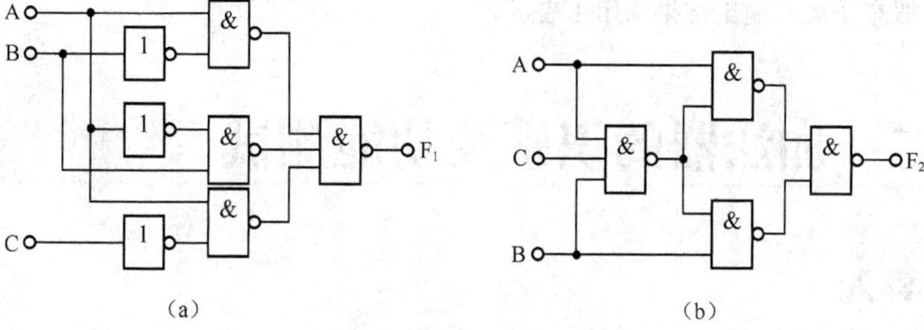

图 8-12　题 1 的图

2. 写出图 8-13 所示电路的逻辑表达式，化简后变换为与或形式，列出真值表。
3. 写出图 8-14 所示各电路的逻辑函数表达式，并用仿真软件验证。

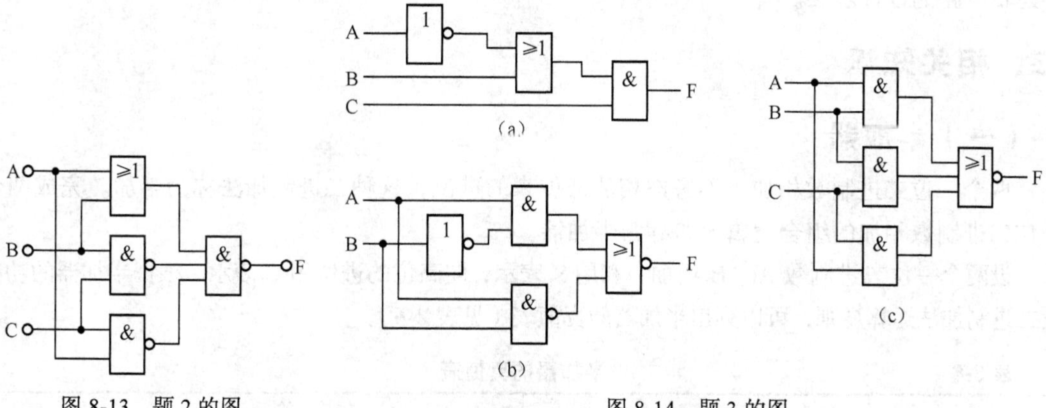

图 8-13　题 2 的图　　图 8-14　题 3 的图

4. 利用仿真软件设计组合逻辑电路（列出真值表，写出逻辑表达式，绘出逻辑电路图）。

（1）设计一个三地控制逻辑电路，要求在 3 个不同地方都能独立控制负载的通电或断电。

（2）设计一个四变量判断输入一致的逻辑电路（4 个变量的逻辑状态相同时输出为 1，不相同时输出为 0）。

5. 试用与非门设计一个三变量的判奇电路。

6. 设一火灾报警系统有烟感、温感和紫外光感 3 种类型的火灾探测器。为了防止误报警，只有当其中两种或两种以上类型的探测器发出火灾检测信号时，报警系统产生报警控制信号。设计一个产生报警控制信号的电路。

7. 旅客列车按发车的优先级别依次分为特快、直快和普客 3 种，若有多列列车同时发出发车的请求，则只允许其中优先级别最高的列车发车。试设计一个优先发车的排队逻辑电路。

8. 某车间有 3 台机床 A、B、C，要求 A 工作则 C 必须工作，B 工作则 C 也必须工作，而 C 不可以独立工作，如不满足上述要求则发出报警信号。设机床工作及发出报警信号均用 1 表示，试用与非门组成发出报警信号的逻辑电路。

9. 某车间有 4 台电动机 A、B、C、D，要求电动机 A 必须开机，其他 3 台电动机中至少有两台开机，如不满足上述要求则指示灯熄灭。设电动机开机及指示灯亮均用 1 表示，试用与非门组成指示灯亮的逻辑电路。

10. 某公司有 3 个股东 A、B、C，分别占有 50%、30%和 20%的股份。试用与非门设计一个 3 输入 3 输出的表决电路，用于开会时按股份大小计分输出表决结果。设赞成、平局和否决分别用 X、Y 和 Z 表示，股东赞成和输出结果均用 1 表示。

项目二　加法器的识别及功能测试

一、项目导入

计算机中的加减乘除四则运算都要转化为加法运算实现，因此加法运算电路是最基本的运算单元。能实现二进制加法运算的逻辑电路称为加法器，它包括半加器及全加器。在各种数字系统尤其是在计算机中，二进制加法器是基本部件之一。下面通过对加法器电路的设计熟悉组合逻辑电路的设计步骤。

二、相关知识

（一）半加器

两个一位二进制数相加，不考虑相邻低位来的进位，这种二进制加法称为半加。完成两个一位二进制数相加的组合逻辑电路称为半加器。

设两个一位二进制数 A_i、B_i 相加，和用 S_i 表示，向高位的进位用 C_i 表示，根据半加器的功能及二进制加法运算规则，可以列出半加器的真值表（见表 8-6）。

表 8-6　　半加器的真值表

输入		输出	
A_i	B_i	S_i	C_i
0	0	0	0
0	1	1	0
1	0	1	0
1	1	0	1

由真值表写出逻辑表达式，即

$$S_i = \overline{A_i}B_i + A_i\overline{B_i} = A_i \oplus B_i$$
$$C_i = A_iB_i$$

由表达式画出半加器的逻辑电路图，如图 8-15（a）所示，图 8-15（b）是半加器的逻辑符号。

（二）全加器

两个同位的二进制加数和来自低位的进位三者相加，这种运算称为全加。实现全加运算的组合逻辑电路称为全加器。全加器的逻辑符号如图 8-16 所示，全加器的真值表见表 8-7。

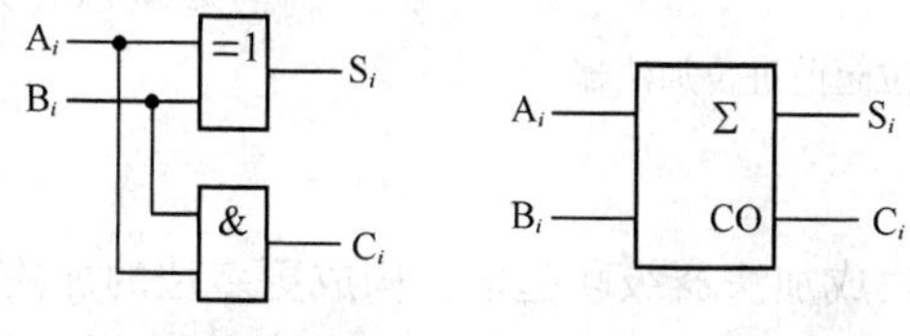

（a）半加器的逻辑电路图　（b）半加器的逻辑符号

图 8-15　半加器的逻辑电路图和逻辑符号

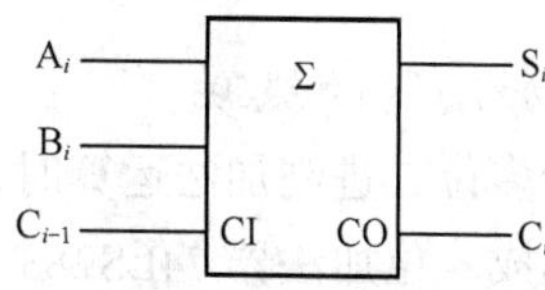

图 8-16　全加器的逻辑符号

表 8-7　全加器的真值表

输入			输出	
A_i	B_i	C_{i-1}	S_i	C_i
0	0	0	0	0
0	0	1	1	0
0	1	0	1	0
0	1	1	0	1
1	0	0	1	0
1	0	1	0	1
1	1	0	0	1
1	1	1	1	1

半加器和全加器解决了一位二进制数相加的问题。多位二进制数加法器按进位方式不同，分为串行进位加法器和超前进位加法器。

4 位串行进位加法器电路如图 8-17 所示，这种加法器每一位的相加结果必须等到低一位的进位信号产生后才能建立起来。因此，串行加法器的运算速度比较慢，但它的电路比较简单。当运算速度要求较高时，可采用超前进位加法器，这种加法器可以根据两个加数提前计算出每一位的进位，这样各位相加可以同时进行，从而大大提高了计算机的运算速度。

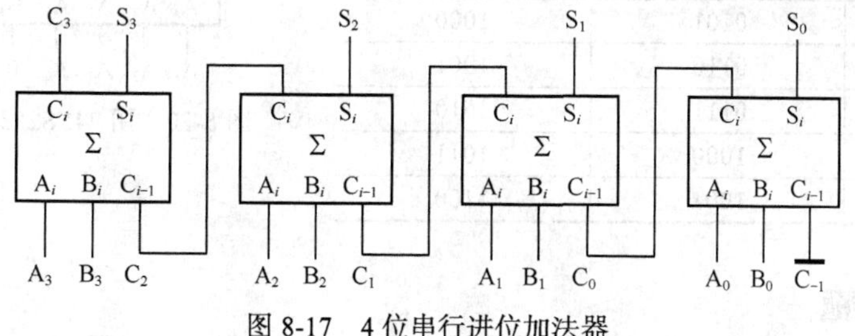

图 8-17　4 位串行进位加法器

（三）集成加法器

加法器已经制成了集成电路产品，供人们直接使用。超前进位加法器芯片 74LS283、CC4008 的引脚排列及逻辑功能示意图如图 8-18 所示。

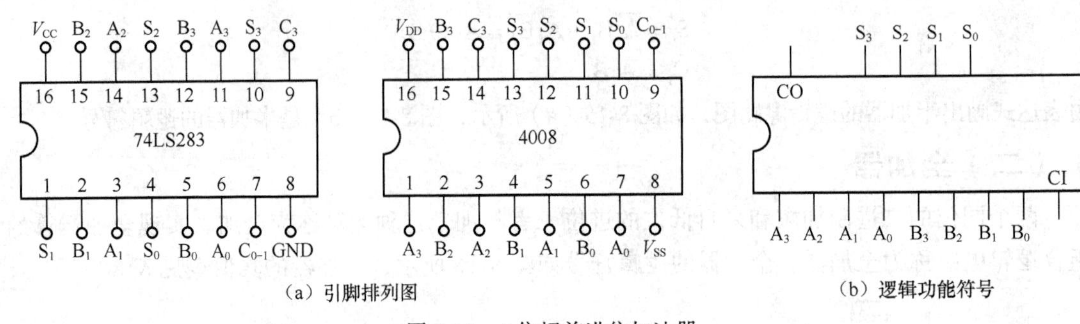

图 8-18　4 位超前进位加法器

1. 加法器的级联

进行多位二进制加法运算时，可用多片集成加法器级联起来，构成更多位的加法器电路。用两片集成 4 位加法器 74LS283 构成的 8 位加法器电路如图 8-19 所示。

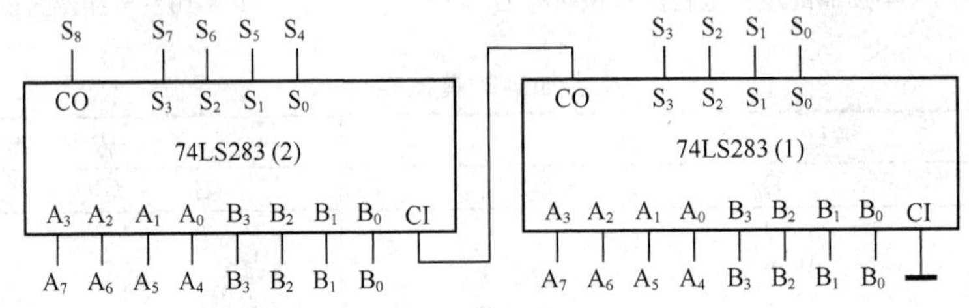

图 8-19　用 74LS283 构成的 8 位加法器

2. 用集成加法器实现代码变换

在码制学习中我们知道余 3 码比 8421BCD 码多 3，故可用加法器 74LS283 将 8421BCD 码转换成余 3 码，真值表见表 8-8，代码转换器如图 8-20 所示。

表 8-8　余 3 码与 8421BCD 码的对应关系表

十进制数	8421BCD 码	余 3BCD 码
0	0000	0011
1	0001	0100
2	0010	0101
3	0011	0110
4	0100	0111
5	0101	1000
6	0110	1001
7	0111	1010
8	1000	1011
9	1001	1100

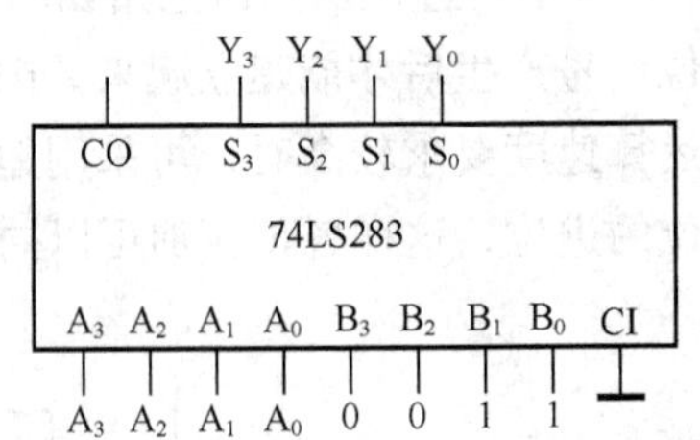

图 8-20　用 74LS283 实现的代码转换器

三、项目实施

（一）仿真实验：半加器逻辑功能的测试

测试半加器逻辑功能的电路如图 8-21 所示，在 Multisim 2001 软件工作平台上操作步骤如下。

（1）从混合元件库中用鼠标拖出异或门逻辑符号 U_1 和与门逻辑符号 U_2。

（2）从电源库中用鼠标拖出电源 V_{CC} 和接地。

（3）从基本元件库中用鼠标拖出两个开关，将开关的操作键定义为 A、B。

（4）从显示器材库中用鼠标拖出两个指示灯 S、C。

（5）完成电路连接后按下仿真开关进行测试。

（6）按照表 8-9 中所示数据操作按键 A 或 B，并将输出结果填入表 8-9 中。

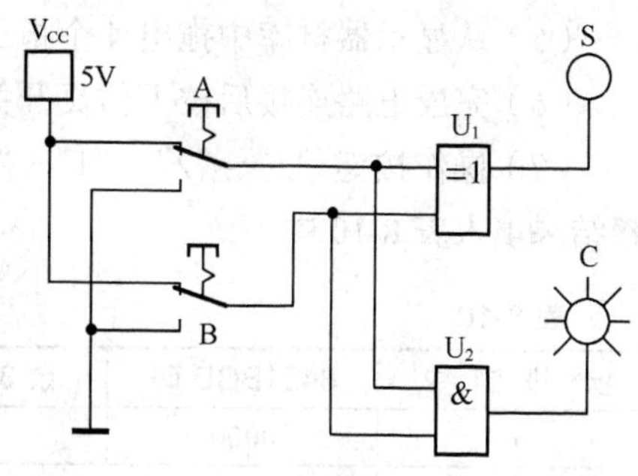

图 8-21 半加器逻辑测试电路

表 8-9 半加器运算测试表

输 入		输 出	
加数 A	加数 B	和数 S	进位数 C
0	0		
0	1		
1	0		
1	1		

（7）检查测试结果是否符合半加器的逻辑功能。

（二）仿真实验：用集成加法器实现 8421 码至余 3 码的转换

用集成加法器 CC4008 实现 8421BCD 码至余 3BCD 码的转换电路如图 8-22 所示，在 Multisim 2001 软件工作平台上操作步骤如下。

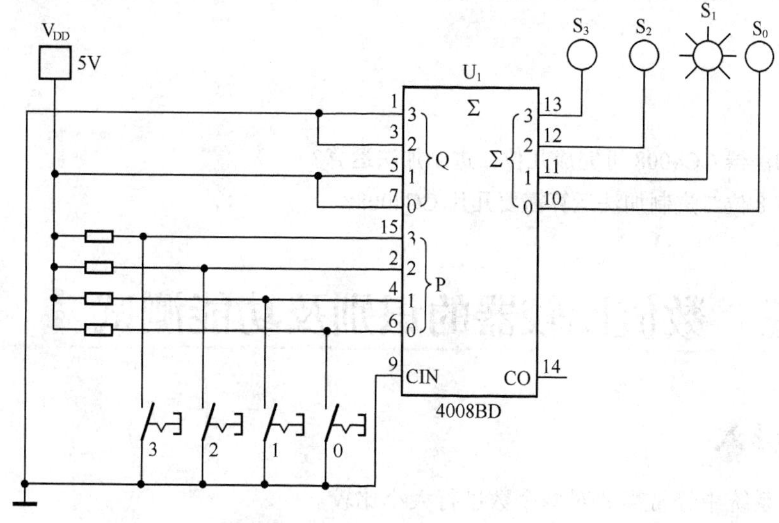

图 8-22 8421 码至余 3 码转换电路

（1）从 CMOS 元件库中拖出集成加法器 CC4008。

（2）从电源库中拖出电源 V_{DD} 和接地。

（3）从基本元件库中拖出 4 个 1kΩ 电阻。

（4）从基本元件库中拖出 4 个开关，将开关的操作键定义为 3、2、1、0。

（5）从显示器材库中拖出 4 个指示灯 S_3、S_2、S_1 和 S_0。

（6）完成电路连接后按下仿真开关进行测试。

（7）操作按键“3”、“2”、“1”、“0”输入 8421BCD 码，观察输出的余 3BCD 码，并将观察结果填入表 8-10 中。

表 8-10　　余 3 码转换表

十进制数	8421BCD 码	余 3BCD 码	十进制数	8421BCD 码	余 3BCD 码
0	0000		5	0101	
1	0001		6	0110	
2	0010		7	0111	
3	0011		8	1000	
4	0100		9	1001	

（8）检查测试结果是否完成 8421BCD 码至余 3BCD 码的转换。

思考与练习

一、填空题

1. 两个一位二进制数相加，只考虑两个加数本身，不考虑来自低位的________，这样的运算称为________。

2. 两个一位二进制数相加，除考虑两个加数本身外，还要加上来自相邻低位的________，这种运算称为________。

二、问答题

1. 一片加法器 CC4008 可完成几位二进制加法运算？

2. 要完成 8 位二进制加法运算需要几片 CC4008？

项目三　数值比较器的识别及功能测试

一、项目导入

各种数字系统中经常需要对两个数进行大小比较。

二、相关知识

（一）数值比较器

对两个位数相同的二进制整数进行数值比较并判定其大小关系的组合逻辑电路称为数值比较器。3 个输出端示意框图如图 8-23 所示，真值表见表 8-11。

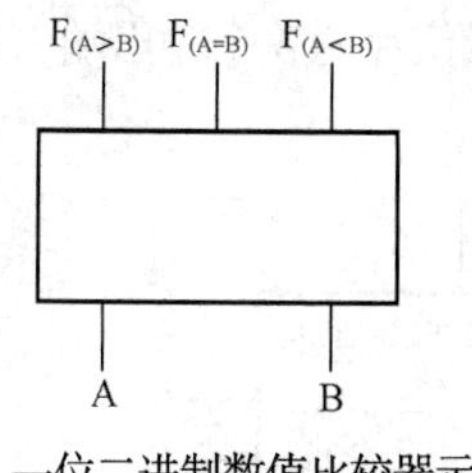

图 8-23　一位二进制数值比较器示意框图

表 8-11　　　　数值比较器真值表

输　入		输　出		
A	B			
0	0	0	0	1
0	1	0	1	0
1	0	1	0	0
1		0	0	1

数值比较器的逻辑表达式为

$$F_{(A<B)}=\overline{A}B$$

$$F_{(A=B)}=\overline{A}\,\overline{B}+AB$$

$$F_{(A>B)}=A\overline{B}$$

由表达式可以画出一位数值比较器的逻辑电路图，如图 8-24 所示。

（二）集成数值比较器

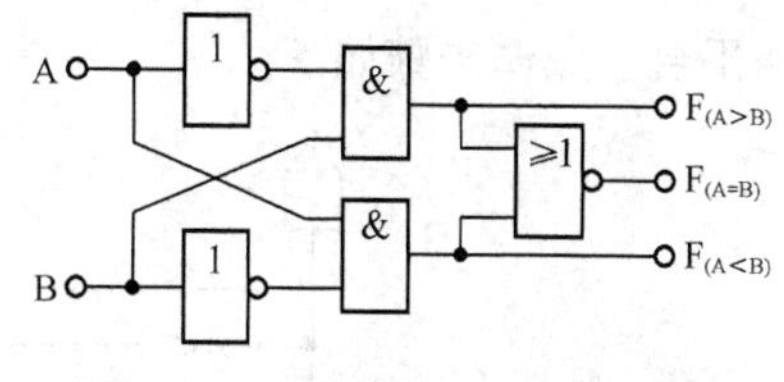

图 8-24　一位数值比较器电路图

1. 多位数比较原则

（1）从高位到低位依次比较，高位大的数值一定大；只有高位相等时，才能进行低位数的比较。

（2）当被比较的两个数各位都相等时，这两个数才相等。

2. 4 位集成数值比较器 74LS85

4 位集成数值比较器 74LS85 及 CC14585 的引脚排列图如图 8-25 所示，其逻辑功能示意图如图 8-26 所示。

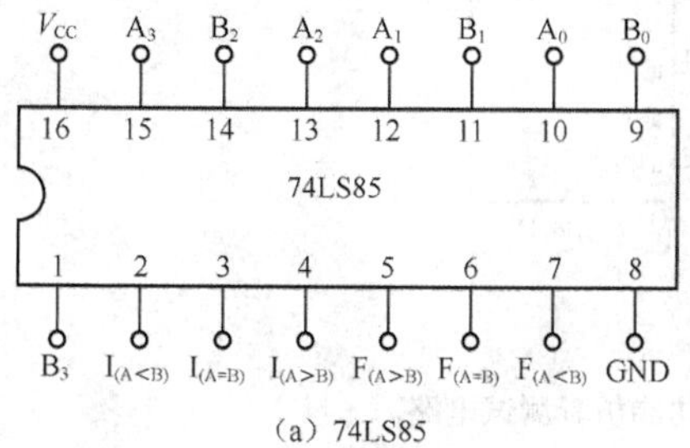

（a）74LS85

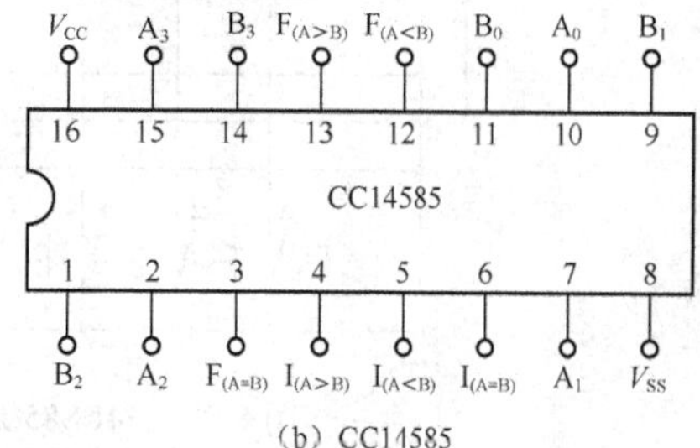

（b）CC14585

图 8-25　4 位集成数值比较器的引脚排列图

8-25 中 $I_{A>B}$、$I_{A<B}$、$I_{A=B}$ 是级联输入端，供片间连接（扩展）时用，$F_{A>B}$、$F_{A<B}$、$F_{A=B}$ 是三个比较输入端，是本级的输出结果。

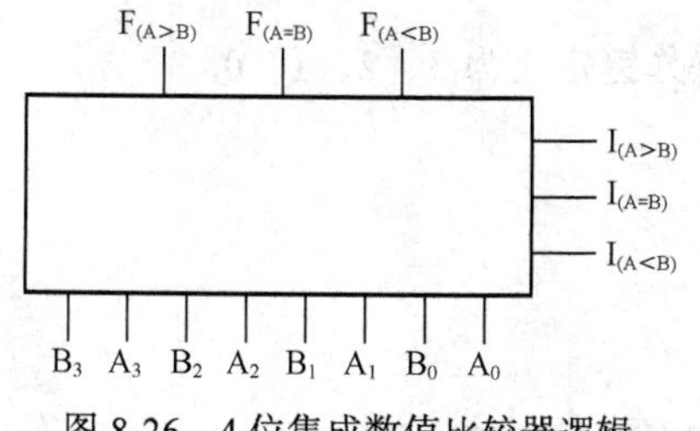

图 8-26　4 位集成数值比较器逻辑功能示意图

当两个被比较的数相等时，还要看级联输入端的情况，只有当级联输入 $I_{(A=B)}$=1 时，输出才为高电平 1。

3. 集成数值比较器的应用

一片 74LS85 可以对两个 4 位二进制数进行比较，此时级联输入端 $I_{A>B}$、$I_{A<B}$、$I_{A=B}$ 应分别接 0、0、1。当参与比较的二进制数少于 4 位时，高位多余输入端可同时接 0 或 1。

用两片 4 位集成数值比较器 74LS85 串联可以扩展成为 8 位数值比较器，其逻辑电路如图 8-27 所示，其中片 1 为低位片，两个扩展输入端接低电平“0”，一个扩展输入端接高电平“1”；片 2 为高位片，3 个扩展输入端分别接低位片的 3 个输出端，3 个扩展输出端输出 8 位数值比较器的比较结果。

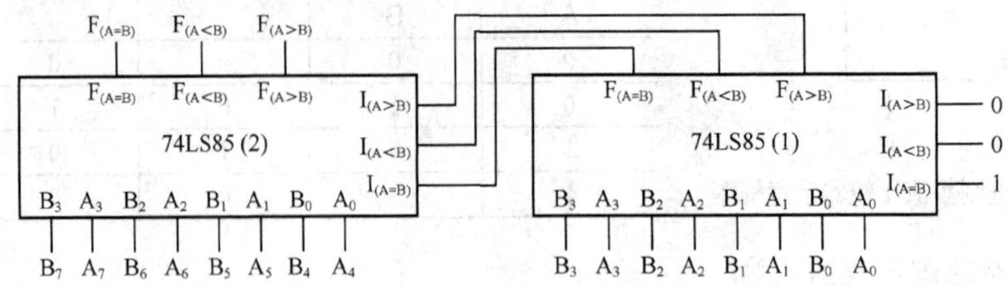

图 8-27　用两片 4 位集成数值比较器 74LS85 串联扩展成为 8 位数值比较器

三、项目实施

(一) 仿真实验：4 位集成数值比较器 74LS85 的识别及逻辑功能测试

4 位集成数值比较器 74LS85 的逻辑功能测试电路如图 8-28 所示，在 Multisim 2001 软件工作平台上操作步骤如下。

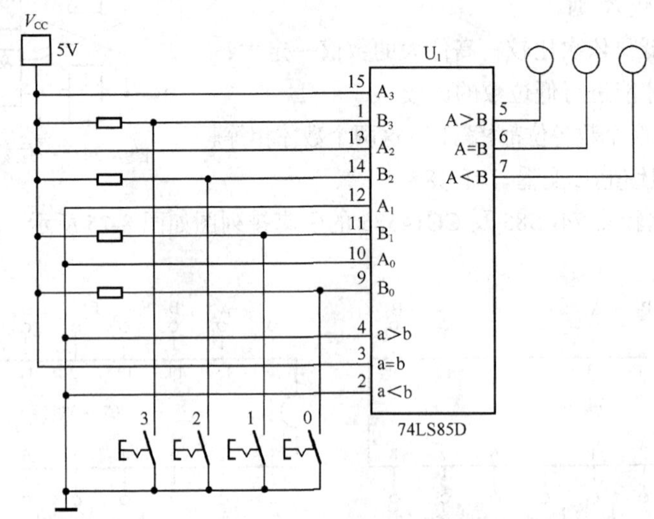

图 8-28　74LS85 逻辑功能仿真测试电路

（1）从 TTL 集成电路库中用鼠标拖出 74LS85D。

（2）从电源库中用鼠标拖出电源 V_{CC} 和接地。

（3）从基本元件库中用鼠标拖出 4 个 1kΩ 电阻。

（4）从基本元件库中用鼠标拖出 4 个开关，将开关的操作键定义为 3、2、1、0。

（5）从显示器材库中用鼠标拖出 3 个逻辑指示灯。

（6）按图 8-28 连接电路，将 A 的数值设置为“1100”。

（7）操作按键，输入 4 位二进制数值 B。

（8）观察比较输出结果是否符合 74LS85 的逻辑功能。

(二) 实训：集成数值比较器 74LS85 的逻辑功能测试

1. 实训目的

测试并掌握 74LS85 的逻辑功能。

2. 实训器材

数字电路实验板 1 块、直流稳压电源（5V）1 台、74LS85 1 片、跳线若干、集成电路起拔器 1 个。

3. 实训操作步骤

按图 8-29 连接比较器测试电路。

（1）关闭稳压电源开关，将集成电路芯片 74LS85 插入集成电路 16P 插座上。

（2）将+5V 电压接到 IC 的引脚 16 上，将电源负极接到 IC 的引脚 8 上。

（3）将 74LS85 的级联输入端“A<B”、“A>B”端子接低电平，“A=B”端子接高电平。

（4）按表 8-12 中的数据用跳线将 A_3～A_0、B_3～B_0 连接不同的高低电平。输出端 A>B、A<B、A = B 用跳线接 LED 电平显示端。检查无误后接通电源。

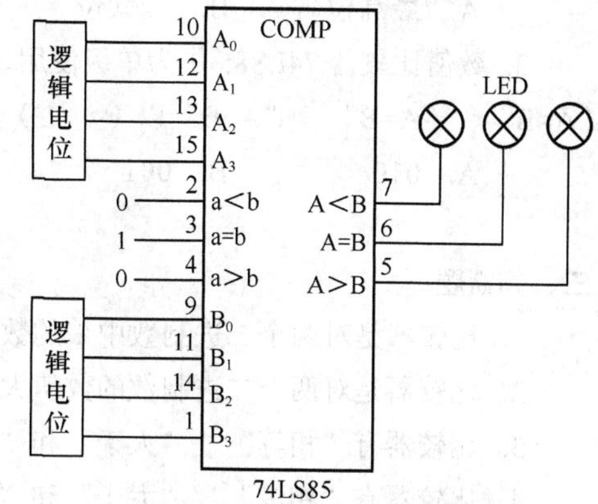

图 8-29　74LS85 逻辑功能测试电路

（5）将输出端 A>B、A<B、A = B 比较后的状态填入表 8-12 中。

表 8-12　　74LS85 功能测试表

二进制数 A	0101	1011	1010	1100	1100
二进制数 B	0001	1110	1010	0110	1110
A>B					
A<B					
A=B					

（6）改变 A_3～A_0、B_3～B_0 的电平，重复步骤（4）、（5）。

（7）判断表中数据是否符合数值比较运算的规则。

4. 实训注意事项

（1）不要在带电状态下插拔集成电路，否则容易造成集成电路内部电路损坏。

（2）安装集成电路芯片时要注意缺口方向，起拔集成电路芯片时要用集成电路起拔器。

（3）应仔细检查与核对线路是否连接正确，经指导教师检查通过后再接通电源。

思考与练习

一、填空题

比较下列各组二进制数的大小（填=、>或<符号）。

01________01　　01________10　　00________100　　111________110

1000________1001　　1011________1011　　1100________1011

二、选择题

1. 数值比较器 74LS85（　　）。

A. 只能比较 4 位二进制数　　B. 可以级联使用　　C. 只能比较 1 位二进制数

2. 两个多位二进制数进行比较，应先从（　　）位开始比较。

A. 最高位　　B. 最低位　　C. 次高位　　D. 次低位

3. 数值比较器 74LS85 作为单级使用，A 数为 0010，B 数为 1100，则比较结果按顺序在输出端“A<B”、“A=B”、“A>B”以（　　）数据形式呈现。

A. 010　　B. 001　　C. 100　　D. 110

三、判断题

1. 比较器是对两个二进制数中 1 的数量多少进行比较。（　　）
2. 比较器是对两个二进制数的数值大小进行比较。（　　）
3. 比较器有“相等”、“大于”和“小于”3 个输出端。（　　）
4. 比较器有“相等”、“大于”和“小于”3 个级联输入端。（　　）

项目四　编码器的识别及应用

一、项目导入

在数字系统中，将文字、符号或数码按规律编排，使其代表某种特定含义的过程，称为编码。能够实现编码操作的器件称为编码器，其输入为被编信号，输出为二进制代码。目前经常使用的编码器有普通编码器和优先编码器两类。

普通编码器中，任何时刻只允许一个信号输入，如果同时有多个信号输入，输出将发生混乱。在优先编码器中，对每一位输入都设置了优先权，因此当同时有两个以上的信号输入时，优先编码器只对优先级别较高的输入信号进行编码，从而保证编码器有序地工作。

例如，要将 4 个抢答器的输出信号编为二进制代码，试设计一个简单的电路实现此功能。这是一个编码的实例。

4（$=2^2$）种情况需 2 位二进制码就能将所有情况表示出来；8（$=2^3$）种情况需 3 位二进制码就能将所有情况表示出来；16（$=2^4$）种情况需 4 位二进制码就能将所有情况表示出来；2^n 种情况只需要 n 位二进制码就能完全表示出来。

想一想，若有 7 种情况需几位二进制码表示呢？10 种情况需几位二进制码表示呢？m 种情况需几位二进制码表示呢？要求 $2^n \geqslant m$。

二、相关知识

（一）普通编码器

普通编码器中最常用的是二进制编码器。二进制编码器的逻辑功能是将 2^n 个输入信号，编成 n 位二进制代码输出。

3 位二进制编码器有 8 个输入端、3 个输出端，所以常称为 8 线—3 线编码器，真值表见表 8-13，输入为高电平有效。

表 8-13　　普通 8 线—3 线编码器功能真值表

输入								输出		
I_0	I_1	I_2	I_3	I_4	I_5	I_6	I_7	A_2	A_1	A_0
1	0	0	0	0	0	0	0	0	0	0
0	1	0	0	0	0	0	0	0	0	1
0	0	1	0	0	0	0	0	0	1	0
0	0	0	1	0	0	0	0	0	1	1
0	0	0	0	1	0	0	0	1	0	0
0	0	0	0	0	1	0	0	1	0	1
0	0	0	0	0	0	1	0	1	1	0
0	0	0	0	0	0	0	1	1	1	1

由真值表写出各输出的逻辑表达式为

$$A_2=\overline{\overline{I_4}\,\overline{I_5}\,\overline{I_6}\,\overline{I_7}}\text{；}\quad A_1=\overline{\overline{I_2}\,\overline{I_3}\,\overline{I_6}\,\overline{I_7}}\text{；}\quad A_0=\overline{\overline{I_1}\,\overline{I_3}\,\overline{I_5}\,\overline{I_7}}$$

用门电路实现 3 位二进制普通编码器逻辑电路，如图 8-30 所示。

（二）优先编码器

当多个输入端同时有编码请求时，编码器只对其中优先级最高的有效输入信号进行编码，而不考虑其他优先级别比较低的输入信号，优先级别可以根据实际需要确定，这样的编码器称为优先编码器。优先编码器能保证编码工作有序、可靠，因而被广泛应用。常用的优先编码器中规模集成电路有：8 线—3 线优先编码器 74LS148、74HC148、CD4532，10 线—4 线优先编码器 74LS147、74HC147、CD40147 等。下面以 8 线—3 线优先编码器 74LS148 及 10 线—4 线优先编码器 74LS147 为例，了解此集成组件的逻辑功能及使用方法。

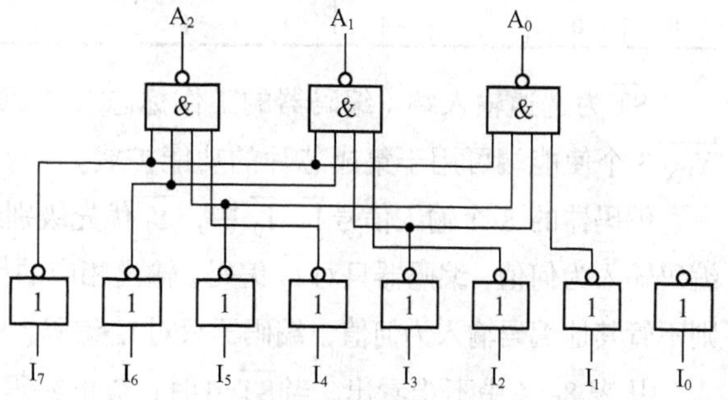

图 8-30　3 位二进制普通编码器逻辑电路

1．8 线—3 线优先编码器 74LS148

（1）74LS148 的引脚排列图及逻辑功能示意图如图 8-31 所示。

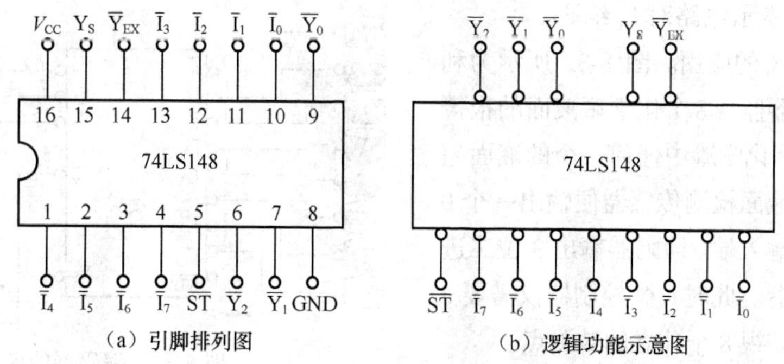

图 8-31　74LS148 的引脚排列图及逻辑功能示意图

（2）74LS148 的引脚功能。编码器 74LS148 为双列直插式封装、16 个引脚的集成芯片，各引脚功能如下：$\overline{I_7}$~$\overline{I_0}$ 为 8 个编码输入端，低电平有效；$\overline{Y_2}$~$\overline{Y_0}$ 为 3 个编码输出端，采用反码形式输出。$\overline{ST}$、Y_S、$\overline{Y_{EX}}$ 均为使能端。

（3）74LS148 的真值表。74LS148 的真值表见表 8-14。

表 8-14　　编码器 74LS148 的真值表

输入									输出				
$\overline{ST}$	$\overline{I_0}$	$\overline{I_1}$	$\overline{I_2}$	$\overline{I_3}$	$\overline{I_4}$	$\overline{I_5}$	$\overline{I_6}$	$\overline{I_7}$	$\overline{Y_2}$	$\overline{Y_1}$	$\overline{Y_0}$	$\overline{Y_{EX}}$	$\overline{Y_S}$
1	×	×	×	×	×	×	×	×	1	1	1	1	1
0	1	1	1	1	1	1	1	1	1	1	1	1	0
0	×	×	×	×	×	×	×	0	0	0	0	0	1
0	×	×	×	×	×	×	0	1	0	0	1	0	1
0	×	×	×	×	×	0	1	1	0	1	0	0	1
0	×	×	×	×	0	1	1	1	0	1	1	0	1
0	×	×	×	0	1	1	1	1	1	0	0	0	1
0	×	×	0	1	1	1	1	1	1	0	1	0	1
0	×	0	1	1	1	1	1	1	1	1	0	0	1
0	0	1	1	1	1	1	1	1	1	1	1	0	1

$\overline{ST}$ 为选通输入端（编码器的工作标志），Y_S 为选通输出端，$\overline{Y_{EX}}$ 是扩展输出端。$\overline{ST}$、Y_S、$\overline{Y_{EX}}$ 3 个使能端可用于集成芯片的功能扩展。

编码器的 8 个输入信号 $\overline{I_7}$~$\overline{I_0}$ 中，$\overline{I_7}$ 优先级别最高，$\overline{I_0}$ 优先级别最低。若 $\overline{I_7}$=0，则不管其他编码输入为何值，编码器只对 $\overline{I_7}$ 编码，输出相应的代码 $\overline{Y_2}\,\overline{Y_1}\,\overline{Y_0}$=000（反码输出）；若 $\overline{I_7}$=1，$\overline{I_6}$=0，则不管其他编码输入为何值，编码器只对 $\overline{I_6}$ 编码，输出相应的编码 $\overline{Y_2}\,\overline{Y_1}\,\overline{Y_0}$=001，依此类推。

从表 8-14 中不难看出，当 $\overline{ST}$=1时，禁止编码器工作，此时无论 8 个输入端为何种状态（表中用×表示），3 个输出端均为高电平。当 $\overline{ST}$=0 时，允许编码器工作，若无输入信号，3 个输出端均为高电平；若有输入信号按优先级别编码。

Y_S 只在允许编码（$\overline{ST}$=0）而本片又没有输出信号时为 0；$\overline{Y_{EX}}$ 为扩展输出端，它在允许编码（$\overline{ST}$=0），且有编码信号时为 0。在 $\overline{ST}$=0 时，选通输出端 Y_S 和扩展输出端 $\overline{Y_{EX}}$ 的信号总是相反的。

当 $\overline{Y_2}\,\overline{Y_1}\,\overline{Y_0}$=111时，用 $\overline{Y_{EX}}Y_S$ 的不同状态来区分电路的工作情况。当 $\overline{Y_{EX}}Y_S$ =11时，表示电路处于禁止工作状态；当 $\overline{Y_{EX}}Y_S$=10 时，表示电路处于工作状态，但无有效编码信号；当 $\overline{Y_{EX}}Y_S$ = 01时，表示电路对 $\overline{I_0}$ 编码。

（4）74LS148 的应用。图 8-32 所示为利用74LS148编码器监视8个化学罐液面的报警编码电路。若 8 个化学罐中任何一个的液面超过预定高度，其液面检测传感器便输出一个 0 电平到编码器的输入端。编码器输出 3 位二进制代码到微控制器。此时，微控制器仅需要 3 根输入线就可以监视 8 个独立的被测点。

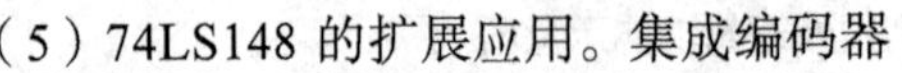

图 8-32　编码器的应用

（5）74LS148 的扩展应用。集成编码器的输入输出端的数目都是一定的，利用编码器的使能输入端 $\overline{ST}$、使能输出端 Y_S 和扩展输出端 $\overline{Y_{EX}}$ 可以扩展编码器的输入/输出端。

用两片优先编码器 74LS148 串行扩展实现的 16 线—4 线优先编码器的电路如图 8-33 所示。其中 16 号引脚接正电源，8 号引脚接地。

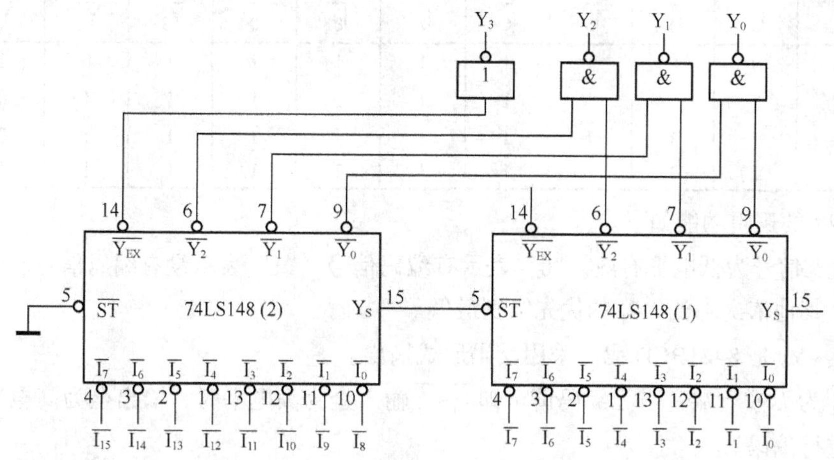

图 8-33 用两片 74LS148 构成 16 线—4 线优先编码器

2. 10 线—4 线优先编码器 74LS147（二—十进制优先编码器）

10 线—4 线优先编码器也称为二—十进制优先编码器。一位十进制数用 4 位二进制数来表示的编码方式称为二—十进制编码，简称 BCD 码，常用的 BCD 码是 8421BCD 码。完成 BCD 码编码的电路称为二—十进制编码器。

二—十进制优先编码器芯片 74LS147 引脚排列图如图 8-34 所示。

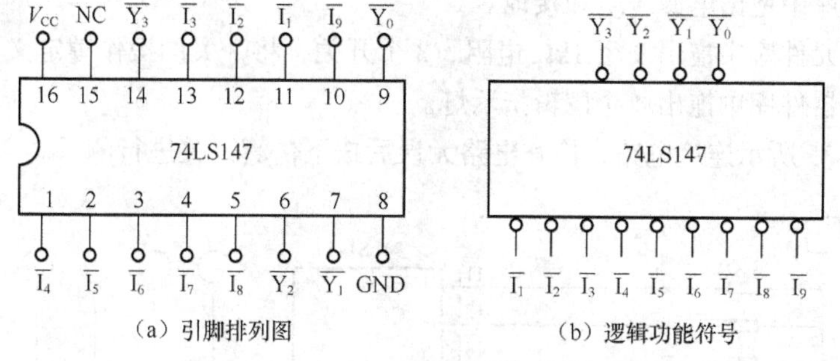

（a）引脚排列图　（b）逻辑功能符号

图 8-34 二—十进制优先编码器 74LS147

图 8-34 中 $\overline{I_9}$~$\overline{I_1}$ 是 9 个信号输入端，低电平有效；$\overline{Y_3}$~$\overline{Y_0}$ 是 4 位编码输出端，其真值表见表 8-15。

表 8-15 编码器 74LS147 的真值表

输入									输出			
$\overline{I_1}$	$\overline{I_2}$	$\overline{I_3}$	$\overline{I_4}$	$\overline{I_5}$	$\overline{I_6}$	$\overline{I_7}$	$\overline{I_8}$	$\overline{I_9}$	$\overline{Y_3}$	$\overline{Y_2}$	$\overline{Y_1}$	$\overline{Y_0}$
1	1	1	1	1	1	1	1	1	1	1	1	1
×	×	×	×	×	×	×	×	0	0	1	1	0
×	×	×	×	1	1	1	0	1	0	1	1	1
1	1	1	1	1	1	0	1	1	1	0	0	0
×	×	×	×	×	0	1	1	1	1	0	0	1
×	×	×	×	0	1	1	1	1	1	0	1	0

续表

输	入								输	出		
$\overline{I_1}$	$\overline{I_2}$	$\overline{I_3}$	$\overline{I_4}$	$\overline{I_5}$	$\overline{I_6}$	$\overline{I_7}$	$\overline{I_8}$	$\overline{I_9}$	$\overline{Y_3}$	$\overline{Y_2}$	$\overline{Y_1}$	$\overline{Y_0}$
×	×	×	0	1	1	1	1	1	1	0	1	1
×	×	0	1	1	1	1	1	1	1	1	0	0
×	0	1	1	1	1	1	1	1	1	1	0	1
0	1	1	1	1	1	1	1	1	1	1	1	0

74LS147 的逻辑功能如下。

（1）输入信号为低电平有效，“0”表示有编码信号，“1”表示没有编码信号。优先级别最高的是$\overline{I_9}$，其他依次降低，$\overline{I_1}$的优先级别最低。

（2）$\overline{Y_3}$~$\overline{Y_0}$是 8421BCD 码，采用反码形式输出。

（3）$\overline{I_0}$为无输入端。当无编码请求即$\overline{I_9}$~$\overline{I_1}$输入全为高电平时，输出全为高电平，此时相当于对$\overline{I_0}$进行编码。

三、项目实施

（一）仿真实验：优先编码器 74LS147 的逻辑功能测试

在 Multisim 2001 软件工作平台上，建立编码器 74LS147 的逻辑功能测试电路，如图 8-35 所示，操作步骤如下。

（1）从 TTL 集成电路库中拖出 74LS147。

（2）从电源库中拖出电源 V_{CC} 和接地。

（3）从基本元件库中拖出 9 个 1kΩ 电阻、3 个开关，将开关的操作键定义为 A、B、C。

（4）从指示器件库中拖出 4 个逻辑指示灯。

（5）按图 8-35 所示连接电路，检查电路无误后按下仿真开关进行测试。

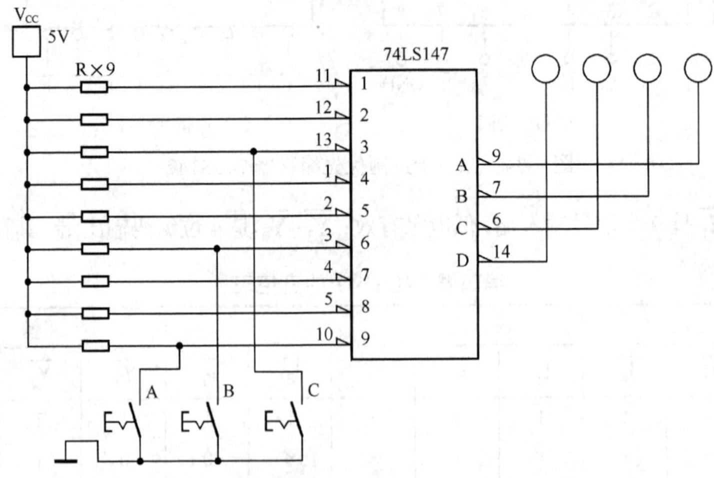

图 8-35　10 线—4 线优先编码器 74LS147 的仿真测试电路

（6）当信号输入端开关全部打开，即输入信号全部为高电平时，4 个逻辑指示灯亮，表示逻辑输出为 1111。

（7）操作开关键，使某个输入端通过开关接地，即输入有效信号，4 个逻辑指示灯显示相应输出的 8421BCD 码的反码。

（8）操作开关键，同时使两个以上的输入端接地，可以看出译码显示为优先级别最高的数码，即只对优先级别最高的输入信号进行编码。

（9）改变输入信号状态，重复步骤（7）、（8）。

（10）检查仿真结果，验证 74LS147 对十进制数按优先级别编出 8421BCD 码反码的逻辑功能。

（二）实训：优先编码器 74LS147 的逻辑功能测试

1. 实训目的

掌握 10 线—4 线优先编码器 74LS147 的逻辑功能。

2. 实训器材

数字电路实验板 1 块、直流稳压电源（5V）1 台、74LS147 1 片、连接用的导线若干、集成电路起拔器 1 个。

3. 操作要点及注意事项

（1）不要在带电状态下插拔集成电路，否则容易造成集成电路内部电路损坏。

（2）安装集成电路芯片时要注意缺口方向，起拔集成电路芯片时要用集成电路起拔器。

（3）应仔细检查与核对线路是否连接正确，经指导教师检查通过后再接通电源。

（4）当多个信号同时输入时，应找出优先级别最高的输入信号，此时输出为优先级别最高的输入信号的编码（8421BCD 码的反码）。

4. 操作步骤

测试电路如图 8-36 所示。

（1）关闭稳压电源开关，将集成电路块 74LS147 插入集成电路 16P 插座上。

（2）将+5V 电压接到 IC 的引脚 16 上，将电源负极接到 IC 的引脚 8 上。

（3）将编码器的 9 个输入端用跳线接实验板的高电位端。

（4）将编码器的 4 个输出端 Y_3～Y_0 引脚用跳线接到 LED 指示器上。检查无误后接通电源，4 个 LED 灯应全亮。

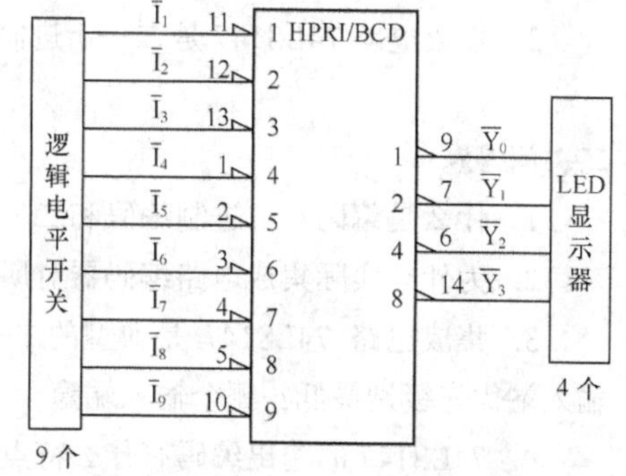

图 8-36　10 线—4 线优先编码器 74LS147 的测试电路

（5）用跳线将编码器的 9 个输入端逐个接入实验板的低电位，输出显示应为 8421BCD 码的反码，将测试结果记入表 8-16 中。

表 8-16　　二—十进制优先编码器 74LS147 的功能测试表

输入信号									输出信号			
10	5	4	3	2	1	13	12	11	14	6	7	9
$\overline{I_9}$	$\overline{I_8}$	$\overline{I_7}$	$\overline{I_6}$	$\overline{I_5}$	$\overline{I_4}$	$\overline{I_3}$	$\overline{I_2}$	$\overline{I_1}$	$\overline{Y_3}$	$\overline{Y_2}$	$\overline{Y_1}$	$\overline{Y_0}$
1	1	1	1	1	1	1	1	1				
1	1	1	1	1	1	1	1	0				
1	1	1	1	1	1	1	0	×				
1	1	1	1	1	1	0	×	×				
1	1	1	1	1	0	×	×	×				
1	1	1	1	0	×	×	×	×				

续表

输入信号									输出信号			
10	5	4	3	2	1	13	12	11	14	6	7	9
$\overline{I_9}$	$\overline{I_8}$	$\overline{I_7}$	$\overline{I_6}$	$\overline{I_5}$	$\overline{I_4}$	$\overline{I_3}$	$\overline{I_2}$	$\overline{I_1}$	$\overline{Y_3}$	$\overline{Y_2}$	$\overline{Y_1}$	$\overline{Y_0}$
1	1	1	0	×	×	×	×	×				
1	1	0	×	×	×	×	×	×				
1	0	×	×	×	×	×	×	×				
0	×	×	×	×	×	×	×	×				

（6）用跳线将两个以上输入端接入低电平，输出显示应为优先级别高的 8421BCD 码的反码，即只对优先级别高的输入信号进行编码。

思考与练习

一、填空题

1. 将特定信息转换为一组二进制代码的过程称为________。
2. 二—十进制编码器是将十进制数编成________代码。
3. 集成电路 74LS147 是二—十进制________编码器。

二、问答题

1. 什么是编码？二进制编码和二—十进制编码有何不同？
2. 为什么实际集成电路编码器对所有输入信号采用按优先顺序排队编码的方式？
3. 集成电路 74LS147 是典型的二—十进制优先编码器，它的哪个输入端优先级别最高？哪个输入端优先级别最低？哪个输入端隐含？
4. 74LS147 的输出编码有什么特点？

项目五　译码器的识别及应用

一、项目导入

译码是编码的逆过程。编码是将含有特定意义的信息编成二进制代码，译码则是将表示特定意义信息的二进制代码翻译出来。实现译码功能的电路称为译码器。译码器输入为二进制代码，输出为与输入代码对应的特定信息，它可以是脉冲，也可以是电平，可根据需要而定。

例如，译码器 74LS138 可将二进制代码 000～111 分别译为 $\overline{Y}_0 \sim \overline{Y}_7$，74LS42 可将 8421BCD 码 0000～1001 分别译为 $\overline{Y}_0 \sim \overline{Y}_9$，74LS48 可将 10 个 8421BCD 码分别译为七段显示码。

在电子控制装置中常常将测量和控制数据直接用十进制形式显示出来，供人们读取，这种显示器由七段码译码器和显示字符的数码管组成。

二、相关知识

（一）二进制译码器

将输入的 n 位二进制代码译成相应的 2^n 个输出信号的电路，称为二进制译码器。

2 线—4 线译码器的真值表见表 8-17。

表 8-17　　2 线—4 线译码器的真值表

输　入		输　出			
A_1	A_0	Y_3	Y_2	Y_1	Y_0
0	0	0	0	0	1
0	1	0	0	1	0
1	0	0	1	0	0
1	1	1	0	0	0

2 线—4 线译码器的逻辑电路如图 8-37 所示，输入端 EI 为使能控制端，低电平有效。

（二）集成 3 线—8 线译码器 74LS138

（1）集成译码器 74LS138 的引脚排列及逻辑功能示意图如图 8-38 所示。

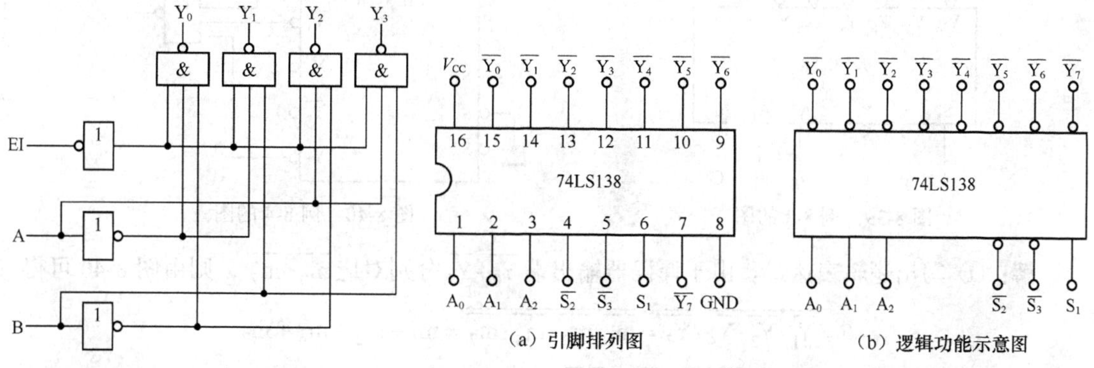

图 8-37　2 线—4 线译码器逻辑图

图 8-38　集成译码器 74LS138 的引脚排列图及逻辑功能示意图

（2）集成译码器 74LS138 的真值表。集成译码器 74LS138 的真值表见表 8-18。

表 8-18　　74LS138 的真值表

输　入					输　出							
使　能		选　择										
S_1	$\overline{S_2}+\overline{S_3}$	A_2	A_1	A_0	$\overline{Y_7}$	$\overline{Y_6}$	$\overline{Y_5}$	$\overline{Y_4}$	$\overline{Y_3}$	$\overline{Y_2}$	$\overline{Y_1}$	$\overline{Y_0}$
×	1	×	×	×	1	1	1	1	1	1	1	1
0	×	×	×	×	1	1	1	1	1	1	1	1
1	0	0	0	0	1	1	1	1	1	1	1	0
1	0	0	0	1	1	1	1	1	1	1	0	1
1	0	0	1	0	1	1	1	1	1	0	1	1
1	0	0	1	1	1	1	1	1	0	1	1	1
1	0	1	0	0	1	1	1	0	1	1	1	1
1	0	1	0	1	1	1	0	1	1	1	1	1
1	0	1	1	0	1	0	1	1	1	1	1	1
1	0	1	1	1	0	1	1	1	1	1	1	1

（3）引脚功能介绍。A_2、A_1、A_0为二进制译码输入端，$\overline{Y}_7$~$\overline{Y}_0$为译码输出端（低电平有效），S_1、$\overline{S}_2$、$\overline{S}_3$为选通控制端。当$S_1=1$，$\overline{S}_2+\overline{S}_3=0$时，译码器处于译码状态；当$S_1=0$，$\overline{S}_2+\overline{S}_3=1$时，译码器处于禁止状态。

（4）译码器的应用。由于译码器的每个输出端分别与一个最小项相对应，因此辅以适当的门电路，便可用译码器实现组合逻辑电路。

例 8-3 试用译码器和门电路实现逻辑函数 F=AB+BC+AC 。

解：① 将逻辑函数转换成最小项表达式，再转换成与非-与非形式。

$$F=\overline{A}BC+A\overline{B}C+AB\overline{C}+ABC=m_3+m_5+m_5+m_7=\overline{\overline{m_3}\cdot\overline{m_5}\cdot\overline{m_5}\cdot\overline{m_7}}$$

② 该函数有 3 个变量，所以选用 3 线—8 线译码器 74LS138。用一片 74LS138 加一个与非门就可实现逻辑函数 F，逻辑图如图 8-39 所示。

例 8-4 分析图 8-40 所示电路，写出 F 的表达式，并判断该电路的逻辑功能。

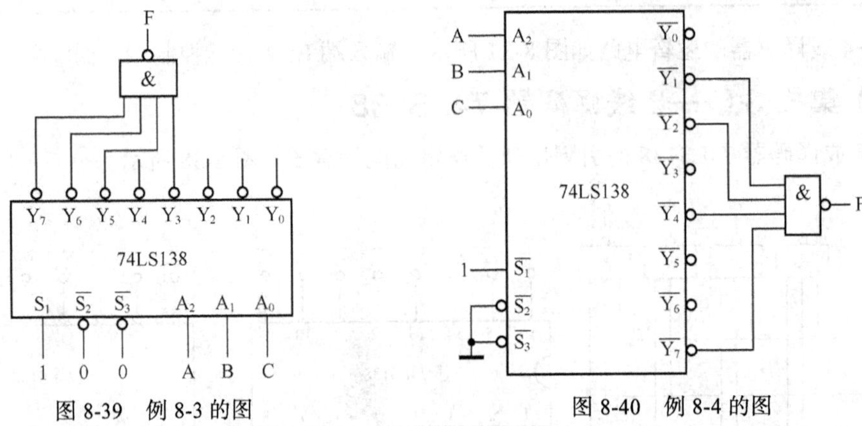

图 8-39 例 8-3 的图　　图 8-40 例 8-4 的图

解：① 写出逻辑表达式。由于译码器输出端$\overline{Y_0}$~$\overline{Y_7}$分别对应$\overline{m_0}$~$\overline{m_7}$，则由图 8-40 可得

$$F=\overline{\overline{Y_1}\cdot\overline{Y_2}\cdot\overline{Y_4}\cdot\overline{Y_7}}=\overline{\overline{m_1}\cdot\overline{m_2}\cdot\overline{m_4}\cdot\overline{m_7}}=m_1+m_2+m_4+m_7$$

写成最小项表达式为 $F=\overline{A}\,\overline{B}C+\overline{A}B\overline{C}+A\overline{B}\,\overline{C}+ABC$

② 列出真值表，见表 8-19。

表 8-19　　**真值表**

输　入			输　出
A	B	C	F
0	0	0	0
0	0	1	1
0	1	0	1
0	1	1	0
1	0	0	1
1	0	1	0
1	1	0	0
1	1	1	1

③ 判断给定电路的逻辑功能。当 A、B、C 三变量中为 1 的个数为奇数时，输出 1，否则输出 0，故图 8-40 所示电路为三变量判奇电路。

（三）集成二—十进制译码器 74LS42

把二—十进制代码翻译成 10 个十进制数字信号的电路，称为二—十进制译码器。

二—十进制译码器的输入是十进制数的 4 位二进制编码（BCD 码），分别用 A_3、A_2、A_1、A_0 表示；输出的是与 10 个十进制数字相对应的 10 个信号，用 Y_9～Y_0 表示。由于二—十进制译码器有 4 根输入线、10 根输出线，所以又称为 4 线—10 线译码器。

常用集成二—十进制译码器 74LS42 的引脚排列及逻辑功能示意图如图 8-41 所示，真值表见表 8-20。

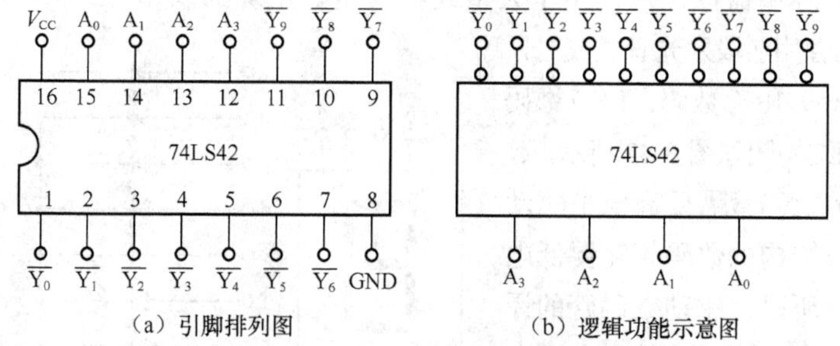

（a）引脚排列图　（b）逻辑功能示意图

图 8-41　集成二—十进制译码器 74LS147

表 8-20　**74LS42 真值表**

D	输入				输出									
	A_3	A_2	A_1	A_0	$\overline{Y_0}$	$\overline{Y_1}$	$\overline{Y_2}$	$\overline{Y_3}$	$\overline{Y_4}$	$\overline{Y_5}$	$\overline{Y_6}$	$\overline{Y_7}$	$\overline{Y_8}$	$\overline{Y_9}$
0	0	0	0	0	0	1	1	1	1	1	1	1	1	1
1	0	0	0	1	1	0	1	1	1	1	1	1	1	1
2	0	0	1	0	1	1	0	1	1	1	1	1	1	1
3	0	0	1	1	1	1	1	0	1	1	1	1	1	1
4	0	1	0	0	1	1	1	1	0	1	1	1	1	1
5	0	1	0	1	1	1	1	1	1	0	1	1	1	1
6	0	1	1	0	1	1	1	1	1	1	0	1	1	1
7	0	1	1	1	1	1	1	1	1	1	1	0	1	1
8	1	0	0	0	1	1	1	1	1	1	1	1	0	1
9	1	0	0	1	1	1	1	1	1	1	1	1	1	0
伪码	1	0	1	0	1	1	1	1	1	1	1	1	1	1
	1	0	1	1	1	1	1	1	1	1	1	1	1	1
	1	1	0	0	1	1	1	1	1	1	1	1	1	1
	1	1	0	1	1	1	1	1	1	1	1	1	1	1
	1	1	1	0	1	1	1	1	1	1	1	1	1	1
	1	1	1	1	1	1	1	1	1	1	1	1	1	1

由真值表可知，该译码器有 4 个输入端 A_3、A_2、A_1、A_0，并且按 8421BCD 编码输入数据。它有 10 个输出端，分别与十进制数 0～9 相对应，低电平有效。对于某个 8421BCD 码的输入，相应的输出端为低电平，其他输出端为高电平。当输入的二进制数超过 BCD 码时，所有输出端都输出高电平，呈无效状态。

（四）显示译码器

数字系统中有时不仅需要译码，而且还要把译码的结果显示出来，供人们读取或监视系统的工作情况。用来驱动各种显示器件，从而将用二进制代码表示的数字、文字、符号翻译成人们习惯的形式直观地显示出来的电路，称为显示译码器。

1. 数码显示器

数码显示器简称数码管，是常用的显示器件之一。其包括半导体发光二极管（LED）数码管和液晶数码管（LCD）。这两种显示器件都有笔画段和点阵型两大类。笔画段型由一些特定的笔画段组成，以显示一些特定的字形和符号；点阵型则由许多成行成列的发光元素点组成，由不同行和列上的发光点组成一定的字形、符号和图形。目前应用最广泛的是由发光二极管构成的七段数字显示器。

① LED 数码管。小尺寸的 LED 显示器件一般是笔划段型的，广泛用于显示仪表之中；大型尺寸的一般是点阵型器件，往往用于大型或特大型显示屏的制作。

笔划段型数码管用 7 段发光管做成“日”字形，用来显示 0~9 10 个数码，LED 数码显示器的外形图和结构图如图 8-42 所示。

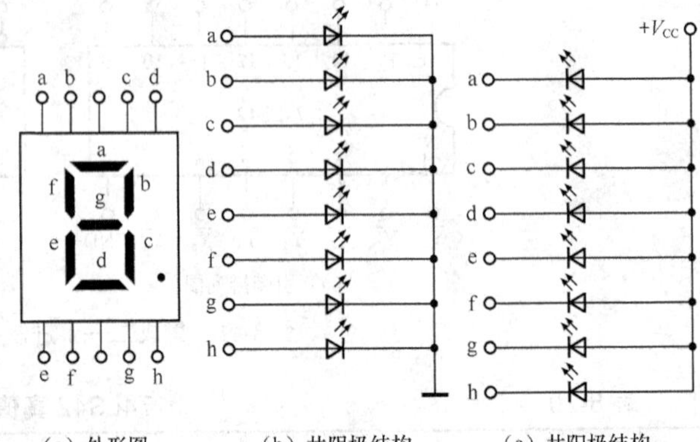

图 8-42 LED 数码显示器的外形和结构

共阴极结构的数码管需要高电平驱动才能显示；共阳极结构的数码管需要低电平驱动才能显示。所以，驱动数码管的译码器除逻辑关系和连接要正确外，电源电压和驱动电流应在数码管规定的范围内，不得超过数码管的允许功耗。

LED 显示器的优点是工作电压较低（1.5～3V）、体积小、寿命长、亮度高、响应速度快、工作可靠性高。缺点是工作电流大，每个字段的工作电流约为 10mA。

② LCD 显示器。LCD 显示器是当今功耗最低的一种显示器，因而特别适合于袖珍显示器、低功耗便携式计算机、仪器仪表等的应用。

液晶在一定的温度范围内，既具有液体的流动性，又具有晶体的某些光学特性。液晶在电场作用下会产生各种光电效应，利用其散射或偏光作用原理，可以把字形和图案显示出来。

2. 集成显示译码器

七段显示译码器 74LS48 是一种与共阴极数字显示器配合使用的集成译码器，它的功能是将输入的 4 位二进制代码转换成显示器所需要的 7 个段信号 a~g。

下面通过对集成译码器芯片 74LS48 的分析，了解这一类集成逻辑器件的功能和使用方法。

74LS48 是一个 16 脚的集成器件，除电源、接地端外，有 4 个输入端（A_3、A_2、A_1、A_0）输入 BCD 码，高电平有效；7 个输出端 a~g（内部的输出电路有上拉电阻），可以直接驱动共阴极数码管；3 个使能端 $\overline{LT}$ 、$\overline{BI}/\overline{RBO}$ 和 $\overline{RBI}$ 。集成芯片引脚排列图和逻辑功能示意图如图 8-43 所示。

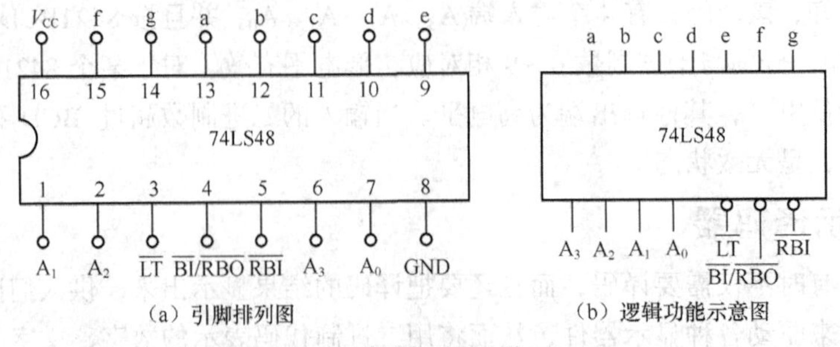

图 8-43 七段显示译码器 74LS48

74LS48 的逻辑功能如下。

① 灯测试端 $\overline{LT}$ ：当 $\overline{LT}=0$ ，$\overline{BI}=1$ 时，不论其他输入端为何种电平，所有的输出端全部输出"1"，驱动数码管显示数字 8。所以 $\overline{LT}$ 端可以用来测试数码管是否发生故障、输出端和数码管之间的连接是否接触不良。正常使用时，$\overline{LT}$ 应处于高电平或者悬空。

② 灭灯输入端 $\overline{BI}$ ：当 $\overline{BI}=0$ 时，不论其他输入端为何种电平，所有的输出端全部输出为低电平"0"，数码管不显示。

③ 动态灭零输入端 $\overline{RBI}$ ：当 $\overline{LT}=\overline{BI}=1$，$\overline{RBI}=0$ 时，若 $A_3A_2A_1A_0$=0000，所有的输出端全部输出为"0"，数码管不显示；若 A_3、A_2、A_1、A_0 输入其他代码组合时，译码器正常输出。

④ 灭零输出端 $\overline{RBO}$: $\overline{RBO}$ 和灭灯输入端 $\overline{BI}$ 连在一起。$\overline{RBI}$ =0 且 $A_3A_2A_1A_0$=0000 时，$\overline{RBO}$ 输出为 0，表明译码器处于灭零状态。在多位显示系统中，利用 $\overline{RBO}$ 输出的信号，可以将整数前部（将高位的 $\overline{RBO}$ 连接相邻低位的 $\overline{RBI}$ ）和小数尾部（将低位的 $\overline{RBO}$ 连接相邻高位的 $\overline{RBI}$ ）多余的 0 灭掉，以便读取结果。

⑤ 正常工作状态下，$\overline{LT}$、$\overline{BI}/\overline{RBO}$、$\overline{RBI}$ 悬空或接高电平，在 A_3、A_2、A_1、A_0 端输入一组 8421BCD 码，在输出端可得到一组 7 位的二进制代码，代码组送入数码管，数码管就可以显示与输入相对应的十进制数。

74LS48 的功能真值表见表 8-21。

表 8-21　　74LS48 的真值表

$\overline{LT}$	$\overline{RBI}$	$\overline{BI}/\overline{RBO}$	A_3 A_2 A_1 A_0	a b c d e f g	功能显示
0	×	1	× × × ×	1 1 1 1 1 1 1	试灯
×	×	0	× × × ×	0 0 0 0 0 0 0	熄灭
1	0	0	0 0 0 0	0 0 0 0 0 0 0	灭 0
1	1	1	0 0 0 0	1 1 1 1 1 1 0	显示 0
1	×	1	0 0 0 1	0 1 1 0 0 0 0	显示 1
1	×	1	0 0 1 0	1 1 0 1 1 0 1	显示 2
1	×	1	0 0 1 1	1 1 1 1 0 0 1	显示 3
1	×	1	0 1 0 0	0 1 1 0 0 1 1	显示 4
1	×	1	0 1 0 1	1 0 1 1 0 1 1	显示 5
1	×	1	0 1 1 0	0 0 1 1 1 1 1	显示 6
1	×	1	0 1 1 1	1 1 1 0 0 0 0	显示 7
1	×	1	1 0 0 0	1 1 1 1 1 1 1	显示 8
1	×	1	1 0 0 1	1 1 1 0 0 1 1	显示 9
1	×	1	1 0 1 0	0 0 0 1 1 0 1	显示⊏
1	×	1	1 0 1 1	0 0 1 1 0 0 1	显示⊐
1	×	1	1 1 0 0	0 1 0 0 0 1 1	显示⊔
1	×	1	1 1 0 1	1 0 0 1 0 1 1	显示⊑
1	×	1	1 1 1 0	0 0 0 1 1 1 1	显示⊢
1	×	1	1 1 1 1	0 0 0 0 0 0 0	无显示

用七段显示译码器 74LS48 直接驱动共阴极七段 LED 数码管的驱动电路如图 8-44 所示。将 BI/RBO 和 RBI 配合使用，还可以实现多位数显示时的"无效 0 消隐"功能，如图 8-45 所示。

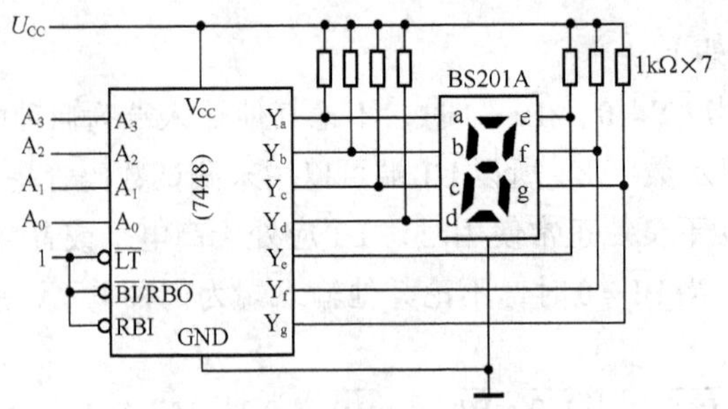

图 8-44　七段显示译码驱动电路

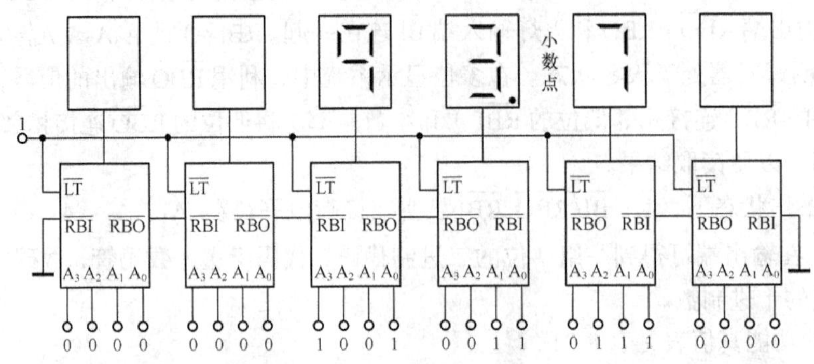

图 8-45　多位数码显示系统

整数部分的连接：高位的 $\overline{BI}/\overline{RBO}$ 与低位的 $\overline{RBI}$ 相连，最高位的 $\overline{BI}/\overline{RBO}$ 接地。

小数部分的连接：低位的 $\overline{BI}/\overline{RBO}$ 与高位的 $\overline{RBI}$ 相连，最低位的 $\overline{BI}/\overline{RBO}$ 接地。

在多位十进制数码显示时，整数前和小数后的 0 是无意义的，称为“无效 0”。在图 8-45 所示的多位数码显示系统中，可将无效 0 灭掉。从图中可见，由于整数部分 74LS48 除最高位的 RBI 接 0、最低位的 RBI 接 1 外，其余各位的 RBI 均接受高位的 RBO 输出信号，所以整数部分只有在高位是 0，而且被熄灭时，低位才有灭零输入信号。同理，小数部分除最高位的 RBI 接 1、最低位的 RBI 接 0 外，其余各位均接受低位的 RBO 输出信号。所以小数部分只有在低位是 0、而且被熄灭时，高位才有灭零输入信号。从而实现了多位十进制数码显示器的“无效 0 消隐”功能。

三、项目实施

（一）仿真实验：集成 3 线—8 线译码器 74LS138 的功能测试

1. 集成译码器 74LS138 的引脚识别

集成译码器 74LS138 的引脚排列如图 8-46 所示。

2. 集成译码器 74LS138 的功能测试

测试译码器 74LS138 逻辑功能的电路如图 8-47 所示，在 Multisim 2001 软件工作平台上译码器 74LS138 的仿真测试电路的操作步骤如下。

（1）从 TTL 集成电路库中拖出 74LS138。

（2）从电源库中拖出电源 V_{CC} 和接地。

（3）从基本元件库中拖出 4 个 1kΩ 电阻。

（4）从基本元件库中拖出 3 个开关，将开关的操作键定义为 A、B、C（高位）。

（5）从显示器材库中拖出 8 个逻辑指示灯。

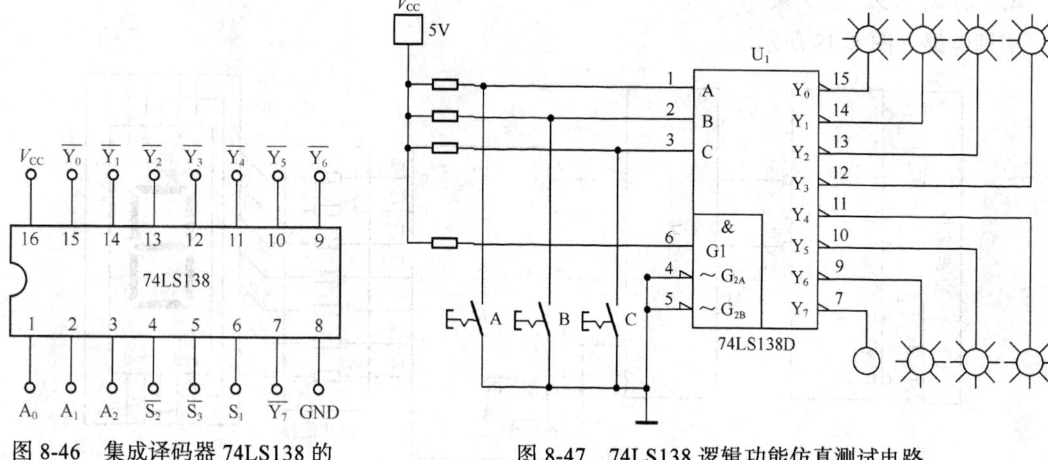

图 8-46 集成译码器 74LS138 的引脚排列图

图 8-47 74LS138 逻辑功能仿真测试电路

（6）按图 8-47 所示连接电路，检查电路无误后按下仿真开关进行测试。

（7）按照表 8-22 中所示数据操作按键 A、B、C，不亮的灯即为有效输出信号，将测试结果记入表 8-22 中，验证其逻辑功能。

表 8-22 译码器 74LS138 的测试表

输 入			输 出
C	B	A	Y
0	0	0	
0	0	1	
0	1	0	
0	1	1	
1	0	0	
1	0	1	
1	1	0	
1	1	1	

（8）检查测试结果是否符合 74LS138 的逻辑功能。

（二）实训：编码、译码、显示电路及其功能测试

1. 实训目的

（1）进一步熟悉 10 线—4 线优先编码器 74LS147、七段显示译码器 74LS48 及共阴极数码管 WT5101BSD 的工作原理。

（2）熟悉常用译码器、编码器的逻辑功能和典型应用。

2. 实训器材

数字电路实验板 1 块，直流稳压电源（5V）1 台，集成电路芯片 74LS147、74LS04、74LS48 各 1 片，共阴极数码管 WT5101BSD 1 个，1kΩ 电阻 7 个，跳线若干，集成电路起拔器 1 个。

3. 预习要求

（1）预习集成电路芯片 74LS147、74LS04、74LS48 的引脚排列及功能。

（2）为什么 74LS147 的输出端通过与非门芯片接至显示译码器？

（3）为什么显示译码器的输出端必须接共阴极数码管？

4. 实训内容及步骤

实训电路如图 8-48 所示。

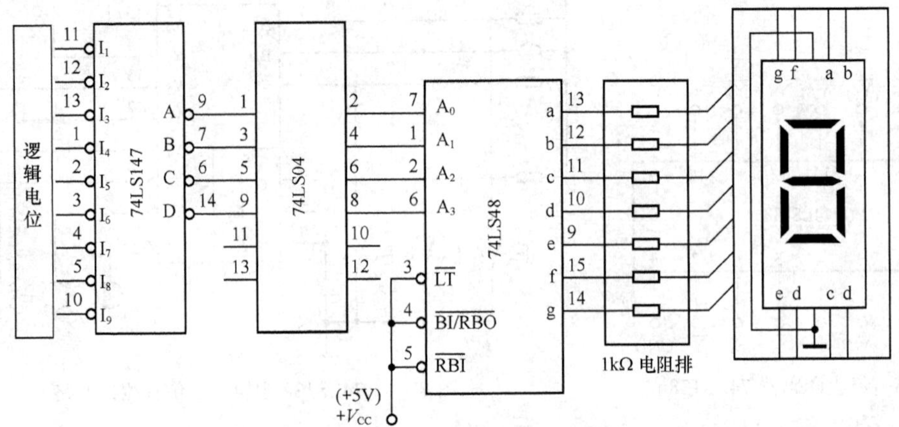

图 8-48 编码、译码及显示实验电路

（1）在实验电路板上按图 8-48 接线。将编码器 74LS147 输入端与 9 个逻辑电位开关相接（数字 0 是隐含输入），集成电路芯片 74LS147、74LS04、74LS48 插入相应的集成电路插座上，各芯片间用跳线连接。

（2）关闭直流稳压电源开关，将+5V 电压分别接到各 IC 引脚的正电源 $+V_{CC}$ 端，将电源负极分别接到各 IC 引脚的 GND 端。

（3）仔细检查电路接线，经指导教师检查无误后，接通直流稳压电源开关。

（4）依次改变编码器 74LS147 输入端的逻辑电平开关，输入一个有效信号，其中 9 个逻辑电平开关全部为无效时相当于输入数字 0。观察输出数码管的显示数字是否与输入一致，并记入表 8-23 中。

表 8-23 编码、译码、显示电路逻辑功能测试表

输入信号									显示数码
$\overline{I_9}$	$\overline{I_8}$	$\overline{I_7}$	$\overline{I_6}$	$\overline{I_5}$	$\overline{I_4}$	$\overline{I_3}$	$\overline{I_2}$	$\overline{I_1}$	
1	1	1	1	1	1	1	1	1	
1	1	1	1	1	1	1	1	0	
1	1	1	1	1	1	1	0	×	
1	1	1	1	1	1	0	×	×	
1	1	1	1	1	0	×	×	×	
1	1	1	1	0	×	×	×	×	
1	1	1	0	×	×	×	×	×	
1	1	0	×	×	×	×	×	×	
1	0	×	×	×	×	×	×	×	
0	×	×	×	×	×	×	×	×	

（5）改变编码器 74LS147 输入端的逻辑电位开关，同时输入多个有效信号，观察输出数码管显示的数字是否为优先级最高的有效输入数字，理解优先编码器的功能。

5. 操作要点及注意事项

（1）不要在带电状态下插拔集成电路，否则容易造成集成电路内部电路损坏。

（2）安装集成电路芯片时要注意缺口方向，起拔集成电路芯片时要用集成电路起拔器。

（3）应仔细检查、核对连接线路，经指导教师检查通过后再接通电源。

（4）各集成电路芯片、数码管均应接电源。

四、知识拓展

（一）用译码器构成全加器

由全加器的真值表写出各输出函数的逻辑表达式，再将逻辑函数表达式转换成最小项表达式，然后转换成与非—与非形式。

$$S_i=\overline{A_i}\,\overline{B_i}C_{i-1}+\overline{A_i}B_i\overline{C_{i-1}}+A_i\overline{B_i}\,\overline{C_{i-1}}+A_iB_iC_{i-1}=m_1+m_2+m_4+m_7=\overline{\overline{m_1}\cdot\overline{m_2}\cdot\overline{m_4}\cdot\overline{m_7}}$$

$$C_i=\overline{A_i}B_iC_{i-1}+A_i\overline{B_i}C_{i-1}+A_iB_i\overline{C_{i-1}}+A_iB_iC_{i-1}=m_3+m_5+m_6+m_7=\overline{\overline{m_3}\cdot\overline{m_5}\cdot\overline{m_6}\cdot\overline{m_7}}$$

用一片 74LS138 加一个与非门实现的全加器逻辑图如图 8-49 所示。

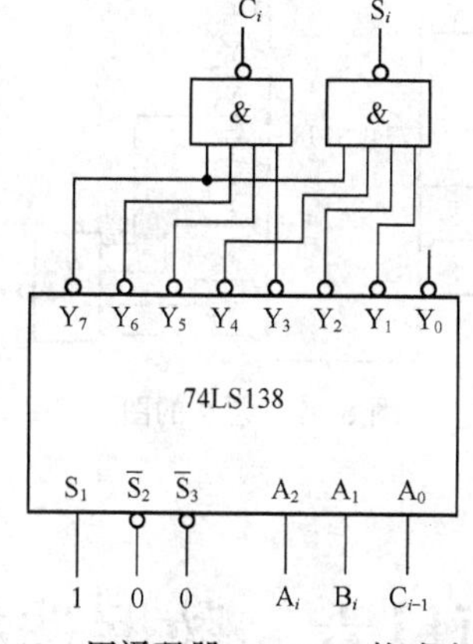

图 8-49　用译码器 74LS138 构成全加器

（二）用译码器构成数据分配器

数据分配器又叫多路分配器。它是将一路输入数据根据地址选择码分配给多路数据输出中的某一路输出。通常数据分配器有 1 根输入数据线、*n* 根选择控制线和 2^n 根输出线，称为 1 路—2^n 数据分配器。数据分配器示意图如图 8-50 所示。

由于译码器和数据分配器的功能非常接近，市场上没有集成数据分配器产品，只有集成译码器产品，当需要数据分配器时，可以用译码器改接。

例 8-5　用译码器设计一个 1 线—8 线数据分配器。

解：设计电路如图 8-51 所示。数据分配器的真值表见表 8-24。

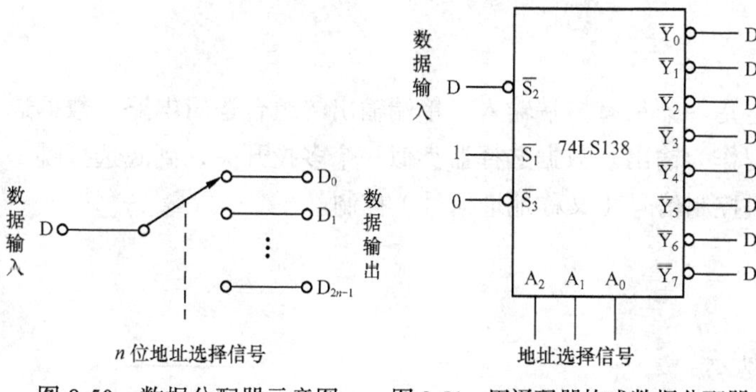

图 8-50　数据分配器示意图　　图 8-51　用译码器构成数据分配器电路

表 8-24　数据分配器的真值表

地址选择信号			输出
A_2	A_1	A_0	
0	0	0	$D=D_0$
0	0	1	$D=D_1$
0	1	0	$D=D_2$
0	1	1	$D=D_3$
1	0	0	$D=D_4$
1	0	1	$D=D_5$
1	1	0	$D=D_6$
1	1	1	$D=D_7$

思考与练习

一、填空题

1. 半导体数码管由________段发光二极管组成。

2. 半导体数码管按内部连接方式不同，分为共________极和共________极两种类型。

3. 译码器 74LS138 可将________分别译为________。

4. 译码器 74LS48 可将________分别译为________。

二、问答题

1. 什么是编码？二进制编码和二—十进制编码有何不同？

2. 什么是译码？译码器的输入量和输出量在进制上有何不同？

3. 当译码器 74LS138 处于禁止译码状态时，输出端的电平是多少？

4. 对于译码器 74LS42，当输入码是非 8421BCD 码时，输出数据是多少？

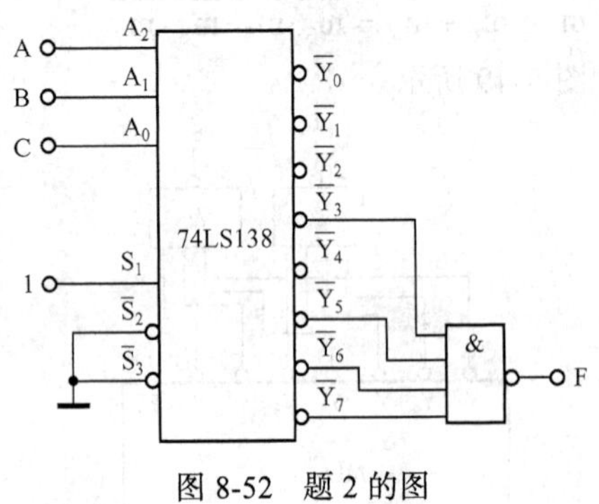

图 8-52　题 2 的图

三、分析和设计题

1. 试用 3 线—8 线译码器 74LS138 实现下列逻辑函数。

（1）$F=\bar{A}B+\bar{B}C$（2）$F=\bar{A}\,\bar{B}\,\bar{C}+\bar{A}B\bar{C}+A\bar{B}\,\bar{C}$（3）$F=BC+A\bar{B}+\bar{A}\,\bar{C}$

2. 图 8-52 所示为用 3 线—8 线译码器 74LS138 和与非门组成的逻辑电路，试写出输出函数 F 的逻辑表达式，列出真值表，并说明电路的逻辑功能。

项目六　数据选择器的识别及功能测试

一、项目导入

数据选择器又称多路选择器，它是一个具有多端输入、单端输出的组合逻辑电路。数据选择器能从多路数据中选择某一路数据作为输出。数据选择器类似一个多投开关，到底选择哪一路输入数据作为输出，由相应的一组控制信号（又称地址信号）控制。

二、相关知识

数据选择器的示意图如图 8-53 所示。

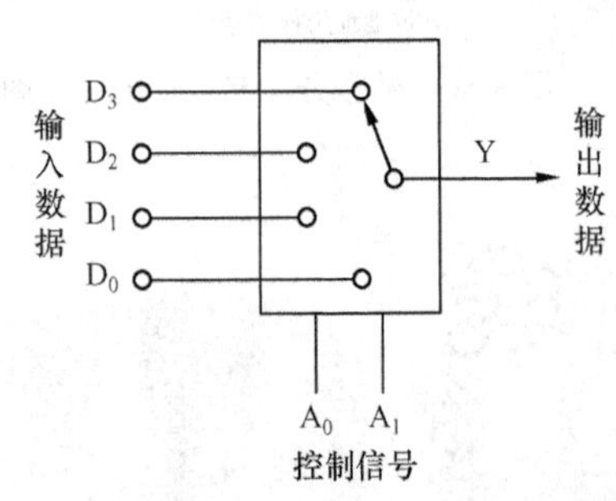

图 8-53　数据选择器的示意图

数据选择器通常有 1～4 个选择输入端，2～16 个数据输入端和 1 个数据输出端。

（一）4 选 1 数据选择器

4 选 1 数据选择器有 4 个数据输入端 D_0、D_1、D_2、D_3，一个数据输出端 Y。两个选择控制信号 A_1 和 A_0，A_1A_0 的取值分别为 00、01、10、11 时，分别选择数据 D_0、D_1、D_2、D_3 输出。

（1）4 选 1 数据选择器的简化真值表（功能表）见表 8-25。

表 8-25　　简化真值表

输入		输出
D	A_1A_0	D
D_0	00	D_0
D_1	01	D_1
D_2	10	D_2
D_3	11	D_3

（2）由真值表，可以写出输出逻辑表达式。

$$Y=\overline{A_1}\,\overline{A_0}D_0+\overline{A_1}A_0D_1+A_1\overline{A_0}D_2+A_1A_0D_3$$

（3）由逻辑表达式画出逻辑图，如图 8-54 所示。

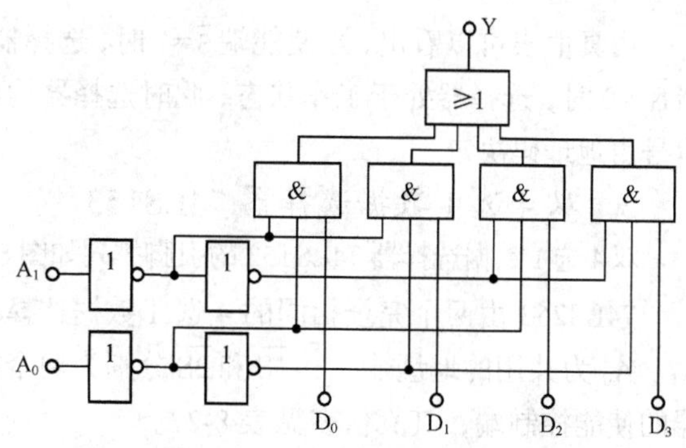

图 8-54　4 选 1 数据选择器逻辑图

（二）集成数据选择器

集成数据选择器的规格品种很多，如 74LS151、74LS152、CD4512、CT4138 等 8 选 1 集成数据选择器，74LS153、CD4539、CT1153 等双 4 选 1 数据选择器，16 选 1 集成数据选择器 74LS150 等。这里介绍 8 选 1 集成数据选择器 74LS151 和双 4 选 1 数据选择器 74LS153。

1. 8 选 1 集成数据选择器 74LS151

8 选 1 集成数据选择器 74LS151 的引脚排列图及逻辑功能示意图如图 8-55 所示。

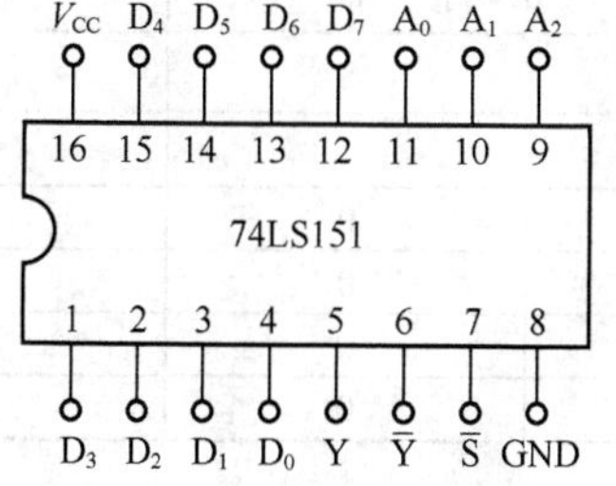

（a）引脚排列图

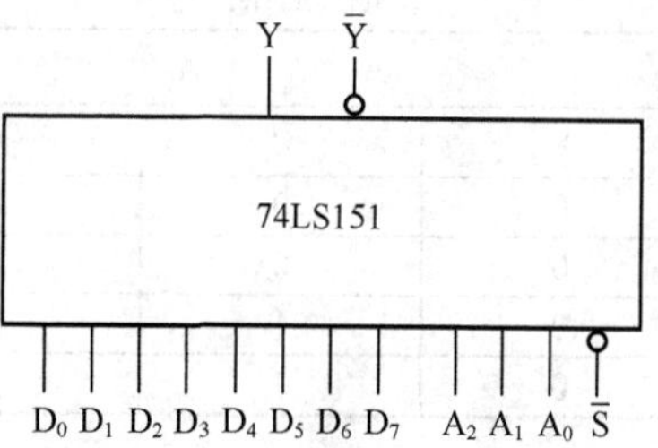

（b）逻辑功能图

图 8-55　8 选 1 数据选择器 74LS151

由图 8-55 可知，74LS151 芯片有 8 个信号输入端 D_0～D_7，3 个地址输入端 A_0、A_1、A_2，两个互补的输出端 Y、$\overline{Y}$，一个使能控制端 $\overline{S}$。其真值表见表 8-26。

表 8-26　　8 选 1 数据选择器真值表

输入					输出	
数据	地址信号			使能端		
D	A_2	A_1	A_0	$\overline{S}$	Y	$\overline{Y}$
×	×	×	×	1	0	1
D_0	0	0	0	0	D_0	$\overline{D_0}$
D_1	0	0	1	0	D_1	$\overline{D_1}$

续表

输入					输出	
数据	地址信号			使能端		
D_2	0	1	0	0	D_2	$\overline{D}_2$
D_3	0	1	1	0	D_3	$\overline{D}_3$
D_4	1	0	0	0	D_4	$\overline{D}_4$
D_5	1	0	1	0	D_5	$\overline{D}_5$
D_6	1	1	0	0	D_6	$\overline{D}_6$
D_7	1	1	1	0	D_7	$\overline{D}_7$

由真值表可以看出，当使能端$\overline{S}$=1 时，选择器被禁止；当$\overline{S}$= 0 时，选择器处于工作状态，此时选择器输出哪一路信号由地址码决定。

2. 双 4 选 1 数据选择器 74LS153

双 4 选 1 数据选择器 74LS153 的引脚排列如图 8-56 所示。

74LS253 由两个完全相同的 4 选 1 数据选择器构成，A_1、A_0 为共用的地址输入，$\overline{1S}$ 和 $\overline{2S}$ 分别为两个数据选择器的使能控制端，其真值表见表 8-27。

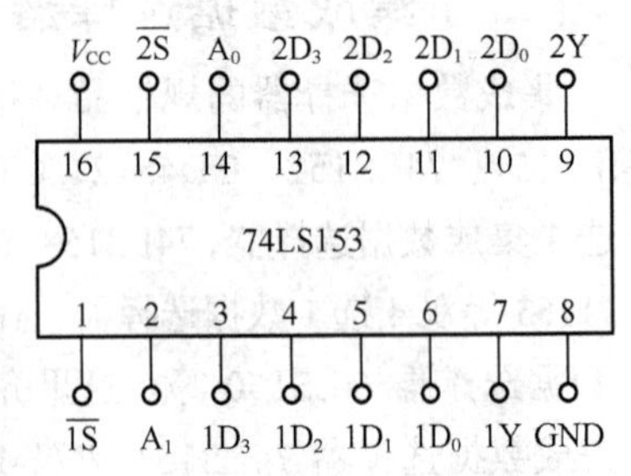

图 8-56　双 4 选 1 数据选择器 74LS153

表 8-27　　4 选 1 数据选择器真值表

输入					输出
数据	地址信号			使能端	
D	A_1		A_0	$\overline{S}$	Y
×	×	×	×	1	高阻
D_0	0	0	0	0	D_0
D_1	0	0	1	0	D_1
D_2	0	1	0	0	D_2
D_3	0	1	1	0	D_3

三、项目实施　8 选 1 数据选择器 74LS151 的功能测试

1. 实训目的

掌握数据选择器 74LS151 的逻辑功能。

2. 实训器材

数字电路实验板 1 块、直流稳压电源（5V）1 台、74LS151 1 片、连接用的导线若干、集成电路起拔器 1 个。

3. 操作步骤

实训电路如图 8-57 所示。

（1）关闭稳压电源开关，将集成电路块 74LS151 插入集成电路 16P 插座上。

（2）将+5V 电压接到 IC 的引脚 16 上，将电源负极接到 IC 的引脚 8 上。

（3）将数据选择器的 8 个数据输入端 D_0～D_7、3 个地址输入端 A_0～A_2 分别用连接导线接至实验板的逻辑电平开关上。

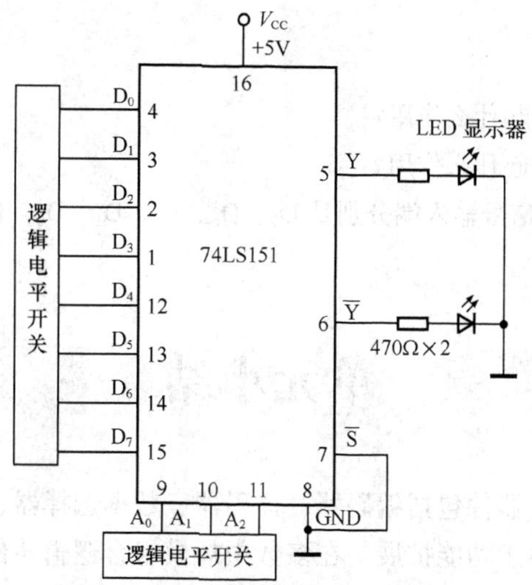

图 8-57　数据选择器 74LS151 的实训电路

（4）将数据选择器两个互补的输出端用连接导线接到 LED 显示器上。检查无误后接通电源。

（5）按表 8-28 操作逻辑电平开关，选定相应的数据输入端，改变该数据端逻辑开关的状态，观察输出结果是否与地址码选定的输入逻辑相同。将测试结果记入表 8-28 中。

表 8-28　　8 选 1 数据选择器实验测试表

输入				输出	
D_i	A_2	A_1	A_0		
D_0		0		Y	$\overline{Y}$
D_1	0	0	0		
D_2	0	0	1		
D_3	0	1	0		
D_4	1	1	1		
D_5	1	0	0		
D_6	1	0	1		
D_7	1	1	0		

4. 操作要点及注意事项

（1）不要在带电状态下插拔集成电路，否则容易造成集成电路内部电路损坏。

（2）安装集成电路芯片时要注意缺口方向，起拔集成电路芯片时要用集成电路起拔器。

（3）应仔细检查与核对线路是否连接正确，经指导教师检查通过后再接通电源。

思考与练习

一、填空题

1. 数据选择器具有多个输入端，________个输出端。

2. 数据选择器能在地址码的控制下，从________路输入信号中选择________路信号输出。

二、问答题

1. 数据选择器的使能端起什么作用?
2. 数据选择器的地址码起什么作用?
3. 8 选 1 数据选择器的信号输入端分别是 D_7、D_6、…、D_1、D_0，依次写出对应的地址码。

单元小结

常用的中规模组合逻辑器件包括编码器、译码器、数据选择器、数值比较器、加法器等。为了增加使用的灵活性和便于功能扩展，在多数中规模组合逻辑器件中都设置了输入、输出使能端或输入、输出扩展端。它们既可控制器件的工作状态，又便于构成较复杂的逻辑系统。

实现多位二进制数相加的电路称为加法器。按照进位方式的不同，加法器分为串行进位加法器和超前进位加法器两种。串行进位加法器电路简单，但速度较慢；超前进位加法器速度较快，但电路复杂。加法器除用来实现两个二进制数相加外，还可用来设计代码转换电路。常见集成加法器为超前进位加法器。

用来完成两个二进制数大小比较的逻辑电路称为数值比较器，简称比较器。利用集成数值比较器的级联输入端，很容易构成更多位数的数值比较器。

用二进制代码表示特定对象的过程称为编码；实现编码操作的电路称为编码器。编码器分二进制编码器和十进制编码器，各种编码器的工作原理类似，设计方法也相同。集成二进制编码器和集成十进制编码器均采用优先编码方案。

译码器是一种多输入多输出的组合逻辑电路，其功能是将每个输入的代码进行“翻译”，译成对应的输出高、低电平信号。译码器在数字系统中有广泛的用途，可用于代码的转换、终端的数字显示、数据分配等。集成二进制译码器除了具有其基本功能外，因每个输出端分别与一个最小项相对应，辅以适当的门电路，便可实现多输入、多输出的组合逻辑电路。

数据选择器是能够从来自不同地址的多路数字信息中任意选出所需要的一路信息作为输出的组合电路，至于选择哪一路数据输出，则完全由当时的选择控制信号决定。

第9单元

触发器和时序逻辑电路

【学习目标】

1. 了解时序逻辑电路的特点，熟悉时序逻辑电路的一般分析、设计方法。
2. 掌握各种 RS 触发器、JK 触发器和 D 触发器的逻辑功能。
3. 能熟练分析寄存器电路，掌握常用中规模集成移位寄存器的引脚排列图、电路功能及应用。
4. 能熟练分析计数器电路，掌握常用中规模集成计数器的引脚排列图、电路功能及应用。
5. 掌握应用电路仿真软件设计同步时序逻辑电路的技能。

在数字电路中，组合逻辑电路没有记忆功能，任何时刻电路的输出状态仅由该时刻的输入状态决定，与电路的原状态无关。电路在任何时刻的输出状态不仅与该时刻的输入信号有关，而且与电路的原状态有关，这样的电路称为时序逻辑电路。时序逻辑电路一般包括组合逻辑电路和具有记忆功能的存储电路即触发器。典型的时序逻辑电路有寄存器、计数器等。

时序逻辑电路不仅具有“记忆”性，还具有“时序”性，是数字电子技术中的时间相关系统。实际应用中，现代电子系统的集成度越来越高，功能越来越强，数字电路的时间相关系统在数字电子技术中的应用也越来越广泛。无论是对于中、小规模集成器件的设计，还是对于后面大规模集成电路可编程逻辑器件的学习，时序逻辑电路的分析方法和同步时序逻辑电路的设计方法都是所必须具备的基础知识。具备分析各种电路的能力是数字电子技术学习的重要内容之一，而能够设计出符合要求的电路则是数字电子技术学习的主要目标之一。

项目一　双稳态触发器功能测试及应用

一、项目导入

触发器是构成时序逻辑电路的基本逻辑部件。它有两个稳定的状态：0 状态和 1 状态；在不同的输入情况下，它可以被置成 0 状态或 1 状态；当输入信号消失后，所置成的状态能够保持不变。

触发器可以记忆 1 位二值信号。根据逻辑功能的不同，触发器可以分为 RS 触发器、D 触发器、JK 触发器、T 和 T′触发器；按照结构形式的不同，又可分为基本 RS 触发器、同步触发器、主从触发器和边沿触发器。

二、相关知识

（一）RS 触发器

1. 基本 RS 触发器

（1）基本 RS 触发器的电路结构及逻辑符号。基本 RS 触发器由两个与非门交叉耦合而成，电路结构如图 9-1（a）所示。信号输出端 Q、$\overline{Q}$ 是两个互补的输出端。$Q=0$，$\overline{Q}=1$ 的状态称 0 状态，$Q=1$，$\overline{Q}=0$ 的状态称 1 状态。信号输入端分别为 $\overline{R}$、$\overline{S}$ ，图 9-1（b）所示逻辑符号输入端的小圆圈表示低电平有效。

（2）基本 RS 触发器的逻辑功能。基本 RS 触发器的逻辑功能可用以下几种方法进行描述。

① 逻辑功能表。基本 RS 触发器的逻辑功能表见表 9-1。

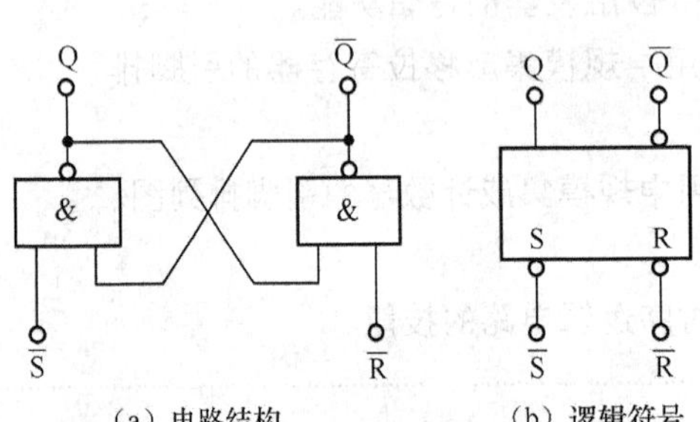

（a）电路结构　（b）逻辑符号

图 9-1　基本 RS 触发器的电路结构及逻辑符号

表 9-1　基本 RS 触发器的逻辑功能表

输入		输出	功能描述
$\overline{R}$	$\overline{S}$	Q^{n+1}	
0	1	0	置 0
1	0	1	置 1
1	1	Q^n	保持
0	0	不定	不允许

表中 Q^n 表示现态，是指触发器接受输入信号之前的状态，即触发器原来的稳定状态；Q^{n+1} 表示次态，是指触发器接受输入信号之后所处的状态。由表 9-1 可以总结如下。

当 $\overline{R}=0$，$\overline{S}=1$ 时，不论 Q^n 为 0 还是 1，触发器的输出状态都为 0。由于是在 $\overline{R}$ 端加输入信号（负脉冲）将触发器置 0，所以把 $\overline{R}$ 端称为触发器的置 0 端或复位端。

当 $\overline{R}=1$，$\overline{S}=0$ 时，不论 Q^n 为 0 还是 1，触发器的输出状态都为 1。由于是在 $\overline{S}$ 端加输入信号（负脉冲）将触发器置 1，所以把 $\overline{S}$ 端称为触发器的置 1 端或置位端。

当 $\overline{R}=1$，$\overline{S}=1$ 时，触发器保持原有状态不变，即原来的状态被触发器存储起来，这体现了触发器具有记忆能力。

当 $\overline{R}=0$，$\overline{S}=0$ 时，两个与非门的输出端 $Q^{n+1}=1$，$\overline{Q^{n+1}}=1$ 不符合触发器的逻辑关系，所以触发器不允许出现这种情况，这就是基本 RS 触发器的约束条件。

② 特性方程。触发器的特性方程就是触发器次态 Q^{n+1} 与输入及现态 Q^n 之间的逻辑关系式。由表 9-1 可得出基本 RS 触发器的特性方程，即

$$\begin{cases} Q^{n+1}=S+\overline{R}Q^n \\ \overline{R}+\overline{S}=1(\text{约束条件}) \end{cases}$$

③ 波形图。反映触发器输入信号取值和状态之间的关系的图形称为波形图。根据功能表可直接画出波形图。设触发器的现态为 0 态，根据给定的 $\overline{R}$ 和 $\overline{S}$ 的波形，可画出输出端 Q 和 $\overline{Q}$ 的

波形，如图 9-2 所示。

（3）集成 RS 触发器。目前市场上通用的集成 RS 触发器有 74LS279、CC4043、CC4044 等几种，图 9-3 为集成 RS 触发器的引脚排列图。

74LS279 内部集成了 4 个由与非门构成的基本 RS 触发器，其中两个触发器的 $\overline{S}$ 端为双输入端，两个输入端的关系为与逻辑关系，即 $\overline{S}=S_AS_B$。

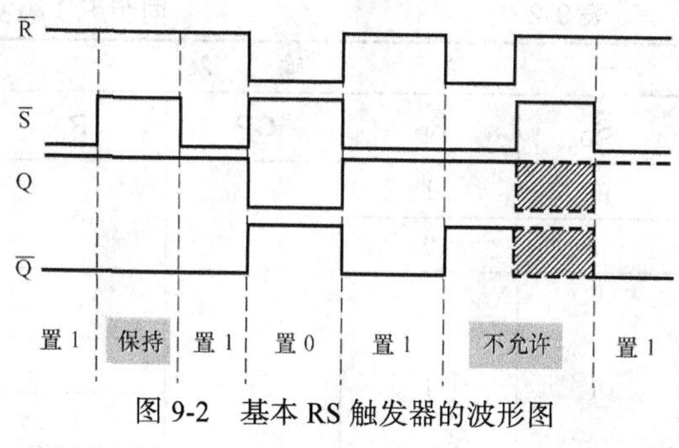

图 9-2 基本 RS 触发器的波形图

（4）基本 RS 触发器的特点。

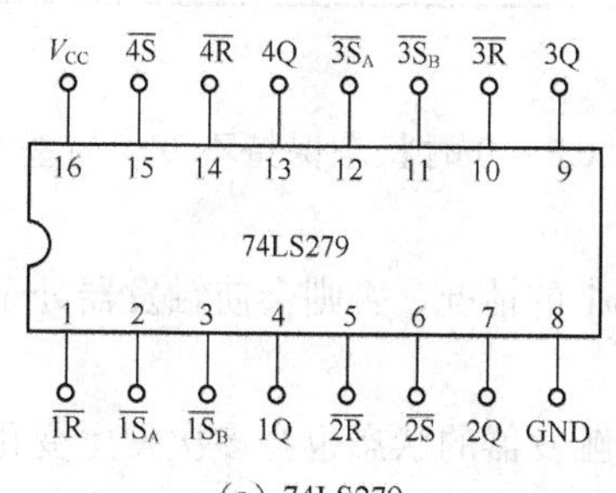

（a）74LS279

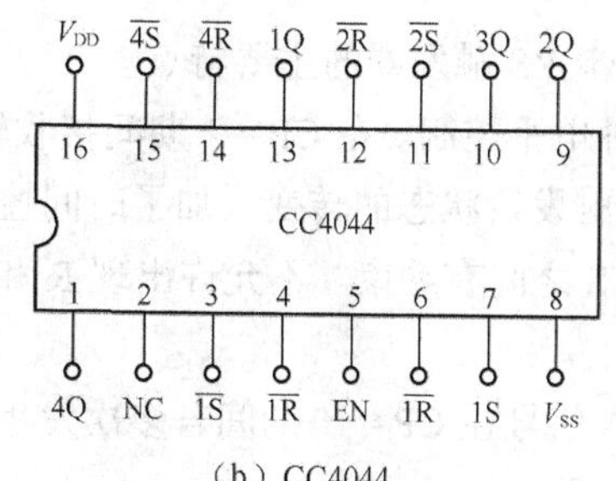

（b）CC4044

图 9-3 集成 RS 触发器的引脚排列图

① 触发器的次态不仅与输入信号的状态有关，而且与触发器原来的状态有关。

② 电路具有两个稳定状态，在无外来触发信号作用时，电路将保持原状态不变。

③ 在外加触发信号有效时，电路可以触发翻转，实现置 0 或置 1。

④ 在稳定状态下两个输出端的状态和必须是互补关系，即有约束条件。

在数字电路中，凡根据输入信号 R、S 情况的不同，具有置 0、置 1 和保持功能的电路，都称为 RS 触发器。

2. 同步（钟控）RS 触发器

基本 RS 触发器的输出状态受输入信号的直接控制，不仅抗干扰能力下降，而且不便于实现与数字系统中其他电路的同步操作，这就限制了触发器的使用范围。同步 RS 触发器是一种受时钟脉冲信号控制的触发器，也称钟控 RS 触发器。时钟脉冲信号用符号 CP 表示。同步 RS 触发器的输出状态不仅取决于输入信号，而且还与时钟脉冲信号 CP 的状态有关。

（1）同步 RS 触发器的电路结构及逻辑符号。同步 RS 触发器的电路结构及逻辑符号如图 9-4 所示。

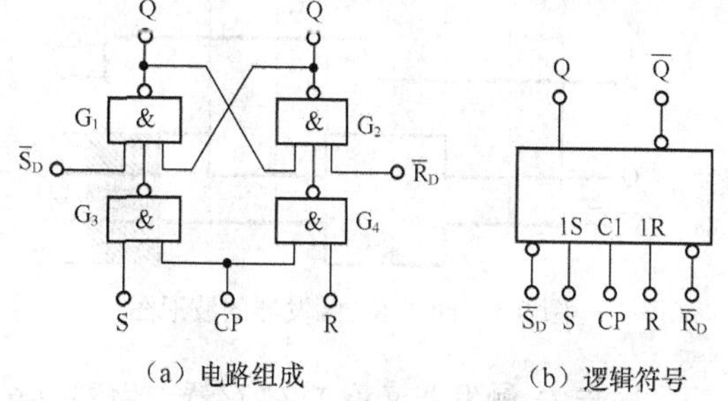

（a）电路组成　（b）逻辑符号

图 9-4 同步 RS 触发器的电路结构及逻辑符号

图 9-4 中信号输入端 $\overline{R}_D$、$\overline{S}_D$ 上面的“–”号表示低电平触发，下标 D 表示该输入端对触发器直接起复位、置位作用。

由图 9-4 可知，CP = 0 时，触发器保持原来状态不变；CP = 1 时，工作情况与基本 RS 触发器相同。

（2）同步 RS 触发器的逻辑功能。同步 RS 触发器的逻辑功能表见表 9-2。

表 9-2　　　　同步 RS 触发器的逻辑功能表

输入					输出	触发器功能描述
$\overline{S}_D$	$\overline{R}_D$	CP	R	S	Q^{n+1}	
0	1	×	×	×	1	直接置 1
1	0				0	直接置 0
1	1	1	0	0	Q^n	保持
			0	1	1	置 1
			1	0	0	置 0
			1	1	不定	不允许

（3）同步 RS 触发器的主要特点。

① 时钟电平控制。在 CP = 1 期间接收输入信号，CP = 0 时状态保持不变，与基本 RS 触发器相比，对触发器状态的转变增加了时间控制。

② R、S 之间有约束。不允许出现 R 和 S 同时为 1 的情况，否则会使触发器处于不确定的状态。

③ 输入信号在 CP = 1 期间若多次发生变化，则触发器的状态也会多次发生变化，这种现象称为“空翻”。

（4）同步 RS 触发器的波形图。设触发器的现态为 0 态，根据给定的时钟脉冲 CP 和 R、S 的波形，可画出同步 RS 触发器输出端 Q 和 $\overline{Q}$ 的波形，如图 9-5 所示。

（二）D 触发器

1. 同步（钟控）D 触发器

（1）同步 D 触发器的电路结构及逻辑符号。同步 D 触发器的电路结构及逻辑符号如图 9-6 所示。

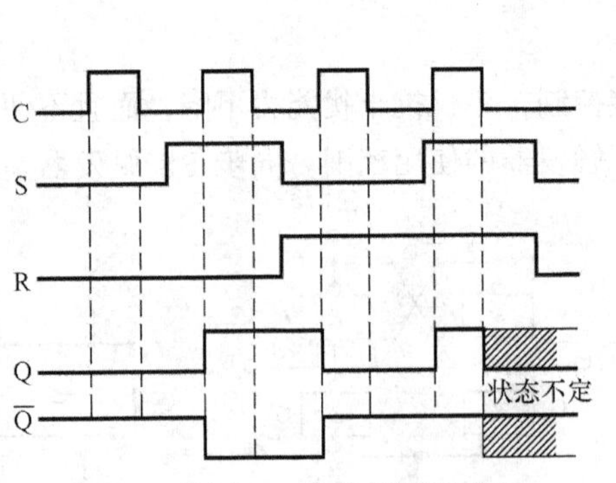

图 9-5　同步 RS 触发器的波形图

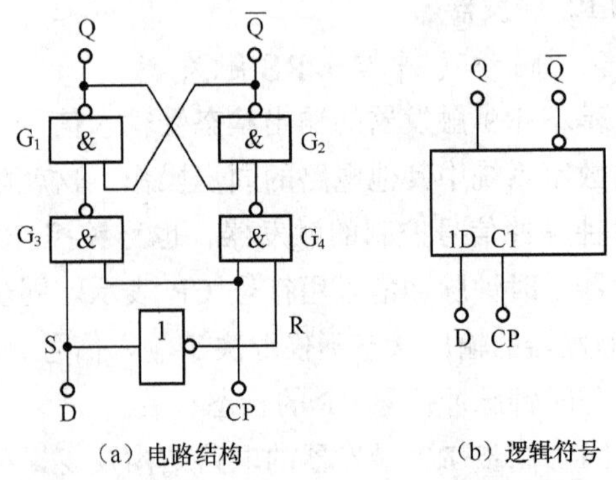

（a）电路结构　　（b）逻辑符号

图 9-6　同步 D 触发器的电路结构及逻辑符号

同步 D 触发器又称 D 锁存器，由图 9-6（a）所示的电路结构可知，D 锁存器克服了同步 RS 触发器 R、S 不能同时为 1 的缺点，即去掉了使用的约束条件。

CP = 0 时，触发器状态保持不变，CP = 1 时，根据同步 RS 触发器的逻辑功能可知，如果 D = 0，则 R = 1，S = 0，触发器置 0；如果 D = 1，则 R = 0，S = 1，触发器置 1。

（2）同步 D 触发器的特征方程。同步 D 触发器的特征方程为

$$Q^{n+1}=D \qquad (CP=1\text{ 期间有效})$$

在数字电路中，凡在时钟脉冲控制下，根据输入信号 D 的不同，具有置 0、置 1 功能的电路，都称为 D 触发器。

同步 D 触发器克服了同步 RS 触发器输入端同时为 1 时，输出状态不定的缺点，但在 CP = 1 期间，输入信号仍然直接控制着触发器输出端的状态，存在"空翻"现象，实际应用中采用一种边沿触发器可有效解决这一问题。边沿触发器的次态仅仅取决于时钟信号的边沿到达时刻的输入状态。

2. 边沿 D 触发器

边沿 D 触发器具有在时钟脉冲上升沿（或下降沿）触发的持点，其逻辑功能为：输出端 Q 的状态随着输入端 D 的状态而变化，但总比输入端状态的变化晚一步，即某个时钟脉冲来到之后 Q 的状态和该脉冲来到之前 D 的状态一样。

（1）边沿 D 触发器的特征方程。边沿 D 触发器的特征方程为

$$Q^{n+1}=D \qquad (CP\text{ 上升沿触发})$$

（2）带置位、复位端的集成边沿 D 触发器的逻辑符号如图 9-7 所示。逻辑符号 CP 输入端处的三角形标记表示边沿触发，三角形标记下面不带小圆圈，说明它是在上升沿到来时触发，三角形标记下面带小圆圈，说明它是下降沿到来时触发。

（3）边沿 D 触发器的逻辑功能。边沿 D 触发器的逻辑功能表见表 9-3。

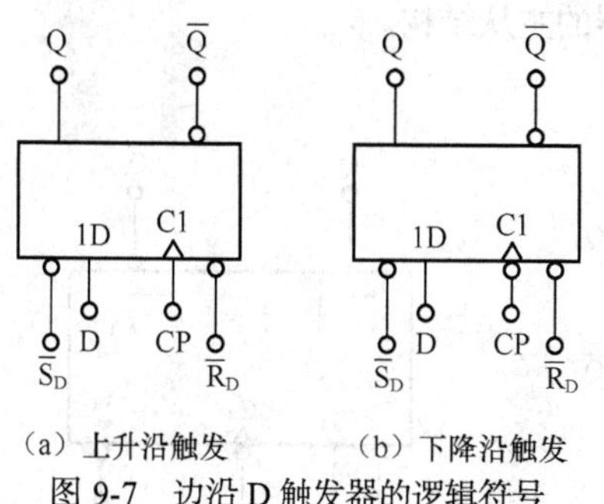

（a）上升沿触发　（b）下降沿触发

图 9-7　边沿 D 触发器的逻辑符号

表 9-3　边沿 D 触发器（上升沿触发）的逻辑功能表

输入				输出	触发器功能描述
$\overline{R_D}$	$\overline{S_D}$	CP	D	Q^{n+1}	
0	1	×	×	0	直接置 0
1	0			1	直接置 1
1	1	↑	0	0	置 0
			1	1	置 1

由特性表 9-3 可以看出，复位端 $\overline{R}_D$（清零端）和置位端 $\overline{S}_D$（预置端）的优先级最高，CP 次之，JK 最低。只要 $\overline{R}_D$ 和 $\overline{S}_D$ 端有低电平信号，触发器状态就根据 $\overline{R}_D$ 和 $\overline{S}_D$ 的要求变化；只有当 $\overline{R}_D$ 和 $\overline{S}_D$ 端无有效信号输入且 CP 脉冲上升沿到来时，触发器的状态才取决于 D 数据输入端。

（4）边沿 D 触发器的波形图。设触发器的现态为 0 态，根据给定的时钟脉冲 CP 和 D 的波形，可画出边沿 D 触发器（上升沿触发）输出端 Q 的波形，如图 9-8 所示。

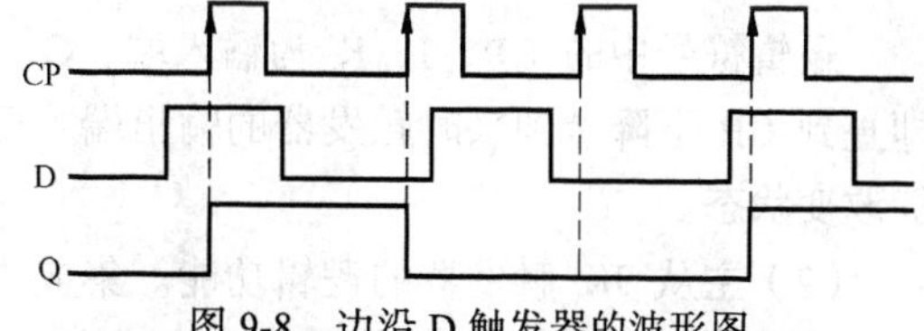

图 9-8　边沿 D 触发器的波形图

由图 9-8 所示的波形图可知，D 触发器的次态只取决于 CP 脉冲上升沿到来时 D 端的状态，而与此时刻前、后 D 端的状态无关。

3. 集成 D 触发器

目前国内生产的集成 D 触发器主要是边沿 D 触发器，这种 D 触发器都是在时钟脉冲的上升沿或下降沿触发翻转。

实用 D 触发器的型号很多，有 74LS74、CC4013 双 D 触发器，74LS75、CD4042 四 D 触发器，74LS174、74LS175、74LS176 六 D 触发器，74LS377 八 D 触发器等。

图 9-9 所示为常用集成边沿 D 触发器的引脚排列图。

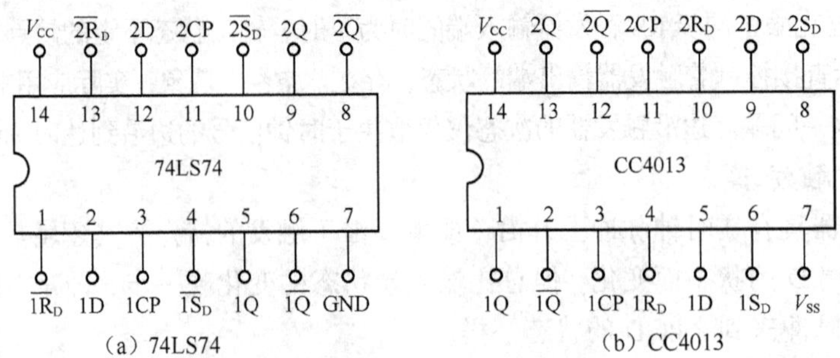

图 9-9　集成边沿 D 触发器的引脚排列图

(三) JK 触发器

1. 主从 JK 触发器

RS 触发器实际应用时必须满足约束条件，使用很不方便，下面介绍 RS 触发器的改进产品，即主从 JK 触发器。

（1）主从 JK 触发器的电路结构及逻辑符号。主从 JK 触发器的电路结构及逻辑符号如图 9-10 所示。它由两个与非门组成的同步 RS 触发器组成，两者分别称为主触发器和从触发器，此外，还通过一个“非”门将两个触发器联系起来。这就是触发器的主从结构。

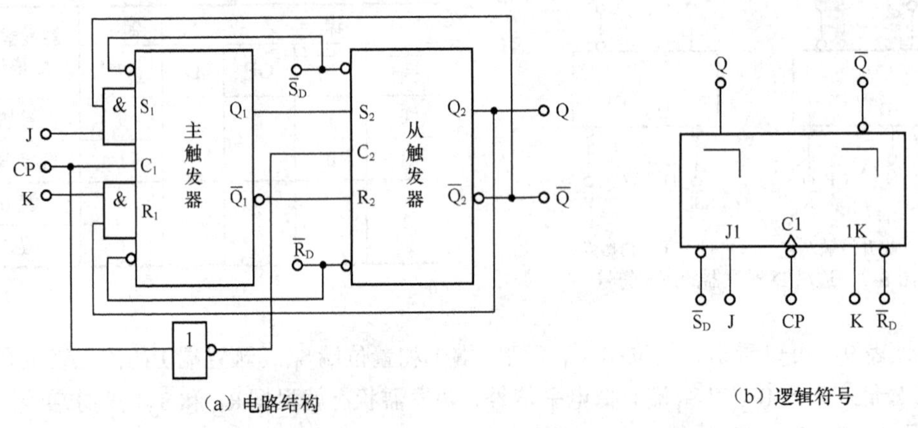

图 9-10　主从 JK 触发器的电路结构及逻辑符号

逻辑符号中的 CP、J、K 为输入端，Q、$\overline{Q}$ 为输出端，方框内的“ㄱ”为输出延迟标志，即直到 CP 下降沿到来时触发器的输出端才可能改变状态。

（2）主从 JK 触发器的逻辑功能。集成主从 JK 触发器 74LS76 是目前市场常用的 TTL 型集成电路芯片，其引脚排列图如图 9-11 所示。它内部集成了两个带复位端 $\overline{R}_D$（清零端）和置位端 $\overline{S}_D$（预置端）的主从 JK 触发器，CP 下降沿触发。

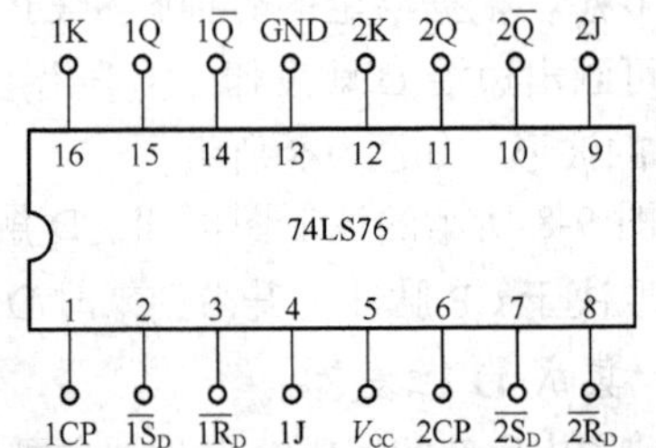

图 9-11　主从 JK 触发器 74LS76 的引脚排列图

通过实验对74LS76（CP下降触发）进行逻辑功能测试，可得其逻辑功能如下。

① 逻辑功能表。主从JK触发器的逻辑功能表见表9-4。

表9-4　主从JK触发器的逻辑功能表

输入					输出	触发器功能描述
$\overline{S}_D$	$\overline{R}_D$	CP	J	K	Q^{n+1}	
0	1	×	×	×	1	直接置1
1	0				0	直接置0
1	1	↓	0	0	Q^n	保持
			0	1	0	置0
			1	0	1	置1
			1	1	$\overline{Q}^n$	翻转

② 特性方程。由特性表9-4可以得出JK触发器的特性方程为

$$Q^{n+1}=J\overline{Q^n}+\overline{K}Q^n$$

从特性方程可以看出，JK触发器消除了约束条件，使用更为方便。

③ 波形图。设主从JK触发器的现态为0态，根据给定的时钟脉冲CP和J、K的波形，可以画出主从JK触发器（下降沿触发）输出端Q和$\overline{Q}$的波形，如图9-12所示。

（3）主从JK触发器的电路特点。

① 主从JK触发器采用主从控制结构，从根本上解决了输入信号直接控制的问题，具有CP = 1期间接收输入信号，CP下降沿到来时触发翻转的特点，避免了空翻现象的发生。

② 输入信号J、K之间没有约束。

③ 存在一次变化问题（CP = 1期间其状态只能变化一次，抗干扰能力差），适合在窄脉冲的场合下工作。

2. 集成边沿JK触发器

大多数无延迟的边沿JK触发器是在主从触发器的基础上改进形成的，具有结构完善、产品多、抗干扰能力强等特点。其中应用最广泛的是边沿JK触发器和前面介绍过的边沿D触发器。

目前市场上应用广泛的TTL型边沿JK触发器有74LS112（双JK下降沿触发，带清零端）、74LS109（双JK上升沿触发，带清零端）、74LS111（双JK，带数据锁定）等；CMOS型有74HC73、74HC107（双JK下降沿触发，带清零端）、CC4027、74HC109（双JK上升沿触发，带清零端）等。

（1）边沿JK触发器的电路结构及逻辑符号。边沿JK触发器电路多数采用主从结构，但触发方式不同。边沿JK触发器的逻辑符号如图9-13所示，其逻辑符号的方框内没有输出延迟标志"⌉"。

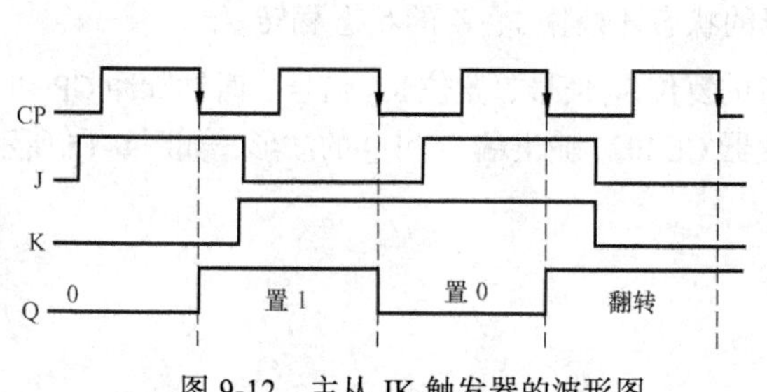

图9-12　主从JK触发器的波形图

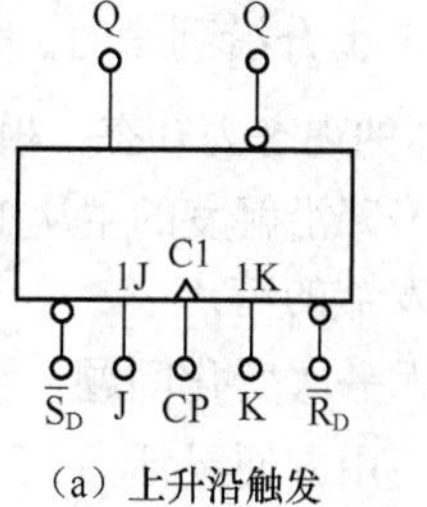

（a）上升沿触发

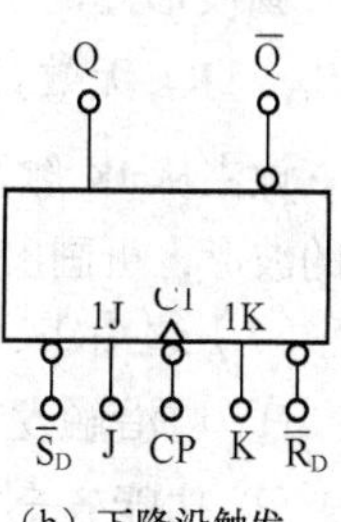

（b）下降沿触发

图9-13　边沿JK触发器的逻辑符号

（2）边沿JK触发器的逻辑功能。边沿JK触发器的逻辑功能与主从JK触发器是一致的，

但触发方式不一样。

常用集成边沿 JK 触发器 74LS112 及 CC4027 的引脚排列如图 9-14 所示。

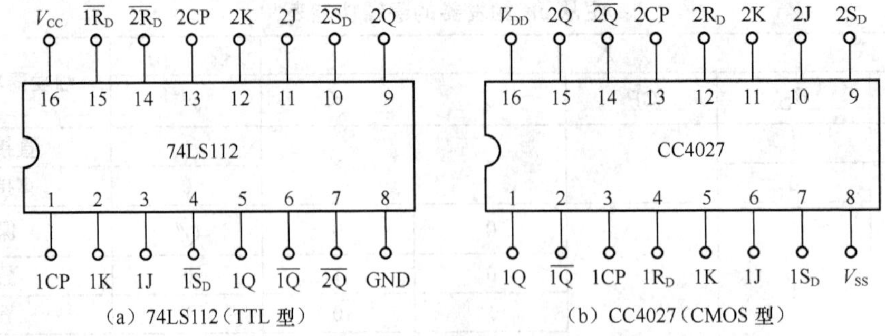

(a) 74LS112（TTL 型） (b) CC4027（CMOS 型）

图 9-14 边沿 JK 触发器的引脚排列图

CC4027 内部含有两个带清零端 R_D 和预置端 S_D 的集成 CMOS 边沿 JK 触发器。由 CP 的上升沿触发，清零端 R_D 和预置端 S_D 为高电平有效。

CC4027 的逻辑功能表见表 9-5。

表 9-5 边沿 JK 触发器 CC4027 的逻辑功能表

输入					输出	触发器功能描述
S_D	R_D	CP	J	K	Q^{n+1}	
0	1	×	×	×	1	直接置 0
1	0				0	直接置 1
0	0	↑	0	0	Q^n	保持
			0	1	0	置 0
			1	0	1	置 1
			1	1	$\overline{Q}^n$	翻转

请自行分析并写出边沿 JK 触发器 CC4027 的特性方程。

例 9-1 已知 CC4027 各输入端输入信号如图 9-15 所示，试画出其输出波形。

解： 边沿 JK 触发器 CC4027 有复位和置位信号、时钟脉冲信号及数据输入信号 J、K。

其中，复位 S_D、置位 R_D 信号的优先级别最高，且高电平有效；其次是脉冲信号 CP，上升沿触发；JK 的优先级最低。

画波形图时，应先看 S_D、R_D 是否有高电平信号输入，若有则触发器按要求复位或置位；当 S_D、R_D 无效且 CP 上升沿到来时，触发器的状态才根据 J、K 的状态翻转。

设主从 JK 触发器的现态为 0 态，根据给定的复位 S_D 信号、置位 R_D 信号、时钟脉冲 CP 和 J、K 的波形，可画出上升降沿触发的主从 JK 触发器 CC4027 输出端 Q 和 $\overline{Q}$ 的波形，如图 9-15 所示。

（3）边沿 JK 触发器的特点。

① 边沿触发，无一次变化问题。

② 功能齐全，使用方便灵活。

③ 抗干扰能力极强，工作速度很高。

（4）将 JK 触发器转换为 T 和 T′ 触发器。将 JK 触发器的 J、K 端并接在一起，作为一个输入

端（T）的触发器称为T触发器。T触发器的电路结构及逻辑符号如图9-16所示，其特性方程为

$$Q^{n+1} = J\overline{Q^n} + \overline{K}Q^n = T\overline{Q^n} + \overline{T}Q^n = T \oplus Q^n$$

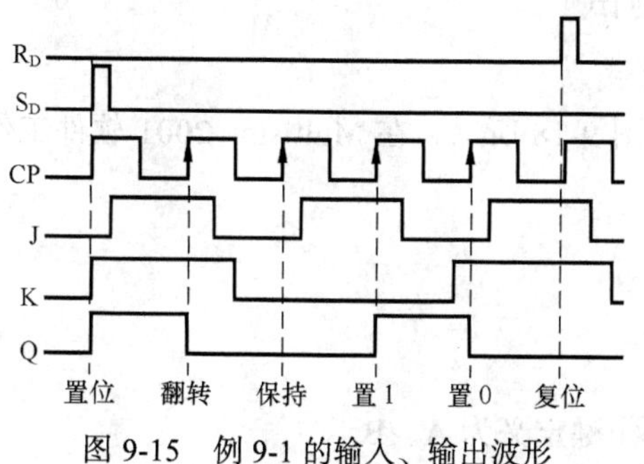

图9-15　例9-1的输入、输出波形

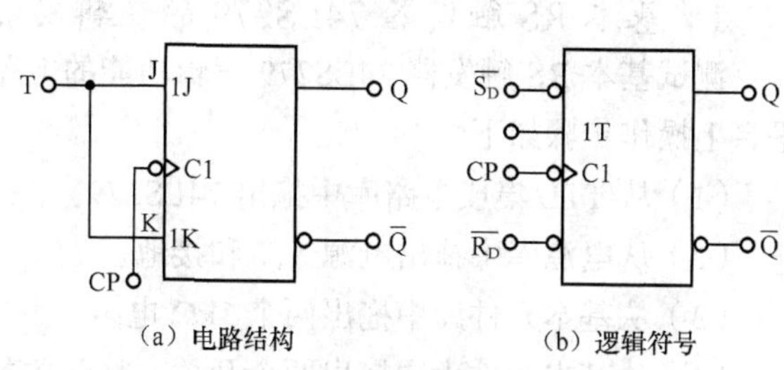

图9-16　T触发器的电路结构及逻辑符号

T触发器的逻辑功能表见表9-6。

表9-6　T触发器的逻辑功能表

输入				输出	功能描述
$\overline{R_D}$	$\overline{S_D}$	CP	T	Q^{n+1}	
0	1	×	×	0	直接置0
1	0			1	直接置1
1	1	↓	0	Q^n	保持
			1	$\overline{Q^n}$	翻转

当T=1时，T触发器变成了T′触发器。T′触发器的逻辑功能是每来一个计数脉冲，触发器的状态就翻转一次。其特性方程为$Q^{n+1}=\overline{Q^n}$。T′触发器常构成计数器，故也称为计数触发器。

（5）将JK触发器转换为D触发器。将JK触发器转换成D触发器的电路结构及逻辑符号如图9-17所示。

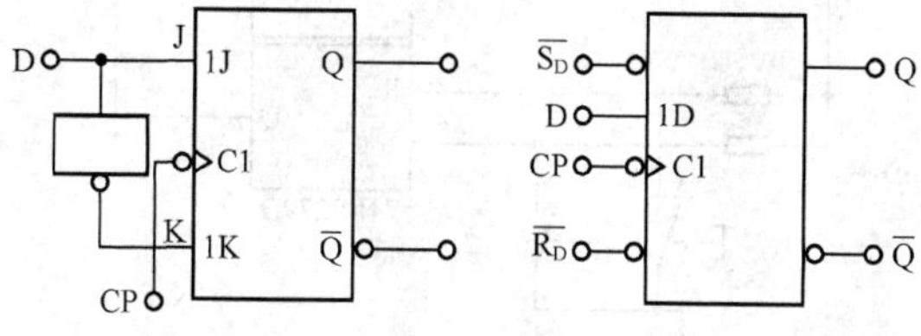

（a）电路结构　（b）逻辑符号

图9-17　D触发器的电路结构及逻辑符号

由JK触发器的逻辑功能可知，D触发器的特性方程为

$$Q^{n+1} = D$$

D触发器的逻辑功能表见表9-7。

表9-7　边沿D触发器（下降沿触发）的逻辑功能表

输入				输出	功能描述
$\overline{R_D}$	$\overline{S_D}$	CP	D	Q^{n+1}	
0	1	×	×	0	直接置0
1	0			1	直接置1
1	1	↓	0	0	置0
			1	1	置1

三、项目实施

（一）仿真实验：触发器的逻辑功能测试

1. 基本 RS 触发器 74LS279 的逻辑功能测试

测试基本 RS 触发器 74LS279 逻辑功能的电路如图 9-18 所示，在 Multisim 2001 软件工作平台上操作步骤如下。

（1）从 TTL 集成电路库中拖出 74LS279。

（2）从电源库中拖出电源 V_{CC} 和接地。

（3）从基本元件库中拖出两个 1kΩ 电阻。

（4）从基本元件库中拖出两个开关，将开关的操作键定义为 A、B。

（5）从显示器材库中拖出 1 个逻辑指示灯。

（6）按图 9-18 所示连接电路。

（7）操作按键，使 AB = 10，RS 触发器的输出应为逻辑 1（灯亮）。

（8）操作按键，使 AB = 01，RS 触发器的输出应为逻辑 0（灯灭）。

（9）操作按键，使 AB = 11，RS 触发器的输出应保持不变。

2. D 触发器 74LS74 的逻辑功能测试

测试 D 触发器 74LS74 逻辑功能的电路如图 9-19 所示，在 Multisim 2001 软件工作平台上操作步骤如下。

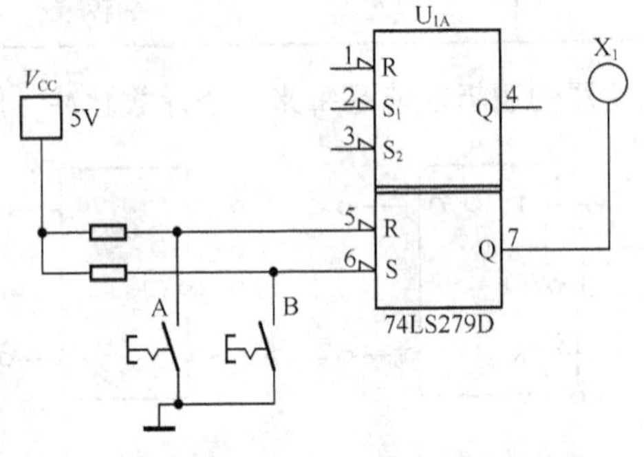

图 9-18　74LS279 仿真测试图

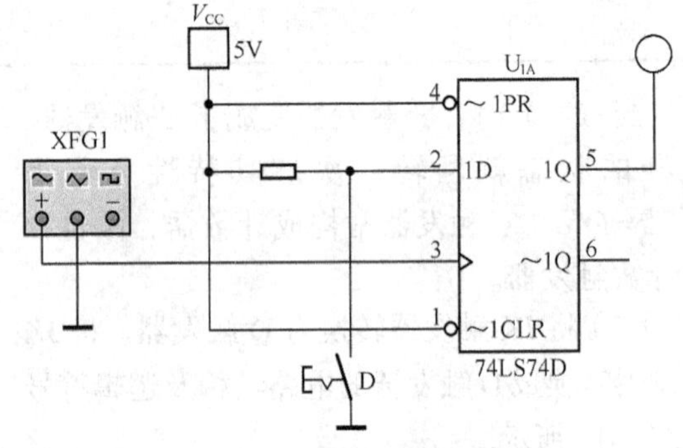

图 9-19　74LS74 仿真测试图

（1）从 TTL 集成电路库中拖出 74LS74。

（2）从电源库中拖出电源 V_{CC} 和接地。

（3）从基本元件库中拖出 1 个 1kΩ 电阻。

（4）从基本元件库中拖出 1 个开关，将开关的操作键定义为 D。

（5）从显示器材库中拖出 1 个逻辑指示灯。

（6）从仪表栏中拖出信号发生器 XFG1，选取方波信号（20Hz，输出电压 5V）。

（7）按图 9-19 所示连接电路。

（8）操作按键，使 D = 0，D 触发器的输出 1Q 应为逻辑 0（灯灭）。

（9）操作按键，使 D = 1，D 触发器的输出 1Q 应为逻辑 1（灯亮）。

3. JK 触发器 74LS112 的逻辑功能测试

测试 JK 触发器 74LS112 逻辑功能的电路如图 9-20 所示，在 Multisim 2001 软件工作平台上操作步骤如下。

（1）从 TTL 集成电路库中拖出 74LS112。

（2）从电源库中拖出电源 V_{CC} 和接地。

（3）从基本元件库中拖出两个 1kΩ 电阻。

（4）从基本元件库中拖出两个开关，将开关的操作键定义为 J、K。

（5）从显示器材库中拖出 1 个逻辑指示灯。

（6）从仪表栏中拖出信号发生器，选取方波信号（20Hz，输出电压 5V）。

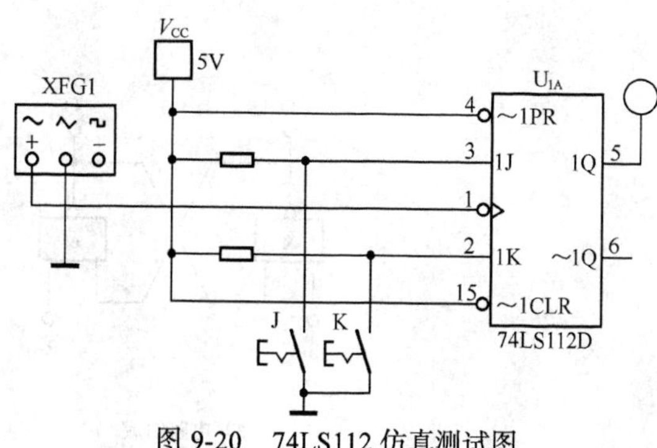

图 9-20　74LS112 仿真测试图

（7）按图 9-20 所示连接电路。

（8）操作按键，使 JK = 00，JK 触发器的输出应保持不变。

（9）操作按键，使 JK = 10，JK 触发器的输出应为逻辑 1（灯亮）。

（10）操作按键，使 JK = 01，JK 触发器的输出应为逻辑 0（灯灭）。

（11）操作按键，使 JK = 11，JK 触发器的输出应为翻转（灯闪亮）。

（二）实训：集成触发器的逻辑功能测试

1. 实训目的

（1）熟悉基本 RS 触发器的特性。

（2）通过实验了解和熟悉常用的 D、JK 集成触发器的引脚功能及连线。

（3）进一步理解和掌握各种集成触发器的逻辑功能及应用。

2. 实训仪器及设备

数字电路实验板，+5V 直流电源，单次时钟脉冲源，逻辑电平开关和逻辑电平显示器，与非门 74LS00（或 CC4011）集成芯片，74LS74（或 CC4013）双 D 集成触发器芯片、74LS112（或 CC4027）双 JK 集成触发器芯片各 1 片，相关实验设备及连接导线若干，集成电路起拔器 1 个。

3. 实训内容与步骤

实训所用集成电路芯片引脚排列如图 9-21 所示。

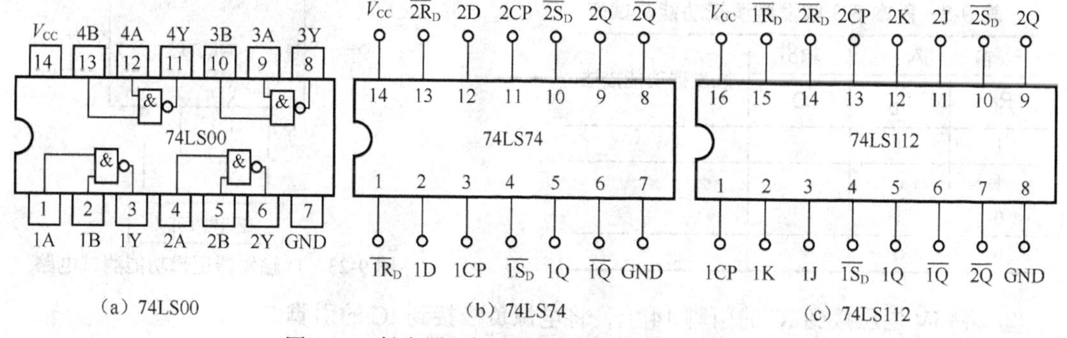

（a）74LS00　（b）74LS74　（c）74LS112

图 9-21　触发器逻辑功能测试所用芯片引脚排列图

（1）基本 RS 触发器。74LS00 是 4 个 2 输入的与非门，用其中的两个与非门接成 RS 触发器，如图 9-22（a）所示，实训步骤如下。

① 关闭稳压电源开关，将集成电路芯片 74LS00 插入集成电路 14P 插座上，按照图 9-22（b）连接实训测试电路。

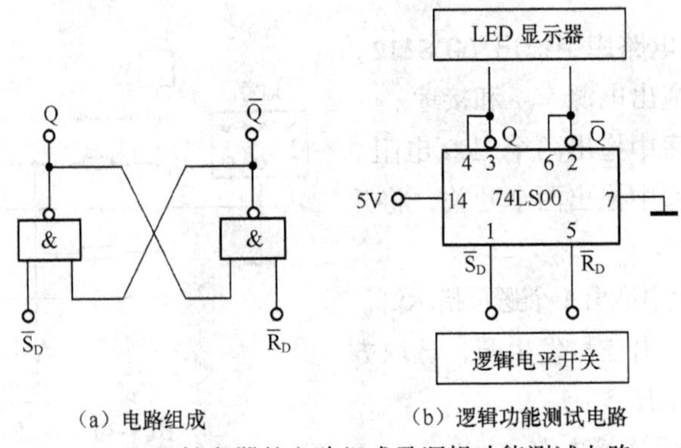

（a）电路组成　　（b）逻辑功能测试电路

图 9-22　RS 触发器的电路组成及逻辑功能测试电路

② 将+5V 电压接到 IC 的引脚 14 上，将电源负极接到 IC 的引脚 7 上。

③ 用连接导线将两个输入端 $\overline{R}_D$ 、$\overline{S}_D$ 连接到两个逻辑电平开关；将输出端 Q 连接到 IC 输出电平 LED 显示端。LED 亮为逻辑“1”，不亮为逻辑“0”。

④ 检查无误后接通电源。

⑤ 按表 9-8 操作逻辑电平开关改变状态（悬空或接 + 5V 相当于接高电平，接地相当于接低电平），对基本 RS 触发器进行逻辑功能测试。观察触发器输出端 Q 对应 LED 显示器的状态，将 Q 端的测试结果填入表 9-8 中。根据基本 RS 触发器 Q 端的状态变化与输入信号的关系，总结判断其逻辑功能并记入表 9-8 中。

（2）D 触发器。74LS74 为上升沿触发的双 D 触发器，具有异步置“0”、置“1”端。实训步骤如下。

① 关闭稳压电源开关，将集成电路芯片 74LS74 插入集成电路 14P 插座上，按照图 9-23 连接测试电路。

表 9-8　基本 RS 触发器逻辑功能测试表

输入		输出	触发器功能描述
$\overline{R}_D$	$\overline{S}_D$	Q	
1	1		
1	0		
0	1		
0	0		

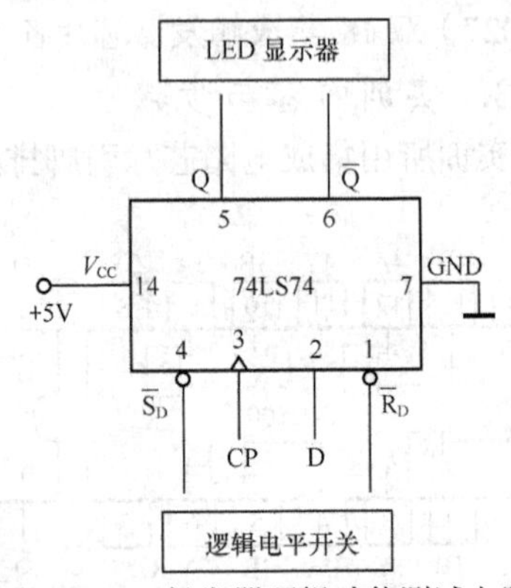

图 9-23　D 触发器逻辑功能测试电路

② 将+5V 电压接到 IC 的引脚 14 上，将电源负极接到 IC 的引脚 7 上。

③ 用跳线将 3 个输入端 $\overline{R}_D$ 、$\overline{S}_D$ 、D 连接到 3 个逻辑电平开关上，将时钟脉冲输入端连接至单次脉冲源，用跳线将输出端 Q 连接到 LED 电平显示端。

④ 检查无误后接通电源。

⑤ 测试异步置位端 $\overline{S}_D$ 和复位端 $\overline{R}_D$ 的功能。

按表 9-9 操作逻辑电平开关，将异步置位端 $\overline{S}_D$ 和复位端 $\overline{R}_D$ 分别接高电平和低电平（输入端D和脉冲CP端为任意状态）。观察触发器输出端Q对应LED显示器的状态，将Q的测试结果填入表9-9中。

⑥ 测试D触发器的逻辑功能。

用异步置位端$\overline{S}_D$和复位端$\overline{R}_D$将D触发器事先置成给定的初始状态（Q^n为1或0）。按表9-10操作逻辑电平开关，使数据输入端D分别为低电平和高电平，在单次时钟脉冲CP作用下，将输出状态的结果填入表9-10中。

表9-9 D触发器异步输入端的功能测试表

输入				输出	触发器的状态
D	CP	$\overline{S}_D$	$\overline{R}_D$	Q	
×	×	0	1		
		1	0		

表9-10 D触发器特性表

输入			输出	触发器功能描述
D	C	Q^n	Q^{n+1}	
0	↑	1		
		0		
1	↑	1		
		0		

（3）JK触发器。74LS112为下降沿触发的双JK触发器，具有异步置“0”、置“1”端。实训步骤如下。

① 关闭稳压电源开关，将集成电路芯片74LS112插入集成电路16P插座上，按照图9-24连接测试电路。

② 将+5V电源接到IC的引脚16上，将电源负极接到IC的引脚8上。

③ 用跳线将4个输入端$\overline{R}_D$、$\overline{S}_D$、J、K连接到4个逻辑电平开关上，将时钟脉冲输入端CP连接至单次脉冲源，用跳线将输出端Q、$\overline{Q}$连接到LED电平显示端。

④ 检查无误后接通电源。

⑤ 测试异步置位端$\overline{S}_D$和复位端$\overline{R}_D$的功能。

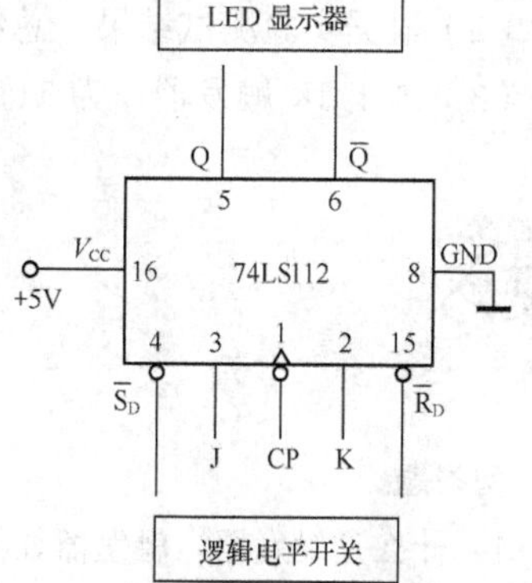

图9-24 JK触发器逻辑功能测试电路

按表9-11操作逻辑电平开关，将异步置位端$\overline{S}_D$和复位端$\overline{R}_D$分别接高电平和低电平（输入端J、K和脉冲CP端为任意状态），记录$\overline{Q}$和Q的输出状态，将结果填入表9-11中。

表9-11 JK触发器异步输入端的功能测试表

输入					输出	触发器功能描述
CP	J	K	$\overline{S}_D$	$\overline{R}_D$	Q	
×	×	×	0	1		
			1	0		

⑥ 测试JK触发器的逻辑功能。

用异步置位端$\overline{S}_D$和复位端$\overline{R}_D$将JK触发器事先置成给定的初始状态（Q^n为1或0）。按表9-12操作逻辑电平开关，使输入控制端J、K分别为低电平和高电平，在单次时钟脉冲CP作用下，将输出状态的结果填入表9-12中。

4. 实训注意事项

（1）注意+5V电源和地的接线位置。

表 9-12　　　　JK 触发器功能测试表

输入				输出	触发器功能描述
J	K	CP	Q^n	Q^{n+1}	
0	0	↓	0		
			1		
0	1	↓	0		
			1		
1	0	↓	0		
			1		
1	1	↓	0		
			1		

（2）异步置位端 $\overline{S}_D$，复位端 $\overline{R}_D$，输入控制端 J、K、D 接 + 5V 电源为逻辑“1”，接地为逻辑“0”。

（3）D 触发器、JK 触发器芯片正常工作时，其异步输入端 $\overline{S}_D$ 和 $\overline{R}_D$ 应接高电平，即逻辑“1”。

5．实训报告

（1）记录实验数据，总结 $\overline{S}_D$ 和 $\overline{R}_D$ 对触发器的作用及各类型触发器的逻辑功能。

（2）根据实验测试结果，总结 JK 触发器 74LS112 和 D 触发器 74LS74 的特点。

（3）画出 JK 触发器作为 T′ 触发器时，其电路的时序波形图。

思考与练习

一、问答题

1. 什么是触发器？触发器如何分类？
2. 触发器的触发方式有哪几类？
3. 触发器中的 $\overline{R_D}$ 和 $\overline{S_D}$ 端各起什么作用？
4. 同步 D 触发器的基本结构与 RS 触发器有何不同？为什么说 D 触发器可以有效地抑制“空翻”现象？
5. 写出 D 触发器的特征方程和功能表。
6. 在逻辑图符号中，如何区别出某触发器是“电平”触发还是“边沿”触发？如何判断某触发器输入端是高电平有效或是低电平有效？
7. 8 位二进制数需几个触发器来存放？

二、分析题

1. 可控 RS 触发器的 C、R、S 波形如图 9-25 所示，设触发器的初始状态 Q 为 0，试对应画出 Q 、$\overline{Q}$ 的波形图。

2. 图 9-26 所示为由时钟脉冲 CP 的下降沿触发的主从 JK 触发器 C、J、K 的波形，设 Q 的初始状态为 0，试对应画出 Q 、$\overline{Q}$ 的波形。

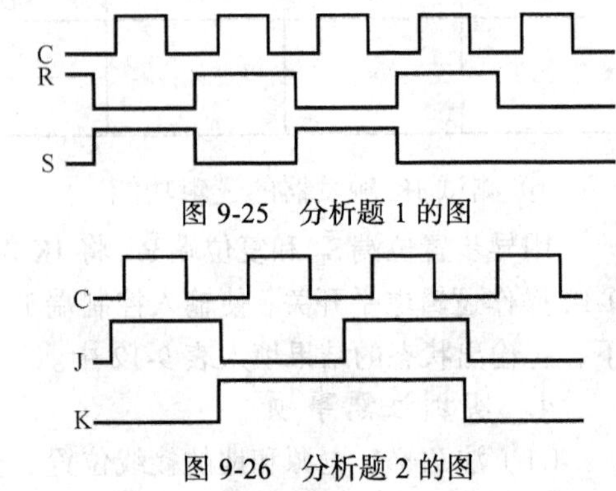

图 9-25　分析题 1 的图

图 9-26　分析题 2 的图

3. 边沿阻塞 D 触发器的逻辑符号及 C、D 波形如图 9-27 所示，试画出 Q、$\overline{Q}$ 的波形图。（CP 上升沿触发，Q 的状态和某个 CP 脉冲来到之前 D 的状态一致）

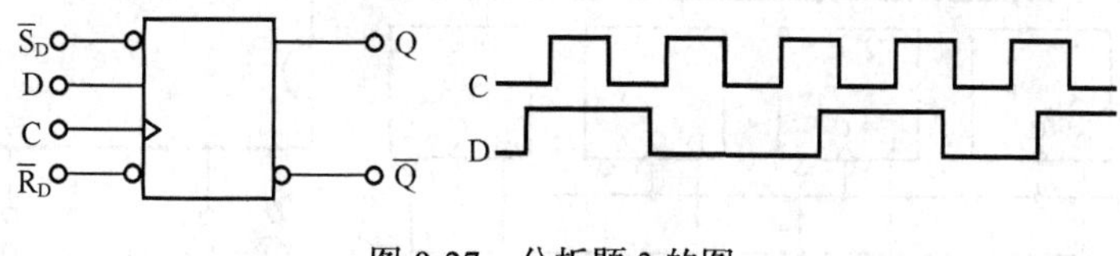

图 9-27　分析题 3 的图

项目二　寄存器的功能测试及应用

一、项目导入

数字系统中暂时存放数码的逻辑部件称为寄存器。具有存储功能的触发器（边沿触发器）能锁存数据，它们均能构成寄存器。一个触发器可以存储 1 位二进制代码，存放 n 位二进制代码的寄存器，需用 n 个触发器构成。

寄存器按功能不同分为数码寄存器（数据寄存器）和移位寄存器两大类。数码寄存器只能并行送入数据，需要时也只能并行输出数据。移位寄存器中的数据可以在移位脉冲作用下依次逐位右移或左移，数据既可以并行输入、并行输出，也可以串行输入、串行输出，还可以并行输入、串行输出，串行输入、并行输出，十分灵活，用途也很广。

寄存器已经制成多种集成电路系列产品，如 74LS91（4 位串入串出右移移位寄存器），74LS173、74LS175（4 位并入并出 D 型寄存器），74LS174（6 位并入并出 D 型寄存器），CD4035（4 位串入/并入并出/串出移位寄存器），74LS194、CD40194（4 位串入/并入并出/串出双向移位寄存器）等。

二、相关知识

（一）数码寄存器

1. 数码寄存器

4 位数码寄存器的原理电路如图 9-28 所示。它由 4 个 D 触发器和 4 个与门构成。4 个 D 触发器的 CP 脉冲连在一起作为寄存数据（送数）脉冲。无论寄存器中原来的内容是什么，只要送数控制时钟脉冲 CP 上升沿到来，加在并行数据输入端的数据 D_0～D_3 就立即被送入寄存器中，即有 $Q_3^{n+1}Q_2^{n+1}Q_1^{n+1}Q_0^{n+1}=D_3D_2D_1D_0$

※2. 集成数码寄存器

集成数码寄存器 74LS175 由 4 个 D 触发器构成，是具有 4 位并行输入并行输出数码寄存功能的寄存器。其引脚排列图如图 9-29 所示。

各引脚功能如下：$\overline{CR}$ 为清零端，低电平有效；CP 为时钟脉冲输入端，上升沿有效；$D_0D_1D_2D_3$ 是并行数据输入端；$Q_0Q_1Q_2Q_3$ 是并行数据输出端。74LS175 的逻辑功能见表 9-13。

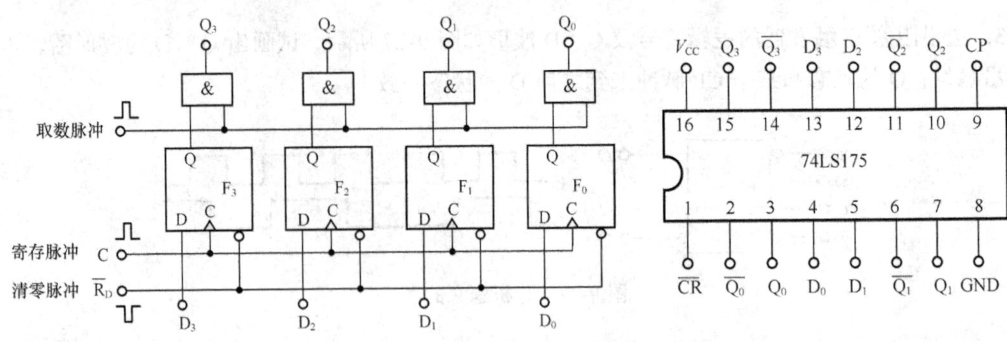

图 9-28　D 触发器组成的数码寄存器　　　图 9-29　74LS175 的引脚排列图

具有三态输出功能的数据寄存器可以实现总线存取数据，即当需要从寄存器输出端取数据时，寄存器呈高阻状态，以不影响寄存器输出端相连的数据线的状态，要实现三态输出需要三态门。

集成三态输出的 4 位寄存器 74LS173 的引脚排列如图 9-30 所示。

表 9-13　74LS175 的逻辑功能表

输　入		输　出	功能描述
$\overline{CR}$	CP	$Q_0^{n+1}Q_1^{n+1}Q_2^{n+1}Q_3^{n+1}$	
0	×		异步清零
1	↑	D_0　D_1　D_2　D_3	并行输入
1	0	Q_0^n　Q_1^n　Q_2^n　Q_3^n	保持

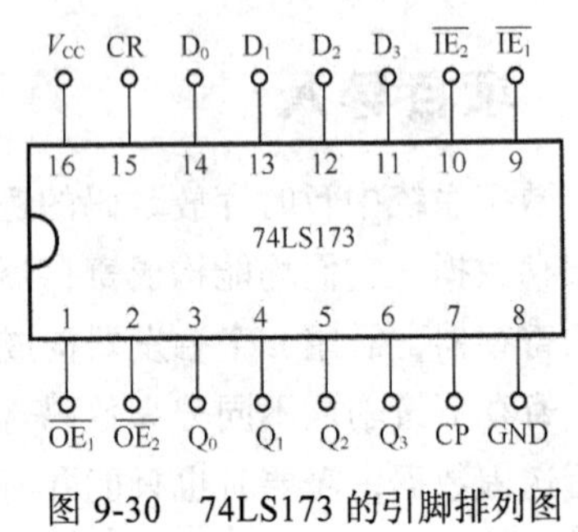

图 9-30　74LS173 的引脚排列图

各引脚功能如下。

CR 为异步清零端，高电平有效；CP 为时钟脉冲输入端，上升沿有效；$D_0D_1D_2D_3$ 是并行数据输入端；$Q_0Q_1Q_2Q_3$ 是并行数据输出端：$\overline{IE_1}$、$\overline{IE_2}$ 为数据选通输入端，低电平有效；$\overline{OE_1}$、$\overline{OE_2}$ 为三态允许控制输入端，低电平有效。74LS173 的逻辑功能见表 9-14。

表 9-14　74LS173 的逻辑功能表

输　入					输　出	功 能 描 述
CR	CP	$\overline{IE_1}$	$\overline{IE_2}$	D	Q^{n+1}	
1	×	×	×	×	0	异步清零
0	0	×	×	×	Q^n	保持
0	↑	1	×	×		
		×	1	×		
0	↑	0	0	0	0	并行数据输入
0	↑			1	1	

三态输出寄存器 74LS173 的逻辑功能如下。

① 异步清零：当 CR = 1 时，寄存器异步清零。

② 保持功能：当 CR = 0 或 CP = 0 或 $\overline{IE_1}$、$\overline{IE_2}$ 不全为 0 时，寄存器保持原状态不变。

③ 并行送数：当 CR = 0 且 $\overline{IE_1}$、$\overline{IE_2}$ 全为 0 时，寄存器在 CP 上升沿作用下，将并行数据 $D_0D_1D_2D_3$ 送至相应的输出端 $Q_0Q_1Q_2Q_3$。

三态输出寄存器 74LS173 可直接与总线相连。当三态允许控制端 $\overline{OE_1}$、$\overline{OE_2}$ 均为低电平时，输出端为正常逻辑状态，可用来驱动总线或负载；当 $\overline{OE_1}$ 或 $\overline{OE_2}$ 为高电平时，输出为高阻状态。数据选通端 $\overline{IE_1}$、$\overline{IE_2}$ 可控制数据是否进入触发器，当它们为低电平时，在时钟脉冲 CP 上升沿作用下，数据 $D_0D_1D_2D_3$ 被送入相应的触发器。

（二）移位寄存器

1. 移位寄存器

在进行数据计算时，常常要求将数据左移或右移，具有移位功能的寄存器称为移位寄存器。"移位"是指在 CP 脉冲的作用下将数码逐位移动。按照在移位脉冲 CP 作用下移位情况的不同，将移位寄存器分为单向移位（右移是高位向低位移动，左移是低位向高位移动）和双向移位两大类。

（1）4 位右移移位寄存器电路如图 9-31 所示，它由 4 个上升沿触发的 D 触发器构成。右移移位寄存器的电路结构是：各高位触发器的输出端 Q 连接至相邻低位触发器的输入端 D，最高位触发器的输入端 D_3 为待存数据送入端（从低位到高位逐位输入），最低位触发器的输出端 Q_0 为寄存器串行输出端。

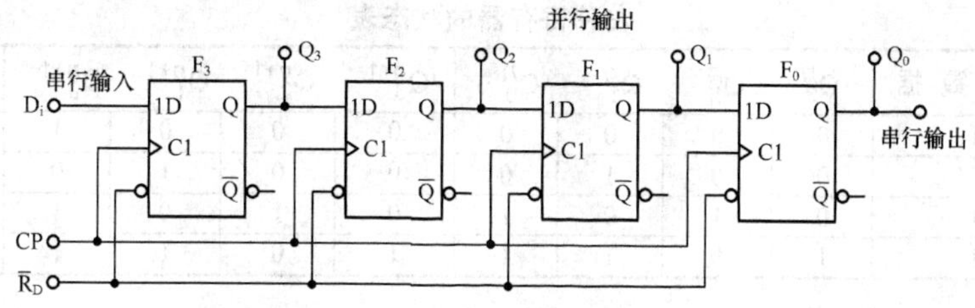

图 9-31　4 位右移移位寄存器电路

4 位待存的数码从触发器 F_3 的数据输入端 D_3 输入，CP 为移位脉冲输入端。待存数码在移位脉冲的作用下，从低位到高位依次串行送到 D_i 端。

若要将数码 $D_3D_2D_1D_0$（1011）存入寄存器，在存数操作之前，先用 $\overline{R_D}$（负脉冲）将各个触发器清零。然后，将数码 1011 依次加到最高位寄存器的输入端。根据数码右移的特点，在移位脉冲的控制下应先输入最低位 D_0，然后从低到高，依次输入 D_1、D_2、D_3。

当输入数码为 1011 时，移位情况见表 9-15。

表 9-15　右移寄存器的状态表

CP	输入数据	Q_3^n	Q_2^n	Q_1^n	Q_0^n	Q_3^{n+1}	Q_2^{n+1}	Q_1^{n+1}	Q_0^{n+1}	说明
↑	1	0	0	0	0	1	0	0	0	连续输入4个脉冲
↑	1	0	0	1	0	1	1	0	0	
↑	0	0	1	0	1	0	1	1	0	
↑	1	1	0	1	1	1	0	1	1	

从 4 个触发器的输出端 $Q_3Q_2Q_1Q_0$ 还可以同时输出数码，即并行输出。若要得到串行输出信号，可将 Q_0 作为信号输出端，再送进 4 个 CP 脉冲，Q_0 将依次输出 1011 的串行信号。

（2）4 位左移移位寄存器电路如图 9-32 所示，它由 4 个上升沿触发的 D 触发器构成。左移移位寄存器的电路结构是：各高位触发器的输入端 D 连接至相邻低位触发器的输出端 Q，最低位触发器的输入端 D_0 为待存数据送入端（从高位到低位逐位输入），最高位触发器的输出端 Q_3 为寄存器串行输出端。

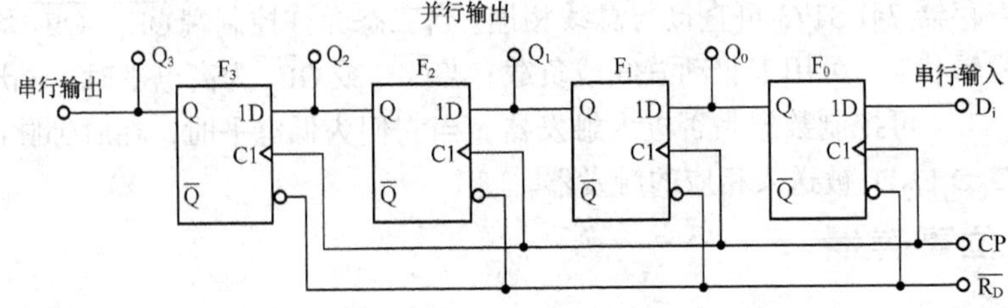

图 9-32　4 位左移移位寄存器

4 位待存的数码从最低位触发器 F_0 的数据输入端 D_0 输入，CP 为移位脉冲输入端。待存数码在移位脉冲的作用下，从高位到低位依次串行送到 D_i 端。

若要将数码 $D_3D_2D_1D_0$（1011）存入寄存器，在存数操作之前，先用 $\overline{R_D}$（负脉冲）将各个触发器清零。然后，将数码 1011 依次加到最低位寄存器的输入端 D_0 处。根据数码左移的特点，在移位脉冲的控制下应先输入最高位 D_3，然后从高到低，依次输入 D_2、D_1、D_0。

上述分析可用表 9-16 列出的状态表表示。

表 9-16　　　　左移寄存器的状态表

CP	输入数据	Q_3^n	Q_2^n	Q_1^n	Q_0^n	Q_3^{n+1}	Q_2^{n+1}	Q_1^{n+1}	Q_0^{n+1}	说明
↑	1	0	0	0	0	0	0	0	1	连续输入4个脉冲
↑	0	0	0	1	0	0	0	1	0	
↑	1	0	1	0	1	0	1	0	1	
↑	1	1	0	1	1	1	0	1	1	

从 4 个触发器的输出端 $Q_3Q_2Q_1Q_0$ 还可以同时输出数码，即并行输出。若要得到串行输出信号，可将 Q_3 作为信号输出端，再送进 4 个 CP 脉冲，Q_3 将依次输出 1011 的串行信号。

2. 集成双向移位寄存器

集成双向移位寄存器 74LS194 的引脚排列及逻辑功能示意图如图 9-33 所示。该寄存器数据的输入、输出均有并行和串行方式，Q_3 和 Q_0 兼作左、右移串行输出端。M_1、M_0 为工作方式控制端，M_1M_0 的 4 种取值（00、01、10、11）决定了寄存器的逻辑功能。74LS194 的逻辑功能见表 9-17。

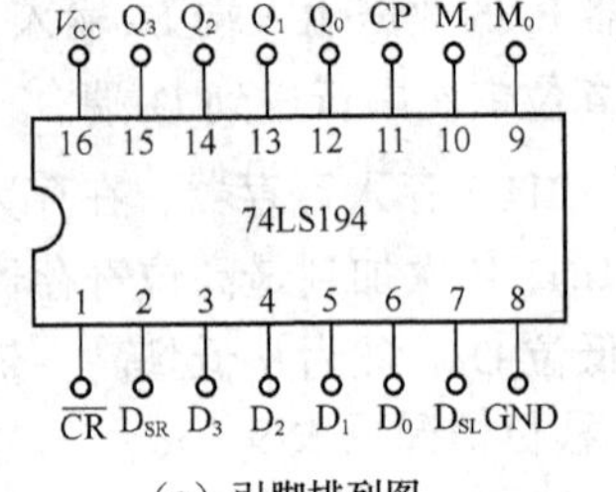

（a）引脚排列图

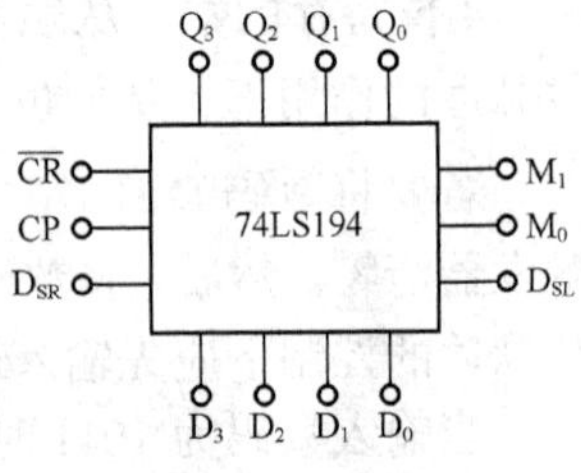

（b）逻辑功能示意图

图 9-33　74LS194 的引脚排列图及逻辑功能示意图

表 9-17　　　　74LS194 的逻辑功能表

$\overline{CR}$	M_1	M_0	CP	功能描述
0	×	×	×	异步清零 $Q_3Q_2Q_1Q_0=0000$
1	0	0	×	保持
1	0	1	↑	右移 $D_{SR}\to Q_3\to Q_2\to Q_1\to Q_0$
1	1	0	↑	左移 $D_{SL}\to Q_0\to Q_1\to Q_2\to Q_3$
1	1	1	↑	数据并行输入 $Q_3Q_2Q_1Q_0=D_3D_2D_1D_0$

由表 9-17 可以看出，74LS194 具有如下功能。

（1）异步清零。当$\overline{CR}=0$时，即刻清零，与其他输入状态及 CP 无关。

（2）M_1、M_0是控制输入。当$\overline{CR}=1$时，74LS194 有如下 4 种工作方式。

① 当$M_1M_0=00$时，不论有无 CP 到来，各触发器状态不变，为保持工作状态。

② 当$M_1M_0=01$时，在 CP 的上升沿作用下，实现右移操作，流向是

$$D_{SR} \to Q_3 \to Q_2 \to Q_1 \to Q_0$$

③ 当$M_1M_0=10$时，在 CP 的上升沿作用下，实现左移操作，流向是

$$D_{SL} \to Q_0 \to Q_1 \to Q_2 \to Q_3$$

④ 当$M_1M_0=11$时，在 CP 的上升沿作用下，实现并行置数操作：

$$Q_3Q_2Q_1Q_0=D_3D_2D_1D_0$$

3. 移位寄存器的应用

由 74LS194 构成的能自启动的 4 位环形计数器的逻辑电路如图 9-34（a）所示。当输入一个低电平启动信号时，门 G_2 输出 1，则 $M_1M_0=11$，寄存器执行并行输入功能，即$Q_3Q_2Q_1Q_0=D_3D_2D_1D_0=0111$。启动信号撤销后，由于$Q_3=0$，使门$G_1$的输出为 1，$G_2$的输出为 0，$M_1M_0=01$，开始执行循环右移操作。在移位过程中，门$G_1$的输入总有一个 0，因此总保持$G_1$的输出为 1，$G_2$的输出为 0，维持$M_1M_0=01$，使移位不断进行下去，波形图如图 9-34（b）所示。

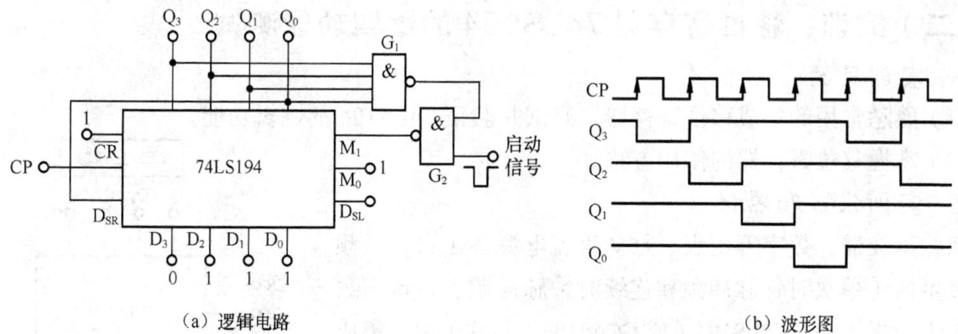

（a）逻辑电路　　（b）波形图

图 9-34　由 74LS194 构成的环行计数器的逻辑电路及波形图

三、项目实施

（一）仿真实验：移位寄存器 74LS194 的逻辑功能测试

测试移位寄存器 74LS194 的逻辑电路如图 9-35 所示，操作步骤如下。

（1）从 TTL 数字集成电路库中拖出 74LS194。

（2）从电源库中拖出电源 V_{CC} 和接地。

（3）从显示器材库中拖出 4 个逻辑指示灯。

（4）从基本元件库中拖出 1 个 1kΩ 电阻。

（5）从基本元件库中拖出开关，并将开关定义为 R。

（6）从仪表栏中拖出信号发生器，将脉冲信号的频率改为 10Hz。

（7）设置 $M_1M_0=01$，使移位寄存器为数据右移状态。

（8）按下仿真开关进行测试。

（9）反复按下 R 键，输入数据 0 或 1，观察输出端 Q 数据的移动方向。

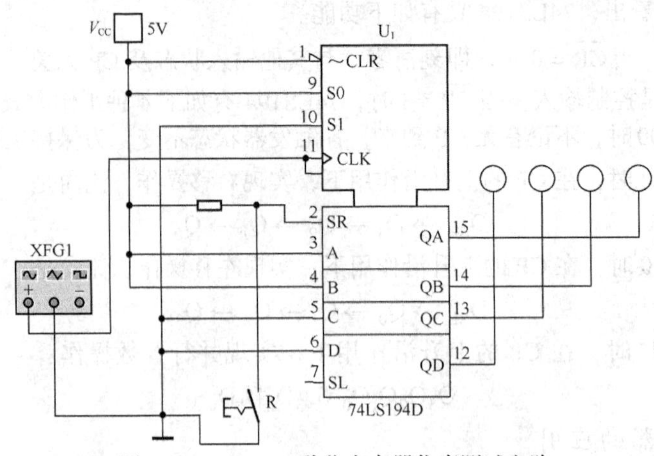

图 9-35　74LS194 移位寄存器仿真测试电路

（10）设置 M_1M_0=10，重新连接电路使移位寄存器为数据左移状态，重复步骤（8）、（9）。

（11）设置 M_1M_0=11，重新连接电路使移位寄存器为数据并行输入、并行输出状态。将输入端A、B、C、D 接入高、低电平，按下仿真开关进行测试，此时输出信号状态应等于输入信号状态。

（12）检查仿真结果，验证 74194 具有数据串行左移、右移，并行输入、并行输出的逻辑功能。

（二）实训：移位寄存器 74LS194 的逻辑功能测试

1. 实训目的

（1）熟悉常用的集成移位寄存器，测试并验证 74LS194 的逻辑功能。

（2）掌握移位寄存器的使用方法。

2. 实训仪器和器材

双踪示波器、数字万用表、+5V 直流电源各 1 台，低频信号发生器（单次时钟脉冲源和连续时钟脉冲源）1 台，数字电路实训板 1 块，74LS194（或 CC40194）芯片 1 片，集成电路起拔器 1 个，相关实训设备及连接导线若干。

3. 实训内容和步骤

移位寄存器测试电路如图 9-36 所示。

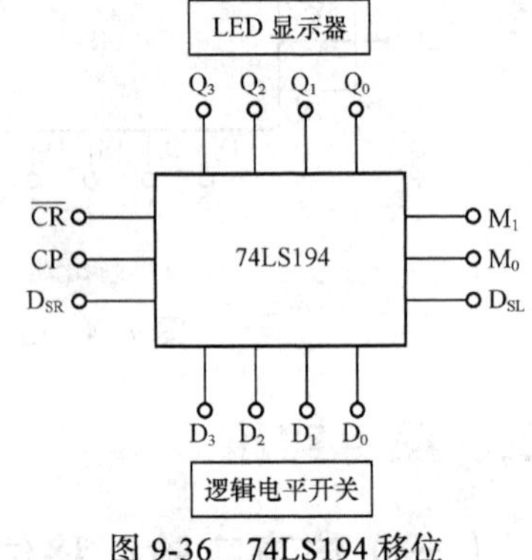

图 9-36　74LS194 移位寄存器测试电路

（1）关闭稳压电源开关，将集成电路块 74LS194 插入集成电路插座上。

（2）将+5V 电压接到 IC 的引脚 16 上，将电源负极接到 IC 的引脚 8 上。

（3）将 4 个数据输入端 D_3～D_0 通过连接线分别接 IC 输入逻辑电平开关，4 个数据输出端 Q_3～Q_0 分别接 IC 输出 LED 显示器。$\overline{CR}$ 为清零端，M_1、M_0 为控制输入端，左、右移输入端 D_{SL}、D_{SR} 根据不同的要求分别接逻辑电平开关。

（4）将低频信号发生器（单次时钟脉冲源和连续时钟脉冲源）输出信号调整为 1Hz，接到时钟信号输入 CP 端。

（5）设置 M_1M_0=10，使移位寄存器为数据左移状态。

（6）接通稳压电源和低频信号发生器电源开关，开始测试。

（7）用导线将左移串行输入端 D_{SL} 反复触及高、低电平，观察输出端 Q 数据的移动方向和速度。

（8）设置 M_1M_0=01，使移位寄存器为数据右移状态，用导线将右移串行输入端 D_{SR} 反复触及高、低电平，观察输出端 Q 数据的移动方向和速度。

4. 思考

（1）在送数后，若要使输出端改成另外的数码，是否一定要使寄存器清零？

（2）使寄存器清零，除采用输入低电平外，可否采用左移的方法？

5. 实训报告

（1）74LS194 功能测试结论。

（2）总结移位寄存器的逻辑功能，画出波形图。

思考与练习

一、问答题

1. 为什么寄存器多用 D 触发器构成基本单元电路？在集成寄存器中 $\overline{CR}$ 端起什么作用？

2. 如何用 JK 触发器构成一个单向移位寄存器？环形计数器初态的设置有哪几种？

3. 数码寄存器和移位寄存器有什么区别？

4. 移位寄存器有哪些主要作用？移位寄存器有几种类型？有几种输入、输出方式？4 位移位寄存器可以寄存 4 位数码，若将这些数码全部从串行输出端输出，需经过几个时钟周期？

二、分析题

由 4 位双向移位寄存器 74LS194 构成的逻辑电路如图 9-37 所示，设电路的初始状态为 $Q_3Q_2Q_1Q_0=0001$，试分析该电路的逻辑功能。

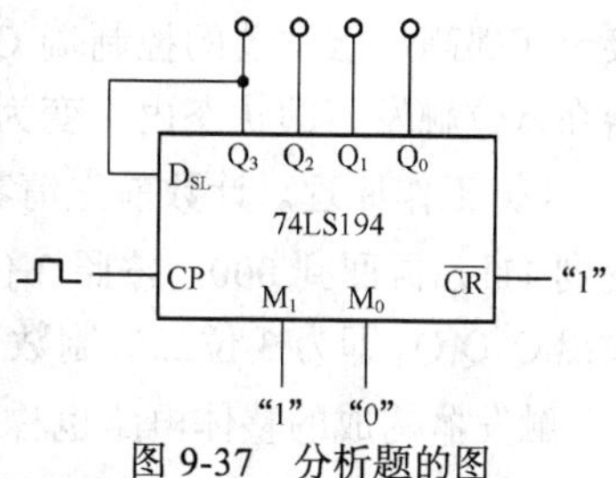

图 9-37 分析题的图

项目三 计数器的识别及功能测试

一、项目导入

计数器是累计输入脉冲个数，实现计数操作的电路。计数器的基本组成单元是各类触发器，属于典型的时序逻辑电路，在数字系统中应用十分广泛。计数器不仅能累计、寄存输入脉冲的个数，还可用于定时、分频、时序控制（产生节拍脉冲）等。

计数器中的“数”是用触发器的状态组合来表示的，在计数脉冲（一般采用时钟脉冲 CP）作用下，使一组触发器的状态逐个转换成不同的状态组合，以此表示数的增加或减少以达到计数目的。

目前市场上各类集成计数器产品极为非富。我们应重点掌握各类集成计数器产品的功能，并学会使用集成计数器产品构成各种进制的计数器。

二、相关知识

计数器可按以下几种情况分类。

① 按计数体制分，有二进制计数器、十进制计数器和任意进制计数器。

② 按计数器中的数字增减趋势分，有加计数器、减计数器、加/减（可逆）计数器。

③ 按工作方式（计数器中的触发器是否同时翻转）分，有异步计数器和同步计数器。

（一）计数器

1. 二进制计数器

二进制计数器按二进制的规律累计脉冲个数，是构成其他进制计数器的基础。要构成 n 位二进制计数器，需用 n 个具有计数功能的触发器。

异步计数器的计数脉冲 CP 不是同时加到各位触发器上。最低位触发器由计数脉冲触发翻转，其他各位触发器由相邻低位触发器输出的进位脉冲来触发，各位触发器状态变换的时间先后不一，只有在前级触发器翻转后，后级触发器才能翻转。这种引入计数脉冲的方式称为异步工作方式。

（1）异步二进制计数器。

① 电路组成。三位异步二进制加法计数器电路如图 9-38 所示。该电路由 3 个下降沿触发的 JK 触发器构成，每个触发器的 J、K 输入端悬空，相当于接成 T′ 触发器，具有触发翻转的功能。

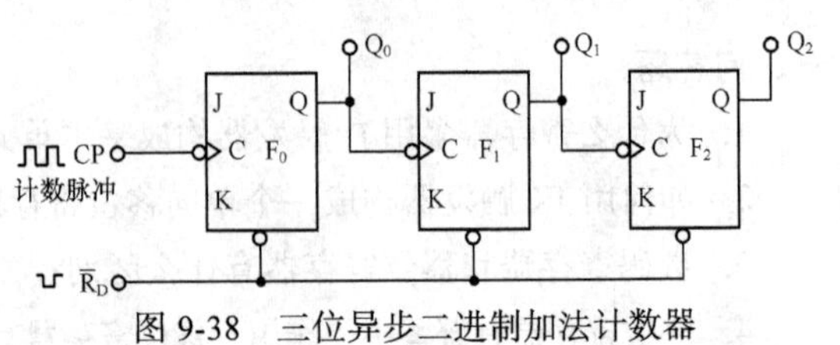

图 9-38　三位异步二进制加法计数器

计数脉冲 CP 接至最低位触发器 F_0 的控制端 C，即最低位触发器 F_0 在每一个时钟脉冲的下降沿翻转一次。每个低位触发器的输出端 Q 接至相邻高位触发器的控制端 C，即高位触发器在低位触发器的状态由 1 变为 0 时翻转（F_1 在 Q_0 由 1 变 0 时翻转，F_2 在 Q_1 由 1 变 0 时翻转）。

② 工作原理。计数前先清零，即 $Q_2Q_1Q_0=000$。在计数脉冲的作用下，计数器状态从 000 变到 111，再回到 000。按照 3 位二进制加法计数规律循环计数，最多计 8 个状态。3 个触发器输出 $Q_2Q_1Q_0$ 即为 3 位二进制数，故该电路称为三位异步二进制加法计数器。若以 Q_2 为输出端，3 个触发器构成的整体电路也称为八进制加法计数器。

三位异步二进制加法计数器的状态表见表 9-18。

表 9-18　　三位异步二进制加法计数器的状态表

计数脉冲 CP	Q_2	Q_1	Q_0
0	0	0	0
1	0	0	1
2	0	1	0
3	0	1	1
4	1	0	0
5	1	0	1
6	1	1	0
7	1	1	1
8	0	0	0

三位异步二进制加法计数器的时序图如图 9-39 所示。

由时序图可以看出，CP、Q_0、Q_1、Q_2 各信号的频率依次降低 1/2，故计数器又称为分频器。Q_0、Q_1、Q_2 的波形频率依次为 CP 脉冲的二分频、四分频、八分频。

（2）异步二进制减法计数器。

若将图 9-38 中低位触发器的输出端 $\overline{Q}$ 依次接至相邻高位触发器的控制端 C，可构成三位异步二进制减法计数器，电路如图 9-40 所示。

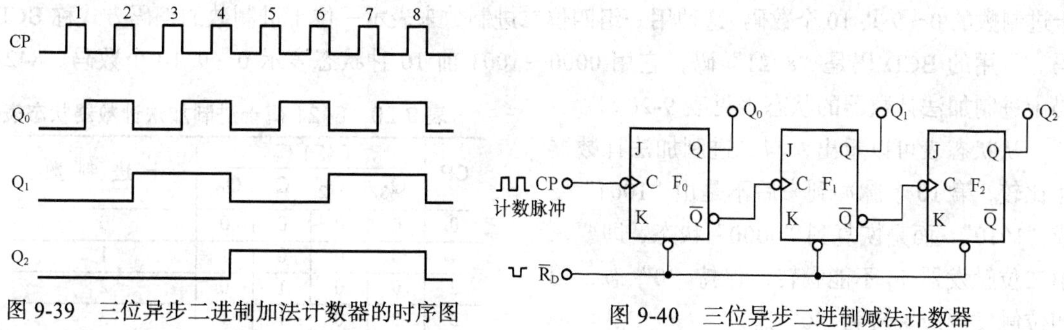

图 9-39　三位异步二进制加法计数器的时序图

图 9-40　三位异步二进制减法计数器

设该电路的初始状态为 $Q_2Q_1Q_0$= 000 。不难分析，当连续输入计数脉冲 CP 时，计数器的状态表见表 9-19，时序图如图 9-41 所示。该电路按二进制规律进行减计数，所以称为三位异步二进制减法计数器。

表 9-19　三位二进制异步减法计数器状态表

CP	Q_2	Q_1	Q_0
0	0	0	0
1	1	1	1
2	1	1	0
3	1	0	1
4	1	0	0
5	0	1	1
6	0	1	0
7	0	0	1
8	0	0	0

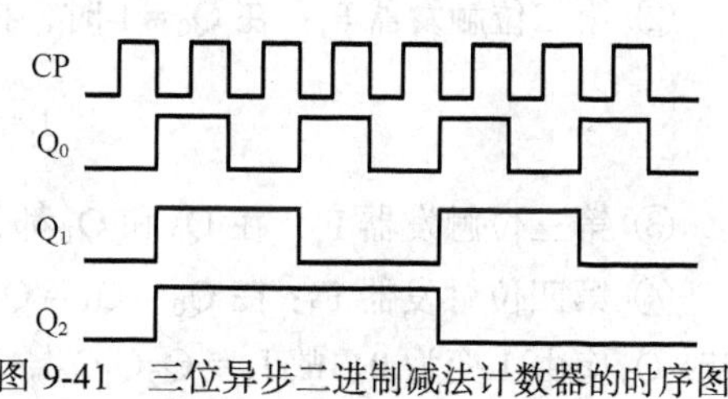

图 9-41　三位异步二进制减法计数器的时序图

由状态表可以看出，减法计数器的特点与加法计数器相反：每输入一个 CP 脉冲 $Q_2Q_1Q_0$ 的状态减 1，当输入 8 个计数脉冲 CP 后，$Q_2Q_1Q_0$ 减小到 0，完成一个计数周期。

由时序图可以看出，除最低位触发器 F_0 受 CP 的下降沿直接触发外，其他高位触发器均受相邻低位的 $\overline{Q}$ 下降沿（即 Q 的上升沿）触发。同样，减法计数器也具有分频的功能。

在异步计数器中，高位触发器的状态翻转必须在相邻触发器产生进位信号（加计数）或借位信号（减计数）之后才能实现。所以异步计数器虽然结构简单，但工作速度较慢。

2. 十进制计数器

除二进制计数器外，数字系统中还会用到其他进制的计数器。每来 *N* 个计数脉冲，计数器状态重复一次的计数器称为 *N* 进制计数器，如常用的五进制、八进制、十进制、十二进制、十六进制、六十进制计数器等。

由于日常生活中人们习惯于十进制的计数规则，当利用计数器进行十进制计数时，就必须构成满足十进制计数规则的电路。十进制计数器是在二进制计数器的基础上得到的，因此也称为二—十进制计数器。

为了提高计数速度，将计数脉冲同时引至各位触发器的控制端 C，使每个触发器的状态变化与计数脉冲同步，这种计数器称为同步计数器。同步计数器由于各触发器同步翻转，因此工作速度快，但结构较复杂。

四位二进制计数器有 16 个稳定状态（0000～1111），可用其中的十个状态分别对应每一位十进制数的 0～9 共 10 个数码。这种用一组四位二进制数来表示一位十进制数的编码方式称 BCD 码。常用的 BCD 码是“8421”码，它用 0000～1001 前 10 种状态表示 0～9 10 个数码。8421 码十进制加法计数器的状态表见表 9-20。

从状态表可以看出，与二进制加法计数器相比较，第 10 个脉冲到来后不是由“1001”变成“1010”，而是恢复到“0000”状态，即要求第二位触发器 F_1 不能翻转，保持“0”态，第四位触发器应翻转为“0”态。

表 9-20　8421 码十进制加法计数器状态表

CP	8421 码				十进制数
	Q_3	Q_2	Q_1	Q_0	
0	0	0	0	0	0
1	0	0	0	1	1
2	0	0	1	0	2
3	0	0	1	1	3
4	0	1	0	0	4
5	0	1	0	1	5
6	0	1	1	0	6
7	0	1	1	1	7
8	1	0	0	0	8
9	1	0	0	1	9
10	0	0	0	0	0

选用 4 个下降沿触发的 JK 触发器 F_0、F_1、F_2、F_3 构成电路，采用同步触发方式，分析状态表 9-20 可知，该十进制计数器电路应具有以下电路特点。

① 第一位触发器 F_0：每来一个计数脉冲翻转一次，故 $J_0=K_0=1$。

② 第二位触发器 F_1：在 $Q_0=1$ 时，再来一个计数脉冲才翻转，但在 $Q_3=1$ 时不得翻转。故

$$J_1=Q_0\overline{Q}_3\text{，}\quad K_1=Q_0$$

③ 第三位触发器 F_2：在 Q_0 和 Q_1 都为 1 时，再来一个计数脉冲才翻转，故 $J_2=K_2=Q_1Q_0$。

④ 第四位触发器 F_3：在 $Q_0=Q_1=Q_2=1$ 时，再来一个计数脉冲翻转，但在第 10 个脉冲到来时 Q_3 应由 1 变为 0，故 $J_3=Q_2Q_1Q_0$，$K_3=Q_0$。

根据上述电路特点可得出一位同步十进制加法计数器的逻辑电路图，如图 9-42 所示，其时序图如图 9-43 所示。

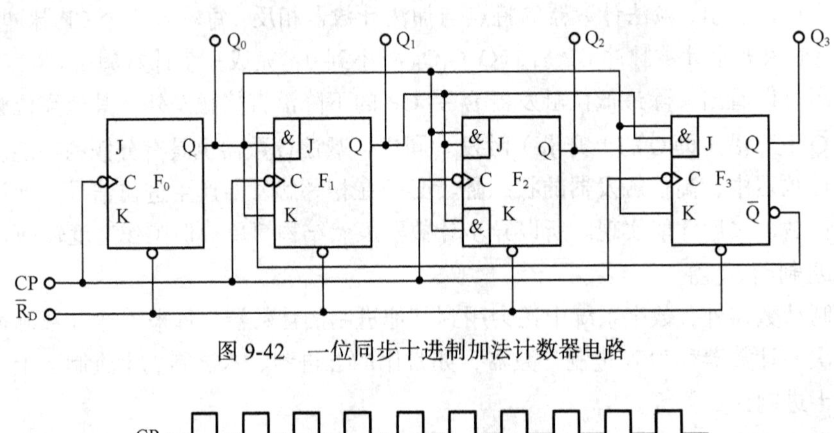

图 9-42　一位同步十进制加法计数器电路

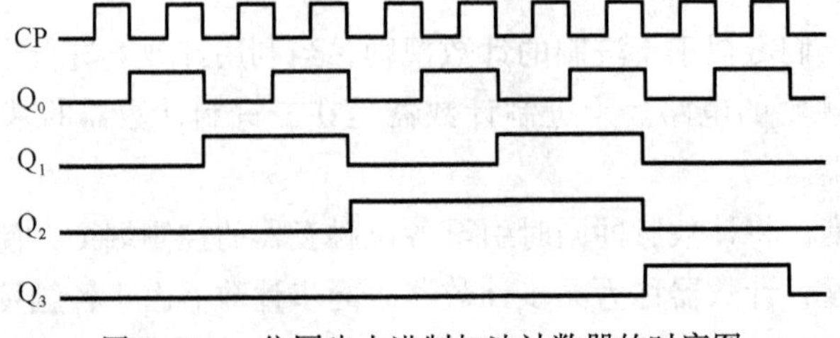

图 9-43　一位同步十进制加法计数器的时序图

（二）集成计数器

集成计数器是将整个计数器集成在一块半导体芯片上，使其具有完善的计数功能，是一种中规律集成电路。常见的集成电路芯片有 TTL 型集成异步计数器和 TTL 型集成同步计数器两大类。

常用的 TTL 型集成异步计数器芯片有：74LS290（异步二—五—十进制计数器，也称异步十进制计数器）、74LS390（双异步二—五—十进制计数器）、74LS197（异步二—八—十六进制计数器）、74LS293（异步四位二进制计数器）。

常见的 TTL 型集成同步计数器芯片有：74LS160（四位同步十进制计数器，异步清除）、74LS161（四位同步二进制计数器，异步清除）、74LS162（四位同步十进制计数器，同步清除）、74LS163（四位同步二进制计数器，同步清除）、74LS190（四位同步十进制加/减计数器）、74LS191（四位同步二进制加/减计数器）、74LS192（四位同步十进制加/减计数器）（双时钟）、74LS193（四位同步二进制加/减计数器）（双时钟）等。

以下介绍 3 种典型集成电路芯片的逻辑功能及应用。

1. 集成异步二—五—十进制计数器 74LS290

（1）74LS290 的内部电路。74LS290 的内部电路如图 9-44（a）所示。它由 4 个触发器组成，由 F_0 构成二进制计数器，由 F_1、F_2、F_3 构成五进制计数器，能实现异步二进制、五进制、十进制计数功能。通过变换外部电路它可以灵活地组成其他各种进制的计数器。

（2）74LS290 的引脚排列图及逻辑功能示意图。74LS290 的引脚排列图及逻辑功能示意图如图 9-44（b）和（c）所示。

（3）74LS290 各引脚的功能。如图 9-44（b）所示，74LS290 的各管脚功能如下：$+V_{CC}$ 为电源端；GND 为接地端；CP_0、CP_1 为计数时钟输入端；R_{0A}、R_{0B} 为置“0”端（直接清零端），高电平有效；S_{9A}、S_{9B} 为直接置 9 端，高电平有效。Q_0 ～ Q_3 为计数输出端；NC 表示空脚。

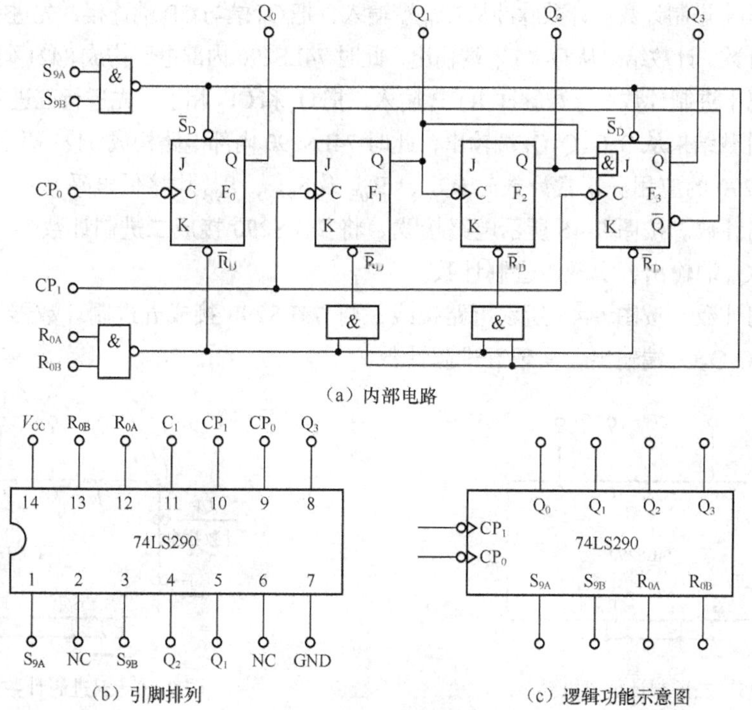

图 9-44　74LS290 的内部电路、引脚排列图及逻辑功能示意图

（4）74LS290 的逻辑功能。74LS290 的逻辑功能见表 9-21。

表 9-21　　74LS290 的逻辑功能表

<table>
<tr><th colspan="6">输　入</th><th colspan="4">输　出</th></tr>
<tr><th>R_{0A}</th><th>R_{0B}</th><th>S_{9A}</th><th>S_{9B}</th><th>CP_0</th><th>CP_1</th><th>Q_3</th><th>Q_2</th><th>Q_1</th><th>Q_0</th></tr>
<tr><td colspan="4" rowspan="2">$R_{0A} \cdot R_{0B}=1$
$S_{9A} \cdot S_{9B}=0$</td><td>×</td><td>×</td><td colspan="4" rowspan="2">$Q_3Q_2Q_1Q_0$=0000（置 0）</td></tr>
<tr><td>×</td><td>×</td></tr>
<tr><td colspan="4">$S_{9A} \cdot S_{9B}=1$</td><td>×</td><td>×</td><td colspan="4">$Q_3Q_2Q_1Q_0$=1001（置 9）</td></tr>
<tr><td colspan="4" rowspan="4">$S_{9A} \cdot S_{9B}=0$
$R_{0A} \cdot R_{0B}=0$</td><td>↓</td><td>0</td><td colspan="4">二进制计数</td></tr>
<tr><td>0</td><td>↓</td><td colspan="4">五进制计数</td></tr>
<tr><td>↓</td><td>Q_0</td><td colspan="4">8421 码十进制计数</td></tr>
<tr><td>Q_3</td><td>↓</td><td colspan="4">5421 码十进制计数</td></tr>
</table>

由图 9-44 及功能表 9-21 可知，集成异步计数器 74LS290 的功能如下。

① 异步清零：当清零端 R_{0A}、R_{0B} 均为高电平时，只要置 9 端 S_{9A}、S_{9B} 有一个为低电平，就可实现清零功能。

② 异步置 9：当置 9 端 S_{9A}、S_{9B} 均为高电平时，不管其他输入端状态如何，就可实现置 9 功能。

③ 异步计数：当置 0 端 R_{0A}、R_{0B} 中有一个为低电平，同时置 9 端 S_{9A}、S_{9B} 中也有一个为低电平时，在时钟脉冲 CP_0、CP_1 下降沿作用下进行异步计数操作，其有 4 种基本工作方式。

a. 二进制计数：CP_1 接低电平，计数脉冲 CP 从 CP_0 端输入，Q_0 端输出。只有触发器 F_0 工作，F_1、F_2、F_3 不工作，此时 74LS290 内部电路构成 1 位二进制计数器。

b. 五进制计数：CP_0 接低电平，计数脉冲 CP 从 CP_1 端输入，$Q_3Q_2Q_1$ 端输出。F_0 不工作，F_1、F_2、F_3 工作，此时 74LS290 内部电路构成五进制计数器。

c. 8421 码十进制计数：计数脉冲从 CP_0 端输入，把 Q_0 端与 CP_1 端连接，先进行二进制计数，再进行五进制计数，计数结果从 $Q_3 \sim Q_0$ 端输出，此时 74LS290 内部电路构成 8421 码十进制计数器。

d. 5421 码十进制计数：计数脉冲由 CP_1 输入，把 Q_3 和 CP_0 相连，先进行五进制计数，再进行二进制计数，计数结果从 $Q_0Q_3Q_2Q_1$ 端输出，此时 74LS290 内部电路构成 5421 码十进制计数器。

（5）74LS290 的应用。正常计数时 R_{0A}、R_{0B} 及 S_{9A}、S_{9B} 均接低电平。

① 二进制计数。按图 9-45 所示电路接线，将 74LS290 接成二进制计数器，从 CP_0 端输入单次脉冲，从 Q_0 端输出，实现二进制计数。

② 五进制计数。按图 9-46 所示电路接线，将 74LS290 接成五进制计数器，从 CP_1 端输入单次脉冲，从 $Q_1Q_2Q_3$ 端输出，实现五进制计数。

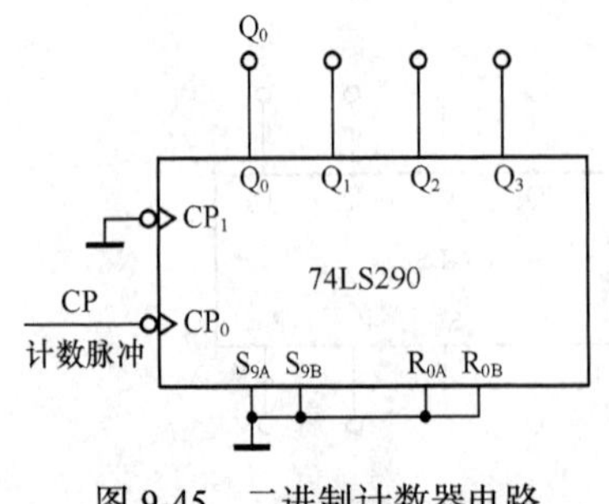

图 9-45　二进制计数器电路

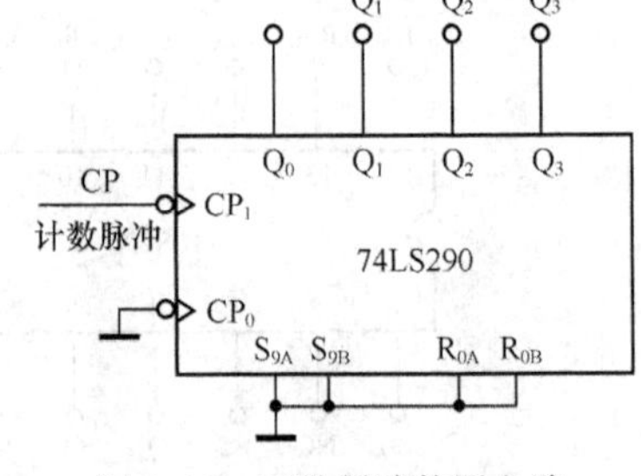

图 9-46　五进制计数器电路

③ 8421 码十进制计数。按图 9-47 所示电路接线，将 74LS290 接成十进制计数器，从 CP_0

端输入单次脉冲，从 $Q_0Q_1Q_2Q_3$ 端输出，实现 8421 码十进制计数。

④ 用两片 74LS290 按一定方式连接可构成 100 进制加法计数器。用两片 74LS290 构成 100 进制加法计数器的电路如图 9-48 所示。

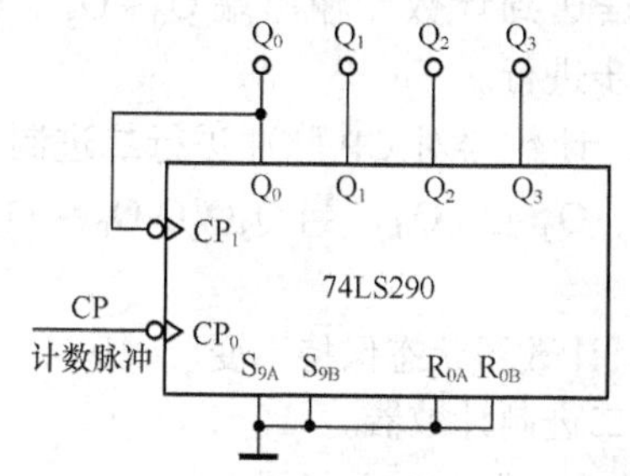

图 9-47　8421 码十进制计数器电路

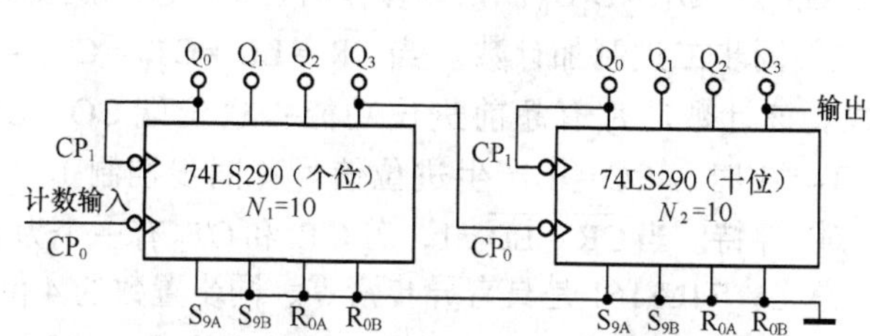

图 9-48　两片 74LS290 构成的 100 进制加法计数器

2. 集成同步二进制计数器 74LS161

4 位同步二进制计数器 74LS161 与 74LS163 的功能和引脚完全相同，它们的区别在于前者是异步清零，后者是同步清零。这两种芯片可直接用作二、四、八、十六进制计数，引入适当的反馈可构成小于 16 的任意进制计数器。这里介绍 4 位同步二进制计数器 74LS161。

（1）74LS161 的引脚排列图及逻辑功能示意图。74LS161 的引脚排列图和逻辑功能示意图如图 9-49 所示。

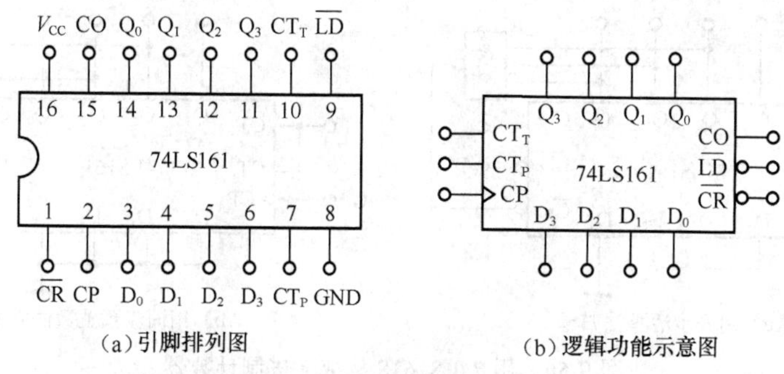

图 9-49　74LS161 的引脚排列和逻辑功能示意图

（2）74LS161 的各引脚功能。如图 9-49（a）所示，74LS161 的各引脚功能如下：$\overline{CR}$ 为清除端（低电平有效）；$\overline{LD}$ 为预置数据控制端（低电平有效）；CT_P 、CT_T 为计数允许控制端；CP 为时钟输入端；D_0 ～ D_3 为预置数据输入端；CO 为进位输出端；Q_0 ～ Q_3 为计数输出端。

（3）74LS161 的逻辑功能。74LS161 的逻辑功能表见表 9-22。

表 9-22　74LS161 的逻辑功能表

输入					输出
CP	$\overline{CR}$	$\overline{LD}$	CT_P	CT_T	$Q_3Q_2Q_1Q_0$
×	0	×	×	×	0000（异步清零）
↑	1	0	×	×	$D_3D_2D_1D_0$（同步置数）
↑	1	1	1	1	计数
×	1	1	0	×	保持
×	1	1	×	0	保持

由表 9-22 可知集成同步计数器 74LS161 的主要功能如下。

① 异步清零。$\overline{CR}=0$ 时，无论其他输入端状态如何，均可使计数器复位清零。

② 同步并行置数。这项功能由 $\overline{LD}$ 端控制。当 $\overline{LD}=0$，CP 脉冲上升沿到来时，4 个触发器同时接收并行输入信号，即将输入端 $D_0 \sim D_3$ 的预置数据送到计数器输出端 $Q_0 \sim Q_3$，使 $Q_3Q_2Q_1Q_0 = D_3D_2D_1D_0$。该项操作需在 CP 上升沿到来时同步进行。

③ 同步二进制加计数。当 $\overline{CR}=\overline{LD}=CT_P=CT_T=1$ 时，计数器对 CP 脉冲进行二进制加计数。该计数芯片有超前进位功能：进位端 $CO=CT_T \cdot Q_3 \cdot Q_2 \cdot Q_1 \cdot Q_0$，当 $Q_3Q_2Q_1Q_0=1111$ 且 $CT_T=1$ 时，$CO=1$ 产生进位信号（同步控制）。

④ 保持。当 $\overline{CR}=\overline{LD}=1$，若 CT_P 和 CT_T 有一个为 0 时，计数器状态保持不变。

总之，74LS161 是具有异步清零、同步置数的 4 位同步二进制计数器。

（4）74LS161 的应用。用 74LS161 可构成 N 进制计数器（或称为 N 分频器）。

例 9-2 用 74LS161 构成七进制计数器。

解：① 用异步清零法。异步清零法是利用计数器的清零端 $\overline{CR}$，使 M 进制计数器在顺序计数过程中跳越 $M—N$ 个状态（$M>N$）提前清零，使计数器构成 N 进制计数器。

电路连接如图 9-50（a）所示。令 $\overline{LD}=CT_P=CT_T=1$，因为 $N=7$，而且清零不需要 CP 配合，七进制计数器状态中的 0111 为暂时状态，不需等到 CP 到来，直接进入 0000 状态。当 74LS161 顺序计数到 0111 时，计数器应回到 0000 状态。所以将 74LS161 输出端 Q_3、Q_1、Q_0 通过与非门接至其复位端 $\overline{CR}$ 提前清零，构成七进制计数器。

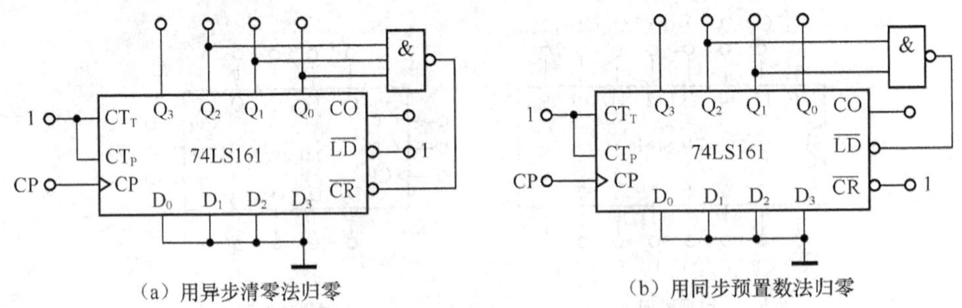

图 9-50 用 74LS161S 构成七进制计数器

② 用同步预置数法。同步预置数法与异步清零法原理基本相同，二者的主要区别在于：异步清零法是利用芯片的复位端 $\overline{CR}$ 清零，而同步预置数法是利用芯片的预置数控制端 $\overline{LD}$ 和预置数输入端 $D_3D_2D_1D_0$ 清零。

电路连接如图 9-50（b）所示。令预置数输入端 $D_3D_2D_1D_0=0000$（即预置数 0），以 0000 为初态进行计数，从 0～6 共有 7 种状态，6 对应的二进制代码为 0110，将输出端 Q_2Q_1 通过与非门接至 74LS161 的预置数控制端 $\overline{LD}$，当 $\overline{LD}=0$ 且 CP 脉冲上升沿（$CP=\uparrow$）到来时，计数器输出状态进行同步预置，使 $Q_3Q_2Q_1Q_0=D_3D_2D_1D_0=0000$，计数器随输入的 CP 脉冲进行计数。

3. 集成同步十进制加/减计数器（双时钟）74LS192

74LS192 是四位十进制可预置同步加/减计数器，图 9-51 为 74LS192 的引脚排列及逻辑功能示意图。

（1）74LS192 的引脚功能。

① 脚 16 为电源端 $+V_{CC}$。

② 脚 8 为 GND。

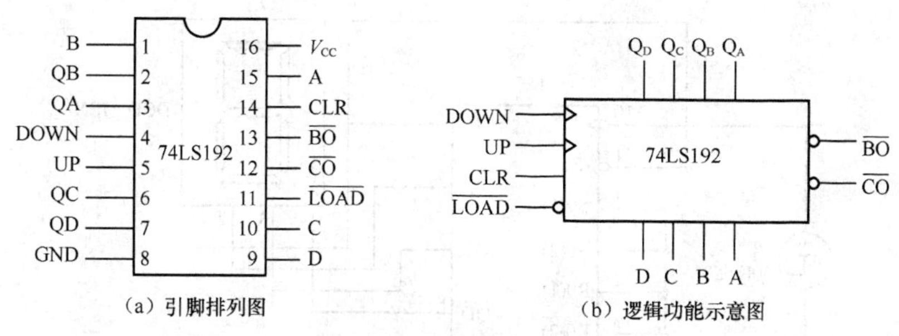

（a）引脚排列图　（b）逻辑功能示意图

图 9-51　74LS192 的引脚排列及逻辑功能示意图

③ 脚 14 为直接清零端 CLR。

④ 脚 5 为加时钟脉冲信号输入端 UP。

⑤ 脚 4 为减时钟脉冲信号输入端 DOWN。

⑥ 脚 11 为预置数据控制端 $\overline{LOAD}$ 。

⑦ 脚 12 为进位输出端 $\overline{CO}$ 。

⑧ 脚 13 为借位输出端 $\overline{BO}$ 。

⑨ 脚 9、10、1、15 为预置数据输入端 D、C、B、A。

⑩ 脚 7、6、2、3 为数据输出端 Q_D、Q_C、Q_B、Q_A。

（2）74LS192 的逻辑功能。74LS192 逻辑功能见表 9-23。

表 9-23　74LS192 的逻辑功能表

CLR	$\overline{LOAD}$	UP	DOWN	输　入	输　出	逻 辑 功 能
1	×	×	×	×	0	复位
0	0	×	×	DCBA	$Q_DQ_CQ_BQ_A$=DCBA	置数
0	1	↑	1	×	加 1	加 1 计数
0	1	1	↑	×	减 1	减 1 计数

从逻辑功能表中可以看出，74LS192 集成芯片的控制输入端与电路功能之间的关系如下。

① 异步清零。CLR = 1 时计数器复位清零。

② 异步置数。当 CLR = $\overline{LOAD}$ = 0 时，输出端 Q_A～Q_D 随输入端 A～D 一起变化。

③ 同步计数。当 CLR = 0，$\overline{LOAD}$ = 1 时，在加/减时钟脉冲信号的上升沿时计数。

加法（递增）计数：UP 是加法时钟脉冲输入端，$\overline{CO}$ 是进位输出信号。

减法（递减）计数：DOWN 是减法时钟脉冲输入端，$\overline{BO}$ 是借位输出信号。

三、项目实施

（一）仿真实验：集成异步十进制计数器 74LS290 的功能测试

测试 74LS290 按 8421 码十进制加计数的逻辑电路如图 9-52 所示，操作步骤如下。

（1）从 TTL 数字集成电路库中拖出 74LS290。

（2）从电源库中拖出电源 V_{CC} 和接地。

（3）从显示器材库中拖出译码显示器。

（4）从仪表栏中拖出信号发生器，将脉冲信号的频率改为 50Hz。

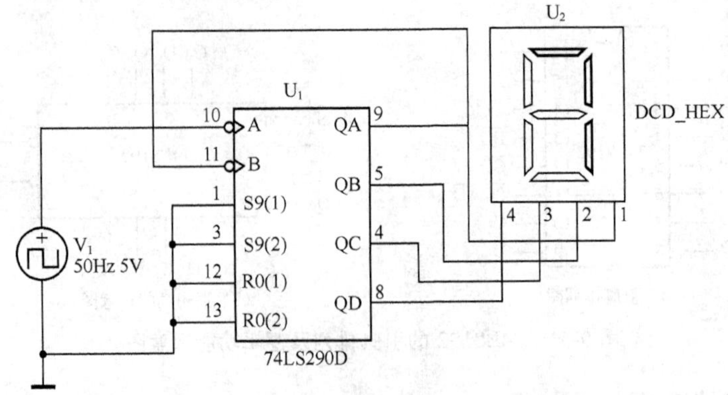

图 9-52　74LS290 的功能仿真测试电路

（5）将脉冲信号加到加时钟脉冲信号输入端 A，B 连接至 Q_A。

（6）按下仿真开关进行测试，数码依次显示 0～9 10 个数码。

（7）断开仿真开关，分别按二进制、五进制加计数改接电路，测试其逻辑功能。

（二）仿真实验：集成四位二进制同步计数器 74LS161 的功能测试

测试 74LS161 加法计数器的逻辑电路如图 9-53 所示，操作步骤如下。

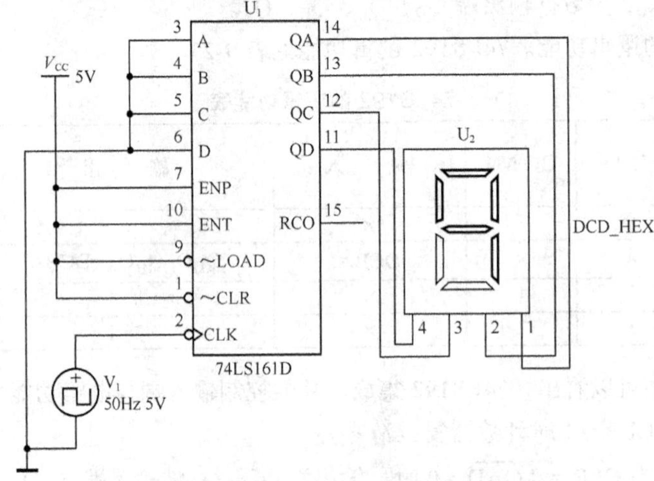

图 9-53　74LS161 的功能仿真测试电路

（1）从 TTL 数字集成电路库中拖出 74LS161。

（2）从电源库中拖出电源 V_{CC} 和接地。

（3）从显示器材库中拖出译码显示器。

（4）从仪表栏中拖出信号发生器，将脉冲信号的频率改为 50Hz。

（5）将脉冲信号加到加时钟脉冲信号输入端 CLK。

（6）按下仿真开关进行测试，数码依次显示 0～9 10 个数码。

（三）仿真实验：集成十进制加/减计数器 74LS192 的功能测试

1. 测试 74LS192 十进制加法计数功能

测试 74LS192 十进制加法计数器的逻辑电路如图 9-54 所示，操作步骤如下。

（1）从 TTL 数字集成电路库中拖出 74LS192。

（2）从电源库中拖出电源 V_{CC} 和接地。

（3）从显示器材库中拖出译码显示器和 1 个逻辑指示灯。

（4）从仪表栏中拖出信号发生器，将脉冲信号的频率改为 10Hz。

（5）将脉冲信号加到加时钟脉冲信号输入端 UP，减时钟脉冲信号输入端 DOWN 接高电平。

（6）按下仿真开关进行测试，数码依次显示 0～9 和进位信号。

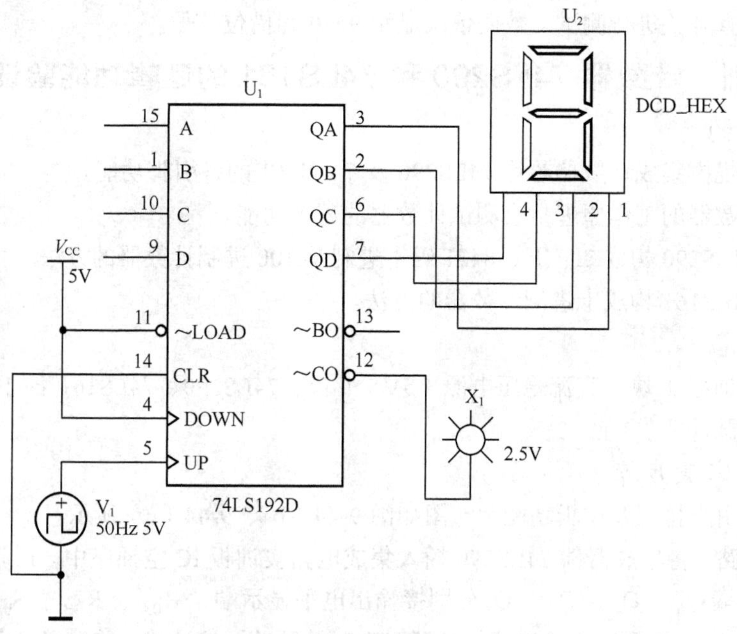

图 9-54　74LS192 加法计数器仿真测试电路

2．测试 74LS192 十进制减法计数功能

测试 74LS192 十进制减法计数器的逻辑电路如图 9-55 所示，操作步骤如下。

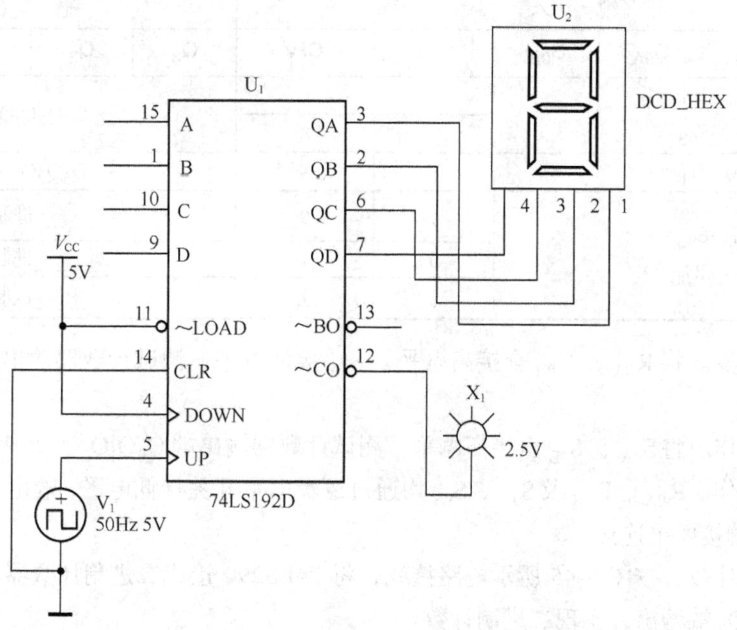

图 9-55　74LS192 减法计数器仿真测试电路

（1）从 TTL 数字集成电路库中拖出 74LS192。

（2）从电源库中拖出电源 V_{CC} 和接地。

（3）从显示器材库中拖出译码显示器和 1 个逻辑指示灯。

（4）从仪表栏中拖出信号发生器，将脉冲信号的频率改为 10Hz。

（5）将脉冲信号加到减时钟脉冲信号输入端 DOWN，加时钟脉冲信号输入端 UP 接高电平。

（6）按下仿真开关进行测试，数码依次显示 9～0 和借位信号。

（四）实训：计数器 74LS290 和 74LS161 的逻辑功能验证

1. 实训目的

（1）熟悉中规模集成计数器芯片 74LS290 及 74LS161 的各引脚功能。

（2）理解计数器的工作原理，会测试计数器的逻辑功能。

（3）掌握 74LS290 构成二、五、8421 码十进制及 100 进制计数器的方法。

（4）掌握 74LS161 构成十进制计数器的方法。

2. 实训设备

集成电路实训板 1 块、直流稳压电源（5V）1 台、74LS290、74LS161 各 1 片、信号发生器（单次及连续脉冲源）1 台。

3. 实训内容及步骤 1

74LS290 的引脚排列及逻辑功能示意图如图 9-44（b）、9-44（c）所示。

（1）连接电路。将集成器件 74LS290 插入集成电路实训板 IC 空插座中。14 脚接+5V 电源，7 脚接地，输出端 Q_0、Q_1、Q_2、Q_3 分别接输出电平显示端，R_{0A}、R_{0B}、S_{9A}、S_{9B} 分别接逻辑开关。CP_1、CP_0 按具体电路连接信号源引入时钟脉冲、接地或连接到其他电路端。

（2）接通电源，进行 74LS290 的逻辑功能验证，并将测试结果记入表 9-24 中。

表 9-24　　74LS290 功能测试表

输入						输出			
R_{0A}	R_{0B}	S_{9A}	S_{9B}	CP_0	CP_1	Q_3	Q_2	Q_1	Q_0
$R_{0A}\cdot R_{0B}=1$				×	×	$Q_3Q_2Q_1Q_0=$ ______			
$S_{9A}\cdot S_{9B}=0$				×	×				
$S_{9A}\cdot S_{9B}=1$				×	×	$Q_3Q_2Q_1Q_0=$ ______			
$S_{9A}\cdot S_{9B}=0$ $R_{0A}\cdot R_{0B}=0$				↓	0	______进制计数			
				0	↓	______进制计数			
				↓	Q_0	______进制计数			

① 异步清零。将 R_{0A}、R_{0B} 全接高电平，S_{9A} 接低电平，测试计数器输出端 $Q_0Q_1Q_2Q_3$，是否为 0000。

② 置 9 操作。将 S_{9A}、S_{9B} 全接高电平，测试计数器输出端 $Q_0Q_1Q_2Q_3$ 是否为 1001。

③ 计数操作。R_{0A}、R_{0B} 及 S_{9A}、S_{9B} 均通过逻辑电平开关接低电平，输出接 LED 显示器，计数脉冲输入端接要求连接。

a. 二进制计数。按图 9-45 所示电路接线，将 74LS290 接成二进制计数器，从 CP_0 端输入单次脉冲，从 Q_0 端输出，实现二进制计数。

b. 五进制计数。按图 9-46 所示电路接线，将 74LS290 接成五进制计数器，从 CP_1 端输入单次脉冲，从 $Q_1Q_2Q_3$ 端输出，实现五进制计数。

c. 8421 码十进制计数。按图 9-47 所示电路接线将 74LS290 接成 8421 码十进制计数器，从 CP_0 端输入单次脉冲，从 $Q_0Q_1Q_2Q_3$ 端输出，实现 8421 码十进制计数。

d. 用两片 74LS290 按图 9-48 连接电路，验证是否构成 100 进制加法计数器。

4. 实训内容及步骤 2

74LS161 的引脚排列及逻辑功能示意图如图 9-49 所示。

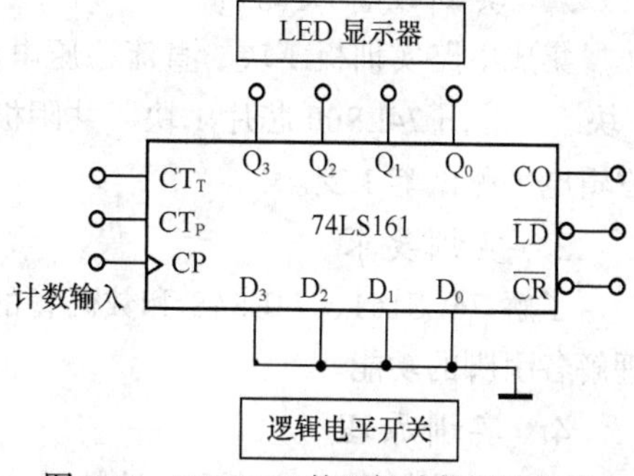

图 9-56 74LS161 的逻辑功能测试电路

（1）连接电路。将集成器件 74LS161 插入集成电路实训板 IC 空插座中，按图 9-56 接线。16 脚接+5V 电源，8 脚接地，计数输出端 Q_0、Q_1、Q_2、Q_3 分别接输出电平显示端，预置数输入端 $D_0D_1D_2D_3$ 按要求连接逻辑电平开关，控制端 CT_T、CT_P，同步置数端 $\overline{LD}$、清零端 $\overline{CR}$ 分别按要求接逻辑开关。CP 连接信号源引入时钟脉冲。

（2）接通电源，按下列不同情况对 74LS161 进行逻辑功能验证，并将测试结果记入表 9-25 中。

表 9-25 74LS161 的逻辑功能表

输入					输出
CP	$\overline{CR}$	$\overline{LD}$	CT_P	CT_T	Q_3 Q_2 Q_1 Q_0
×	0	×	×	×	
↑	1	0	×	×	
↑	1	1	1	1	
×	1	1	0	×	
×	1	1	×	0	

① 异步清零。将 $\overline{CR}$ 接低电平，验证计数器输出端 $Q_0Q_1Q_2Q_3$ 是否为 0000。

② 同步置数。将 $\overline{CR}$ 接高电平，同步置数端 $\overline{LD}$ 接低电平，在单次计数脉冲的作用下，改变预置数输入端的状态，验证计数器输出端 $Q_0Q_1Q_2Q_3=D_0D_1D_2D_3$ 是否成立。

③ 计数。控制端 CT_T、CT_P，同步置数端 $\overline{LD}$、清零端 $\overline{CR}$ 均通过逻辑电平开关接高电平，预置数输入端通过逻辑电平开关置 $D_0D_1D_2D_3=0000$，CP 接连续脉冲输入端。验证 74LS161 是否实现十六进制计数。

④ 保持功能。将 $\overline{CR}$ 和 $\overline{LD}$ 接高电平，CT_T 和 CT_P 其中一个接低电平，其余输入端无论接什么电平，观察输出端的状态。如果操作无误，Q_3～Q_0 应保持不变。

5. 实训总结

总结集成计数器 74LS290 和 74LS161 的计数逻辑功能。

（1）通过测试可以看出，计数器 74LS290 具有清零，置 9，进行二、五、十进制计数和保持功能。

（2）通过测试可以看出，计数器 74LS161 具有清零、预置数、计数、进位和保持功能。

（五）实训：计数、译码、显示电路综合实训

1. 实训目的

（1）进一步理解计数器的逻辑功能，熟悉计数器的使用方法。

（2）掌握应用集成计数器 74LS161 构成十进制计数器的方法。

（3）熟悉计数、译码、显示电路的综合应用。

2. 实训设备及器件

集成电路实训板 1 块、直流稳压电源（5V）1 台、74LS161 1 片、显示译码器 74LS48 芯片 1 块、与非门 74LS00 芯片 1 块、共阴极数码管 1 个、信号发生器（单次及连续脉冲源）1 台、逻辑电平测试笔 1 支。

3. 实训要求

了解 74LS161、74LS48 和数码管的功能，熟悉 74LS161、74LS48、74LS00 的引脚排列，理解各引脚的功能。

4. 实训原理

实训电路如图 9-57 所示。计数器 74LS161 对单次脉冲进行计数，计数结果送入显示译码器并驱动数码管，使之显示单脉冲发生器产生的脉冲个数。

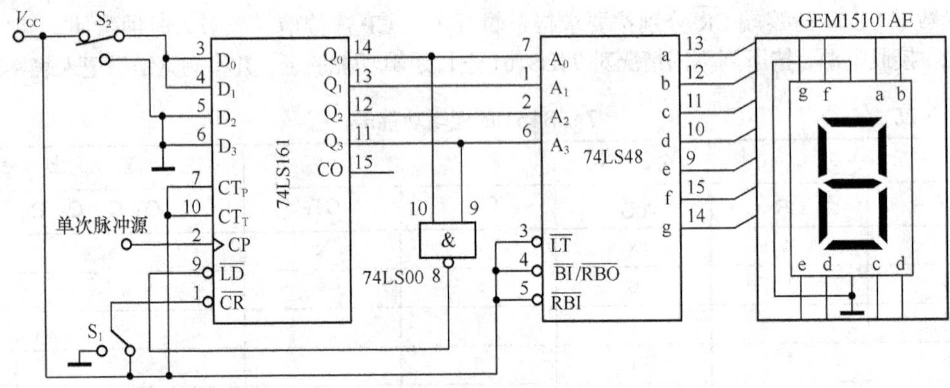

图 9-57　计数、译码及显示电路实训图

5. 实训内容及步骤

（1）按图 9-57 在集成电路实训板上连接实验电路。74LS161 的输入端也可以通过逻辑电平开关接入，输出端接入 LED 显示器。检查无误后接通各芯片电源。将 74LS161 的引脚 1 接一下地进行清零。

（2）电路逻辑关系检测。将 74LS161 的数据输入端 D_3～D_0 全部置 0，依次引入单脉冲，记录脉冲个数并用逻辑测电笔测试（也可通过 LED 显示器观察）74LS161 的 4 个输出端 Q_3～Q_0 的电平，同时观察数码管显示的数字，并将结果填入表 9-26 中。

表 9-26　　电路逻辑关系检测表

单脉冲次数	Q_0 Q_1 Q_2 Q_3	显示字形

（3）74LS161 的功能检测。重复步骤（2），通过数码管显示计数的结果。

6. 实训总结与分析

（1）该实训电路的功能是对输入脉冲从 0～9 进行递增计数（74LS161 用同步预置数法归零，实现十进制计数），并通过译码显示电路将输入脉冲个数显示出来。

（2）如果我们给 5 中步骤（2）的测试结果赋值（高电平为 1，低电平为 0），将得到 9 组相应的 4 位二进制代码（0000～1001）。不难发现，74LS161 输入一个计数脉冲其输出就递增 1，表明 74LS161 能记录输入脉冲个数，故称为计数器。

（3）将计数器 74LS161 输出的二进制代码输入到由 74LS48 和数码管组成的译码显示电路，即可用十进制数显示计数结果。

思考与练习

1. 试分析图 9-58 所示的电路，画出 Q_0 和 Q_1 的波形。设两个触发器的初始状态均为 0。

2. 用 3 个上升沿触发的 D 触发器组成的 3 位异步二进制减法计数器的逻辑图如图 9-59 所示，请分析计数原理。

3. 单片集成计数器芯片 74LS290、74LS161 最大分别能构成几进制计数器？

4. 将两片集成计数器 74LS290 分别接成 8421 码十进制计数器，再将两片 74LS290 异步级联起来，如图 9-60 所示，试分析该电路为几进制计数器。

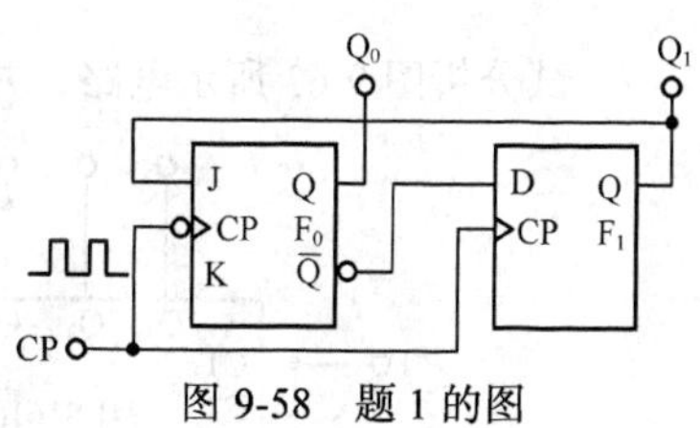

图 9-58 题 1 的图

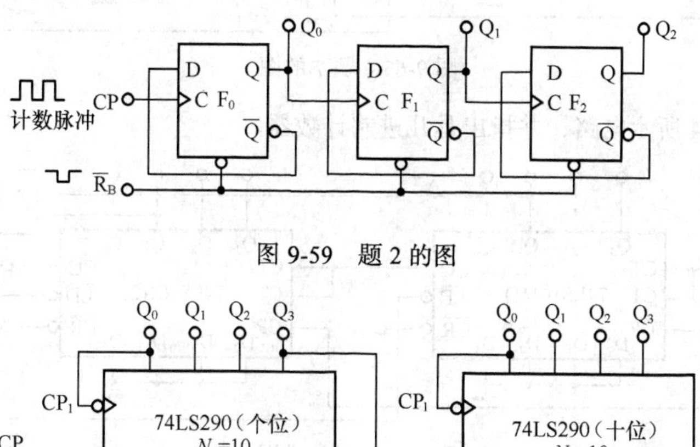

图 9-59 题 2 的图

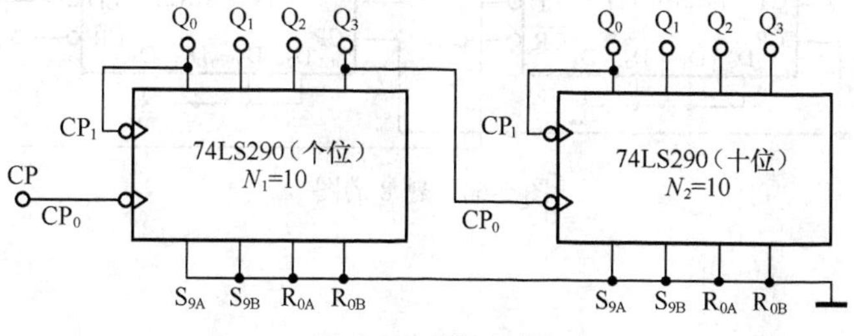

Q_0 Q_1 Q_2 Q_3 Q_0 Q_1 Q_2 Q_3

CP_1 74LS290（个位） N_1=10 CP_1 74LS290（十位） N_2=10

CP CP_0 CP_0

S_{9A} S_{9B} R_{0A} R_{0B} S_{9A} S_{9B} R_{0A} R_{0B}

图 9-60 题 4 的图

5. 试分析图 9-61 所示电路，并指出是几进制计数器。

6. 利用单片集成计数器的清零、置数等使能端，可实现模小于成品计数器本身进制的 N 进制计数器。图 9-62 中用 1 片 74LS161 先构成十六进制计数器的基础电路，再利用其使能端的清零功能构成小于 16 的计数器。图 9-62（a）和图 9-62（b）均实现十二进制计数，二者有何区别？

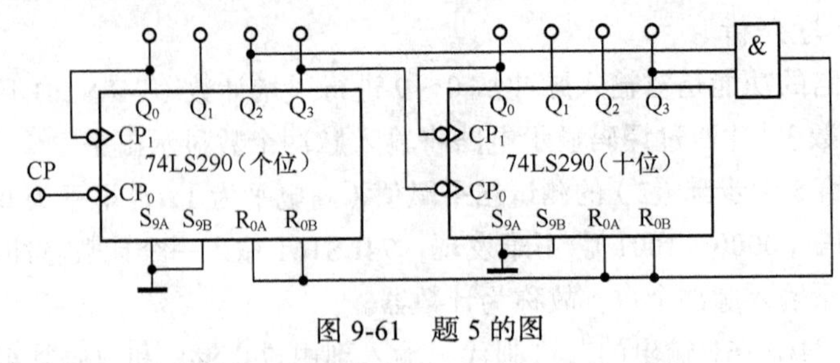

图 9-61　题 5 的图

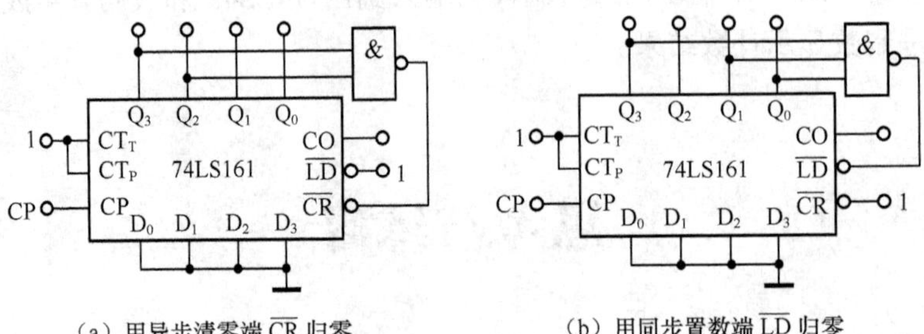

（a）用异步清零端 $\overline{CR}$ 归零　　　（b）用同步置数端 $\overline{LD}$ 归零

图 9-62　题 6 的图

7. 试分析图 9-63 所示电路，并指出是几进制计数器。

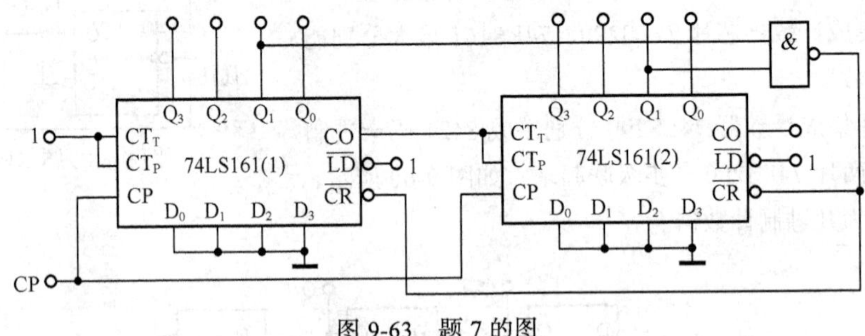

图 9-63　题 7 的图

8. 试分析图 9-64 所示电路，并指出是几进制计数器。

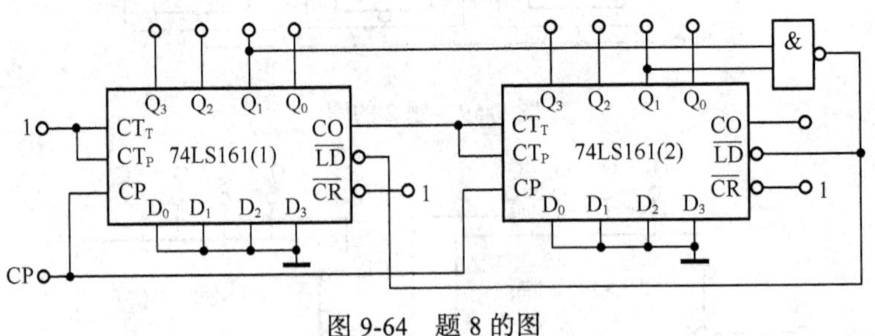

图 9-64　题 8 的图

单元小结

时序逻辑电路是数字系统中非常重要的逻辑电路，具有记忆性是时序逻辑电路与组合逻辑电路的本质区别。它的记忆性表现在某一时刻电路输出端的状态不仅取决于当时的输入状态，并且还与电路原状态相关。触发器是构成时序逻辑电路的基本记忆单元，常用的时序逻辑电路有计数器和寄存器。

触发器在外界信号作用下，可以从一个稳态转变为另一个稳态；无外界信号作用时状态保持不变。故一个触发器仅能保存一位二进制数码信息。触发器按逻辑功能可分为 RS 触发器、D 触发器、JK 触发器和 T 触发器。T′ 触发器是 T 触发器的特例。触发器按内部结构可分为基本 RS 触发器、时钟型触发器、边沿触发器。边沿触发器又分上升沿触发和下降沿触发两类。TTL 器件多用下降沿触发方式，CMOS 器件多用上升沿触发方式。描述触发器逻辑功能的主要工具有状态转换真值表、波形图和逻辑符号。

寄存器主要用来暂时存放参加运算的数据、结果和指令。寄存器按功能可分为数据寄存器和移位寄存器。具有移位功能的寄存器称为移位寄存器，它既能接收、存储数据，又可将数据按一定方式移动。移位寄存器按移动方向可分为左移、右移或双向移位寄存器。由于 D 触发器的输出状态与输入端的状态相同，所以寄存器多用 D 触发器组成电路。

计数器按照 CP 脉冲的工作方式分为同步计数器和异步计数器，各有优缺点。计数器主要用途是对时钟脉冲个数进行计数，也可以用来作为分频器、定时器和脉冲分配器等。按计数的进制不同，可分为二进制、十进制和任意进制计数器。学习的重点是集成计数器的特点、功能和应用。

第10单元

脉冲信号的产生与整形电路

【学习目标】

1. 掌握555定时器的结构及逻辑功能。
2. 掌握用555定时器构成单稳态触发器、无稳态触发器和施密特触发器的方法，掌握其实际应用。

项目一 555定时器

一、项目导入

集成555定时器是一种多用途的中规模数、模混合集成电路，也是目前应用较多的一种时间基准电路。它只需外接几个电阻、电容元件就能构成单稳态触发器、多谐振荡器（无稳态触发器）、施密特触发器等电路。555定时器使用灵活方便，在波形产生与变换、测量和控制、家用电器、电子玩具等方面有着广泛的应用。555定时器有TTL电路和CMOS电路两种类型，产品生产厂家甚多，但无论哪个厂家的产品，TTL型号最后3位数字都是555或556（双定时器），CMOS型号最后4位数字都是7555或7556（双定时器）。

二、相关知识

（一）555定时器的结构

555定时器内部电路结构及引脚排列如图10-1所示。

555定时器由3个5kΩ电阻、两个电压比较器A_1和A_2、一个基本RS触发器、一个放电三极管开关（或放电管）VT和输出缓冲器G_3组成。该芯片采用双列直插式封装，有8个引脚，各引脚名称如图10-1所示，其功能如下。

① 1脚GND为接地端。

② 8脚V_{CC}为正电源端。TTL的电源电压为4.5～16V，CMOS的电源电压为3～18V。

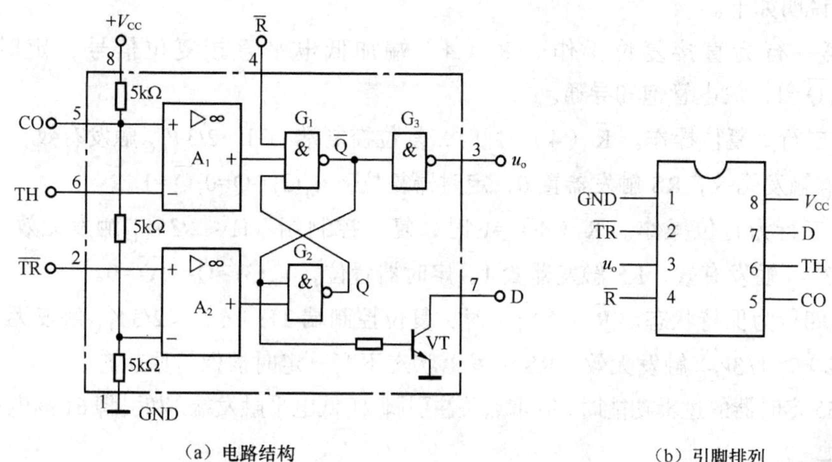

（a）电路结构　　　　（b）引脚排列

图 10-1　555 定时器电路结构及引脚排列

③ 3 脚 u_o 为输出端。TTL 的输出电流可达 200mA，可直接驱动直流继电器、扬声器、发光二极管等。CMOS 的输出电流在 4mA 以下。

④ 4 脚 $\overline{R}$ 为直接复位端。$\overline{R}=0$ 时，555 定时器输出低电平（基本 RS 触发器置“0”）。正常工作时该脚应接高电平。

⑤ 5 脚 CO 为电压控制端。外接控制电压时，可以改变比较器 A_1、A_2 的参考电压。不用时经 0.01μF 的电容接地，以防止干扰电压引入。

⑥ 7 脚 D 为放电端。当输出端为“0”（$\overline{Q}=1$）时，放电三极管 VT 导通（7 端与接地端相连），外接电容器通过 VT 放电。当输出端为“1”时，7 端与接地端之间断路。

⑦ 2 脚 $\overline{TR}$ 为置位控制端，也称低电平触发端。当 2 脚的输入电压低于 1/3 V_{CC} 时触发有效，使基本 RS 触发器置“1”，即 3 脚输出高电平。

⑧ 6 脚 TH 为复位控制端，也称高电平触发端。当输入电压高于 2/3 V_{CC} 时触发有效，使基本 RS 触发器置 0，即 3 脚输出低电平。

（二）555 定时器的工作原理

555 定时器由 3 个相等的 5kΩ电阻组成分压器，给两个电压比较器提供基准电压。A_1 的基准电压为 $\frac{2}{3}V_{CC}$，接到同相输入端（U_{T+}=2/3 V_{CC}）；A_2 的基准电压为 1/3 V_{CC}，接到反相输入端（U_{T-}=1/3 V_{CC}）。当输入电压分别加至复位端 TH（高触发端）和置位端 $\overline{TR}$（低触发端）时，它们将分别与电压比较器另外一个输入电压比较决定 A_1、A_2 的输出，从而决定 RS 触发器及放电管 VT 的工作状态。表 10-1 是 555 定时器的功能表。

表 10-1　555 定时器的功能表

高触发端 TH（6）	低触发端 $\overline{TR}$（2）	清零端（复位端）$\overline{R}$（4）	输出 u_o（3）	放电管 VT（7）
×	×	0	0	导通
＞2/3 V_{CC}	＞1/3 V_{CC}	1	0	导通
＜2/3 V_{CC}	＜1/3 V_{CC}	1	1	截止
＜2/3 V_{CC}	＞1/3 V_{CC}	1	不变	不变

功能表说明如下。

（1）第一行为直接复位操作。$\overline{R}$（4）端加低电平直接复位信号，定时器复位，$u_o(3)=Q=0,\overline{Q}=1$，放电管饱和导通。

（2）第二行为复位操作。$\overline{R}$（4）=1 时，复位控制端 TH＞2/3 V_{CC} 触发有效，置位控制端 $\overline{TR}>1/3V_{CC}$ 触发无效，RS 触发器置 0，定时器复位，$u_o(3)=Q=0,\overline{Q}=1$。

（3）第三行为置位操作。$\overline{R}$（4）=1 时，复位控制端 TH＜2/3 V_{CC} 触发无效，置位控制端 $\overline{TR}<1/3V_{CC}$ 触发有效，RS 触发器置 1，定时器置位，$u_o(3)=Q=1,\overline{Q}=0$。

（4）第四行为保持状态。$\overline{R}$（4）=1 时，复位控制端 TH（6）＜2/3 V_{CC} 触发无效，置位控制端 $\overline{TR}$（2）＞$1/3V_{CC}$ 触发无效，RS 触发器状态不变，定时器保持原状态。

分析 555 定时器的逻辑功能时，应重点关注引脚 2（低电平触发端）和引脚 6（高电平触发端）。

三、项目实施

（一）仿真实验：555 定时器的功能测试

测试 555 定时器功能的电路如图 10-2 所示，在 Multisim 2001 软件工作平台上操作步骤如下。

（1）从混合元件库中用鼠标拖出 555 定时器。

（2）从电源库中用鼠标拖出电源 V_{CC}、接地，并将电源的值改为 12V。

（3）从显示器材库中用鼠标拖出直流电压表。

（4）从基本元件库中用鼠标拖出电阻，将阻值改为 20kΩ。

（5）从基本元件库中用鼠标拖出两个电容器，并将它们的值改为 22μF 和 0.01μF。

（6）按图 10-2 所示连接电路。

（7）按下仿真开关，观察电压表的指示情况。延时开始时，电压表的读数为 0V，延时结束时电压表的读数为 12V。

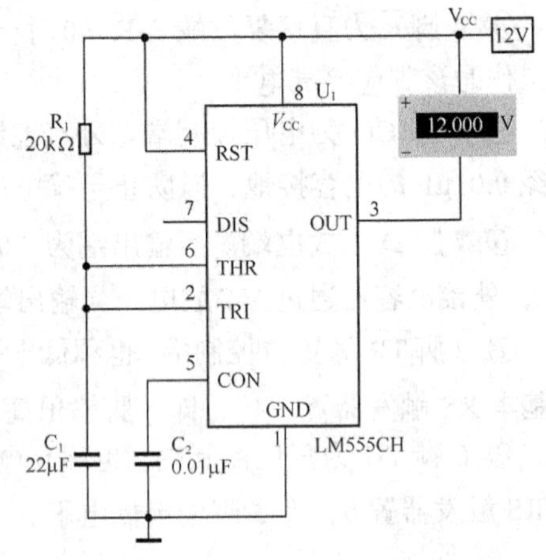

图 10-2 555 定时器仿真测试电路

（二）实训：555 定时器的基本功能测试

1. 实训目的

（1）熟悉 555 定时器的组成及原理，认识 555 定时器芯片。

（2）掌握并测试 555 定时器的逻辑功能。

2. 实训设备

数字电路实训板 1 块，9V 直流稳压电源 1 台，万用表 1 块，NE555 定时器芯片 1 块，集成电路起拔器 1 个，电容（0.01μF、220μF） 各 1 个，电阻 220kΩ、电位器 330kΩ 各 1 个。

3. 实训内容及步骤

将 NE555 定时器芯片插入相应的插孔上，将它的 4 脚、8 脚接电源，1 脚接地，5 脚经 0.01μF 电容接地。

在 2 脚、6 脚分别加可变输入电压（0～9V），用导线将 555 输出端引脚 3 接到 IC 输出电平显示端，LED 亮为逻辑“1”，不亮为逻辑“0”。用万用表测试 VT 的工作状态，结果计入表 10-2 中。

表 10-2　　555 定时器的功能表

TH（6）	$\overline{TR}$（2）	$\overline{R}$（4）	u_o（3）	VT（7）
×	×	0		
$>2/3\,V_{CC}$	$>1/3\,V_{CC}$	1		
$<2/3\,V_{CC}$	$<1/3\,V_{CC}$	1		
$<2/3\,V_{CC}$	$>1/3\,V_{CC}$	1		

思考与练习

一、判断题

1. 555 定时器的输出只能出现两个状态稳定的逻辑电平之一。（　　）

2. 改变 555 定时电路的电压控制端 CO 的电压值，可改变 555 定时电路的高、低输出电平。（　　）

3. 施密特触发器的作用就是利用其回差特性稳定电路。（　　）

4. 555 定时器的逻辑输出既可以从电源正极与输出端之间输出，也可以从电源负极与输出端之间输出。（　　）

5. 555 定时器输出低电平时的电压值为 0，输出高电平时的电压值接近 V_{CC}。（　　）

二、问答题

1. 555 定时器中的 555 表示什么意思？

2. 555 定时器由哪几部分组成？各部分的作用是什么？

3. 555 定时器的 2 脚为什么称为低电平触发端？

4. 555 定时器的 6 脚为什么称为高电平触发端？

5. 555 定时器的 4 脚和 7 脚分别起什么作用？

6. 通常 555 定时器的高、低触发电平各是多少？

7. 555 定时器中的两个电压比较器工作在开环还是闭环情况下？

项目二　555 定时器的应用

一、项目导入

555 定时器是一种应用极其广泛的集成电路。555 定时器只要外接几个电阻、电容元件就可以组成产生脉冲、定时和对信号整形的各种单元电路，如施密特触发器、单稳态触发器和多谐振荡器等。

二、相关知识

（一）用 555 定时器构成单稳态触发器

单稳态触发器具有两个输出状态，一个稳态和一个暂稳态。在外加触发脉冲的作用下，它从稳态进入暂稳态，经过一段时间后，电路又自动返回到稳定状态，暂稳态的维持时间仅取决于电路本身的定时元器件参数，与触发脉冲无关。单稳态触发器可以用 555 定时器构成，也可用门电路组成。下面介绍由 555 定时器构成的单稳态触发器。

1. 单稳态触发器的电路组成

用 555 定时器构成的单稳态触发器电路如图 10-3（a）所示。将 555 定时器的置位端（2 号引脚）作为电路触发输入端，复位端（6 号引脚）与放电端（7 号引脚）相连后再与定时元件 R、C 连接，用电容器上的电压 u_C 控制复位端。控制电压端不用时，可外接 0.01μF 电容后接地。

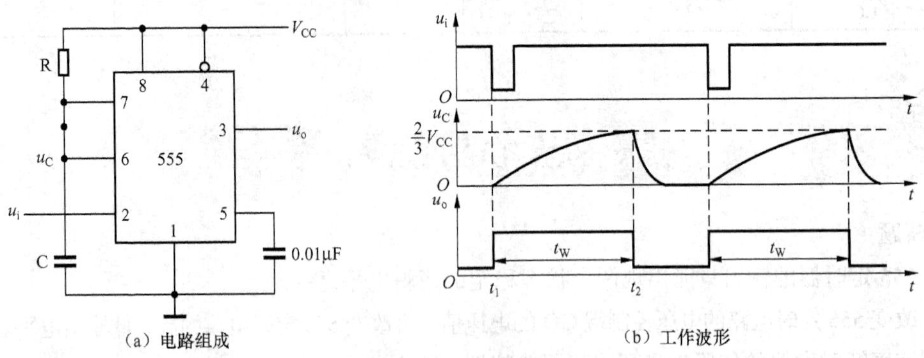

图 10-3 单稳态触发器的电路组成和工作波形

2. 单稳态触发器的工作原理

单稳态触发器的工作波形如图 10-3（b）所示。u_i 为输入触发信号，下降沿有效。输出低电平是该电路的稳定状态。

（1）接通电源后瞬间，电路有一个稳定的过程，输出低电平时，电路进入稳定状态。此时基本 RS 触发器置 0，放电管 VT 导通，电容 C 两端的电压 $u_C = 0V$，输出电压 u_o 为低电平。

（2）当 u_i 触发信号（下降沿有效）到来后，置位控制端 $\overline{TR} < 1/3V_{CC}$，基本 RS 触发器置 1，放电管截止，输出 u_o 变为高电平，电路进入暂稳态。暂稳态期间，放电管 VT 截止，V_{CC} 通过电阻 R 对电容 C 充电，u_C 上升；当 TH> 2/3 V_{CC} 时，基本 RS 触发器翻转为 0，输出电压 u_o 跳变为低电平，同时放电管 VT 导通。电容通过放电管迅速放电，电路恢复到稳态。

当下一个触发脉冲到来后，重复上述过程。工作波形如图 10-3（b）所示。

电路暂稳态持续的时间（计时时间或称输出脉冲宽度）为 $t_W = 1.1RC$

单稳态触发器电路要求：触发脉冲宽度要小于 t_W；等电路恢复后方可再次触发。

3. 单稳态触发器的用途

（1）定时。改变外接元件 R、C 的值，输出脉冲宽度可在数微秒到数十秒范围内变化，实现定时作用。

（2）整形。外接元件 R、C 的值一定时，输出脉冲的幅度和宽度是一定的。将不规则的脉冲信号作为触发信号，加到单稳态触发器的输入端，合理选择定时元件，可以把过窄或过宽的脉冲信号整定为固定宽度的标准脉冲信号，也可以输入窄的负脉冲触发信号，得到较宽的正脉冲信号，以实现对脉冲的整形，如图 10-4 所示。

（3）延时。如图 10-5 所示，单稳态触发器输出信号 u_o 的矩形脉冲比输入触发信号 u_i 的下降沿延迟了一段时间，这是延时作用。

4. 单稳态触发器的应用实例

用一片 555 定时器接成单稳态触发器构成的触摸定时控制开关电路如图 10-6 所示。

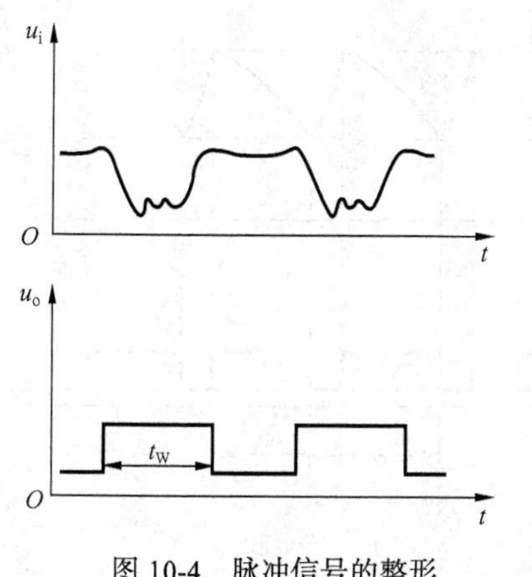

图 10-4　脉冲信号的整形

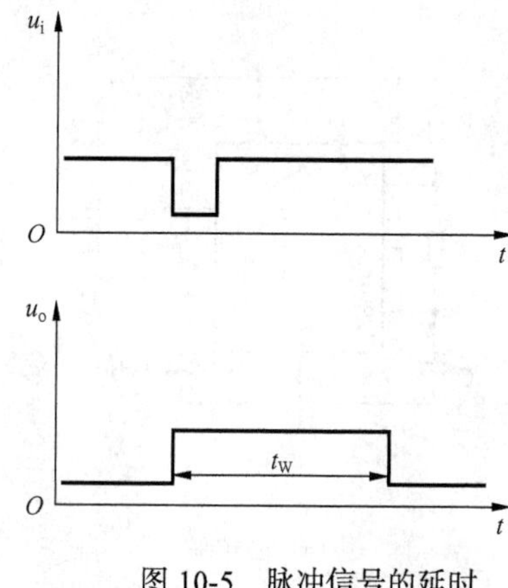

图 10-5　脉冲信号的延时

不触摸金属片时，P 端无感应电压（无触发负脉冲）输入，第 3 脚输出低电平，继电器 KS 释放，电灯不亮。此时与 555 定时器第 7 脚相连的放电管 VT 导通，电容 C_1 通过 7 脚放电完毕。

当需要开灯时，用手触碰一下金属片 P，人体感应的杂波信号电压相当于在 P 端（引脚 2）加入一个负触发脉冲，由 C_2 加至 555 定时器的低触发端，使 555 定时器的输出由低变成高电平，继电器 KS 吸合，电灯点亮。同时，与 555 定时器第 7 脚相连的放电管截止，电源便通过 R_1 给 C_1 充电，这就是定时的开始。

经过一段时间后，当电容 C_1 上电压上升至电源电压的 2/3 时，第 3 脚输出由高电平变回到低电平，C_1 通过与 555 定时器第 7 脚相连的放电管放电，继电器释放，电灯熄灭，定时结束。

该触摸开关可用于夜间定时照明，定时长短由 R_1、C_1 决定：$t_1=1.1R_1C_1$。按图 10-6 中所标数值，定时时间约为 4min。VD_1 可选用 1N4148 或 1N4001。

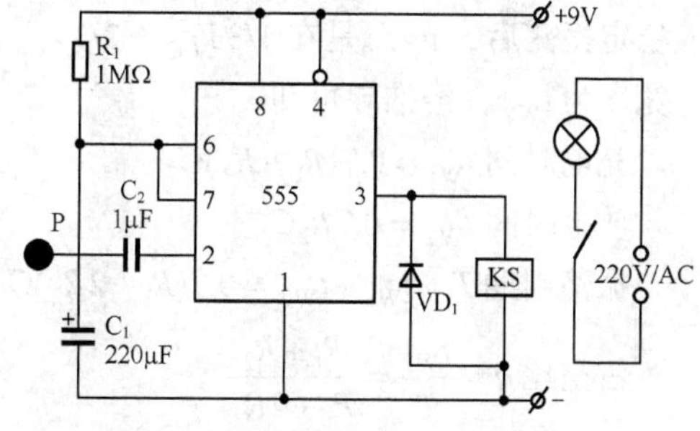

图 10-6　触摸定时控制开关电路

（二）用 555 定时器构成无稳态触发器（多谐振荡器）

不需外加输入信号就能产生矩形脉冲的自激振荡电路，称为脉冲信号发生器。该电路具有两个暂稳态，能自动地在这两个暂稳态之间连续切换，产生一定幅值、一定频率和一定脉宽的矩形脉冲信号。由于矩形脉冲含有多种谐波成分，无稳态触发器又称为多谐振荡器。

1. 多谐振荡器的电路组成

用 555 定时器构成的多谐振荡器电路组成和工作波形如图 10-7 所示。电路的结构特点是：复位控制端 6 与置位控制端 2 相连并接到定时电容上，R_1、R_2 的接点与放电端 7 相连，控制端 CO（5）不用，外接 0.01μF 的电容后接地。

2. 多谐振荡器的工作原理

接通电源瞬间，$u_C=0$，复位控制端的电压 TH<1/3 V_{CC}，置位控制端的电压 $\overline{TR}<1/3V_{CC}$，定时器置位，输出电压 u_o 为高电平即 Q=1, $\overline{Q}$=0，放电管 VT 截止。

接着电源 V_{CC} 经 R_1、R_2 对电容 C 充电，u_C 按指数规律上升。当 u_C 上升到 2/3 V_{CC} 时，输出电压 u_o 跳变为低电平即 Q=0, $\overline{Q}$=1，同时放电管 VT 导通。随即电容器 C 经过电阻 R_2 和放电管 VT 放电，u_C 下降。

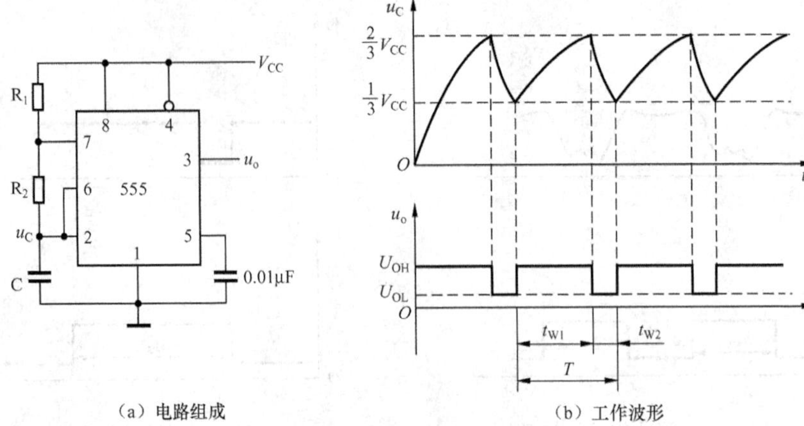

（a）电路组成　　　（b）工作波形

图 10-7　多谐振荡器

当 u_C 下降到 1/3 V_{CC} 时，输出电压 u_o 又跳变为高电平（回到开始时的状态），同时放电管截止。C 停止放电又重新充电，u_C 又按指数规律上升。如此反复，形成振荡可得到连续的矩形波形如图 10-7（b）所示。

由以上分析可知，电路靠电容 C 充电来维持第一暂稳态（u_C 从 1/3 V_{CC} 上升到 2/3 V_{CC} 这段时间），电路靠电容 C 放电来维持第二暂稳态（u_C 从 2/3 V_{CC} 下降 1/3 V_{CC} 这段时间）。电路进入稳定振荡后，u_C 总是在 1/3 V_{CC} ~ 2/3 V_{CC} 之间变化。设充电时的脉冲宽度为 t_{W1}，放电时的脉冲宽度为 t_{W2}，经推导可知，

充电时间 $t_{W1} = 0.7(R_1 + R_2)C$

放电时间 $t_{W2} = 0.7R_2C$

振荡周期 $T = t_{W1} + t_{W2} = 0.7(R_1 + 2R_2)C$

占空比 $q = \dfrac{t_{W1}}{T} = \dfrac{R_1 + R_2}{R_1 + 2R_2}$

若取 $R_2 \gg R_1$，电路即可输出占空比为 50%的方波。

占空比可调的多谐振荡器电路如图 10-8 所示。

3. 多谐振荡器的应用实例

液位监控报警电路（可用开关 S 控制电源的通、断）如图 10-9 所示。液位正常情况下，探测电极浸入要控制的液体中，电容 C 被短路，不能充放电，扬声器不发声；当液位下降到探测电极以下时，探测电极开路，多谐振荡器开始工作，扬声器发出报警声，提示液位已过低。

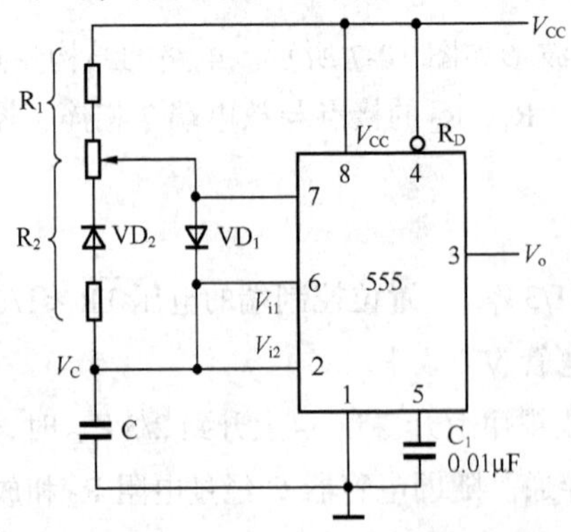

图 10-8　占空比可调的多谐振荡器

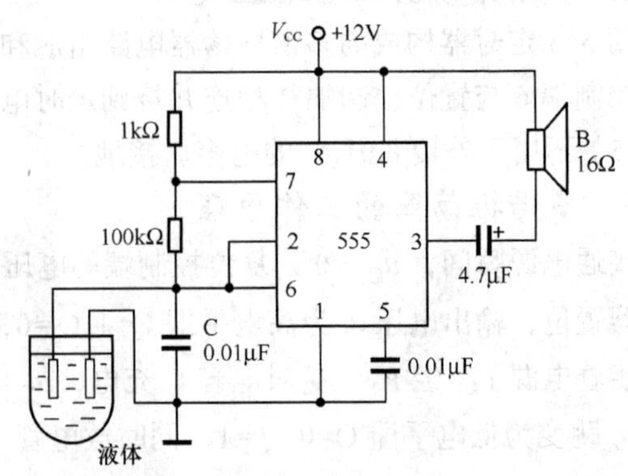

图 10-9　液位监控报警电路

（三）用 555 定时器构成施密特触发器

施密特触发器是一种电平触发的特殊双稳态电路，它能把输入波形整形为标准的矩形脉冲。它有两个阈值电压，即上限阈值电压和下限阈值电压。当输入电压大于上限阈值电压时，输出为低电平；当输入电压低于下限阈值电压时，输出为高电平。上述两个阈值电压之差称为回差电压。由于施密特触发器具有回差特性，故它的抗干扰能力强，广泛用于脉冲波形的变换、不规则变化信号的整形、电压比较以及脉冲幅度鉴别等场合。施密特触发器可以用 555 定时器构成，也可用门电路组成。下面介绍由 555 定时器构成的施密特触发器。

1. 施密特触发器的电路组成

由 555 定时器构成的施密特触发器电路和工作波形如图 10-10（a）所示，将复位控制端 6 与置位控制端 2 连在一起作为信号输入端，3 为输出端，就可构成施密特触发器。图 10-10（b）示出了当输入信号 u_i 为三角波时输出电压 u_o 的波形。

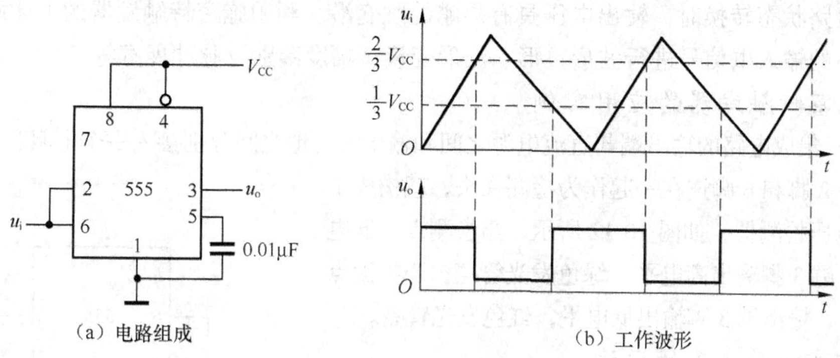

（a）电路组成　　（b）工作波形

图 10-10　施密特触发器

2. 施密特触发器的电路符号和电压传输特性

施密特触发器的电路符号及电压传输特性如图 10-11 所示。从图 10-11 可以看出，所谓的回差特性，就是当输入电压从小到大变化的开始阶段，输出电压为高电平“1”，当输入电压增大至基准电压 U_{T+}时，输出电压由“1”跳变到低电平“0”并保持；当输入电压从大到小变化时，初始阶段对应的输出电压为低电平“0”，当输入电压减小至 U_{T-}时，输出电压由“0”跳变到高电平“1”并保持。

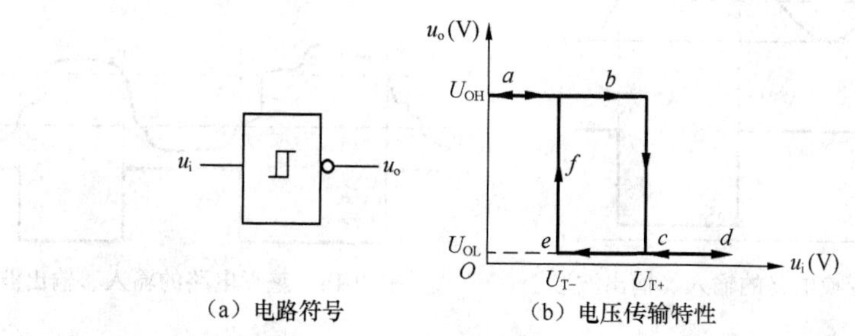

（a）电路符号　　（b）电压传输特性

图 10-11　施密特触发器的电路符号及电压传输特性

3. 施密特触发器的工作原理

由图 10-11（b）可知，当输入电压 $u_i = 0$ 时，因复位控制端与置位控制端相连，则 TH=

$\overline{TR}<1/3V_{CC}$，定时器置位，输出u_o为高电平。u_i升高时，未达到$2/3V_{CC}$以前，输出电压不变。

当输入电压$u_i>2/3V_{CC}$时，TH=$\overline{TR}>2/3V_{CC}$，定时器复位，输出u_o从高电平翻转为低电平。当u_i下降到$1/3V_{CC}$时，u_o又从低电平翻转为高电平。此后，u_i继续下降到0，但输出电压保持不变。

① 当控制电压 CO 端（5 脚）不用，通过外接 0.01μF 的电容接地时，该电路的正、负向阈值电压分别为$U_{T+}=2/3V_{CC}$、$U_{T-}=1/3V_{CC}$。

回差电压$\Delta U=U_{T+}-U_{T-}=\frac{2}{3}V_{CC}-\frac{1}{3}V_{CC}=\frac{1}{3}V_{CC}$

② 当控制电压 CO 端（5 脚）外接控制电压U_{CO}时，该电路的正、负向阈值电压分别为$U_{T+}=U_{CO}$、$U_{T-}=1/2U_{CO}$。

回差电压$\Delta U=U_{T+}-U_{T-}=U_{CO}-\frac{1}{2}U_{CO}=\frac{1}{2}U_{CO}$

施密特触发器的显著特点：一是输出电压随输入电压变化的曲线不是单值的，具有回差特性；二是电路状态转换时，输出电压具有陡峭的跳变沿。利用施密特触发器的上述两个特点，可对电路中的输入电信号进行波形整形、波形变换、幅度鉴别及脉冲展宽等。

4. 施密特触发器的应用实例

在 555 集成电路的输出端与直流电源之间和输出端与地之间分别接入一个电阻和一个发光二极管，并将2脚和6脚连在一起作为检测探头，就构成了TTL逻辑电压检测器，如图10-12所示。当检测点为低电平时，输出端3脚输出高电平，绿色发光管亮；当检测点为高电平时，输出端3脚输出低电平，红色发光管亮。

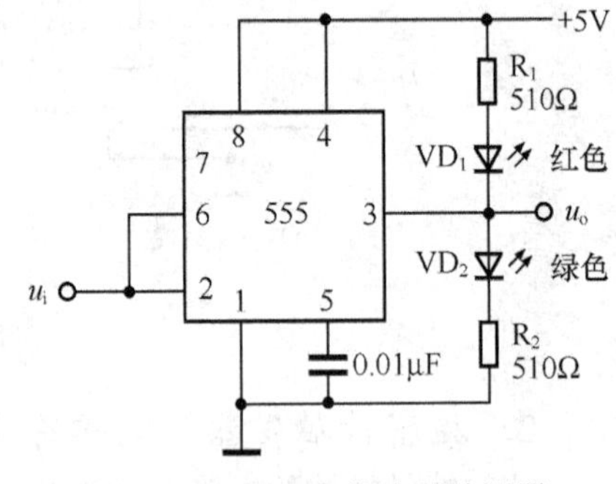

图 10-12　TTL 逻辑电压检测器

5. 施密特触发器的用途

（1）波形变换。如图 10-13 所示为施密特触发器的波形变换电路的输入、输出波形。施密特触发器可以把边沿变化缓慢的周期性信号变换成矩形波。

（2）整形。图 10-14 为施密特触发器用于整形电路的输入、输出波形。它把不规则的输入波形整形为矩形波。

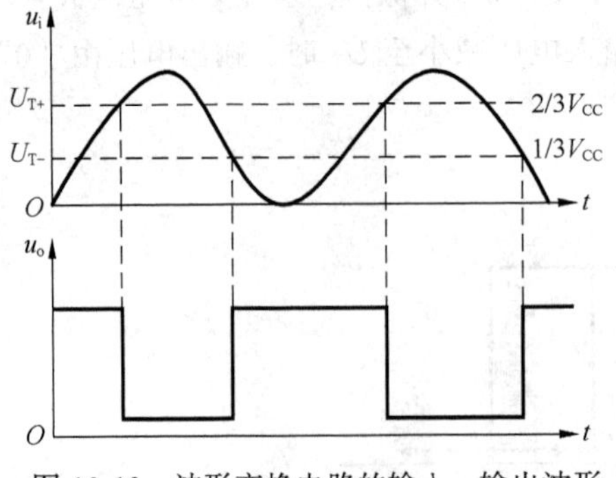

图 10-13　波形变换电路的输入、输出波形

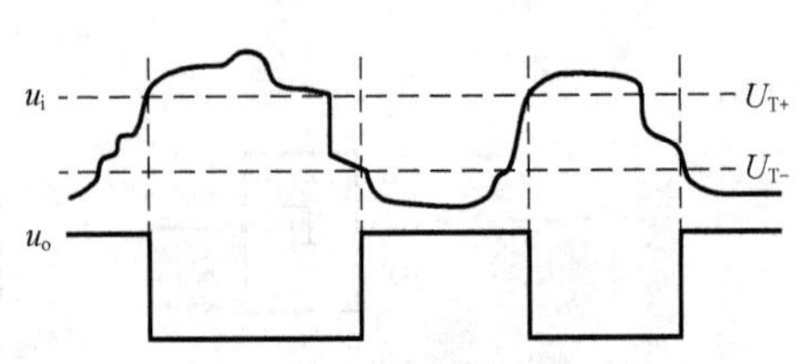

图 10-14　整形电路的输入、输出波形

（3）幅度鉴别。图 10-15 所示为施密特触发器用于幅度鉴别的输入、输出波形。施密特触发器能将幅度达到U_{T+}的输入信号鉴别出来，即可以从输出端是否出现负脉冲来判断输入信号幅度是否超过一定值。

例 10-1　画出由 555 定时器构成的施密特触发器的电路图。若已知输入波形如图 10-16

所示，试画出电路的输出波形。若 5 脚接 10kΩ 电阻，再画出输出波形。

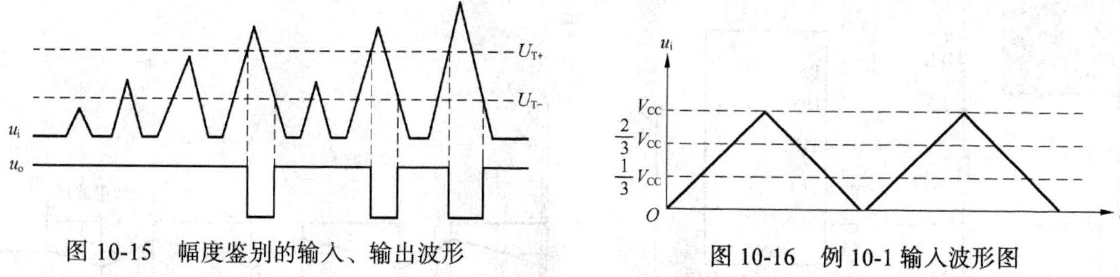

图 10-15　幅度鉴别的输入、输出波形　　　图 10-16　例 10-1 输入波形图

解：题目要求的施密特触发器的电路图如图 10-10（a）所示。电路的输出波形如图 10-17（a）所示。当引脚 5 接 10kΩ电阻时，改变了 555 定时中比较器的基准电压，即改变了施密特电路的回差电压，此时 $U_{T+}=V_{CC}/2$，$U_{T-}=V_{CC}/4$，输出波形的宽度发生了变化，如图 10-17（b）所示。

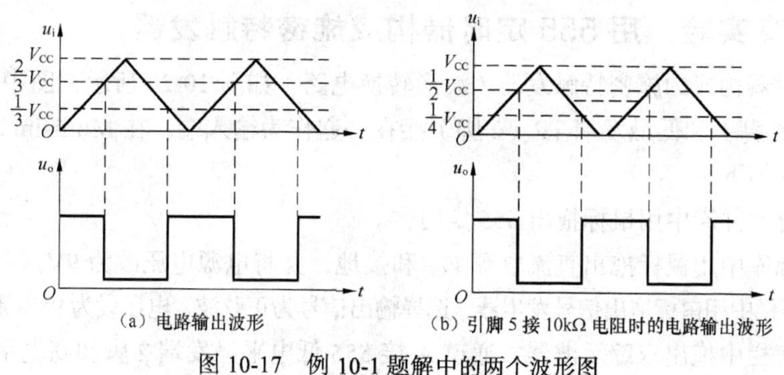

（a）电路输出波形　　（b）引脚 5 接 10kΩ 电阻时的电路输出波形

图 10-17　例 10-1 题解中的两个波形图

三、项目实施

（一）仿真实验：用 555 定时器构成多谐振荡器

多谐振荡器测试电路如图 10-18 所示，在 Multisim 2001 软件工作平台上操作步骤如下。

（1）从混合元件库中用鼠标拖出 555 定时器。

（2）从电源库中用鼠标拖出直流电源 V_{CC} 和接地，并将电源值设置为 9V。

（3）从基本元件库中用鼠标拖出电阻和电容，按图 10-18 所示修改电阻 R_1、R_2 和电容 C_1、C_2 的参数。

（4）从仪表栏中用鼠标拖出虚拟双踪示波器，将示波器的 A 通道接在 555 定时器的输出端 3 脚上（可观察输出矩形波脉冲信号）；将示波器的 B 通道接在 555 定时器的 2 脚和 6 脚上（可观察电容器的充放电波形）。

（5）连接电路后按下仿真开关进行测试。

（6）双踪示波器显示 555 多谐振荡器输出波形如图 10-19 所示，可以看出输出波形为矩形波，其形状与电阻、电容的参数选择有关。

从 555 定时器构成多谐振荡器的输出波形上观测到输出的矩形波电压的周期为 $t_2-t_1=21.2554\text{ms}$，理论计算值为

$$T \approx 0.7(R_1+2R_2)C = 0.7(10+2\times10)\times10^3\times10^{-6}\text{s} = 21\text{ms}$$

仿真测量值与理论计算值基本吻合。

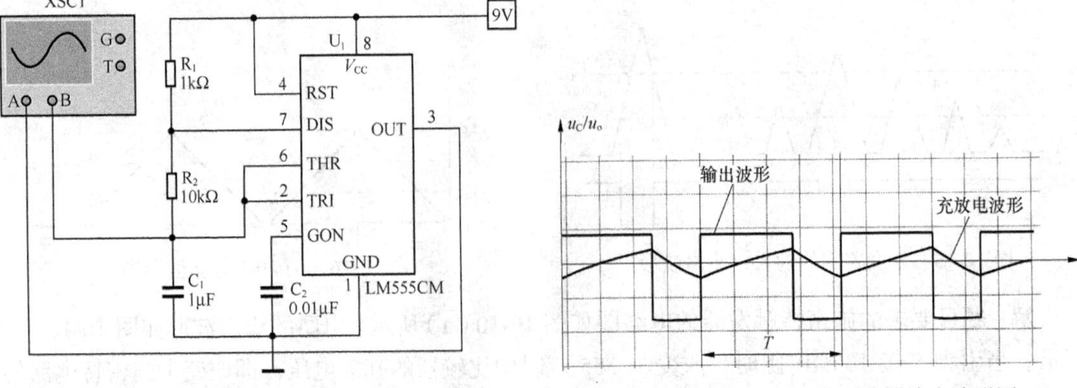

图 10-18　555 定时器构成的多谐振荡器仿真测试电路　　　图 10-19　555 多谐振荡器输出波形图

（二）仿真实验：用 555 定时器构成施密特触发器

用 555 定时器构成的施密特触发器（波形转换电路）如图 10-20 所示，图中 555 定时器的高触发端 TH（6 脚）和低触发端 TR（2 脚）接在一起作为输入端。在 Multisim 2001 软件工作平台上操作步骤如下。

（1）从混合元件库中用鼠标拖出 555 定时器。

（2）从电源库中用鼠标拖出直流电源 V_{CC} 和接地，并将电源电压改为 9V。

（3）从仪表栏中用鼠标拖出信号发生器，选择输出信号为正弦波，电压设为 9V，频率设为 50Hz。

（4）从仪表栏中拖出双踪示波器，通道 A 接 555 低电平触发端 2 脚和高电平触发端 6 脚，通道 B 接 555 输出端 3 脚。

（5）连接电路后按下仿真开关进行测试。

（6）双踪示波器显示波形如图 10-21 所示，可以看出，已将输入的正弦波转换成矩形波，完成了波形变换。

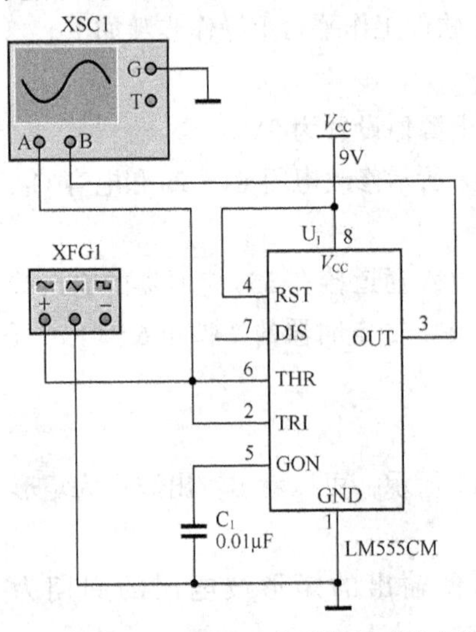

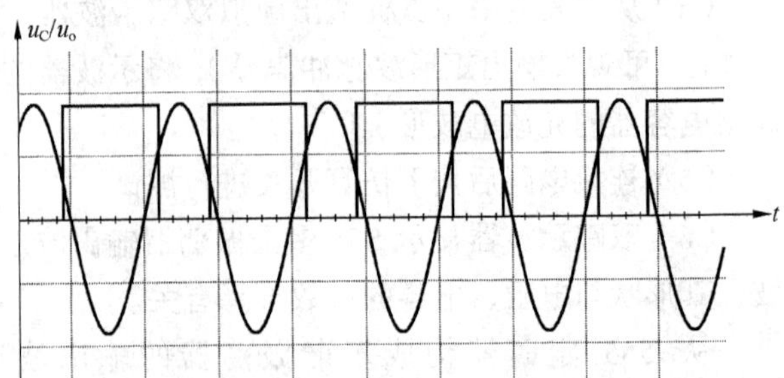

图 10-20　用 555 定时器构成施密特触发器（波形转换电路）　　　图 10-21　施密特触发器将正弦波转换成矩形波

（7）将信号发生器的波形改为三角波，双踪示波器显示的波形如图 10-22 所示。

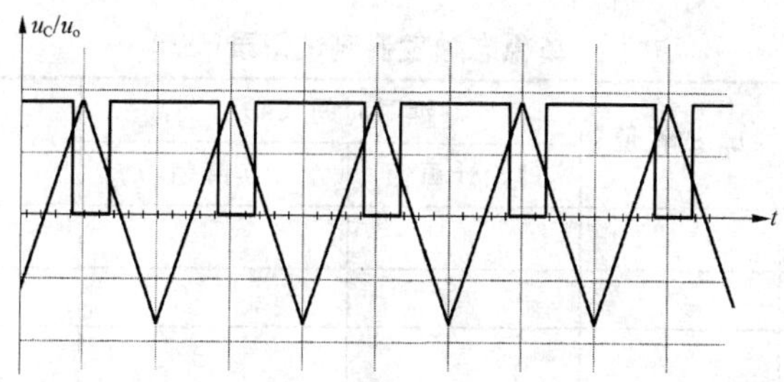

图 10-22　施密特触发器将三角波转换成矩形波

（三）实训：555 定时器及其应用

1. 实训目的

（1）熟悉 555 定时器的电路结构、原理及特点。

（2）掌握用 555 定时器构成单稳态触发器、多谐振荡器和施密特触发器的方法。

（3）学会用示波器观察波形并对矩形脉冲进行定量分析（测量脉冲周期、脉宽和幅值等）。

（4）测试并验证施密特触发器的回差电压。

2. 预习要求

（1）预习 555 定时器的工作原理、引线排列及功能。

（2）预习用 555 定时电路组成多谐振荡器、单稳态触发器和施密特触发器的电路结构和工作原理。

（3）怎样在单稳态电路中加入一个窄脉冲形成电路，使其能处理宽脉冲触发信号？

（4）单稳态触发器输出脉冲的宽度由什么决定？多谐振荡器输出脉冲的宽度、周期和占空比由什么决定？

3. 实训设备

数字电路实训板　1 块，直流稳压电源　1 台，双踪示波器　1 台，数字万用表　1 块，数字频率计　1 台，单次、连续脉冲源　1 个，NE555 定时器芯片　2 只，电阻 1kΩ、5.1kΩ、220kΩ、510kΩ、1MΩ，电位器 10kΩ、100kΩ、500kΩ　若干个，二极管　1 个，电容（0.01μF、1μF、220μF）　若干个，发光二极管（红、绿色）　若干个，集成电路起拔器　1 个。

4. 实训内容及步骤

（1）用 555 定时器构成单稳态触发器电路。

① 检查各元件及参数是否满足实训要求。

② 将 555 集成电路插入集成电路插座上，按图 10-23 连接电路，输入信号 u_i 由单次脉冲源提供。

③ 关闭直流稳压电源开关，将+9V 电压接到 555 集成电路 8 脚和 4 脚，将电源负极接到 555 集成电路的 1 脚。

④ 接通电源开关用数字万用表直流电压挡测量 555 集成电路输出端 3 脚与地之间的电压，电压值应接近 9V。

⑤ 输入单次负脉冲测试 u_o 的幅值、延时时间并记录各波形，结果记入表 10-3 中。

⑥ 按表 10-3 所示改变电阻的阻值，重新接入电路。输入单次负脉冲，测量实际延时时间（暂稳态持续的时间）。当输出端 3 脚与地之间的电压值约为 0V 时，说明延时时间到，将实际延时时间填入表 10-3 内。

⑦ 按表 10-3 改变电位器的阻值，重复步骤⑥。

表 10-3　　　　单稳态触发器测试记录

电容	电阻 R	u_o 的幅值	延时时间（s）		记录波形	
			理论计算值	实际值		
220μF	150kΩ				u_i	
47μF	100kΩ				u_C	
0.1μF	1kΩ				u_o	

⑧ 用双踪示波器观测并记录 u_i、u_C、u_o 的一组电压波形，并测定输出波形的幅度。

（2）用 555 定时器构成多谐振荡器。用 555 构成的多谐振荡器如图 10-24 所示。关闭电源开关，将集成电路块 555 插入集成电路插孔上，按图 10-24 连接线路并将 555 集成电路输出端连接到 LED 显示端，检查接线是否正确。

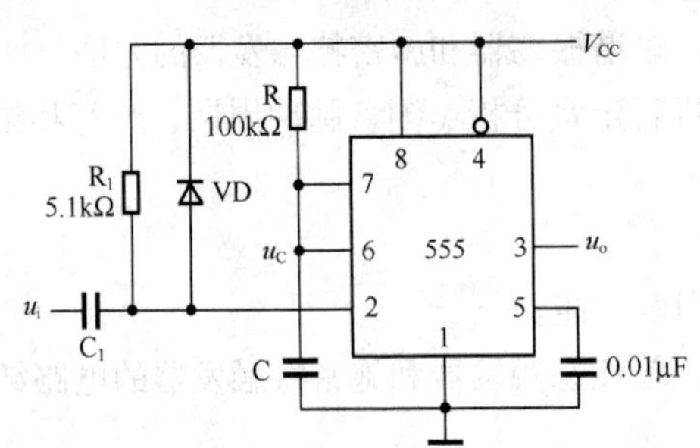

图 10-23　用 555 定时器构成的单稳态触发器电路

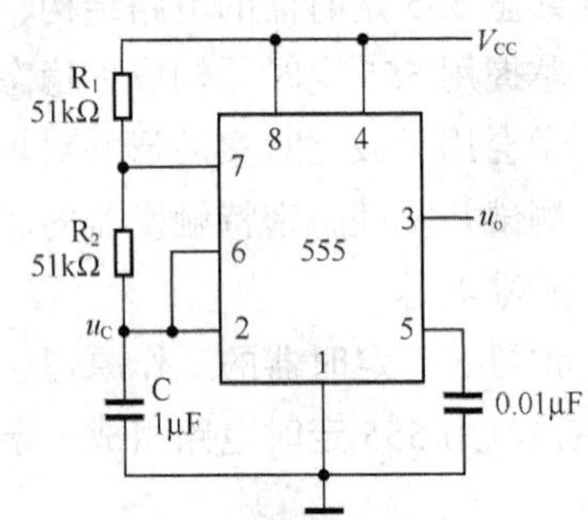

图 10-24　用 555 定时器构成的多谐振荡器电路

① 接通电源，用双踪示波器观察 u_C 和 u_o 的波形。

② 用双踪示波器观察、测量 u_o 振荡周期及占空比，将测量结果填入表 10-4 内。

表 10-4　　　　多谐振荡器测试记录

周　期		占　空　比	
实测值	理论值	实测值	理论值

③ 绘出 u_C 和 u_o 的波形。

④ 该多谐振荡器的频率是多少？频率和什么因素有关系？

（3）用 555 定时器构成施密特触发器（测试回差电压）。

① 按图 10-25 所示连接电路，关闭稳压电源开关，将集成电路块 555 插入集成电路插座上。

② 将+9V 电压接到 555 集成电路的 4 脚和 8 脚，将电源负极接到 555 集成电路的 1 脚。

③ 将 0.01μF 电容器接到 555 集成电路的 5 脚和地之间。

④ 电位器接到电源和地之间，中间抽头接到 555 集成电路的 6 脚和 2 脚。

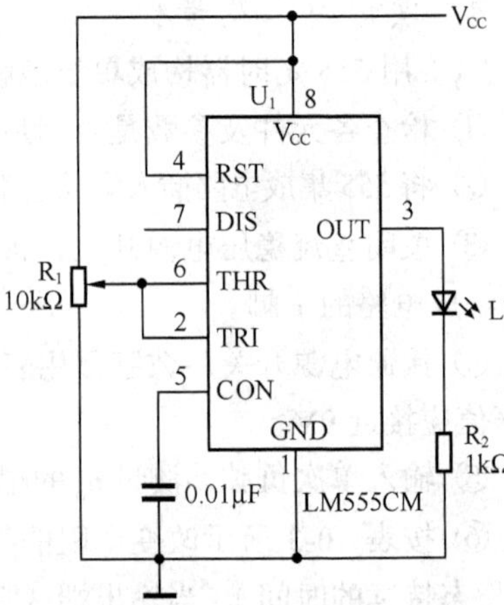

图 10-25　施密特触发器回差电压测试电路

⑤ 将发光二极管和 R_2 接在 555 集成电路的输出脚 3 脚和 1 脚。

⑥ 打开稳压电源的开关,用万用表的直流电压挡测量555集成电路6脚和2脚的对地电压，改变电位器电阻的大小，观察发光二极管的发光情况，分别记录二极管由发光到不发光转变时刻电压表的读数（上限阈值电压）和二极管由不发光到发光转变时刻电压表的读数（下限阈值电压），从而计算出电路的回差电压，将结果填入表10-5中。

表10-5　　回差电压测试记录

上限阈值电压	理论值:　6V	实测值:
下限阈值电压	理论值:　3V	实测值:
回差电压	理论值:　3V	实测值:

5. 操作要点及注意事项

（1）注意电源的极性，以免损坏元件。

（2）注意555定时器的引线排列，正确选择元件参数值。

（3）不要在带电状态下用万用表电阻挡测电阻的阻值，否则容易造成万用表损坏。

（4）正确使用双踪示波器。

（5）电阻、电容用导线连接好后，再插入相应插孔内。

6. 实训报告

（1）将实验数据和波形等填入表格并与理论值进行比较。

（2）进行误差分析。

四、抢答器综合实训

1. 实训目的及要求

（1）学会小型数字系统的初步设计。

（2）培养电路设计能力。

2. 预习要求

（1）熟悉元器件和集成芯片的功能和应用。

（2）设计电路，画出各分电路电气原理图，画出总电路图。

3. 设计要求

（1）抢答器同时供8名选手或8个代表队比赛使用，分别用8个按钮S_0～S_7表示。

（2）设置一个系统清除和抢答控制开关S，由主持人控制。

（3）抢答器具有锁存与显示功能。选手按动按钮，锁存相应的编号，并在LED数码管上显示，同时扬声器发出报警声响提示。选手抢答实行优先锁存，优先抢答选手的编号一直保持到主持人将系统清除为止。

（4）抢答器具有定时抢答功能，且一次抢答的时间由主持人设定（如30s）。当主持人启动“开始”键后，定时器进行减计时，同时扬声器发出短暂的声响，声响持续的时间为0.5s左右。

（5）参赛选手在设定的时间内进行抢答。抢答有效，定时器停止工作，显示器上显示选手的编号和抢答的时间，并保持到主持人将系统清除为止。

（6）如果定时时间已到，无人抢答，那么本次抢答无效，系统报警并禁止抢答，定时显示器上显示00。

4. 实训仪器和器材

数字电路实验箱；集成电路：1片74LS148，1片74LS279，3片74LS48，2片74LS192，

2 片 NE555，1 片 74LS00，1 片 74LS121；电阻：2 只 510Ω，9 只 1kΩ，1 只 4.7kΩ，1 只 5.1kΩ，1 只 100kΩ，1 只 10kΩ，1 只 15kΩ，1 只 68kΩ；电容：1 只 0.1μF，2 只 10μF，1 只 100μF；三极管：1 只 3DG12；其他：2 只发光二极管，3 只共阴极显示器，1 个蜂鸣器，4 个显示译码器，二极管若干，导线若干，开关若干。

5. 设计原理

抢答器的原理框图如图 10-26 所示。

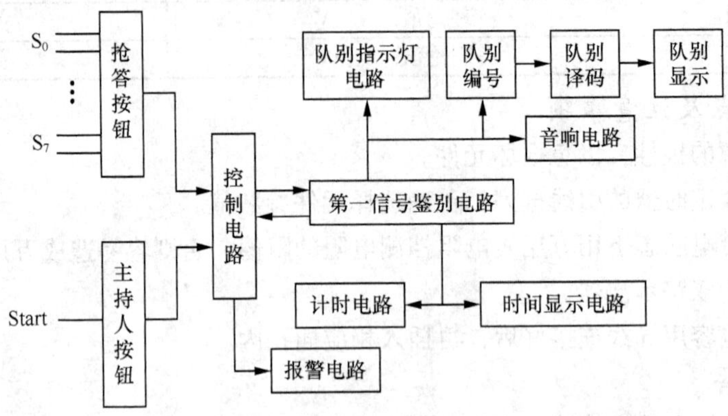

图 10-26 抢答器原理框图

（1）抢答器电路。抢答器电路有两个功能：一是分辨出选手按键的先后，并锁存优先抢答者的编号，同时译码显示电路显示编号；二是使其他选手按键操作无效。利用 8 线—3 线优先编码器 74LS148 实现。抢答器电路如图 10-27 所示。

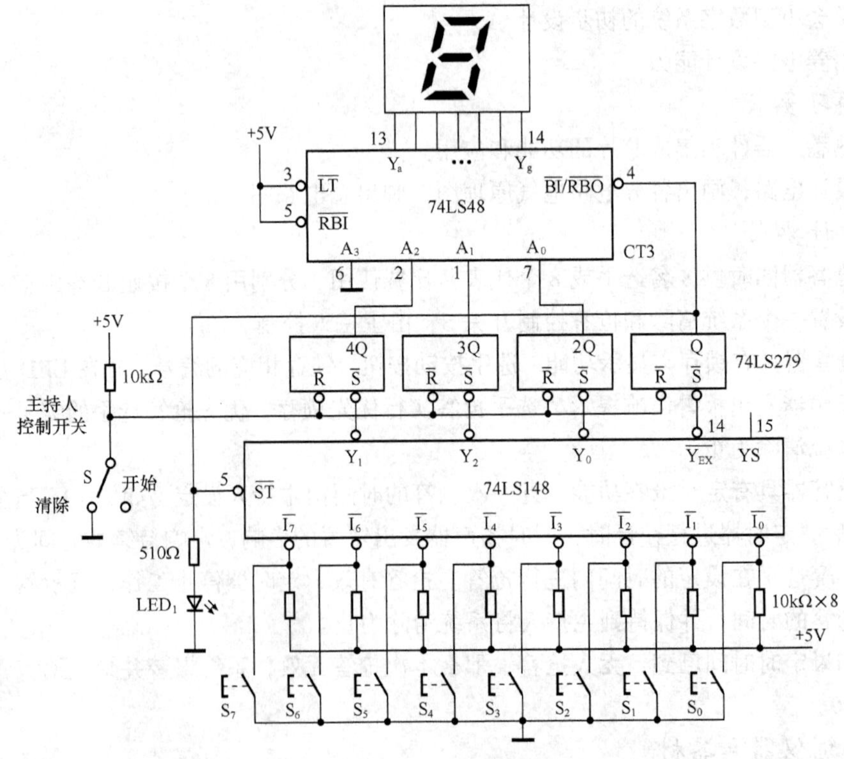

图 10-27 数字抢答器电路

（2）定时电路。节目主持人可以根据抢答题的难易程度，设定一次抢答的时间，通过预置时间电路对计数器进行预置，计数器的时钟脉冲由秒脉冲电路提供。可预置时间的电路选用十进制同步加减计数器 74LS192 进行设计。定时电路如图 10-28 所示。

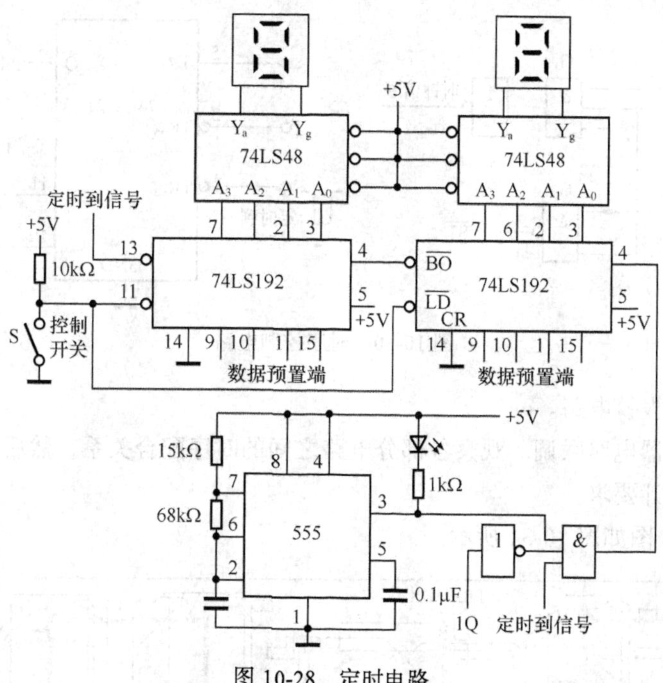

图 10-28　定时电路

（3）报警电路。报警电路由 555 定时器和三极管构成，如图 10-29 所示。

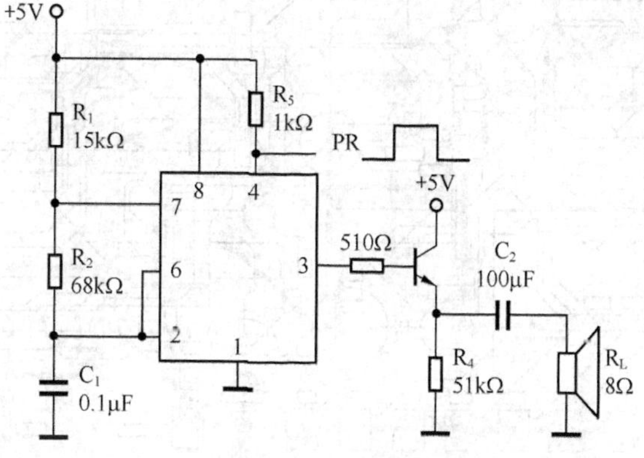

图 10-29　报警电路

（4）时序控制电路。时序控制电路是抢答器设计的关键，它有以下 3 项功能。

① 主持人将控制开关拨到“开始”位置时，扬声器发声，抢答电路和定时电路进入正常抢答工作状态。

② 当参赛选手按动抢答键时，扬声器发声，抢答电路和定时电路停止工作。

③ 当设定的抢答时间到，无人抢答时，扬声器发声，同时抢答电路和定时电路停止工作。时序控制电路如图 10-30 所示。

6. 实训内容和步骤

（1）设计定时抢答器的整机逻辑电路图，画出定时抢答器所有电路原理图和整机 PCB 图。

（2）组装调试抢答器电路。

（3）设计可预置时间的定时电路，并进行组装和调试。当输入 1 Hz 的时钟脉冲信号时，要求电路能进行减计时。当减计时到零时，能输出低电平有效的定时时间到信号。

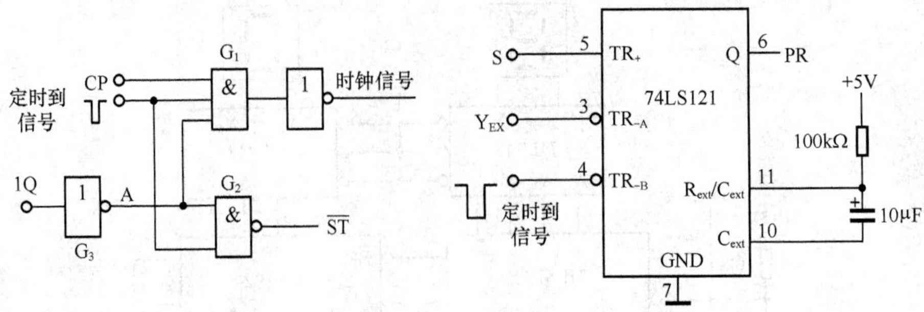

图 10-30　时序控制电路

（4）组装调试报警电路。

（5）定时抢答器电路联调。观察各部分电路之间的时序配合关系，然后检查电路各部分的功能，使其满足设计要求。

抢答器的 PCB 图如图 10-31 所示。

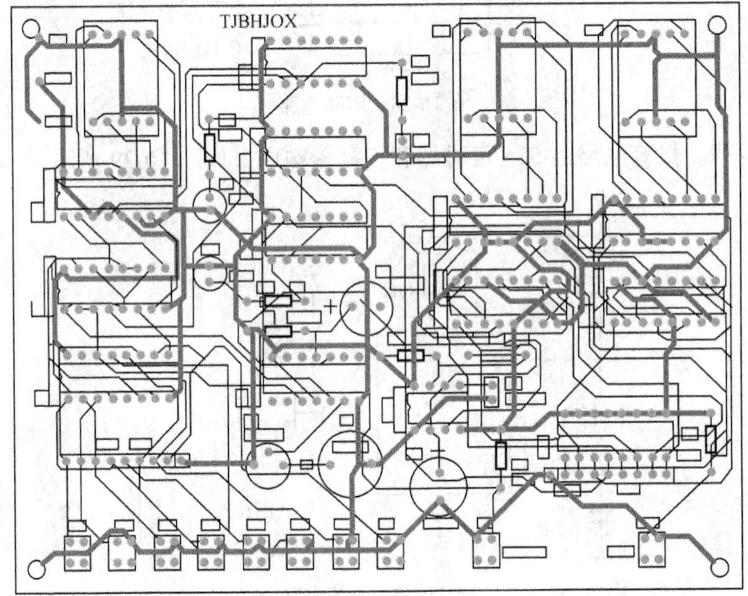

图 10-31　PCB 图

7. 实训报告

（1）画出定时抢答器的整机逻辑电路图，并说明它的工作原理和工作过程。

（2）说明实验中出现的故障现象及其解决办法。

（3）回答思考题。

（4）总结心得体会。

8. 思考题

（1）在数字抢答器中，如何将序号为 0 的组号在七段显示器上改为显示 8？

（2）定时抢答器的扩展功能还有哪些？举例说明，并设计电路。

思考与练习

一、填空题

1. 多谐振荡器是一种不需要外加输入信号就能输出________的自激振荡电路。

2. 多谐振荡器电路的输出状态在________之间不断地翻转。

3. 555 定时器可以构成施密特触发器，施密特触发器具有________特性，主要用于脉冲波形的________和________；555 定时器还可以用作多谐振荡器和________稳态触发器。

4. 施密特触发器输入电压与输出电压之间的关系称为________。

5. 施密特触发器的上限阈值电压与下限阈值电压的差值称为________。

二、选择题

1. 在施密特触发器中，当输入信号在回差电压范围内时，其输出状态为（　　）。

A. 发生变化　　B. 保持原状态
C. 低电平　　D. 高电平

2. 施密特触发器是依靠输入信号的（　　）触发的。

A. 频率　　B. 相位
C. 幅度　　D. 脉冲

3. 通常由 555 定时器构成的施密特触发器的回差电压是（　　）。

A. $1/3V_{CC}$　　B. $2/3V_{CC}$
C. V_{CC}　　D. $1/2V_{CC}$

4. 施密特触发器的输出信号是（　　）。

A. 矩形脉冲波　　B. 对称三角波
C. 正弦波　　D. 锯齿波

5. 施密特触发器有（　　）种输出状态。

A. 1　　B. 2
C. 3　　D. 4

6. 能用于波形变换的电路是（　　）。

A. 双稳态触发器　　B. 单稳态触发器
C. 施密特触发器

7. 能用于脉冲整形的电路是（　　）。

A. 双稳态触发器　　B. 单稳态触发器
C. 施密特触发器

8. 下列叙述正确的是（　　）。

A. 译码器属于时序逻辑电路　　B. 寄存器属于组合逻辑电路
C. 555 定时器是典型的时序逻辑电路　　D. 计数器属于时序逻辑电路

9. 改变555定时电路的电压控制端CO的电压值，可改变（　　）。

A. 555定时电路的高、低输出电平　　B. 开关放电管的开关电平

C. 比较器的阈值电压　　D. 置“0”端$\overline{R}$的电平值

三、问答题

1. 由555定时器构成的多谐振荡器中电容器充放电通路分别经过哪几个元件？如何确定其振荡周期？

2. 由555定时器构成的施密特触发器有什么特点和用途？其电压传输特性有何特点？

3. 什么是回差电压？施密特触发器的回差电压如何确定？

四、计算题

1. 555多谐振荡器电路如图10-7（a）所示，设$R_1 = 4.7\text{k}\Omega$，$R_2 = 47\text{k}\Omega$，$C = 10\mu\text{F}$，试计算电路的振荡周期、频率和占空比。

2. 在图10-7（a）所示电路中，若R_1为一个可变电阻与一个固定电阻的组合，其阻值调节范围为3.3～8kΩ，$R_2 = 4.7\text{k}\Omega$，$C = 10\mu\text{F}$，则电路输出频率的范围是多少？

五、分析题

1. 变音门铃电路如图10-32所示，试分析其工作原理。

2. 图10-33所示是用555定时器构成的防盗报警器的原理图。图中细铜丝置于盗窃者的必经之地，当窃贼闯入室内将铜丝碰断后，扬声器发出报警声，试说明电路的工作原理。（提示：图中555定时器接成多谐振荡器。当铜丝接触完好时，三极管VT导通，555定时器的复位端子4接地，振荡器停振，定时器输出为低电平，扬声器无声。当窃贼闯入室内将铜丝碰断时，电容C_4被充电，复位端出现高电平，振荡器起振，定时器输出连续的方波，扬声器发出报警声音。）

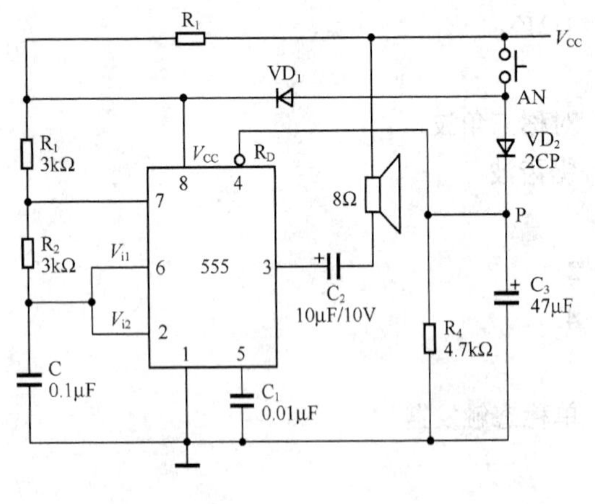

图10-32　变音门铃电路

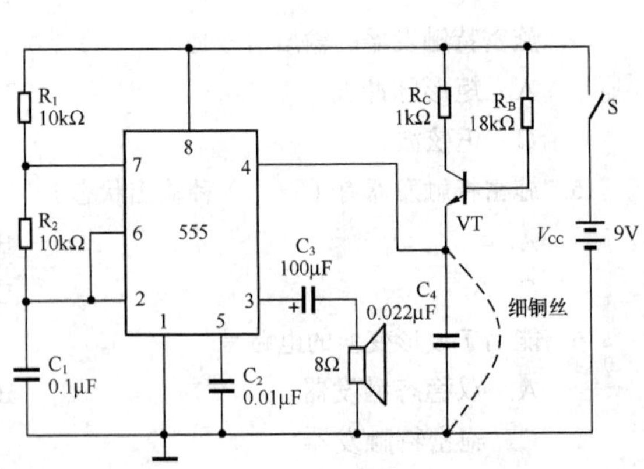

图10-33　防盗报警器原理图

3. 模拟声响电路如图10-34所示。将振荡器Ⅰ的输出电压u_{o1}接到振荡器Ⅱ中555定时器的复位端（4脚）。调节定时元件R_1、R_2、C_1，使$f_1 = 1\text{Hz}$，调节定时元件R_3、R_4、C_2，使$f_2 = 1\text{kHz}$，则扬声器发出“呜、……、呜”的间歇响声。试分析其工作原理。（提示：当u_{o1}为高电平时振荡器Ⅱ开始振荡，当u_{o1}为低电平时555定时器复位，振荡器Ⅱ停止振荡。）

4. 延时开关控制的短时照明电路如图10-35所示，试分析其工作原理。

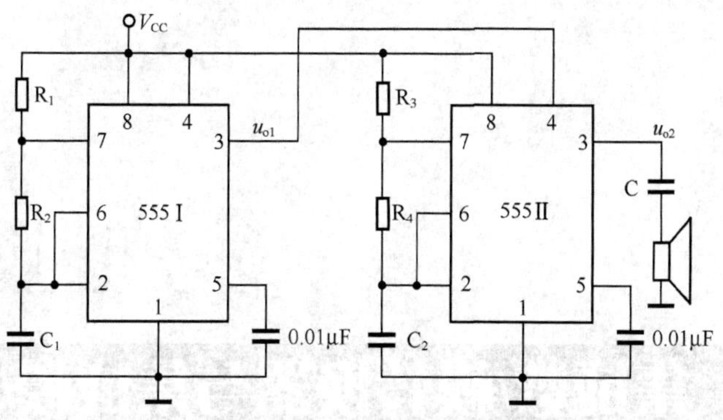

图 10-34　模拟声响电路

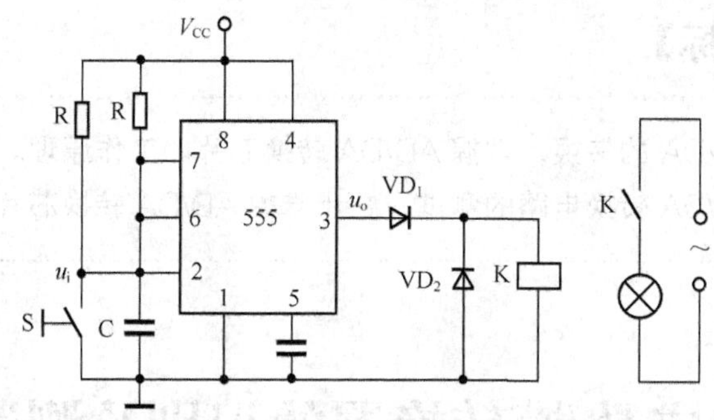

图 10-35　延时开关控制的短时照明电路

单元小结

555 定时器是将电压比较器、触发器、分压器等集成在一起的中规模集成电路，只要外接少量阻容元件，就可以构成无稳态触发器（多谐振荡器）、单稳态触发器或施密特触发器等电路，应用十分广泛。无稳态触发器是一种自激振荡电路，不需要外加输入信号，就可以自动地产生矩形脉冲。单稳态触发器和施密特触发器不能自动地产生矩形脉冲，但可以把其他形状的信号变换成矩形脉冲。

本单元主要学习了 555 定时器的结构、原理及其逻辑功能。掌握由 555 定时器配合外接电阻、电容元件构成的单稳态触发器、多谐振荡器、施密特触发器的结构、原理及功能，掌握脉冲信号的产生、定时和整形等实际应用电路。

第11单元

集成数/模转换器与集成模/数转换器

【学习目标】

1. 熟悉 AD/DA 的转换，掌握 AD/DA 转换芯片的工作原理。
2. 通过 AD/DA 转换电路的测试，初步掌握 AD/DA 转换芯片的应用。

项目一　集成数/模转换器的识别及测试

一、项目导入

由于数字电路仅能够对数字信号进行处理，因此需要在模拟信号与数字信号之间进行相应的转换。将数字信号转换为模拟信号的过程称为数/模转换，或称 D/A 转换。能够完成这种转换的电路称为数/模转换器，简称 DAC。

D/A 转换的基本思想是，对于有权码，先将每位代码按其权的大小转换成相应的模拟量，然后将这些模拟量相加，即可得到与数字量成正比的总模拟量，从而实现了数字/模拟转换。如图 11-1 所示。

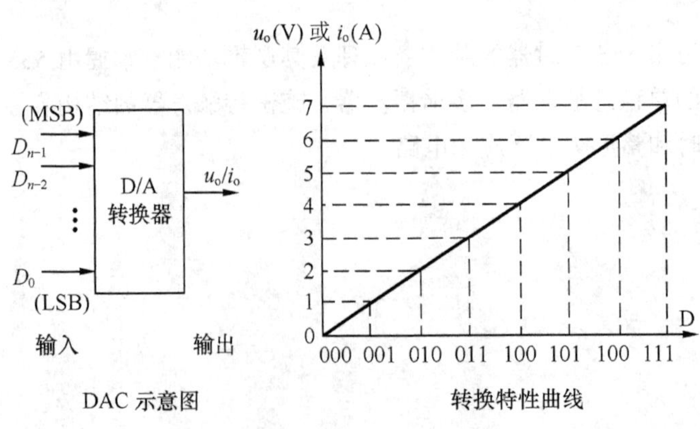

图 11-1　D/A 转换

二、相关知识

（一）T 形电阻网络数/模转换器

T 形电阻网络数/模转换器的电路结构如图 11-2 所示，该电路具有如下特点。

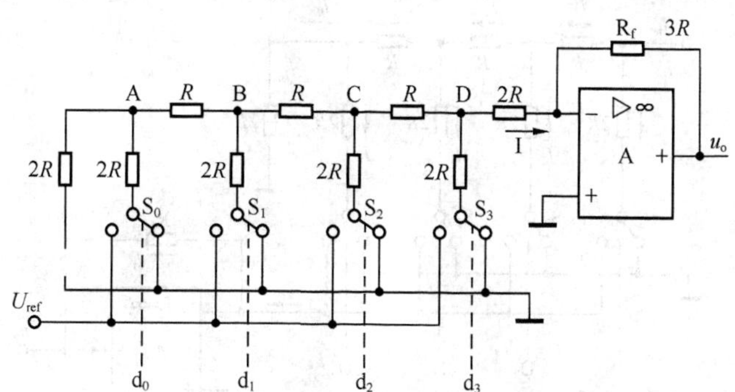

图 11-2　T 形电阻网络数/模转换器

① 从任一节点向左或向右看，其等效电阻均为 $2R$；从任一开关到地的等效电阻均为 $3R$。

② 电子开关 S_3～S_0 受输入二进制代码 d_3、d_2、d_1、d_0 的控制。

例如，当 $d_3d_2d_1d_0=0001$ 时，S_0 接 U_{ref}，其余开关均接地。流经开关 S_0 支路的电流为 $U_{ref}/3R$，该电流在流向运放输入端的过程中，需经过 A、B、C、D 4 个节点。最终流向运放的电流为

$$I_0=\frac{1}{2^4}\frac{U_{ref}}{3R}$$

当 $d_3d_2d_1d_0=0010$，0100，1000 时，参考上面的分析可知，最终流向运放的电流分别为

$$I_1=\frac{1}{2^3}\frac{U_{ref}}{3R}$$

$$I_2=\frac{1}{2^2}\frac{U_{ref}}{3R}$$

$$I_3=\frac{1}{2^1}\frac{U_{ref}}{3R}$$

根据叠加原理，流入运放输入端的电流为

$$\begin{aligned}I&=I_3+I_2+I_1+I_0\\&=\frac{1}{2^1}\frac{U_{ref}}{3R}+\frac{1}{2^2}\frac{U_{ref}}{3R}+\frac{1}{2^3}\frac{U_{ref}}{3R}+\frac{1}{2^4}\frac{U_{ref}}{3R}\\&=\frac{U_{ref}}{3R}(\frac{1}{2^1}+\frac{1}{2^2}+\frac{1}{2^3}+\frac{1}{2^4})\end{aligned}$$

设电路中反馈电阻 $R_f=3R$，输出电压 u_o 为

$$u_o=-IR_f=-\frac{U_{ref}}{2^4}(2^3d_3+2^2d_2+2^1d_1+2^0d_0)$$

由上式可以看出，此电路完成了从数字量到模拟量的转换。由于 T 形电阻网络数/模转换器只要求两种阻值的电阻，因此非适合于集成工艺，集成数/模转换器普遍采用这种电路结构。

（二）倒 T 形电阻网络数/模转换器

图 11-3 所示为 4 位 R-$2R$ 倒 T 形 D/A 转换器。此 D/A 由 R、$2R$ 两种阻值的电阻构成的倒 T

形电阻网络、模拟开关和运算放大器组成。输入数字量 D_3、D_2、D_1 和 D_0 分别控制模拟电子开关 S_3、S_2、S_1 和 S_0 的工作状态。当 D_i 为“1”时，开关 S_i 接通右边，相应的支路电流流入运算放大器；当为“0”时，开关 S_i 接通左边，相应的支路电流流入地。

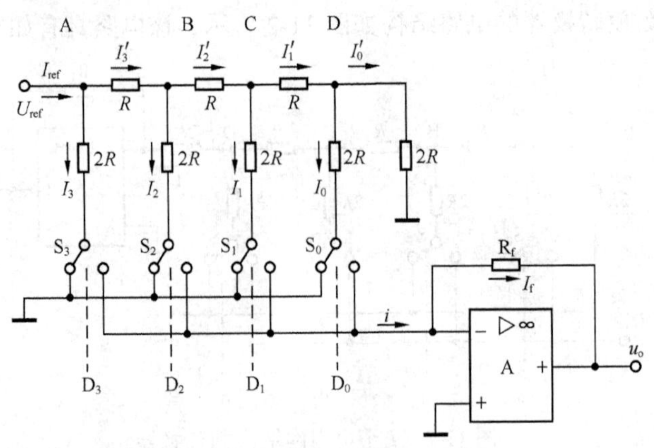

图 11-3　倒 T 形电阻网络数/模转换器

根据运算放大器虚短的概念不难看出，分别从虚线 A、B、C、D 向右看的二端网络等效电阻都是 $2R$，$I_3=I'_3=\frac{I_{ref}}{2}$，$I_2=I'_2=\frac{I'_3}{2}=\frac{I_{ref}}{4}$，$I_1=I'_1=\frac{I'_2}{2}=\frac{I_{ref}}{8}$，$I_0=I'_0=\frac{I'_1}{2}=\frac{I_{ref}}{16}$。其中 I_{ref} 为基准电压 U_{ref} 输出的总电流，即 $I_{ref}=U_{ref}/R$。假设所有开关都接右边，则有

$$i=I_0+I_1+I_2+I_3=\frac{U_{ref}}{R}\left(\frac{1}{16}+\frac{1}{8}+\frac{1}{4}+\frac{1}{2}\right)$$

由于输入二进制数控制模拟开关，$D_i=1$ 表示开关接通右边，并推广到 n 位，则有

$$i=\frac{U_{ref}}{R}\left(\frac{D_0}{2^n}+\frac{D_1}{2^{n-1}}+\frac{D_2}{2^{n-2}}+\cdots+\frac{D_{n-1}}{2^1}\right)$$

若 $R_f=R$，则运算放大器的输出为

$$u_o=-R_f i=-\frac{U_{ref}}{2^n}\frac{R_f}{R}(D_0 2^0+D_1 2^1+D2^2+\cdots+D_{n-1}2^{n-1})$$

倒 T 形 D/A 的特点是：模拟开关不管处于什么位置，流过各支路 $2R$ 的电流总是接近于恒定值；该 D/A 转换器只采用 R 和 $2R$ 两种电阻，故在集成芯片中应用非常泛，是目前 D/A 转换器中速度最快的一种。

（三）数/模转换器的主要技术指标

1. 满量程

满量程是输入数字量全为 1 时再在最低位加 1 时的模拟量输出。满量程电压用 u_{Fs} 表示；满量程电流用 I_{Fs} 表示。

2. 分辨率

$$分辨率=\frac{\Delta u}{u_{Fs}}=\frac{1}{2^n}$$

式中，Δu 表示输入数字量最低有效位变化 1 时，对应输出可分辨的电压；n 表示输入数字量的位数。

3. 转换精度

转换精度是实际输出值与理论计算值之差。这种差值越小，转换精度越高。

转换过程中存在各种误差，包括静态误差和温度误差。静态误差主要由以下几种误差构成。

（1）非线性误差。D/A 转换器每相邻数码对应的模拟量之差应该都是相同的，即理想转换特性应为直线，如图 11-4（a）～（c）中实线所示，实际转换时特性可能如图 11-4（a）中虚线所示，我们把在满量程范围内偏离转换特性的最大误差叫非线性误差，它与最大量程的比值称为非线性度。

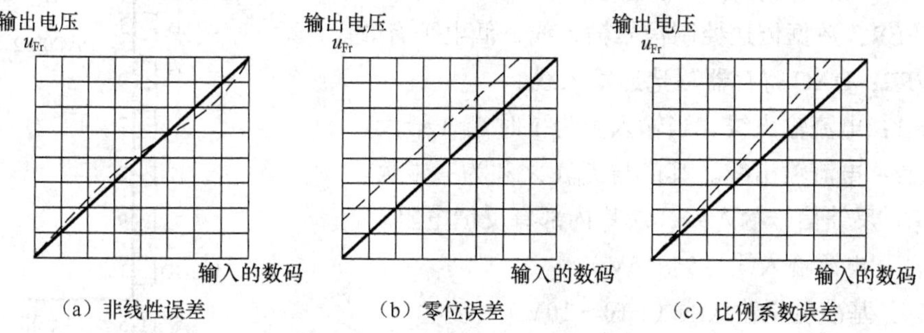

图 11-4 D/A 转换器的各种静态误差

（2）漂移误差，又叫零位误差。它是由运算放大器零点漂移产生的误差。当输入数字量为 0 时，由于运算放大器的零点漂移，输出模拟电压并不为 0。这使输出电压特性与理想电压特性产生一个相对位移，如图 11-4（b）中的虚线所示。零位误差将以相同的偏移量影响所有的码。

（3）比例系数误差，又叫增益误差。它是转换特性的斜率误差。一般地，由于 U_{ref} 是 D/A 转换器的比例系数，所以比例系数误差一般是由参考电压 U_{ref} 的偏离而引起的。比例系数误差如图 11-4（c）中的虚线所示，它将以相同的百分数影响所有的码。

温度误差通常是指上述各静态误差随温度的变化。

4. 建立时间

从数字信号输入 DAC 起，到输出电流（或电压）达到稳态值所需的时间为建立时间。建立时间的大小决定了转换速度。

除上述各参数外，在使用 D/A 转换器时还应注意它的输出电压特性。由于输出电压事实上是一串离散的瞬时信号，要恢复信号原来的时域连续波形，还必须采用保持电路对离散输出进行波形复原。此外还应注意 D/A 的工作电压、输出方式、输出范围和逻辑电平等。

三、项目实施——DAC0832 的应用

1. 实训目的

（1）熟悉数/模转换芯片 DAC0832 的特性和使用方法。

（2）通过锯齿波发生器的实训进一步了解 D/A 转换器的应用。

2. 实训仪器和设备

S303-4 型（或其他型号）数字电路实训箱一只、SR8（或其他型号）双踪示波器一只、直流稳压电源一台、数/模转换芯片 DAC0832 1 片、集成运算放大器 LM324 1 片、四位计数器 7493 2 片。

3. 实训内容和步骤

（1）认识 DAC0832 的结构。DAC0832 是 8 位 D/A 转换芯片，集成电路内有两级输入寄存

器，使DAC0832芯片具备双缓冲、单缓冲和直通3种输入方式，所以这个芯片的应用很广泛。DAC0832逻辑输入满足TTL电平，可直接与TTL电路或微机电路连接。DAC0832的引脚排列如图11-5所示，其功能如下。

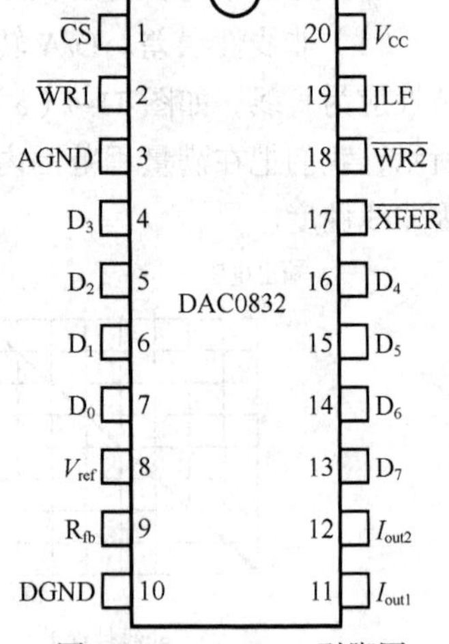

图11-5　DAC0832引脚图

① D_0～D_7：数据输入线，TLL电平。

② ILE：数据锁存允许控制信号输入线，高电平有效。

③ CS：片选信号输入线，低电平有效。

④ WR1：输入寄存器的写选通信号。

⑤ XFER：数据传送控制信号输入线，低电平有效。

⑥ WR2：DAC寄存器写选通输入线。

⑦ $I_{out}1$：电流输出线。当输入全为1时$I_{out}1$最大。

⑧ $I_{out}2$：电流输出线。其值与$I_{out}1$之和为一常数。

⑨ R_{fb}：反馈信号输入线，芯片内部有反馈电阻。

⑩ V_{CC}：电源输入线（5～15V）。

⑪ V_{ref}：基准电压输入线（−10～10V）。

⑫ AGND：模拟地，摸拟信号和基准电源的参考地。

⑬ DGND：数字地，两种地线在基准电源处共地比较好。

（2）按图11-6所示进行接线，由于数/模转换芯片DAC0832中具有模拟地和数字地两种地线，故接线过程中要注意区分。

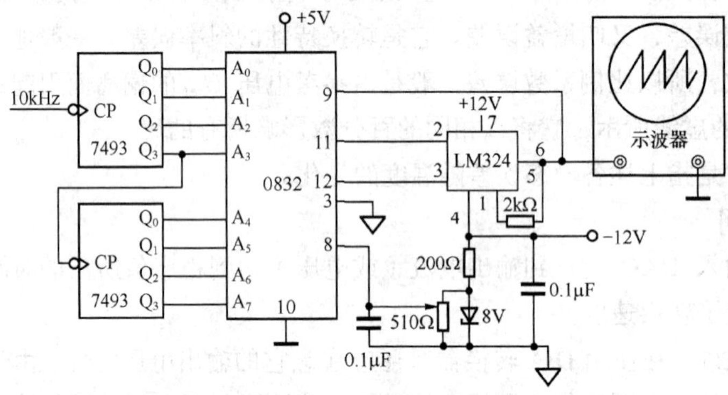

图11-6　DAC0832实训图

（3）在7493的CP端输入10kHz的时钟脉冲信号，观察示波器上的波形。

（4）改变输入脉冲的频率，记录下不同频率下的波形。

思考与练习

一、简答题

1. D/A转换器由哪些基本电路组成？
2. D/A转换器有哪几种转换方式？它们是如何实现D/A转换的？
3. 若人为地将数字地和模拟地连在一起，会出现什么情况？

4. 若使输入频率过高或过低又可能会出现什么现象？

二、选择题

1. 在应用系统中，芯片内没有锁存器的 D/A 转换器不能直接接到 80C51 的 P0 上使用，这是因为（　　）。

A. P0 口不具有锁存功能　　B. P0 口为地址数据复用

C. P0 口不能输出数字量信号　　D. P0 口只能用作地址输出而不能用作数据输出

2. 在使用多片 DAC0832 进行 D/A 转换并分时输入数据的应用中，它的两级数据锁存结构可以（　　）。

A. 保证各模拟电压能同时输出　　B. 提高 D/A 转换速度

C. 提高 D/A 转换精度　　D. 增加可靠性

3. 使用 D/A 转换器再配以相应的程序，可以产生锯齿波，该锯齿波的（　　）。

A. 斜率是可调的　　B. 幅度是可调的

C. 极性是可变的　　D. 回程斜率只能是垂直的

4. 下列是把 DAC0832 连接成双缓冲方式并进行正确数据转换的措施，其中错误的是（　　）。

A. 给两个寄存器各分配一个地址

B. 在两个地址译码信号分别接 CS 和 XFER 引脚

C. 在程序中使用一条 MOVX 指令输出数据

D. 在程序中使用两条 MOVX 指令输出数据

项目二　集成模/数转换器的识别及测试

一、项目导入

许多的模拟量，如温度、速度、压力等都是非电量。对这类信号进行处理时，需要首先利用传感器将其变为模拟信号，然后再实现与数字信号之间的转换。将模拟信号转换成数字信号的过程称为模/数转换，或称 A/D 转换。能够完成这种转换的电路称为模/数转换器，简称 ADC。

二、相关知识

（一）模/数转换器的工作原理

1. 采样与保持

若采样脉冲频率 f_s 与输入信号中的最高频率分量 $f_{i(max)}$ 满足如下关系式：

$$f_s \geqslant 2f_{i(max)}, \text{一般取} f_s = (3\sim5)f_{i(max)},$$

采样后的信号能复现输入信号，这是采样定理。

2. 量化和编码

量化是将采样电压表示为最小数量单位（Δ）的整数倍。

编码是将量化的结果用代码表示出来（二进制，二—十进制）。

采样与复现原理如图 11-7 所示。

（二）逐次逼近型 A/D 转换器

逐次逼近型 A/D 转换器的原理如图 11-8 所示，内部采用一个寄存器和一个 DAC，其转换过程如下。

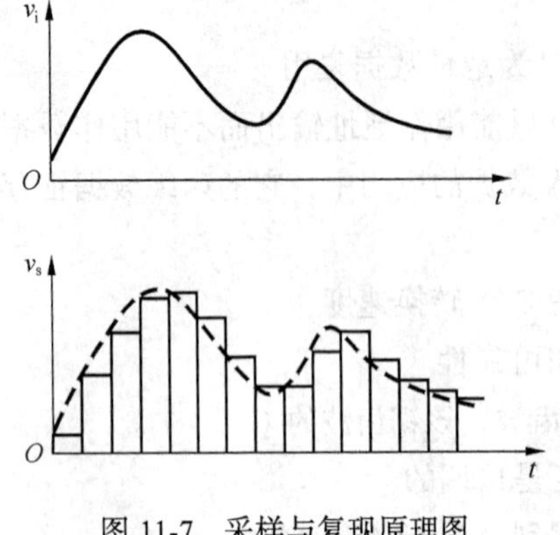

图 11-7　采样与复现原理图

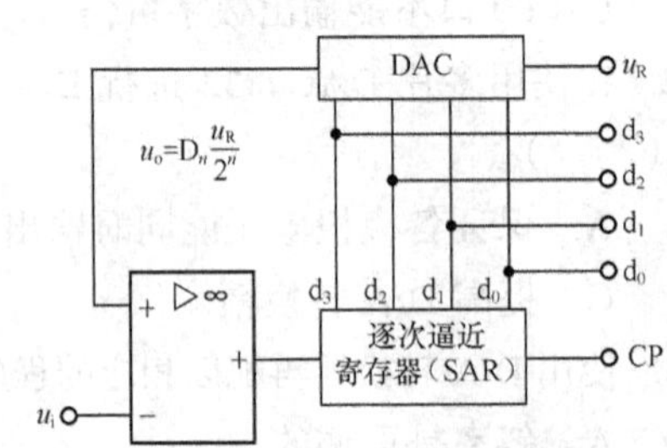

图 11-8　逐次逼近型 A/D 转换器原理图

（1）转换开始前先将所有寄存器清零。

（2）开始转换以后，时钟脉冲首先将寄存器最高位置成 1，使输出数字为 100…0。

（3）这个数码被 D/A 转换器转换成相应的模拟电压 u_o，送到比较器中与 u_i 进行比较。

① 若 $u_i > u_o$，说明数字过大了，故将最高位的 1 清除。

② 若 $u_i < u_o$，说明数字还不够大，应将这一位保留。

（4）然后，再按同样的方式将次高位置成 1，并且经过比较以后确定这个 1 是否应该保留。这样逐位比较下去，一直到最低位为止。

（5）比较完毕后，寄存器中的状态就是所要求的数字量输出。

逐次逼近型 ADC 的工作原理很像用天平称重的过程。只不过使用的砝码一个比一个小一半。

（三）模/数转换器的主要技术指标

（1）分辨率（Resolution）。分辨率指数字量变化一个最小量时模拟信号的变化量，定义为满刻度与 2*n* 的比值。分辨率又称精度，通常以数字信号的位数来表示。

（2）转换速率（Conversion Rate）。转换速率是指完成一次从模拟转换到数字的 A/D 转换所需时间的倒数。积分型 ADC 的转换时间是毫秒级，属低速 ADC；逐次比较型 ADC 是微秒级，属中速 ADC；全并行/串并行型 ADC 可达到纳秒级。采样时间则是另外一个概念，是指两次转换的间隔。为了保证转换的正确完成，采样速率（Sample Rate）必须小于或等于转换速率。因此有人习惯上将转换速率在数值上等同于采样速率也是可以接受的。常用单位是 ksps 和 Msps，表示每秒采样千/百万次（kilo/Million Samples per Second）。

（3）量化误差（Quantizing Error）。量化误差是指由于 ADC 的有限分辨率而引起的误差，即有限分辨率 ADC 的阶梯状转移特性曲线与无限分辨率 ADC（理想 ADC）的转移特性曲线（直线）之间的最大偏差。通常是 1 个或半个最小数字量的模拟变化量，表示为 1LSB、1/2LSB。

（4）偏移误差（Offset Error）。偏移误差是指输入信号为零时输出信号不为零的值，可外接电位器调至最小。

（5）满刻度误差（Full Scale Error）。满刻度误差是指满度输出时对应的输入信号与理想输入信号值之差。

（6）线性度（Linearity）。线性度是指实际转换器的转移函数与理想直线的最大偏移，不包括以上 3 种误差。

三、项目实施——ADC0809 的应用

1. 实训目的

（1）了解模/数转换芯片 ADC0809 的特性和使用方法。

（2）通过实训学习 ADC0809 的典型应用。

2. 实训仪器和设备

S303-4 型（或其他型号）数字电路实训箱一只、SR8（或其他型号）双踪示波器一只、直流稳压电源一台、模/数转换芯片 ADC0809 1 片、555 时基电路 1 片。

3. 实训内容和步骤

（1）认识 ADC0809 的结构。ADC0809 是带有 8 位 A/D 转换器、8 路多路开关以及微处理机兼容的控制逻辑的 CMOS 组件。它是逐次逼近型 A/D 转换器。ADC0809 引脚如图 11-9 所示，其功能如下。

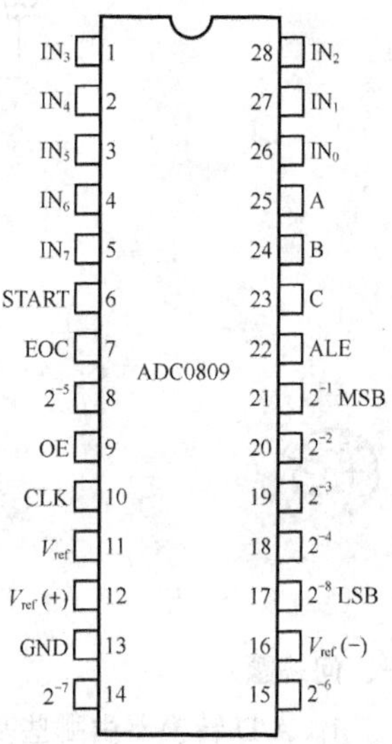

图 11-9　ADC0809 引脚图

① IN_0～IN_7：8 通道模拟量输入端。

② 2^{-8}～2^{-1}：8 位数字量输出端，其为三态缓冲输出形式。

③ C、B、A：模拟通道选择端。CBA 从 000～111 分别选择 IN_0～IN_7 通道。

④ ALE：地址锁存允许控制信号。

⑤ START：清零内寄存器，启动转换，高电平有效。

⑥ OE：允许读 A/D 结果，高电平有效。

⑦ CLK：时钟输入端，范围为 10～1 200kHz，典型值 640kHz。

⑧ EOC：转换结束时为高电平，此信号常被用作中断请求信号。

⑨ V_{CC}：+5V。

⑩ V_{ref}+：参考电压，+5V，V_{ref}−：0V。

ADC0809 由一个 8 路模拟开关、一个地址锁存与译码器、一个 A/D 转换器和一个三态输出锁存器组成。多路开关可选通 8 个模拟通道，允许 8 路模拟量分时输入，共用 A/D 转换器进行转换。三态输出锁存器用于锁存 A/D 转换器转换完的数字量，当 OE 端为高电平时，才可以从三态输出锁存器取走转换完的数据。ADC0809 的内部逻辑结构如图 11-10 所示。

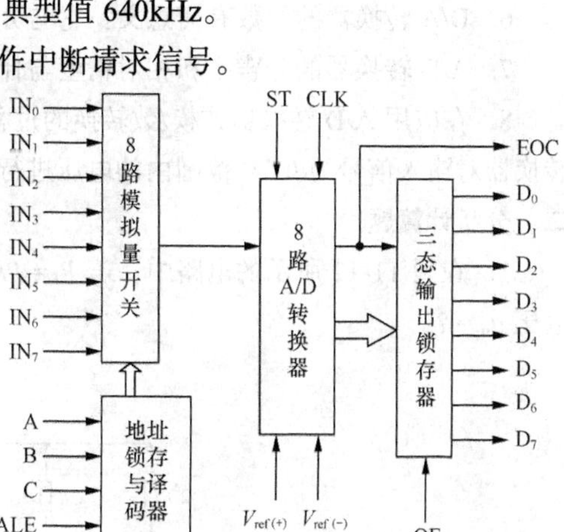

图 11-10　ADC0809 的内部逻辑结构

（2）图 11-11 为 ADC0809 模/数转换实验电路原理图，按图在实验板上安装好实验电路，检查电路连接，确认无误后再接电源。

调节 IN_0 端的电位器，观察发光二极管的发光情况。

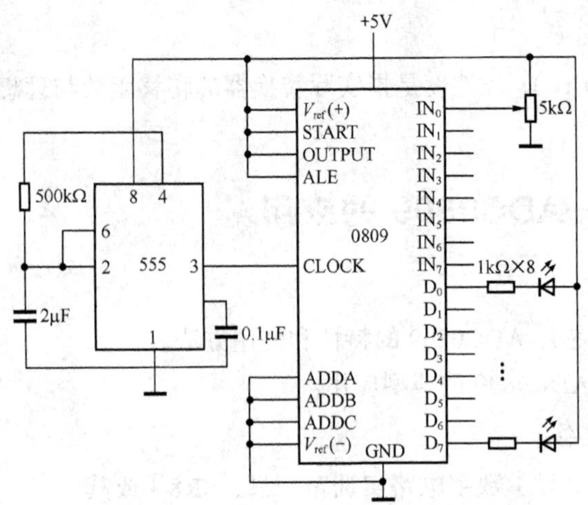

图 11-11　模/数转换实验原理图

思考与练习

一、问答题

1. A/D 转换器由哪些基本电路组成？

2. A/D 转换器有哪几种转换方式？它们是如何实现 A/D 转换的？

3. 为什么调节电位器发光二极管的发光情况会发生变化？

4. 如何改动才能使 0809 对 IN_4 的输入模拟量进行转换？如何改动使 0809 能对任一路输入模拟量进行转换？

5. T 形和倒 T 形电阻网络 D/A 转换器有哪些不同？

6. D/A 转换器的位数有何意义？它与分辨率、转换精度有何关系？

7. A/D 转换器的分辨率和相对精度与什么有关？

8. 在应用 A/D 转换器作模/数转换的过程中，应注意哪些主要问题？如某人用 10V 的 8 位 A/D 转换器对输入信号为 0.5V 范围内的电压进行模/数转换，你认为这样使用正确吗？为什么？

二、分析计算题

1. 在图 11-12 所示的电路中，若 $R_f = R/2$，$V_{ref} = 5V$，当输入数字量为 $a_3a_2a_1a_0 = 1010$ 时，输出电压 $u_o = ?$

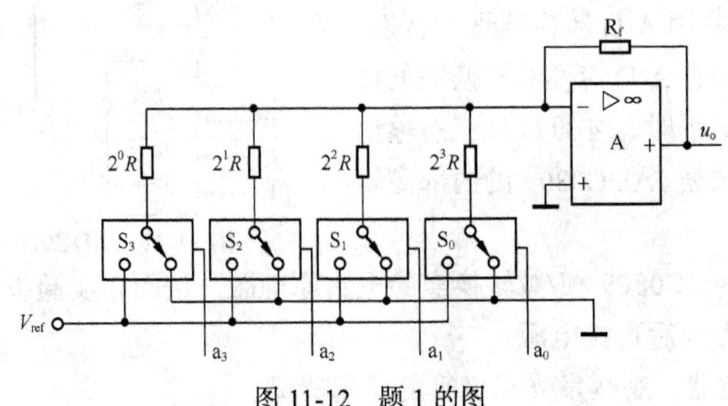

图 11-12　题 1 的图

2. 在图 11-13 所示的电路中，已知 $V_{ref}=10V$，开关导通压降为 0V，试分别求出输入数字量为 10000000 和 01111111 时的输出模拟电压。

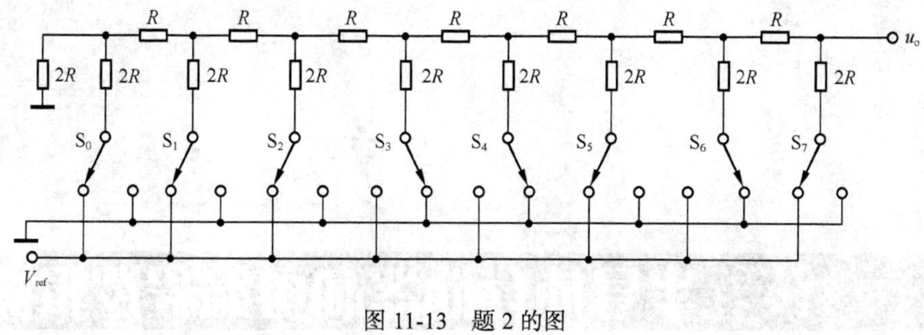

图 11-13　题 2 的图

3. 在图 11-14 所示的逐次逼近型 ADC 电路中，若时钟频率为 1MHz，输入的模拟电压为 2.86V，试画出 D/A 转换器输出 u_o 的波形。

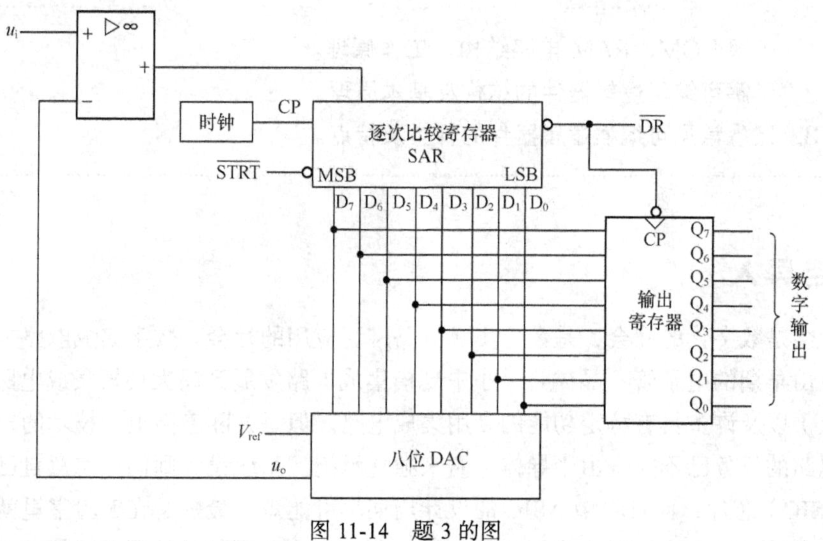

图 11-14　题 3 的图

单元小结

倒 T 形电阻网络 D/A 转换器中电阻网络阻值仅有 R 和 $2R$ 两种，各 $2R$ 支路电流 I_i 与 D_i 数码状态无关，是一定值。由于支路电流流向运放反相端时不存在传输时间，因而具有较高的转换速度。

在权电流型（T 形电阻网络、倒 T 形电阻网络）D/A 转换器中，由于恒流源电路和高速模拟开关的运用使其具有精度高、转换快的优点，双极型单片集成 D/A 转换器多采用此种类型电路。

不同的 A/D 转换方式具有各自的特点，并行型 A/D 转换器速度快；双积分型 A/D 转换器精度高；逐次比较型 A/D 转换器在一定程度上兼有以上两种转换器的优点，因此得到普遍应用。

A/D 转换器和 D/A 转换器的主要技术参数是转换精度和转换速度，在与系统连接后，转换器的这两项指标决定了系统的精度与速度。目前，A/D 与 D/A 转换器的发展趋势是高速度、高分辨率及易于与微型计算机接口，用以满足各个应用领域对信号处理的要求。

第12单元

半导体存储器和可编程逻辑器件

【学习目标】

1. 了解 ROM、RAM 电路结构，工作原理。
2. 了解可编程逻辑器件的结构及基本原理。
3. 熟悉常见可编程逻辑器件的种类及特点。

一、项目导入

当今社会是数字化的社会，是数字集成电路广泛应用的社会。数字集成电路本身在不断地更新换代，由早期的电子管、晶体管、小中规模集成电路发展到超大规模集成电路（VLSIC，几万门以上）以及许多具有特定功能的专用集成电路。但是，随着微电子技术的发展，设计与制造集成电路的任务已不完全由半导体厂商来独立承担。系统设计师们更愿意自己设计专用集成电路（ASIC）芯片，而且希望 ASIC 的设计周期尽可能短，最好是在实验室里就能设计出合适的 ASIC 芯片，并且立即投入实际应用之中，因而出现了现场可编程逻辑器件（FPLD），其中应用最广泛的当属现场可编程门阵列（FPGA）和复杂可编程逻辑器件（CPLD）。

二、相关知识

（一）存储器

半导体存储器以其容量大、体积小、功耗低、存取速度快、使用寿命长等特点，已广泛应用于数字系统中。其根据用途分为两大类：只读存储器（ROM，用于存放永久性的、不变的数据）和随机存取存储器（RAM，用于存放一些临时性的数据或中间结果，需要经常改变存储内容）。

1. 只读存储器（ROM）

ROM 主要由地址译码器、存储矩阵和输出缓冲器 3 部分组成，其基本结构如图 12-1 所示。

存储矩阵是存放信息的主体，它由许多存储单元排列组成。每个存储单元存放一位二值代码（0 或 1），若干个存储单元组成一个“字”（也称一个信息单元）。地址译码器有 n 条地址输入线 A_0～A_{n-1}，$2n$ 条译码输出线 W_0～W_{2^n-1}，每一条译码输出线 W_i 称为“字线”，它与存储矩阵中的一个“字”相对应。因此，每当给定一组输入地址时，译码器只有一条输出字线 W_i 被选中，该字线可以在存储矩阵中找到一个相应的“字”，并将字中的 m 位信息 D_{m-1}～D_0 送至输出缓冲器。读出 D_{m-1}～D_0 的每条数据输出线 D_i 也称为“位线”，每个字中信息的位数称为“字长”。ROM 的存储单元可以用二极管构成，也可以用双极型三极管或 MOS 管构成。存储器的容量用存储单元的数目来表示，写成“字数乘位数”的形式。对于图 12-1 所示的存储矩阵有 $2n$ 个字，每个字的字长为 m，因此整个存储器的存储容量为 $2nm$ 位。存储容量也习惯用 K（1 K = 1 024）为单位来表示，例如 1 K × 4、2 K × 8 和 64 K × 1 的存储器，其容量分别是 1 024 × 4 位、2 048 × 8 位和 65 536 × 1 位。

输出缓冲器是 ROM 的数据读出电路，通常用三态门构成，它不仅可以实现对输出数据的三态控制，以便与系统总线连接，还可以提高存储器的带负载能力。

下面以简化的 ROM 为例，介绍 ROM 的工作原理，图 12-2 是具有两位地址输入和 4 位数据输出的 ROM 结构图，其存储单元用二极管构成。图中，W_0～W_3 4 条字线分别选择存储矩阵中的 4 个字，每个字存放 4 位信息。制作芯片时，若在某个字中的某一位存入“1”，则在该字的字线 W_i 与位线 D_i 之间接入二极管，反之，就不接二极管。

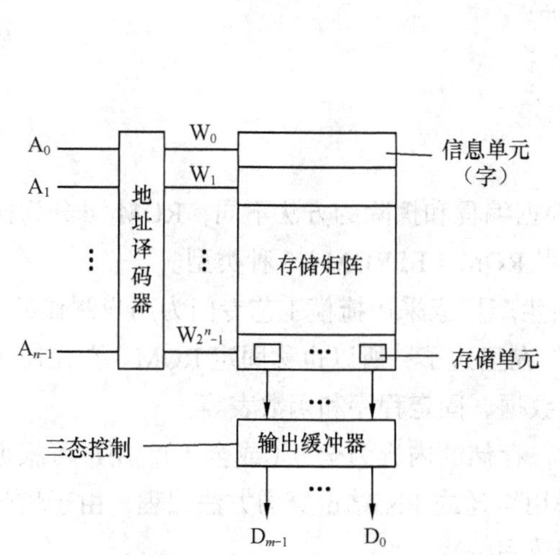

图 12-1　ROM 基本结构

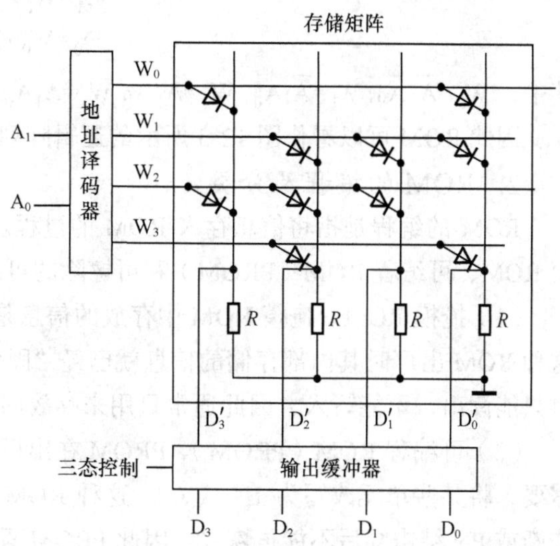

图 12-2　两位地址输入和 4 位数据输出的 ROM 结构图

读出数据时，首先输入地址码，并对输出缓冲器实现三态控制，则在数据输出端 D_3～D_0 可以获得该地址对应字中所存储的数据。例如，当 $A_1A_0 = 00$ 时，$W_0 = 1$，$W_1 = W_2 = W_3 = 0$，即此时 W_0 被选中，读出 W_0 对应字中的数据 $D_3D_2D_1D_0 = 1001$。同理，当 A_1A_0 分别为 01、10、11 时，依次读出各对应字中的数据分别为 0111、1110、0101。因此，该 ROM 全部地址内所存储的数据可用表 12-1 表示。

表 12-1　　ROM 的数据表

地址		数据			
A_1	A_0	D_3	D_2	D_1	D_0
0	0	1	0	0	1
0	1	0	1	1	1
1	0	1	1	1	0
1	1	0	1	0	1

从存储器的角度看，只要将逻辑函数的真值表事先存入 ROM，便可用 ROM 实现该函数。例如，在表 12-1 的 ROM 数据表中，如果将输入地址 A_1、A_0 看成两个输入逻辑变量，而将数

据输出 D_3、D_2、D_1、D_0 看成一组输出逻辑变量，则 D_3、D_2、D_1、D_0 就是 A_1、A_0 的一组逻辑函数，表 12-1 就是这一组多输出组合逻辑函数的真值表，因此该 ROM 可以实现表 12-1 中的 4 个函数（D_3、D_2、D_1、D_0），其表达式为

$$D_3=\overline{A_1}\,\overline{A_0}+A_1\overline{A_0}$$
$$D_2=\overline{A_1}A_0+A_1\overline{A_0}+A_1A_0$$
$$D_1=\overline{A_1}A_0+A_1\overline{A_0}$$
$$D_0=\overline{A_1}\,\overline{A_0}+\overline{A_1}A_0+A_1A_0$$

从组合逻辑结构来看，ROM 中的地址译码器形成了输入变量的所有最小项，即每一条字线对应输入地址变量的一个最小项。上式还可以写为

$$D_3=W_0+W_2$$
$$D_2=W_1+W_2+W_3$$
$$D_1=W_1+W_2$$
$$D_0=W_0+W_1+W_3$$

其中，$W_0=\overline{A_1}\,\overline{A_0}, W_1=\overline{A_1}A_0, W_2=A_1\overline{A_0}, W_3=A_1A_0$。

因此 ROM 可以看作图 12-3 所示的逻辑阵列图。

2. ROM 的编程及分类

ROM 的编程是指将信息存入 ROM 的过程。根据编程和擦除的方法不同，ROM 可分为掩模 ROM、可编程 ROM（PROM）和可擦除的可编程 ROM（EPROM）3 种类型。

（1）掩模 ROM。掩模 ROM 中存放的信息是由生产厂家采用掩模工艺专门为用户制作的，这种 ROM 出厂时其内部存储的信息就已经“固化”在里边了，所以也称固定 ROM。它在使用时只能读出，不能写入，因此通常只用来存放固定数据、固定程序和函数表等。

（2）可编程 ROM（PROM）。PROM 在出厂时，存储的内容为全 0（或全 1），用户可根据需要，将某些单元改写为 1（或 0）。这种 ROM 采用熔丝或 PN 结击穿的方法编程，由于熔丝烧断或 PN 结击穿后不能再恢复，因此 PROM 只能改写一次。

熔丝型 PROM 的存储矩阵中，每个存储单元都接有一个存储管，但每个存储管的一个电极都通过一根易熔的金属丝接到相应的位线上，如图 12-4 所示。用户对 PROM 编程是逐字逐位进行的。首先通过字线和位线选择需要编程的存储单元，然后通过规定宽度和幅度的脉冲电流，将该存储管的熔丝熔断，这样就将该单元的内容改写了。

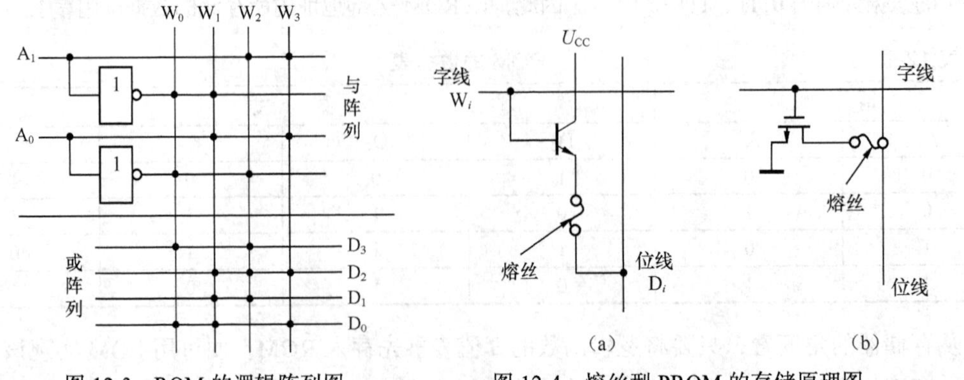

图 12-3　ROM 的逻辑阵列图　　图 12-4　熔丝型 PROM 的存储原理图

（3）可擦除的可编程 ROM（EPROM）。这类 ROM 利用特殊结构的浮栅 MOS 管进行编程，ROM 中存储的数据可以进行多次擦除和改写。

最早出现的是用紫外线照射擦除的 EPROM（Ultra-Violet Erasable Programmable Read-Only Memory，UVEPROM），不久又出现了用电信号可擦除的可编程 ROM（Electrically Erasable Programmable Read-Only Memory，E^2PROM），后来又研制成功的快闪存储器（Flash Memory）也是一种用电信号擦除的可编程 ROM。

① EPROM 的存储单元采用浮栅雪崩注入 MOS 管(Floating-gate Avalanche-Injuction Metal-Oxide-Semiconductor，FAMOS 管）或叠栅注入 MOS 管（Stacked-gate Injuction Metal-Oxide-Semiconductor，SIMOS 管）。图 12-5 是 SIMOS 管的结构示意图和符号，它是一个 N 沟道增强型的 MOS 管，有 G_f 和 G_c 两个栅极。G_f 栅没有引出线，而是被包围在二氧化硅(SiO_2)中，称之为浮栅；G_c 为控制栅，它有引出线。若在漏极 D 端加上约几十伏的脉冲电压，使得沟道中的电场足够强，则会造成雪崩，产生很多高能量的电子。此时若在 G_c 上加高压正脉冲，形成方向与沟道垂直的电场，便可以使沟道中的电子穿过氧化层而注入到 G_f，于是 G_f 栅上积累了负电荷。由于 G_f 栅周围都是绝缘的二氧化硅，泄漏电流很小，所以一旦电子注入到浮栅之后，就能保存相当长时间（通常浮栅上的电荷 10 年才损失 30%）。

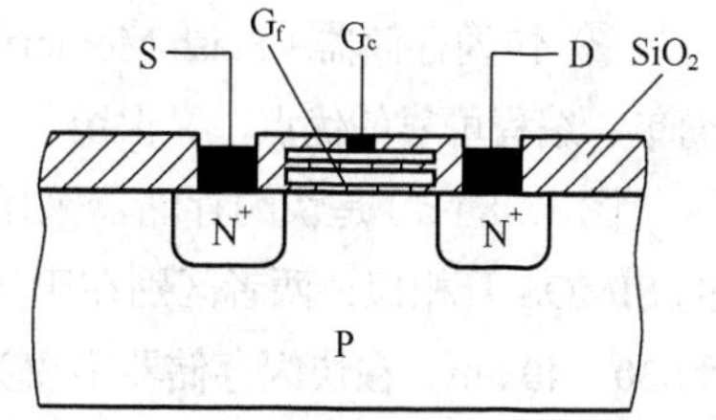

图 12-5　SIMOS 结构示意图

如果浮栅 G_f 上积累了电子，则该 MOS 管的开启电压变得很高。此时给控制栅（接在地址选择线上）加+5V 电压时，该 MOS 管仍不能导通，相当于存储了“0”；反之，若浮栅 G_f 上没有积累电子，MOS 管的开启电压较低，因而当该管的控制栅被地址选中后，该管导通，相当于存储了“1”。可见，SIMOS 管是利用浮栅是否积累负电荷来表示信息的。这种 EPROM 出厂时为全“1”，即浮栅上无电子积累，用户可根据需要写“0”。

擦除 EPROM 的方法是将器件放在紫外线下照射约 20 分钟，浮栅中的电子获得足够能量，从而穿过氧化层回到衬底中，这样可以使浮栅上的电子消失，MOS 管便回到了未编程时的状态，从而将编程信息全部擦去，相当于存储了全“1”。对 EPROM 的编程是在编程器上进行的，编程器通常与微机联用。

② E^2PROM 的存储单元如图 12-6 所示，图中 VT_2 是选通管，VT_1 是另一种叠栅 MOS 管，称为浮栅隧道氧化层 MOS 管（Floating-gate Tunnel Oxide MOS，Flotox），其结构如图 12-7 所示。Flotox 管也是一个 N 沟道增强型的 MOS 管，与 SIMOS 管相似，它也有两个栅极——控制栅 G_c 和浮栅 G_f，不同的是 Flotox 管的浮栅与漏极区（N+）之间有一小块面积极薄的二氧化硅绝缘层（厚度在 2×10^{-8}m 以下）区域，称为隧道区。当隧道区的电场强度大到一定程度（>107V/cm）时，漏区和浮栅之间出现导电隧道，电子可以双向通过，形成电流。这种现象称为隧道效应。

在图 12-6 所示电路中，若使 $W_i=1$，D_i 接地，则 VT_2 导通，VT_1 漏极（D_1）接近地电位。此时若在 VT_1 控制栅 G_c 上加 21V 正脉冲，通过隧道效应，电子由衬底注入到浮栅 G_f，脉冲过后，控制栅加+3V 电压，由于 VT_1 浮栅上积存了负电荷，因此 VT_1 截止，在位线 D_i 读出高电平“1”；若 VT_1 控制栅接地，$W_i=1$，D_i 上加 21V 正脉冲，使 VT_1 漏极获得约+20V 的高电压，则浮栅上的电子通过隧道返回衬底，脉冲过后，正常工作时 VT_1 导通，在位线上则读出“0”。可见，Flotox 管是利用隧道效应使浮栅俘获电子的。E^2PROM 的编程和擦除都是通过在漏极和控制栅上加一定幅度和极性的电脉冲实现的，虽然已改用电压信号擦除了，但 E²PROM 仍然只能工作在它的读出状态，作 ROM 使用。

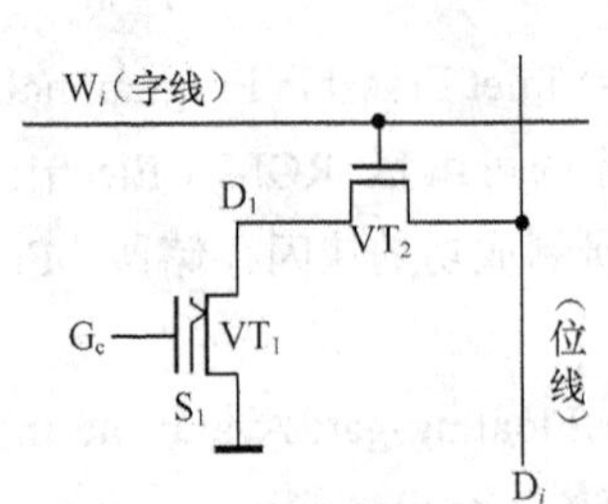

图 12-6 E²PROM 的存储单元

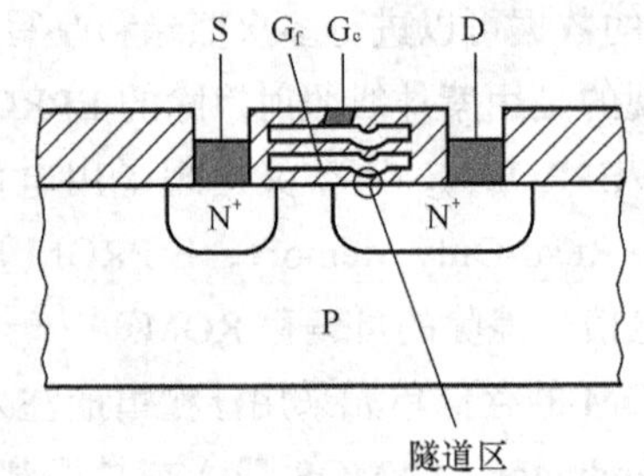

图 12-7 浮栅隧道氧化层 MOS 管结构图

③ 快闪存储器（Flash Memory）是新一代电信号擦除的可编程 ROM。它既吸收了 EPROM 结构简单、编程可靠的优点，又保留了 E²PROM 用隧道效应擦除快捷的特性，而且集成度可以做得很高。

图 12-8（a）是快闪存储器采用的叠栅 MOS 管的结构示意图和电路符号。其结构与 EPROM 中的 SIMOS 管相似，两者区别在于浮栅与衬底间氧化层的厚度不同。在 EPROM 中氧化层的厚度一般为 30～40 nm，在快闪存储器中仅为 10～15 nm，而且浮栅和源区重叠的部分是源区的横向扩散形成的，面积极小，因而浮栅—源区之间的电容很小，当 G_c 和 S 之间加电压时，大部分电压将降在浮栅—源区之间的电容上。快闪存储器的存储单元就是用这样一只单管组成的，如图 12-8（b）所示。

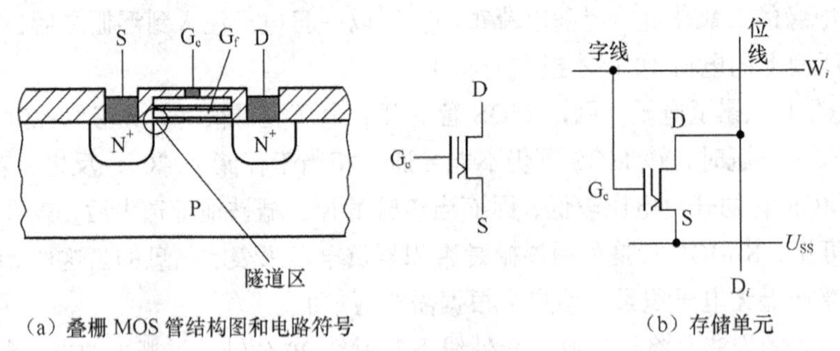

（a）叠栅 MOS 管结构图和电路符号　　（b）存储单元

图 12-8 快闪存储器

快闪存储器的写入方法和 EPROM 相同，即利用雪崩注入的方法使浮栅充电。在读出状态下，字线加上+5V，若浮栅上没有电荷，则叠栅 MOS 管导通，位线输出低电平；如果浮栅上充有电荷，则叠栅管截止，位线输出高电平。

擦除是利用隧道效应进行的，类似于 E²PROM 写 0 时的操作。在擦除状态下，控制栅处于 0 电平，同时在源极加入幅度为 12V 左右、宽度为 100ms 的正脉冲，在浮栅和源区间极小的重叠部分产生隧道效应，使浮栅上的电荷经隧道释放。但由于片内所有叠栅 MOS 管的源极连在一起，所以擦除时是将全部存储单元同时擦除，这是不同于 E²PROM 的一个特点。

3. 随机存取存储器（RAM）

随机存取存储器也称随机存储器或随机读/写存储器，简称 RAM。RAM 工作时可以随时从任何一个指定的地址写入（存入）或读出（取出）信息。根据存储单元的工作原理不同，RAM 分为静态 RAM 和动态 RAM。

（1）静态随机存储器（SRAM）。SRAM 主要由存储矩阵、地址译码器和读/写控制电路 3 部分组成，其框图如图 12-9 所示。存储矩阵由许多存储单元排列组成，每个存储单元能存放一位二值信息（0 或 1），在译码器和读/写电路的控制下，进行读/写操作。

地址译码器一般都分成行地址译码器和列地址译码器两部分，行地址译码器将输入地址代码的若干位 A_0～A_i 译成某一条字线有效，从存储矩阵中选中一行存储单元；列地址译码器将输入地址代码的其余若干位（A_i+1～A_n−1）译成某一根输出线有效，从字线选中的一行存储单元中再选一位(或 *n* 位),使这些被选中的单元与读/写电路和 I/O(输入/输出端）接通，以便对这些单元进行读/写操作。

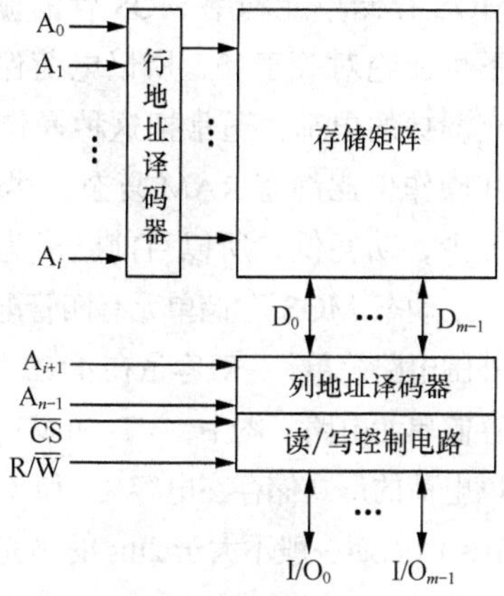

读/写控制电路用于对电路的工作状态进行控制。CS 称为片选信号，当 CS = 0 时，RAM 工作；CS = 1 时，所有 I/O 端均为高阻状态，不能对 RAM 进行读/写操作。R/W 称为读/写控制信号。R/W = 1 时，执行读操作，将存储单元中的信息送到 I/O 端上；当 R/W = 0 时，执行写操作，加到 I/O 端上的数据被写入存储单元中。

图 12-9　SRAM 框图

静态 RAM 的存储单元如图 12-10 所示，图 12-10（a）是由 6 个 NMOS 管（VT_1～VT_6）组成的存储单元。VT_1、VT_2 构成的反相器与 VT_3、VT_4 构成的反相器交叉耦合组成一个 RS 触发器，可存储一位二进制信息。Q 和 $\overline{Q}$ 是 RS 触发器的互补输出。VT_5、VT_6 是行选通管，受行选线 X（相当于字线）控制，行选线 X 为高电平时 Q 和 $\overline{Q}$ 的存储信息分别送至位线 D 和位线 $\overline{D}$。VT_7、VT_8 是列选通管，受列选线 Y 控制，列选线 Y 为高电平时，位线 D 和 $\overline{D}$ 上的信息被分别送至输入输出线 I/O 和 $\overline{I/O}$，从而使位线上的信息同外部数据线相通。

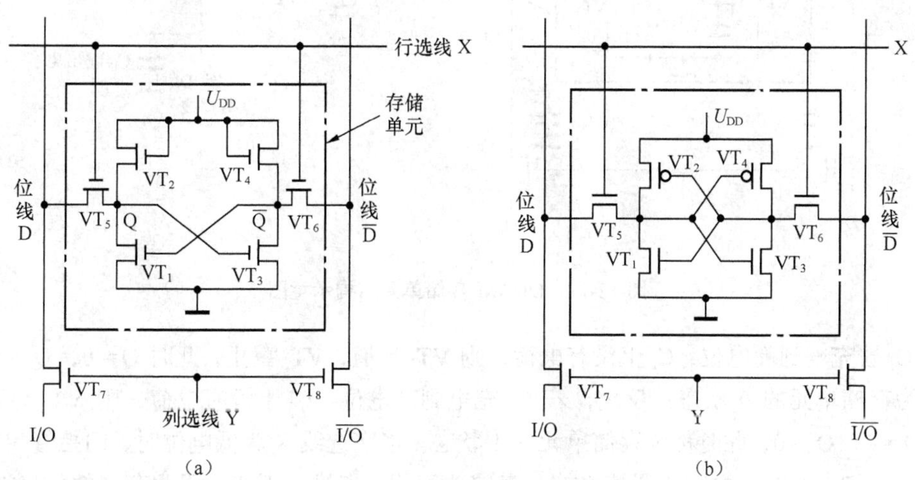

图 12-10　SRAM 存储单元结构示意图

读出操作时，行选线 X 和列选线 Y 同时为“1”，则存储信息 Q 和 $\overline{Q}$ 被读到 I/O 线和 $\overline{I/O}$ 线上。写入信息时，X、Y 线也必须都为“1”，同时要将写入的信息加在 I/O 线上，经反相后 $\overline{I/O}$ 线上有其相反的信息，信息经 VT_7、VT_8 和 VT_5、VT_6 加到触发器的 Q 端和 $\overline{Q}$ 端，也就是加在了 VT_3 和 VT_1 的栅极，从而使触发器触发，即信息被写入。

由于 CMOS 电路具有微功耗的特点，目前大容量的静态 RAM 中几乎都采用 CMOS 存储单元，其电路如图 12-10（b）所示。CMOS 存储单元结构形式和工作原理与图 12-10（a）相似，不同的是图（b）中，两个负载管 VT_2、VT_4 改用了 P 沟道增强型 MOS 管，用栅极上的小圆圈表示 VT_2、VT_4 为 P 沟道 MOS 管，栅极上没有小圆圈的为 N 沟道 MOS 管。

（2）动态随机存储器（DRAM）。动态 RAM 的存储矩阵由动态 MOS 存储单元组成。动态 MOS 存储单元利用 MOS 管的栅极电容来存储信息，但由于栅极电容的容量很小，而漏电流又不可能绝对等于 0，所以电荷保存的时间有限。为了避免存储信息丢失，必须定时地给电容补充漏掉的电荷。通常把这种操作称为“刷新”或“再生”，因此 DRAM 内部要有刷新控制电路，其操作也比静态 RAM 复杂。尽管如此，由于 DRAM 存储单元的结构能做得非常简单，所用元件少，功耗低，所以目前已成为大容量 RAM 的主流产品。

动态 MOS 存储单元有四管电路、三管电路和单管电路等。四管和三管电路比单管电路复杂，但外围电路简单，一般容量在 4 KB 以下的 RAM 多采用四管或三管电路。图 12-11（a）为四管动态 MOS 存储单元电路。图中，VT_1 和 VT_2 为两个 N 沟道增强型 MOS 管，它们的栅极和漏极交叉相连，信息以电荷的形式储存在电容 C_1 和 C_2 上，VT_5、VT_6 是同一列中各单元公用的预充管，ϕ 是脉冲宽度为 1μs 而周期一般不大于 2ms 的预充电脉冲，C_{O1}、C_{O2} 是位线上的分布电容，其容量比 C_1、C_2 大得多。

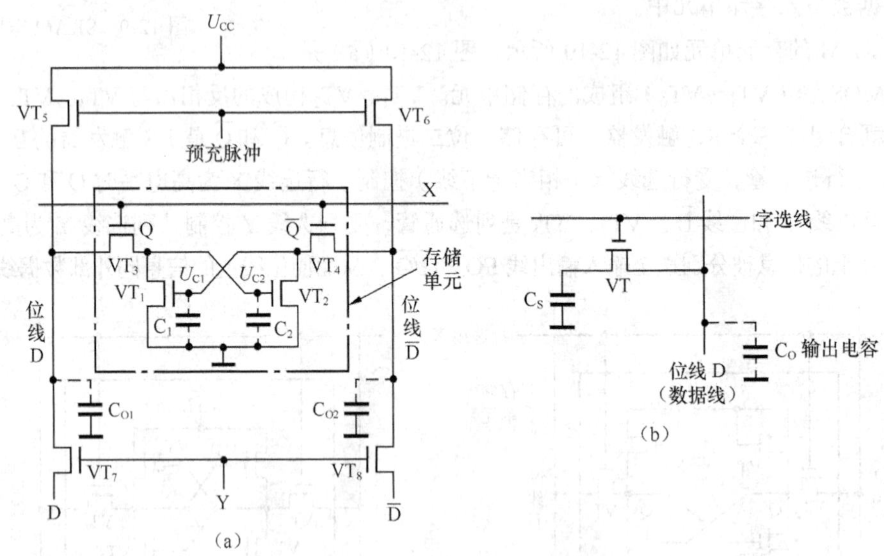

图 12-11　DRAM 存储单元结构示意图

若 C_1 被充电到高电位，C_2 上没有电荷，则 VT_1 导通，VT_2 截止，此时 $Q=0$，$\overline{Q}=1$，这一状态称为存储单元的 0 状态；反之，若 C_2 充电到高电位，C_1 上没有电荷，则 VT_2 导通，VT_1 截止，$Q=1$，$\overline{Q}=0$，此时称为存储单元的 1 状态。当字选线 X 为低电位时，门控管 VT_3、VT_4 均截止。在 C_1 和 C_2 上电荷泄漏掉之前，存储单元的状态维持不变，因此存储的信息被记忆。实际上，由于 VT_3、VT_4 存在着泄漏电流，电容 C_1、C_2 上存储的电荷将慢慢释放，因此每隔一定时间要对电容进行一次充电，即进行刷新。两次刷新之间的时间间隔一般不大于 20ms。

在读出信息之前，首先加预充电脉冲 ϕ，预充管 VT_5、VT_6 导通，电源 U_{DD} 向位线上的分布电容 C_{O1}、C_{O2} 充电，使 D 和 $\overline{D}$ 两条位线都充到 U_{DD}。预充脉冲消失后，VT_5、VT_6 截止，C_{O1}、C_{O2} 上的信息保持。

要读出信息时，该单元被选中（X、Y 均为高电平），VT_3、VT_4 导通，若原来存储单元处于 0 状态（$Q=0$，$\overline{Q}=1$），即 C_1 上有电荷，VT_1 导通，C_2 上无电荷，VT_2 截止，这样 C_{O1} 经 VT_3、VT_1 放电到 0，使位线 D 为低电平，而 C_{O2} 因 VT_2 截止无放电回路，所以经 VT_4 对 C_1 充电，补充了 C_1 漏掉的电荷，结果读出数据仍为 $\overline{D}=1$，$D=0$；反之，若原存储信息为 1（$Q=1$，

$\overline{Q}=0$），C_2上有电荷，则预充电后C_{O2}经VT_4、VT_2放电到0，而C_{O1}经VT_3对C_2补充充电，读出数据为D=0，$\overline{D}=1$，可见位线D、$\overline{D}$上读出的电位分别和C_2、C_1上的电位相同。同时每进行一次读操作，实际上也进行了一次补充充电即刷新。

写入信息时，首先该单元被选中，VT_3、VT_4导通，Q 和$\overline{Q}$分别与两条位线连通。若需要写0，则在位线$\overline{D}$上加高电位，D上加低电位。这样$\overline{D}$上的高电位经VT_4向C_1充电，使$\overline{Q}=1$，而C_2经VT_3向D放电，使Q=0，于是该单元写入了0状态。

图 12-11（b）是单管动态MOS存储单元，它只有一个NMOS管和存储电容器C_S，C_O是位线上的分布电容（$C_O>>C_S$）。显然，采用单管存储单元的DRAM，其容量可以做得更大。写入信息时，字线为高电平，VT导通，位线上的数据经过VT存入C_S。

读出信息时也使字线为高电平，VT管导通，这时C_S经VT向C_O充电，使位线获得读出的信息。设位线上原来的电位$U_O=0$，C_S原来存有正电荷，电压U_S为高电平，因读出前后电荷总量相等，因此有$U_SC_S=U_O(C_S+C_O)$，因$C_O>>C_S$，所以$U_O<<U_S$。例如读出前$U_S=5V$，$C_S/C_O=1/50$，则位线上读出的电压将仅有0.1V，而且读出后C_S上的电压也只剩下0.1V，这是一种破坏性读出。因此每次读出后，要对该单元补充电荷进行刷新，同时还需要高灵敏度读出放大器对读出信号加以放大。

（二）可编程逻辑器件的基础知识

早期的可编程逻辑器件只有可编程只读存储器（PROM）、紫外线可擦除只读存储器（EPROM）和电可擦除只读存储器（E^2PROM）3种。由于结构的限制，它们只能完成简单的数字逻辑功能。

其后，出现了一类结构上稍复杂的可编程芯片，即可编程逻辑器件（PLD），它能够完成各种数字逻辑功能。典型的PLD由一个"与"门和一个"或"门阵列组成，而任意一个组合逻辑都可以用"与—或"表达式来描述，所以PLD能以乘积和的形式完成大量的组合逻辑功能。

这一阶段的产品主要有可编程阵列逻辑（PAL）和通用阵列逻辑（GAL）。PAL由一个可编程的"与"平面和一个固定的"或"平面构成，或门的输出可以通过触发器有选择地被置为寄存状态。PAL器件是现场可编程的，它的实现工艺有反熔丝技术、EPROM技术和E^2PROM技术。还有一类结构更为灵活的逻辑器件是可编程逻辑阵列（PLA），它也由一个"与"平面和一个"或"平面构成，但是这两个平面的连接关系是可编程的。PLA器件既有现场可编程的，也有掩膜可编程的。在PAL的基础上，又发展了一种通用阵列逻辑GAL，如GAL16V8、GAL22V10等。它采用了E^2PROM工艺，实现了电可擦除、电可改写，其输出结构是可编程的逻辑宏单元，因而它的设计具有很强的灵活性，至今仍有许多人使用。这些早期的PLD器件的一个共同特点是可以实现速度特性较好的逻辑功能，但其过于简单的结构也使它们只能实现规模较小的电路。

1. PLD电路的表示方法

（1）PLD的连接表示法。由于PLD内部电路的连接十分庞大，所以对其进行描述时采用了一种与传统方法不相同的简化方法。

PLD的连接表示法如图12-12所示。在图12-12中，"固定连接"用交叉点上的"·"表示。这与传统表示法是相同的，可以理解为"焊死"的连接点。"可编程连接"用交叉点上的"×"表示，这表明行线和列线通过耦合元件接通。交叉点处无任何标记则表示"不连接"。PLD的输入、输出缓冲器都采用了互补输出结构，

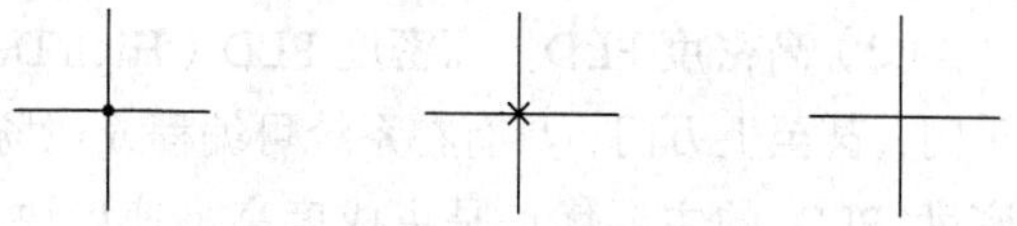

（a）固定连接　（b）可编程连接（接通）　（c）不连接

图 12-12　PLD连接表示法

其表示法如图 12-12 所示。

PLD 的与门表示法如图 12-13 所示。图中与门的输入线通常画成行（横）线，与门的所有输入变量都称为输入项，并画成与行线垂直的列线以表示与门的输入。列线与行线相交的交叉处若有“·”，表示有一个耦合元件固定连接；“×”表示编程连接；交叉处若无标记则表示不连接（被擦除）。与门的输出称为乘积项 P，图中与门的输出 P = A·B·D。

或门可以用类似的方法表示，也可以用传统的方法表示，如图 12-14 所示。

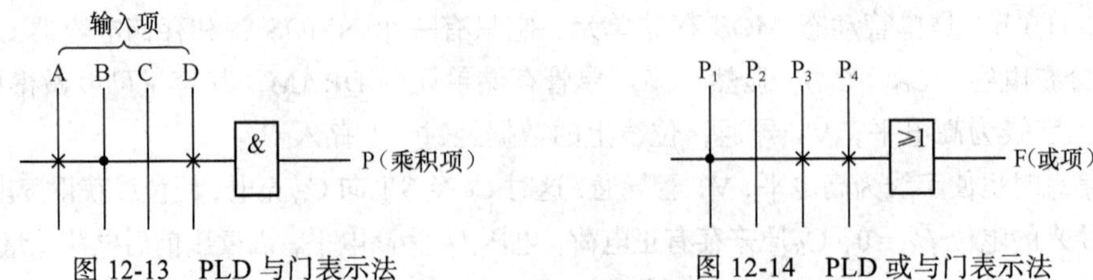

图 12-13 PLD 与门表示法 图 12-14 PLD 或与门表示法

（2）PLD 阵列图。为简化图形，PLD 图一般画成“阵列图”形式。图 12-15 是有 3 个输入的“与”列图，注意到与门输出 E = 0，此与门的输入与输入 A、B、C 的 3 对互补输出都是接通的，该乘积项总为逻辑 0，这种状态称为与门的默认状态。为了画图方便，对于这种全部输入项都连通的默认状态，可简单地在对应的与门符号中用“×”来代替所有输入项所对应的编程连接符号“×”，如与门 F 所表示的那样，门 G 与任何输入都不连通，表示门 G 输出总为逻辑 1。

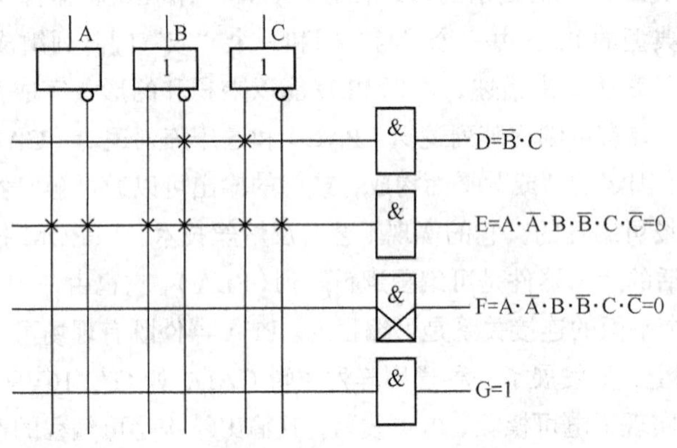

图 12-15 PLD 阵列图

2. PLD 的分类

按集成度的不同，PLD 可分为以下两类。

（1）低密度 PLD。低密度 PLD（Low Density PLD，LDPLD）的集成度较低，每个芯片集成的逻辑门数大约在 1 000 门以下，早期出现的可编程只读存储器、可编程逻辑阵列、可编程阵列逻辑以及通用阵列逻辑都属于该类，低密度 PLD 有时也称为简单 PLD（Simple PLD，SPLD）。

（2）高密度 PLD。高密度 PLD（High Density PLD，HDPLD）的集成度较高，一般可达数千门，甚至上万门，具有在系统可编程或现场可编程特性，可用于实现较大规模的逻辑电路。高密度 PLD 的主要优点是集成度高、速度快。近代出现的可擦除的可编程逻辑阵列（Erasable Programmable Logic Array，EPLA）、复杂的可编程逻辑阵列（Complex Programmable Logic Array，CPLA）和现场可编程门阵列（Field Programmable Gate Array，FPGA）都属于高密度 PLD。

3. PLD 的基本结构

PLD 种类繁多，但它的基本结构主要由两种：与或阵列结构和查找表结构。

（1）与或阵列结构。与或结构器件也叫乘积项结构器件，大部分简单 PLD 和 CPLD 都属于此类器件。该类器件的基本组成和工作原理是相似的，其基本结构如图 12-16 所示。

由图 12-16 可知，多数 PLD 都是由输入电路、与阵列、或阵列、输出电路和反馈组成的。根据与、或阵列的可编程性，PLD 可分为 3 种基本结构。

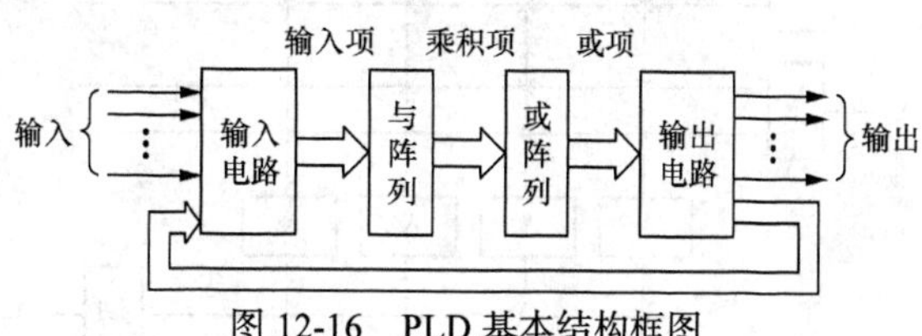

图 12-16　PLD 基本结构框图

① 与阵列固定、或阵列可编程型结构。前面介绍的 PROM 就属于这种结构，故这种结构也称为 PROM 型结构。在 PROM 型结构中，与阵列为固定的（即不可编程的），且为全译码方式。当输入端数为 n 时，与阵列中与门的个数为 2^n，这样，随着输入端数的增加，与阵列的规模会急剧增加。因此，这种结构的 PLD 器件的工作速度一般要比其他结构的低。

② 与阵列、或阵列均可编程型结构。可编程逻辑阵列属于这种结构，因此这种结构也称为 PLA 型结构。在 PLA 型结构中，与阵列不是全译码方式，因而其工作速度比 PROM 结构的快。由于其与、或阵列都可编程，设计者在逻辑电路设计时，就不必像使用 PROM 器件那样，把逻辑函数用最小项之和的形式表示，而可以采用函数的简化形式。这样，既有利于 PLA 器件内部资源的充分利用，也给设计带来了方便。但发展 PLA 器件带来的问题是，增加了编程的难度和费用，并终因缺乏质高价廉的开发工具支持，而未能得到广泛的应用。

③ 与阵列可编程、或阵列固定型结构。因为最早采用这种基本结构的 PLD 器件是可编程阵列逻辑，所以该结构又称为 PAL 型结构。这种结构的与阵列也不是全译码方式的，因而它具有 PLA 型结构速度快的优点。同时，它只有一个阵列（与阵列）是可编程的，比较容易实现，费用也低，目前很多 PLD 器件都采用这种基本结构。

（2）查找表（Look-Up-Table，LUT）结构。查找表结构在实现逻辑运算的方式上与与或阵列结构不同，与或阵列结构用与阵列和或阵列来实现逻辑运算，而查找表结构用存储逻辑的存储单元来实现逻辑运算。查找表器件由简单的查找表组成可编程门，再构成阵列形式。FPGA 属于此类器件。查找表实际上是一个根据逻辑真值表或状态转移表设计的 RAM 逻辑函数发生器，其工作原理类似于用 ROM 实现组合逻辑电路。在查找表结构中，RAM 存储器预先加载要实现的逻辑函数真值表，输入变量作为地址用来从 RAM 存储器中选择输出逻辑值，因此可以实现输入变量的所有可能的逻辑函数。

（三）常见的可编程器件

1. 可编程阵列逻辑（PAL）

PAL 最早是在 20 世纪 70 年代后期由美国 MMI 公司推出的。该公司沿用了 PROM 器件中采用的熔丝式双极型工艺，因而器件的工作速度很快。PAL 的基本结构如图 12-17 所示，它由可编程的与阵列和固定的或阵列组成。在图 12-17 的 PAL 结构中，它允许输出两个或函数（F_0 和 F_1），每个或函数可由两个与项组成。设计者可根据所要实现的逻辑函数安排与阵列的编程。实际产品中，乘积项（与项）可多达 8 个，这对大多数应用来说是足够的。

PAL 在逻辑设计领域有着独特的地位。它既有超越常规器件的多种性能，也有 PLA 和 PROM 所不及的许多优点。其优点概括起来主要有以下几点。

（1）其逻辑可由用户定义，用可编程设计方式代替常规逻辑设计的方式。

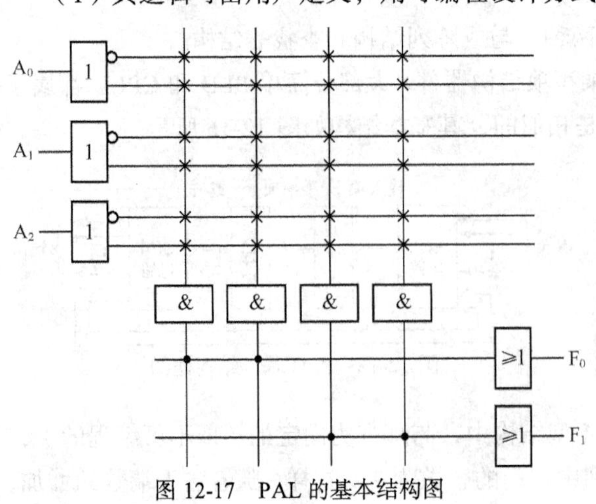

图 12-17 PAL 的基本结构图

（2）编程容易，开发简单，简化了系统设计和布线的过程。

（3）器件密度大，可代替 4 片以上的中小规模标准数字集成电路，比用常规器件节省空间。

（4）器件传输延迟小，工作效率高，有利于提高系统的工作速度。

（5）具有可编程的三态输出，引脚配置灵活，输入/输出引脚数量可变。

（6）具有加密功能，有利于系统保密。

（7）采用多种工艺制造，可满足不同系统不同场合的各种需要。

2. 通用阵列逻辑（GAL）

GAL 是 Lattice 公司于 1985 年首先推出的新型可编程逻辑器件。它采用了电擦除、电可编程的 E^2CMOS 工艺制作，可以用电信号擦除并反复编程上百次。GAL 器件的输出端设置了可编程的输出逻辑宏单元（Output Logic Macro Cell，OLMC），通过编程可以将 OLMC 设置成不同的输出方式。这样同一型号的 GAL 器件可以实现 PAL 器件所有的各种输出电路工作模式，即取代了大部分 PAL 器件，因此称为通用可编程逻辑器件。

GAL 分为两大类：一类为普通型 GAL，其与或阵列结构与 PAL 相似，如 GAL16V8、ispGAL16Z8、GAL20V8 都属于这一类；另一类为新型 GAL，其与或阵列均可编程，与 FPLA 结构相似，主要有 GAL39V8。

GAL 的基本结构和 PAL 类似，都是由可编程的与阵列和固定的或阵列组成的，其差别主要是输出结构不同。GAL 的主要特点如下。

（1）通用性强。GAL 的优点首先是通用，它的各个宏单元可以根据需要任意组态，既可实现组合电路，又可实现时序电路；既可实现摩尔型时序电路，也能实现米里型时序电路，因而使用十分灵活。

（2）100%可编程。GAL 器件大多采用先进的电可擦除 CMOS（Electrically Erasable CMOS，E^2CMOS）工艺，数秒内即可完成芯片的擦除和编程过程，并可重复编程，一般 GAL 器件通常可擦写百次以上，甚至上千次。正因为编程出现错误可以擦去重编，反复修改直至得到正确的结果，因而可达 100%的编程，同时也可将设计的风险降为零。

（3）速度快、功耗低。由于采用先进的 E^2CMOS 工艺，使 GAL 器件具有双极型的高速性能，而功耗仅为双极型 PAL 器件的 1/4～1/2。

（4）100%可测试。将 GAL 的宏单元接成时序状态，可以通过测试软件对它们的状态进行预置，从而可以随意将电路置于某一状态，以缩短测试过程，保证电路在编程以后，对编程结果 100%的可测。

除上述几点外，GAL 器件片内还具有由加密单元及可编程存储器组成的电子标签字，通过编程加密单元可使电路具有加密功能，而写入电子标签则能便于文档管理并提高生产效率。采用 GAL 器件，可以使系统设计方便灵活，系统体积缩小，可靠性和保密性提高，还可以提高系统速度并降低功耗。但 GAL 和 PAL 一样，都属于简单可编程器件，它们的共同缺点是逻辑阵列规模小，每个器件仅相当于几十个等效逻辑门，不适用于较复杂的逻辑电路的设计，而且保密性较差。GAL 器件的这些问题在 CPLD 和 FPGA 中得到了较好的解决。

3. 复杂的可编程逻辑器件（CPLD）

CPLD 是在可擦除的可编程逻辑器件（Erasable Programmable Logic Device，EPLD）的基础上发展而来的。EPLD 是在 20 世纪 80 年代中期由 Altera 公司推出的可擦除、可编程逻辑器件，它的基本结构和 PAL、GAL 器件类似，由可编程的与、或阵列和输出逻辑宏单元组成。但与阵列的规模及输出逻辑宏单元的数目都有大幅增加，而且宏单元的结构有所改进，功能更强，它比 GAL 器件的集成度高，造价低，使用更灵活，缺点是内部互连功能较弱。在 EPLD 的基础上，通过采用增加内部连线，对输出逻辑宏单元结构和可编程 I/O 控制结构进行改进等技术，研制成了 CPLD，它属于高密度可编程逻辑器件，采用 CMOS EPROM、E^2PROM、Flash 存储器和 SRAM 等编程技术，具有集成度和可靠性高、保密性好、体积小、功耗低和速度快的优点，所以一经推出就得到了广泛的应用。

CPLD 产品种类和型号繁多，目前各大半导体器件生产厂商仍在不断推出新产品。虽然它们的具体结构形式各不相同，但基本上都由若干个可编程的逻辑模块、输入/输出模块和一些可编程的内部连线阵列组成。

为了使用方便，越来越多的 CPLD 都做成了在系统可编程逻辑器件（Programmable Logic Device）。在 ispPLD 电路中除了原有的可编程逻辑电路之外，还集成了编程所需的高压脉冲产生电路及编程控制电路。因此，编程时不需要使用另外的编程器，也无须将 ispPLD 从系统中拔出，在正常的工作电压下即可完成对器件的编程。

下面以 Lattice 公司生产的在系统可编程器件 ispLSI1032 为例，介绍 CPLD 的具体结构。

图 12-18 是 ispLSI1032 的电路结构框图，它主要由全局布线区（Global Routing Pool，GRP）、

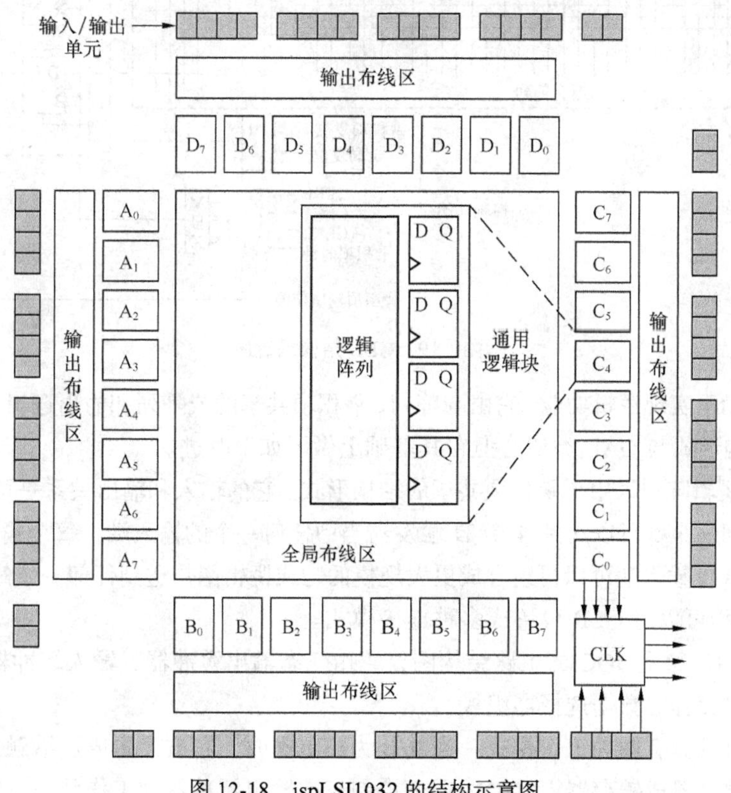

图 12-18　ispLSI1032 的结构示意图

通用逻辑块（Generic Logic Block，GLB）、输入/输出单元（Input/Output Cell，IOC）、输出布线区（Output Routing Pool，ORP）和时钟分配网络（Clock Distribution Network，CDN）构成。在全局布线区的四周，形成了 4 个结构相同的大模块。

全局布线区（GRP）位于器件的中心，它将通用逻辑块（GLB）的输出信号或 I/O 单元的输入信号连接到 GLB 的输入端。GLB 位于 GRP 的四周，每个 GLB 相当于一个 GAL 器件。输入/输出单元（IOC）位于器件的最外层，它可编程为输入、输出和双向输入/输出模式。输出布线区（ORP）是介于 GLB 和 IOC 之间的可编程互连阵列，以连接 GLB 输出到 IOC。

① GRP。GRP 位于器件的中心，是器件的专用内部互连结构，提供高速的内部连线。GRP 可连接任何一个 I/O 单元到任何一个 GLB，也可连接任何一个 GLB 输出到其他 GLB，即它可将所有器件内的逻辑连接起来。

② GLB。ispLSI1032 的 GLB 结构如图 12-19 所示。

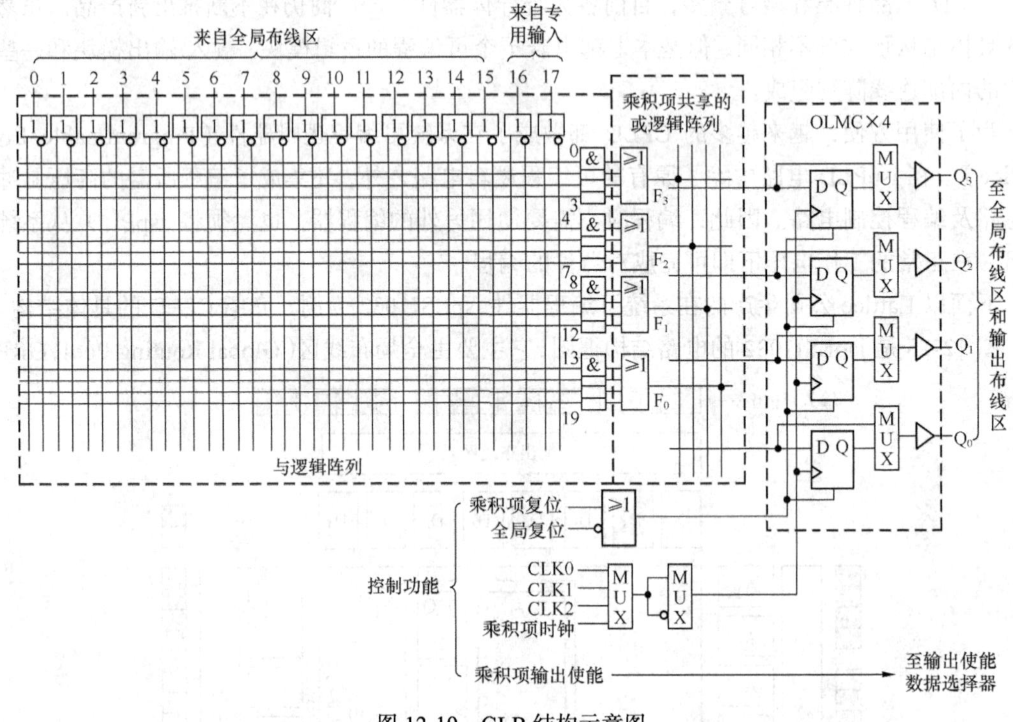

图 12-19　GLB 结构示意图

GLB 主要用于实现逻辑功能，它由与阵列、乘积项共享的或阵列和输出逻辑宏单元（OLMC）组成。这种结构形式与 GAL 类似，但在其基础上做了如下改进。

a. 它的或逻辑阵列采用了乘积项共享的结构形式。它的输入和输出关系是可编程的，4 个输入 F_0～F_3 中任何一个都可以送到 4 个 D 触发器当中任何一个的输入端，每个输入又可以同时送给几个触发器，4 个输入还可以再组合成更大规模的与或逻辑函数送到任何一个触发器的输入端。

b. 通过编程可以将 GLB 设置成多种连接模式。

③ IOC 图 12-20 是 IOC 的电路结构图，它由三态输出缓冲器、输入缓冲器、输入寄存器/锁存器和几个可编程的数据选择器组成。

IOC 中的触发器有两种工作模式：当 R/L 为高电平时，它被设置成边沿触发器；当 R/L 为低电平时，它被设置成锁存器。MUX1 用于控制三态输出缓冲器的工作状态；MUX2 用于选择输出信号的传送通道；MUX3 用来选择输出极性。MUX4 用于输入方式的选择：在异步输入方式下，输入信号直接经输入缓冲器送到全局布线区的输入端；在同步输入方式下，输入信号加到触发器的输入端，等时钟信号 IOCLK 到达后才能存入触发器，并经过输入缓冲器加到全局布线区。MUX5 和 MUX6 用于时钟信号的来源和极性的选择。根据这些数据选择器编程状态的组合，得到各种可能的 IOC 组态。

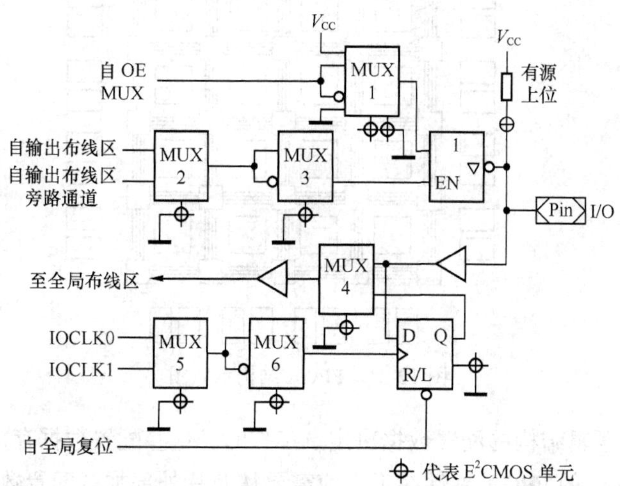

图 12-20　IOC 电路结构示意图

④ ORP。ispLSI1032 器件有一独特的 ORP，它是介于 GLB 和 IOC 之间的可编程互连阵列，通过对 ORP 的编程，可以把任何一个 GLB 的输出信号灵活地与某一个 IOC 相连，即 GLB 与 IOC 之间不采用一一对应的连接关系，不改变器件引脚的外部连线，通过修改 ORP 的布线逻辑，使引脚的输出信号符合设计要求。它将对 GLB 的编程和对外部引脚的排列分开进行，赋予外部引脚分配更大的灵活性。

⑤ ORP。ORP 产生 5 个全局时钟信号：CLK0、CLK1、CLK2、IOCLK0 和 IOCLK1，前 3 个用作 GLB 的时钟，后两个用作 IOC 的时钟。ispLSI1032 有 3 个专用系统时钟输入引脚，可以通过 ORP 分配给 GLB 和 IOC。

4. 现场可编程门阵列（FPGA）

FPGA 是 20 世纪 80 年代中期发展起来的另一种类型的可编程逻辑器件，它的基本电路结构由若干独立的可编程模块组成，模块的排列形式和门阵列（Gate Array，GA）中单元的排列形式类似，所以沿用了门阵列的名称，用户可以通过对这些模块编程连接成所需要的数字系统。FPGA 的这种结构与前面介绍的基本结构采用与、或逻辑阵列及输出逻辑单元的可编程器件不同。FPGA 的集成度很高，属于高密度可编程器件。一片 FPGA 芯片可以替代多个逻辑功能十分复杂的逻辑部件或者一个小型数字系统。自 FPGA 问世以来，已在全球掀起一股研究、开发与应用的热潮，在许多领域中已获得广泛的应用。

（1）FPGA 的基本结构。不同公司生产的 FPGA 的结构和性能不尽相同，FPGA 的基本结构由可配置逻辑块（Configurable Logic Block，CLB）、输入/输出模块（I/O Block，IOB）和互连资源（Interconnect Resource，IR）3 部分组成。可配置逻辑块（CLB）是实现用户功能的基本单元，它们通常规则地排列成一个阵列，散布于整个芯片；可编程输入/输出模块（IOB）主要完成芯片上逻辑与外部封装脚的接口，它通常排列在芯片的四周；可编程互连资源（IR）包括各种长度的连线线段和一些可编程连接开关，它们将各个 CLB 之间或 CLB、IOB 之间以及 IOB 之间连接起来，构成特定功能的电路。FPGA 的结构如图 12-21 所示。

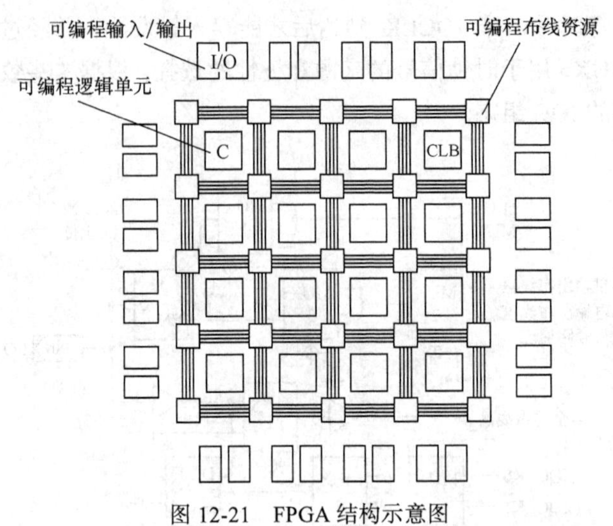

图 12-21　FPGA 结构示意图

FPGA 的功能由逻辑结构的配置数据决定。工作时，这些配置数据存放在片内的 SRAM 或熔丝图上。基于 SRAM 的 FPGA 器件在工作前需要从芯片外部加载配置数据。配置数据可以存储在片外的 EPROM、E^2PROM 或计算机软、硬盘中。人们可以控制加载过程，在现场修改器件的逻辑功能，即所谓现场编程。

可配置逻辑块（CLB）一般有 3 种结构形式：查找表结构、多路开关结构、多级与非门结构。不同厂家生产的 FPGA，其 CLB、IOB 等结构都存在较大的差异，下面以 Xilinx 公司的产品为例，简要介绍 CLB、IOB 及 IR 的基本特点。

① CLB。CLB 是 FPGA 的重要组成部分，每个 CLB 由两个触发器、3 个独立的 4 输入组合逻辑函数发生器、程序控制的数据选择器及其他控制电路组成，共有 13 个输入端和 4 个输出端，可与 CLB 周围的 IR 相连，其基本组成结构如图 12-22 所示。每个 CLB 实现单一的逻辑功能，多个 CLB 以阵列的形式分布在器件的中部，由 IR 相连，实现复杂的逻辑功能。

a. 组合逻辑函数发生器。CLB 中的组合逻辑函数发生器为查找表结构。查找表的工作原理类似于用 ROM 实现多种组合逻辑函数，其输入等效于 ROM 的地址码，存储的内容为相应的逻辑函数取值，通过查找地址表，可得到逻辑函数的输出。

在 CLB 结构图中，组合逻辑函数发生器 G_1～G_4 和 F_1～F_4 各有 4 个独立的输入变量，可分别实现对应的输入 4 变量的任意组合逻辑函数。G_2/F_2/H_1 组合逻辑函数发生器的输入信号是前两个组合逻辑函数发生器的输出信号 G_2 和 F_2 以及信号变换电路的输出 H_1，它可实现 3 输入变量的任意组合逻辑函数。将 3 个函数发生器组合配置，1 个 CLB 可以完成任意 4 变量、5 变量，最多 9 变量的逻辑函数。

组合逻辑函数发生器 G_1～G_4 和 F_1～F_4 除了实现一般的组合、时序逻辑功能外，其内部各有 16 个可编程数据存储单元，在工作方式控制字的控制下，它们可以作为器件内部读/写存储器使用。

b. 边沿 D 触发器。CLB 中有两个边沿 D 触发器，通过两个 4 选 1 数据选择器可分别选择 DIN、F_2、G_2 和 H_2 之一作为 D 触发器的输入信号。两个 D 触发器公用时钟脉冲，通过两个 2 选 1 数据选择器选择上升沿或下降沿触发。时钟使能端 EC 可通过另外的 2 选 1 数据选择器选择来自 CLB 内部的控制信号 EC 或高电平。R/S 控制电路控制触发器的异步置位信号 S 和 R。

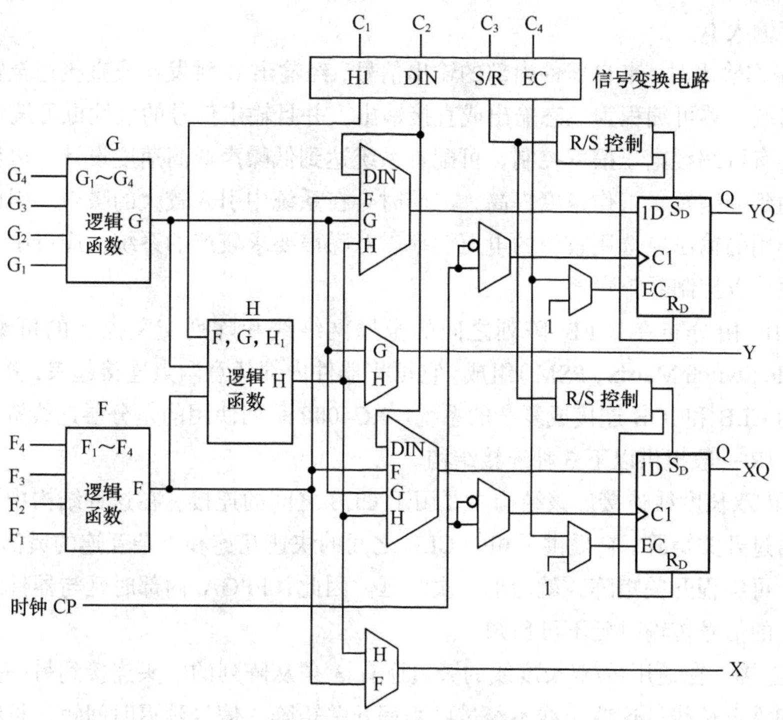

图 12-22 CLB 基本结构图

② IOB。FPGA 的可编程 IOB 分布在器件的四周，它提供了器件外部引脚和内部逻辑之间的连接，其结构如图 12-23 所示。

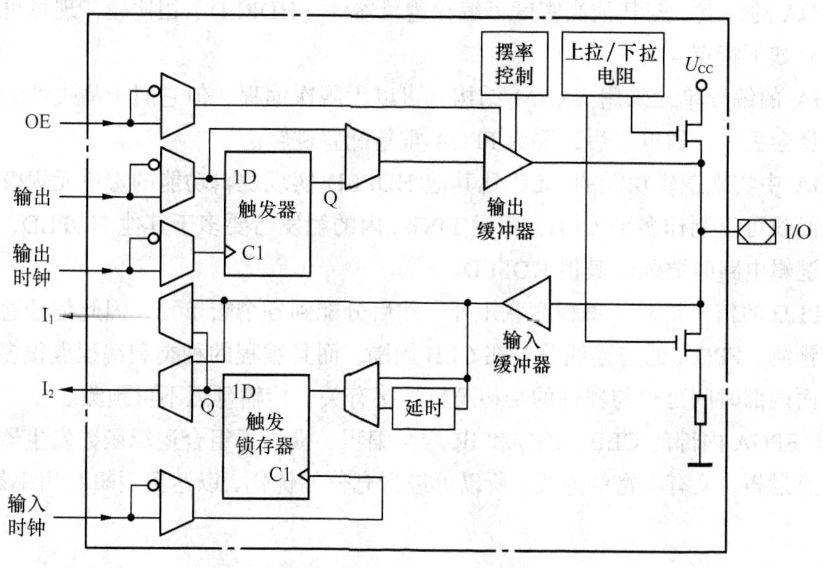

图 12-23 IOB 结构示意图

可编程 IOB 主要由输入触发/锁存器、输入缓冲器和输出触发/锁存器、输出缓冲器组成。每个 IOB 控制一个外部引脚，它可以被编程为输入、输出或双向输入/输出功能。

当 IOB 用作输入接口时，通过编程可以将输入 D 触发器旁路，将对应引脚经输入缓冲器，定义为直接输入 I_1；还可编程输入 D 触发器或 D 锁存器，将对应引脚经输入缓冲器，定义为寄

存输入或锁存输入 I_2。

当 IOB 用作输出时，来自器件内部的输出信号，经输出 D 触发器或直接送至输出缓冲器的输入端。输出缓冲器可编程为三态输出或直接输出，并且输出信号的极性也可编程选择。

IOB 还具有可编程电压摆率控制，可配置系统达到低噪声或高速度设计。电压摆率加快，能使系统传输延迟缩短，工作速度提高，但同时会在系统中引入较大的噪声。因此，对系统中速度起关键作用的输出应选用较快的电压摆率，对噪声要求较严的系统，应折中考虑，选择适当的电压摆率，以抑制系统噪声。

③ IR。IR 由分布在 CLB 阵列之间的金属网络线和阵列交叉点上的可编程开关矩阵（Programmable Switch Matrix，PSM）组成。它可将器件内部任意两点连接起来，并且能将 FPGA 中数目很大的 CLB 和 IOB 连接成复杂的系统。XC4000 系列使用的是分层连线资源结构，根据应用的不同，IR 一般提供以下 3 种连接结构。

a. 通用单/双长度线连接。该结构主要用于 CLB 之间的连接。在这种结构中，任意两点间的连接都要通过开关矩阵。它提供了相邻 CLB 之间的快速互连和复杂互连的灵活性。但传输信号每通过一个可编程开关矩阵，就增加一次时延。因此，FPGA 内部时延与器件结构和逻辑布线等有关，它的信号传输时延不可预知。

b. 长线连接。在通用单/双长度线的旁边还有 3 条从阵列的一头连接到另一头的线段，称为水平长线和垂直长线。这些长线不经过可编程开关矩阵，信号延迟时间短。长线连接主要用于长距离或关键信号的传输。

c. 全局连接。在 XC4000 系列器件中，共有 8 条全局线，它们贯穿于整个器件，可到达每个 CLB。全局连接主要用于传送一些公共信号，如全局时钟信号、公用控制信号等。

（2）FPGA 的特点。与其他高密度可编程逻辑器件（HDPLD）相比较，现场可编程门阵列（FPGA）具有如下特点。

① FPGA 的编程单元采用 SRAM 结构，可以无限次编程，但它属于易失性元件，掉电后芯片内的信息会丢失，通电之后，要为 FPGA 重新配置逻辑。

② FPGA 中实现逻辑功能的 CLB 比其他 HDPLD 实现逻辑功能的宏单元规模小，制作一个宏单元的面积可以制作多个 CLB，因而 FPGA 内的触发器要多于其他 HDPLD，使得 FPGA 在实现时序逻辑电路时要强于其他 HDPLD。

③ HDPLD 的信号汇总于编程内联矩阵，然后分配到各个宏单元，因此信号通路固定，系统速度可以预测。FPGA 的内连线分布在 CLB 周围，而且编程的种类和编程点很多，使得布线相当灵活，而内部时间延迟与器件的结构逻辑连接有关，传输延迟不可预测。

④ 由于 FPGA 内部的 CLB、IOB 和 IR 均可编程，提供了组合逻辑函数发生器，可实现多个变量的任意逻辑，又有丰富的连线，所以可进行充分的优化，以达到逻辑利用率最高的目的。

思考与练习

一、填空题

1. 一个存储矩阵有 64 行、64 列，则存储容量为________个存储单元。

2. 动态 MOS 存储单元是利用__________存储信息的，为了不丢失信息，必须__________。

3. EPROM 的存储单元是在 MOS 管中置入__________实现的。写入程序时，在漏极和衬底之间加足够高的__________，可使 PN 结产生__________，产生的高能电子穿透二氧化硅绝缘层进入__________中。当将外部提供的电源去掉后，__________中的电子无放电回路而被保留下来。

4. 半导体存储器按照存、取功能上的不同可分为__________和__________两大类。其中__________事先存入的信息不会因为断电而丢失；而__________关闭电源或发生断电时，其中的数据就会丢失。

5. 可编程逻辑器件（PLD）一般由__________、__________、__________和__________4 部分电路组成。

6. 目前生产和使用的 PLD 产品主要有现场可编程逻辑阵列__________、可编程阵列逻辑__________、通用阵列逻辑__________等几种类型。

7. GAL16V8 主要有__________、__________和__________3 种工作模式。

8. PAL 的与阵列__________，或阵列__________；PLA 的与阵列__________，或阵列__________；GAL 的与阵列__________，或阵列__________。

9. 存储器的两大主要技术指标是__________和__________。

10. RAM 主要包括__________、__________和__________电路 3 大部分。

11. ROM 按照存储信息写入方式的不同可分为__________ ROM、__________PROM、__________的 EPROM 和__________的 E^2PROM。

二、判断题

1. 可编程逻辑器件的写入电压和正常工作电压相同。 （ ）
2. GAL 可实现时序逻辑电路的功能，也可实现组合逻辑电路的功能。 （ ）
3. RAM 的片选信号 $\overline{CS}=0$ 时被禁止读写。 （ ）
4. EPROM 是采用浮置栅技术工作的可编程存储器。 （ ）
5. PLA 的与阵列和或阵列都可以根据用户的需要进行编程。 （ ）
6. 存储器的容量指的是存储器所能容纳的最大字节数。 （ ）
7. 1 024 × 1 位的 RAM 中，每个地址中只有 1 个存储单元。 （ ）
8. 可编程存储器的内部结构都存在与阵列和或阵列。 （ ）

单元小结

半导体存储器是现代数字系统尤其是计算机中的重要组成部分，有只读存储器（ROM）和随机存取存储器（RAM）两大类。存储器的存储容量用存储的二进制数的字数与每个字的位数的乘积来表示。

ROM 是一种非易失性的存储器。由于信息写入方式的不同，ROM 可分为 MROM、PROM、EPROM、E^2PROM。

RAM 是一种时序逻辑电路，具有记忆功能。RAM 内存储的信息会因断电而消失，因而是一种易失性的存储器。RAM 有 SRAM 和 DRAM 两种类型，SRAM 用触发器记忆数据，DRAM 靠 MOS 管栅极电容存储信息。因此，在不停电的情况下，SRAM 的信息可以长久保持，而 DRAM 则必须定期刷新。

CPLD、FPGA 是近期发展起来的新型大规模数字集成电路。CPLD、FPGA 的最大特点是用户可以通过编程来设定其逻辑功能，因而 CPLD、FPGA 比通用的集成电路具有更大的灵活性，特别适合于新产品的开发。目前已开发出来的 CPLD、FPGA 器件及其开发系统种类很多，结构及性能各异。系统开发时，要根据所设计的目标选择合适的 PLD 器件及适当的开发系统来完成 CPLD、FPGA 的设计工作。

附录A

晶体管命名方法及规格参数

一、晶体管的型号命名方法（摘自 GB249—89）

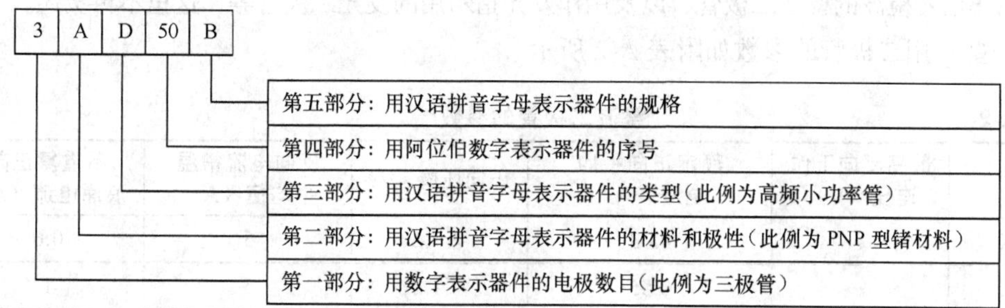

附表 A-1　　晶体管的标示及含义

第一部分	
符号	意义
2	二极管
3	三级管

第二部分		
	符号	意义
二极管	A	N 型锗材料
	B	P 型锗材料
	C	N 型硅材料
	D	P 型硅材料
三极管	A	PNP 型锗材料
	B	NPN 型锗材料
	C	PNP 型硅材料
	D	NPN 型硅材料
	E	化合物材料

第三部分	
符号	意义
P	小信号管
V	混频检波管
W	电压调整管
C	参容管
Z	整流管
L	整流堆
S	隧道管
K	开关管
U	光电管

第三部分	
符号	意义
X	低频小功率管（f<3MHz, Pc<1W）
G	高频小功率管（f≥3 MHz, Pc<1W）
D	低频大功率管（f<3 MHz, Pc≥1W）
A	高频大功率管（f≥3MHz, Pc≥1W）
T	晶体闸流管

第四部分
符号
1
2
3
4
5
6

第五部分
符号
A
B
C
D

例如：2CZ56A，其中的 2 表示二极管，C 表示 N 型硅材料的二极管，Z 表示整流管，56 表示器件的序号，即其额定正向整流电流为 3A，是有 M10 螺柱可安装散热器的外形。

晶体管的型号及其含义如附表 A-1 所示。表示规格号，即其反向工作峰值电压为 25V。又如：3DGl1lC 则表示高频小功率 NPN 型硅三极管，其集电极最大允许电流为 20M，其集电极最大允许耗散功率为 200mW 等。

二、二极管

二极管的类型很多，按材料可分为硅二极管，锗二极管和砷化镓二极管等。以硅二极管和锗二极管较为常见，硅二极管的导通压降为 0.6～0.7V，锗二极管的导通压降为 0A～0.3V。按用途可分为整流二极管、稳压二极管、发光二极管、变容二极管、开关二极管、混频二极管和检波二极管等。

整流二极管主要是用作整流的，其主要参数有最大整流电流和最高反向工作电压；稳压二极管是用于稳压的，其主要参数有稳定电压、稳定电流、动态电阻等；对于用作频率调谐和稳频的变容二极管、用作信号检波的检波二极管、以及用作发光指示用的发光二极管等，这里不再赘述。

（1）一些常用二极管的参数如附表 A-2 所示。

附表 A-2　　整流二极管的参数

型　号	最高反向工作电压（V）	额定正向平均电流（A）	正向压降（V）	反向电流常温平均值（A）	不重复正向浪涌电流（A）
2CZ50X	*	0.03	≤1.2	5	0.6
2CZ51X	*	0.05	≤1.2	5	1
2CZ52X	*	0.1	≤1.0	5	2
2C253X	*	0.3	≤1.0	5	6
2CZ54X	*	0.5	≤1.0	10	10
2CZ55X	*	1	≤1.0	10	20
2CZ56X	*	3	≤0.8	≤20	65
2CZ57X	*	5	≤0.8	≤20	105
2CZ58X	*	10	≤0.8	≤30	210
2CZ59X	*	20	≤0.8	≤40	420
2CZ60X	*	50	0.8	≤50	900
lN4001～4007	*	1	1.1	5	30
lN5391～5399	*	1.5	1.4	10	50

注：*指整流二极管的最高反向工作电压值，其中 2CZX～2CZ60X 中的“X”表示 A～X 的某一个字母，其意义部标硅半导体整流二极管最高反向工作电压，其规定如附表 A-3 所示。

附表 A-3　　二极管耐压的分挡标志

分挡标志	A	B	C	D	E	F	G	H	I	K	L
代表电压（V）	25	50	100	200	300	400	500	600	700	800	900
分挡标志	M	N	P	Q	R	S	T	U	V	W	X
代表电压（V）	1 000	1 200	1 400	1 600	1 800	2 000	2 200	2 400	2 600	2 800	3 000

（2）常用稳压二极管的参数如附表 A-4 所示。

附表 A-4 常用稳压二极管参数

型　　号	稳压中值 U_z(V)	动态电阻 $r_z(\Omega)$	测试电流（mA）	国外参考型号
2CW50—2V4	2.4	40	10	1N5985 A,B,C,D
2CW50—2V7	2.7	40	10	1N5986 A,B,C,D
2CW51—3V	3.0	42	10	1N5987 A,B,C,D
20V51—3V3	3.3	42	10	1N5988 A,B,C,D
2CW51—3V6	3.6	42	10	lN5989 A,B,C,D
2CW52—3V9	3.9	45	10	lN5990 A,B,C,D
2CW52—4V3	4.3	45	10	1N5991 A,B,C,D
2CW53—4V7	4.7	40	10	1N5992 A,B,C,D
2CW53—5V1	5.1	40	10	1N5993 A,B,C,D
2CW53—5V6	5.6	40	10	1N5994 A,B,C,D
2CW54—6V2	6.2	20	10	1N5995 A,B,C,D
2CW54—6V8	6.8	20	10	1N5996 A,B,C,D
2CW55—7V5	7.5	10	10	1N5997 A,B,C,D
2CW56—8V2	8.2	10	10	1N5998 A,B,C,D
2CW57—9V1	9.1	15	5	1N5999 A,B,C,D
2CW58—10V	10	20	5	1N6000 A,B,C,D
2CW59—11V	11	25	5	1N6001 A,B,C,D
2CW60—12V	12	30	5	1N6002 A,B,C,D
2CW61—13V	13	40	3	1N6003 A,B,C,D
2CW2—15V	15	50	3	1N6004 A,B,C,D
2CW62—16V	16	50	3	1N6005 A,B,C,D
2CW63—18V	18	60	3	1N6006 A,B,C,D
2CW4—20V	20	65	3	1N6007 A,B,C,D
2CW65—22V	22	70	3	1N6008 A,B,C,D
2CW66—24V	24	75	3	1N6009 A,B,C,D
2CW67—27V	27	80	3	1N6010 A,B,C,D
2CW68—30V	30	85	3	lN6011 A,B,C,D
2CW69—33V	33	90	3	1N6012 A,B,C,D
2CW70—36V	36	95	3	1N6013 A,B,C,D
2CW71—39V	39	100	3	1N6014 A,B,C,D
1/2W4A—43V	43	95	5	1N6015 A,B,C,D
1/2W45—47V	47	100	5	1N6016 A,B,C,D
1/2W50—51V	51	110	5	1N6017 A,B,C,D
1/2W60—56V	56	150	5	1N6018 A,B,C,D
1/2W60—62V	62	150	5	1N6019 A,B,C,D
1/2W70—68V	68	280	2	1N6020 A,B,C,D
1/2W70—75V	75	280	2	1N6021 A,B,C,D
1/2W80—82V	82	320	2	lN6022 A,B,C,D
1/2W90—91V	91	350	2	1N6023 A,B,C,D
1/2W100—100V	100	380	2	1N6024 A,B,C,D

（3）其他一些特殊的二极管的参数如附表 A-5 所示。

附表 A-5　　发光二极管参数

<table>
<tr><th>型号</th><th>工作电压典型值 U_f(V)</th><th>工作电流 I_f(mA)</th><th>光强 $I_{O(min)}$ (mcd)</th><th>最大工作电流 I_{FN}(mA)</th><th>反向击穿电压 U_{BR}(V)</th><th>峰值波长 λ_P (nm)</th><th>发光颜色</th><th>结构形式</th></tr>
<tr><td>LED701</td><td rowspan="5">2.1</td><td rowspan="2">5</td><td rowspan="2">0.4</td><td rowspan="2">20</td><td rowspan="5">≥5</td><td rowspan="5">700</td><td rowspan="5">红色</td><td>ϕ3mm 全塑散射-1</td></tr>
<tr><td>LED702</td><td>ϕ3 × 4.4 全塑散射-2</td></tr>
<tr><td>LED703</td><td rowspan="3">10</td><td rowspan="3">0.5</td><td rowspan="3">40</td><td>ϕ4.4mm 金属散射</td></tr>
<tr><td>LED704</td><td>ϕ4.4mm 全塑散射-3</td></tr>
<tr><td>LED705</td><td>ϕ5mm 全塑散射-4</td></tr>
<tr><td>LED706</td><td rowspan="4">2.1</td><td rowspan="4">10</td><td rowspan="4">0.3</td><td rowspan="4">20</td><td rowspan="4">≥5</td><td rowspan="4">700</td><td rowspan="4">红色</td><td>1.7mm × 5mm 矩形全塑散射</td></tr>
<tr><td>LED707</td><td>2mm × 5mm 矩形全塑散射</td></tr>
<tr><td>LED708</td><td>3mm × 5mm 矩形全塑散射</td></tr>
<tr><td>LED709</td><td>1.7mm × 4.7mm 矩形全塑散射</td></tr>
<tr><td>LED721</td><td rowspan="9">2.2</td><td rowspan="2">10</td><td rowspan="2">0.5</td><td rowspan="2">20</td><td rowspan="9">≥5</td><td rowspan="9">565</td><td rowspan="9">绿色</td><td>ϕ3mm 全塑散射-1</td></tr>
<tr><td>LED722</td><td>ϕ3 × 4.4mm 全塑散射-2</td></tr>
<tr><td>LED723</td><td rowspan="7">10～15</td><td rowspan="3">0.6</td><td rowspan="3">40</td><td>ϕ4.4mm 全塑散射</td></tr>
<tr><td>LED724</td><td>ϕ4.4mm 全塑散射-3</td></tr>
<tr><td>LED725</td><td>ϕ5mm 全塑散射-4</td></tr>
<tr><td>LED726</td><td rowspan="4">0.4</td><td rowspan="4">30</td><td>1.7mm × 5mm 矩形全塑散射</td></tr>
<tr><td>LED727</td><td>2mm × 5mm 矩形全塑散射</td></tr>
<tr><td>LED728</td><td>3mm × 5mm 矩形全塑散射</td></tr>
<tr><td>LED729</td><td>1.7mm × 4.7mm 矩形全塑散射</td></tr>
</table>

注：黄色 LED 的型号为 LED641　LED649，结构形式相同。

（4）温度补偿稳压二极管如附表 A-6 所示。

附表 A-6　　温度补偿稳压二极管的参数

<table>
<tr><th>型　号</th><th>旧型号</th><th>最大耗散功率 P_{ZM}(mW)</th><th>最大工作电流 I_{ZM}(mA)</th><th>稳定电压 U_z(V)</th><th>电压温度系数 $C_{TV}/10^{-4}$(℃)</th><th>动态电阻 r_z(Ω)</th><th>稳定电流 I_z(mA)</th></tr>
<tr><td>2DW230</td><td>2DW7A</td><td rowspan="7">200</td><td rowspan="7">30</td><td rowspan="2">5.8～6.6</td><td rowspan="2">|5|</td><td>≤25</td><td rowspan="7">10</td></tr>
<tr><td>231</td><td>2DW7B</td><td>≤15</td></tr>
<tr><td>232</td><td>2DW7C(红)</td><td rowspan="5">6.0～6.5</td><td rowspan="5">|5|</td><td rowspan="5">≤10</td></tr>
<tr><td>233</td><td>2DW7C(黄)</td></tr>
<tr><td>234</td><td>2DW7C(无)</td></tr>
<tr><td>235</td><td>2DWTC(绿)</td></tr>
<tr><td>236</td><td>2DW7C(灰)</td></tr>
</table>

三、三极管

三极管参数如附表 A-7、附表 A-8、附表 A-9 所示。

附表 A-7　　3AX 系列低频小功率三极管参数

<table>
<tr><th colspan="2" rowspan="2">新　型　号</th><th colspan="4">3AX31</th><th rowspan="2">测 试 条 件</th></tr>
<tr><th>3AX51A</th><th>3AX51B</th><th>3AX51C</th><th>3AX51D</th></tr>
<tr><td rowspan="5">极限参数</td><td>P_{cm}（mW）</td><td>125</td><td>100</td><td>100</td><td>100</td><td>I_a = 25℃</td></tr>
<tr><td>I_{cm}（mA）</td><td>125</td><td>100</td><td>100</td><td>100</td><td></td></tr>
<tr><td>T_{jm}（℃）</td><td>75</td><td>75</td><td>75</td><td>75</td><td></td></tr>
<tr><td>$U_{(BR)CBO}$（V）</td><td>≥20</td><td>≥30</td><td>≥30</td><td>≥30</td><td>I_c = 1mA</td></tr>
<tr><td>$U_{(BR)CEO}$（V）</td><td>≥12</td><td>≥12</td><td>≥18</td><td>≥24</td><td>I_c = 1mA</td></tr>
<tr><td rowspan="4">直流参数</td><td>I_{CBO}（μA）</td><td>≤12</td><td>≤12</td><td>≤12</td><td>≤12</td><td>U_{CB} = −10V</td></tr>
<tr><td>I_{CEO}（μA）</td><td>≤600</td><td>≤500</td><td>≤300</td><td>≤300</td><td>U_{CE} = −6V</td></tr>
<tr><td>I_{EBO}（μA）</td><td>≤12</td><td>≤12</td><td>≤12</td><td>≤12</td><td>U_{EB} = −6V</td></tr>
<tr><td>h_{FE}</td><td>40～180</td><td>40～150</td><td>30～100</td><td>25～70</td><td>U_{CE} = −1V　I_c = 50mA</td></tr>
<tr><td rowspan="6">交流参数</td><td>F（kHz）</td><td>≥500</td><td>≥500</td><td>≥500</td><td>≥500</td><td>U_{CB} = −6V　I_e = 1mA</td></tr>
<tr><td>N_f（dB）</td><td></td><td>≤8</td><td></td><td></td><td>U_{CB} = −2V　I_e = 0.5mA
f = 1kHz</td></tr>
<tr><td>h_{FE}（kΩ）</td><td>0.6～4.5</td><td>0.6～4.5</td><td>0.6～4.5</td><td>0.6～4.5</td><td rowspan="4">U_{CB} = −6V
I_e = 1mA
f=1kHz</td></tr>
<tr><td>h_{re}（$\times 10^{-3}$）</td><td>≤2.2</td><td>≤2.2</td><td>≤2.2</td><td>≤2.2</td></tr>
<tr><td>h_{re}（μs）</td><td>≤80</td><td>≤80</td><td>≤80</td><td>≤80</td></tr>
<tr><td>h_{FE}</td><td></td><td></td><td></td><td></td></tr>
</table>

附表 A-8　　3AG、3CC 型高频小功率三极管参数

参　　数	极限参数				直流参数		交流参数		
型号	P_{cm} (mW)	I_{cm} (mA)	$U_{(BR)CEO}$ (V)	$U_{(BR)EBO}$ (V)	I_{CEO} (μA)	I_{CBO} (μA)	f_T(MHz)	C_{ob}(pF)	r_{bb}(Ω)
3AG53 A	50	10	−15	−1	≤5	≤200	≥30	≤5	≤100
3AG53 B							≥50		
3AG53 C							≥100		≤50
3AG53 D							≥200	≤3	
3AG53 E							≥300		
3AG54 A	100	30	−15	−2	≤5	≤300	≥30	≤5	≤100
3AG54 B							≥50		
3AG54 C							≥100		≤50
3AG54 D							≥200		
3AG54 E							≥300		
3AG55 A	150	50	−15	−2	≤8	≤500	100	≤8	≤50
3AG55 B							200		≤30
3AG55 C							300		
3CG1 A	300	40	≥15	≥4	≤0.5	≤1	>50	≤5	
3CG1 B			≥20		≤0.2	≤0.5	>80		
3CG1 C			≥30				>100		
3CG1 D			≥40						
3CG1 E			≥50						
3CG21 A	300	50	≥15	≥4	≤0.5	≤1	≥100	≤10	
3CG21 B			≥25						
3CG21 C			≥40						
3CG21 D			≥55						
3CG21 E			≥70						
3CG21 F			≥85						
3CG21 G			≥100						
3CG22 A~G	500	100	同上	≥4	≤0.5	≤1	≥100	≤10	
3CG23 A~G	700	150	同上	≥4	≤0.5	≤1	≥60	≤10	

附录B

常用集成电路及主要参数

一、半导体集成电路型号命名方法（摘自 GB430—89）

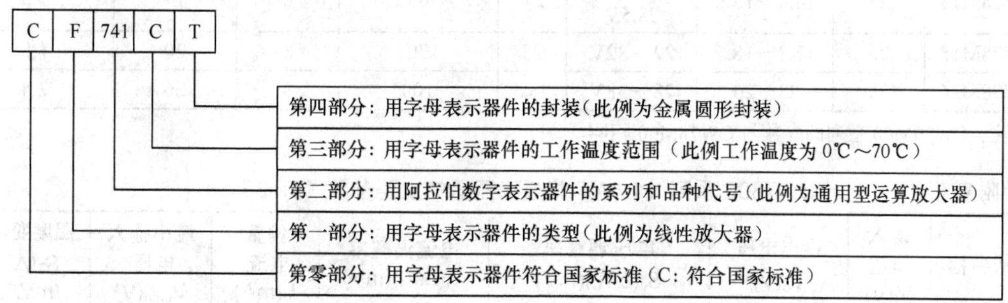

附表 B-1　　半导体集成器件型号的组成

第一部分				第三部分		第四部分			
符号	意义	符号	意义	符号	意义	符号	意义	符号	意义
T	TTL	B	非线性电路	C	0～70℃	F	多层陶瓷扁平	S	塑料单列直插
H	HTL	J	接口电路	G	−25～70℃	B	塑料扁平	K	金属菱形
E	ECL	AD	A/D 转换器	L	−25～85℃	H	黑瓷扁平	T	金属圆形
C	CMOS	DA	D/A 转换器	E	−40～85℃	D	多层陶瓷双列直插	C	陶瓷片状载体
M	存储器	D	音响电路	R	−55～85℃	J	黑陶瓷双列直插	E	塑料片状载体
μ	微型机电路	SC	通信电路	M	−55～125℃	P	塑料双列直插	G	网格阵列
F	线性放大器	SS	敏感电路						
W	稳压器	SW	钟表电路						

二、部分模拟集成电路参数

（一）几种三端集成稳压器

附表 B-2　　CW78M00 系列（0.5A）集成稳压器的主要参数（Tj=25℃）

参数名称	输入电压 V_I(V)	输出电压 V_o(V)	电压调整率 $S_V(\Delta V_o)$(mV)		电流调整串 $S_I(\Delta V_o)$(mV)	偏置电流 I_d(mA)	最小输入电压 V_{Imin}(V)	温度变化率 $S_T(\Delta V_o)$(mV/℃)
测试条件		$I_o=200$mA	V_I	ΔV_o	$I_o=5$～500mA	$I_o=0$	$I_o<$500mA	$I_o=5$mA
CW78M05	10	4.8～5.2	8～18V	7	20	8	7	1.0
CW78M06	11	5.75～6.25	9～19V	8.5	25	8	8	1.0
CW78M09	14	8.65～9.35	12～22V	12.5	40	8	11	1.2
CW78M12	19	11.5～12.5	15～25V	17	50	8	14	1.2
CW78M15	23	14.4～15.6	18.5～28.5V	21	60	8	17	1.5
CW78M18	26	17.3～18.7	22～32V	25	70	8	20	1.8
CW78M24	33	23～25	28～38V	33.5	100	8	26	2.4

注：CW79M00 系列的参数与 CW78M00 相同。

附表 B-3　　CW7800 系列（1.5A）集成稳压器的主要参数（Tj=25℃）

参数名称	输入电压 V_I(V)	输出电压 V_o(V)	电压调整率 $S_V(\Delta V_o)$(mV)		电流调整串 $S_I(\Delta V_o)$(mV)	偏置电流 I_d(mA)	最小输入电压 V_{Imin}(V)	温度变化率 $S_T(\Delta V_o)$(mV/℃)
测试条件		$I_o=0.5$A	V_I	ΔV_o	10mA$\leqslant I_o \leqslant$1.5A	$I_o=0$	$I_o=1.5$A	$I_o=50$mA
CW7805	10	4.8～5.2	8～18V	7	25	8	7	1.0
CW7806	11	5.75～6.25	9～19V	8.5	30	8	8	1.0
CW7809	14	8.65～9.35	12～22V	12.5	40	8	11	1.2
CW7812	19	11.5～12.5	15～25V	17	50	8	14	1.2
CW7815	23	14.4～15.6	18.5～28.5V	21	60	8	17	1.5
CW7818	26	17.3～18.7	22～32V	25	70	8	20	1.8
CW7824	33	23～25	28～38V	33.5	9	8	26	2.4

注：CW7900 系列的参数与 CW7800 相同。

附表 B-4　　CW78T00 系列（3A）集成稳压器的主要参数（Tj=25℃）

参数名称	符号	测试条件	单位	CW78T05	CW78T12	CW78T18	CW78T24
输出电压	V_o	$I_o=1$A	V	4.8～5.2	11.5～12.6	17.3～18.7	23～25
电压调整率	$S_V(\Delta V_o)$	$I_o=1$A	mV	7	17	25	33.5
				V_I=8～18V	V_I=15～25V	V_I=22～32V	V_I=28～38V
电流调整率	$S_I(\Delta V_o)$	$I_o=10$mA～3A	mV	20	40	60	80
温度变化率	$S_T(\Delta V_o)$	I_o=5mA T_{jL}～T_{jH}	mV/℃	1.0	1.2	1.8	2.4
偏置电流	I_d	I_o=1A	mA	8	8	8	8
最小输入电压	V_{Imin}		V	7.5	14.5	20.5	26.5

（二）几种集成运算放大器

附表 B-5　　几种集成运放的主要参数表

品种类型	通　用		低功耗	高阻	高速	高压	大功率	宽带	高精度
国内外型号 / 参数名称	CF709 (uA709)	CF/741 (uA741)	F3078 (CA3078)	F3140 (CA3140)	F715 (uA715)	BG315	FX0021 (LH0021)	F507	CF725) (Ua725)
开环差模电压增益 A_{v0}(dB)	93	106	100	100	90	≥90	106	103	130
最大输出电压 V_{omax}(V)	±13	±14	±5.3	+13, −14.4	±13	≥40～64	±12	±12	±13.5
最大共模输入电压 V_{Icmax}(V)	±10	±13	+5.8, −5.5	+12.5, −14.5	± 12	≥40～64		±11	±14
最大差模输入电压 V_{Idmax}(V)	±5.0	±30	±6	±8				±12	±5
差模输入电阻 R_{ID}(kΩ)	400	2 000	870	150 × 10	1 000	−500	1 000	300 × 10^3	1.5×10^3
输入电阻 R_0(Ω)		75				500			
共模抑制比 K_{CMR}(dB)	90	90	115	90	92	≥80	90	100	120
输入失调电压 V_{IO}(mV)	1.0	1, 0	0.7	5	2	≤10	1	1.5	0.5
输入失调电流 I_{IO}(nA)	50	20	0.5	5.0 × 10^{-4}	70	≤200	30	15	2.0
失调电压温漂 $\Delta V_{IO}/\Delta T$(Uv/℃)	3.0		6	8		10	3	8	2.0
失调电流温漂 $\Delta I_{IO}/\Delta T$(nA/℃)			0.07			0.5	0.1	0.2	35×10^{-9}
开环带宽 BW(Hz)		10	2 × 10^3					35	
转换速率 S_R(V/us)		0.5	1.5	9	70	2		35	
电源电压$-V_{EE}$, $+y_{CC}$(V)	±15	±15	±6	±15	±15	48～72	+12, 10	±15	±15
静态功耗 P_c(mW)	80	50	0.24	120	165		75		80

注：①表中括号内型号为国外类似型号　②BG315 电源是指$+V_{CC}$～$-V_{EE}$的端电压范围（48～72）。

参考文献

[1] 康光华. 电子技术基础—模拟部分 [M]. 4 版. 北京：高等教育出版社，1998.

[2] 郝波. 电子技术基础—模拟电子技术 [M]. 西安：西安电子科技大学出版社，2004.

[3] 徐丽香. 模拟电子技术 [M]. 北京：电子工业出版社，2007.

[4] 华永平. 模拟电子线路——理论、实验与仿真 [M]. 北京：电子工业出版社，2005.

[5] 徐新艳. 数字与脉冲电路 [M]. 北京：电子工业出版社，2003.

[6] 汤湘林. 数字集成电路应用基础 [M]. 北京：中国劳动社会保障出版社，2005.

[7] 李中发. 电子技术 [M]. 北京：中国水利水电出版社，2005.

[8] 曾令琴. 数字电子技术 [M]. 北京：人民邮电出版社，2009.

[9] 王新贤. 通用集成电路速查手册 [M]. 山东：山东科学技术出版社，2005.